"十二五"普通高等教育本科国家级规划教材

男装纸样设计原理与应用

刘瑞璞　编著

中国纺织出版社

内 容 提 要

本书从男装语言与国际惯例入手，全面阐述了TPO知识系统、设计规则和应用方法，为纸样分类的国际化、专业化设计提供理论支持与规则。以此为指导，结合男装测量技术、规格标准，客观地分析男装纸样设计的基本原理和方法。对应TPO知识系统整合男装经典案例，对纸样类型做深入细致的剖析与实践。本教材秉承理论与实践结合重实践的原则，强调行业与国际品牌规范，并推出《男装纸样设计原理与应用训练教程》实训教材，它们结合着学习和阅读，会在系列纸样设计技术方面具有更广泛的研究与开发空间。

本书为服装专业本科教材，既可作为男装研究人员有关“男装纸样设计”相关专业的读本，也适合作为男装设计、技术、工艺和产品开发人士学习的工具书和培训参考书。

图书在版编目（CIP）数据

男装纸样设计原理与应用／刘瑞璞编著．-- 北京：中国纺织出版社，2017.3（2022.8重印）

“十二五”普通高等教育本科国家级规划教材

ISBN 978-7-5180-2453-7

Ⅰ.①男… Ⅱ.①刘… Ⅲ.①男服—纸样设计—高等学校—教材 Ⅳ.①TS941.718

中国版本图书馆CIP数据核字（2016）第054399号

责任编辑：张晓芳　　责任校对：楼旭红
责任设计：何　建　　责任印制：何　建

中国纺织出版社出版发行
地址：北京市朝阳区百子湾东里A407号楼　邮政编码：100124
销售电话：010—67004422　传真：010—87155801
http://www.c-textilep.com
中国纺织出版社天猫旗舰店
官方微博 http://weibo.com/2119887771
北京华联印刷有限公司印刷　各地新华书店经销
2017年3月第1版　2022年8月第5次印刷
开本：889×1194　1/16　印张：15　插页：12
字数：300千字　定价：49.80元（附网络教学资源）

出版者的话

全面推进素质教育，着力培养基础扎实、知识面宽、能力强、素质高的人才，已成为当今教育的主题。教材建设作为教学的重要组成部分，如何适应新形势下我国教学改革要求，与时俱进，编写出高质量的教材，在人才培养中发挥作用，成为院校和出版人共同努力的目标。2011 年 4 月，教育部颁发了教高［2011］5 号文件《教育部关于“十二五”普通高等教育本科教材建设的若干意见》（以下简称《意见》），明确指出“十二五”普通高等教育本科教材建设，要以服务人才培养为目标，以提高教材质量为核心，以创新教材建设的体制机制为突破口，以实施教材精品战略、加强教材分类指导、完善教材评价选用制度为着力点，坚持育人为本，充分发挥教材在提高人才培养质量中的基础性作用。《意见》同时指明了“十二五”普通高等教育本科教材建设的四项基本原则，即要以国家、省（区、市）、高等学校三级教材建设为基础，全面推进，提升教材整体质量，同时重点建设主干基础课程教材、专业核心课程教材，加强实验实践类教材建设，推进数字化教材建设；要实行教材编写主编负责制，出版发行单位出版社负责制，主编和其他编者所在单位及出版社上级主管部门承担监督检查责任，确保教材质量；要鼓励编写及时反映人才培养模式和教学改革最新趋势的教材，注重教材内容在传授知识的同时，传授获取知识和创造知识的方法；要根据各类普通高等学校需要，注重满足多样化人才培养需求，教材特色鲜明、品种丰富。避免相同品种且特色不突出的教材重复建设。

随着《意见》出台，教育部于 2012 年 11 月 21 日正式下发了《教育部关于印发第一批“十二五”普通高等教育本科国家级规划教材书目的通知》，确定了 1102 种规划教材书目。我社共有 16 种教材被纳入首批“十二五”普通高等教育本科国家级教材规划，其中包括了纺织工程教材 7 种、轻化工程教材 2 种、服装设计与工程教材 7 种。为在“十二五”期间切实做好教材出版工作，我社主动进行了教材创新型模式的深入策划，力求使教材出版与教学改革和课程建设发展相适应，充分体现教材的适用性、科学性、系统性和新颖性，使教材内容具有以下几个特点：

（1）坚持一个目标——服务人才培养。“十二五”普通高等教育本科教材建设，要坚持育人为本，充分发挥教材在提高人才培养质量中的基础性作用，充分体现我国改革开放 30 多年来经济、政治、文化、社会、科技等方面取得的成就，适应不同类型高等学校需要和不同教学对象需要，编写推介一大批符合教育规律和人才成长规律的具有科学性、先进性、适用性的优秀教材，进一步完善具有中国特色的普通高等教育本科教材体系。

（2）围绕一个核心——提高教材质量。根据教育规律和课程设置特点，从提高学生分析问题、解决问题的能力入手，教材附有课程设置指导，并于章首介绍本章知识点、重点、难点及专业技能，增加相关学科的最新研究理论、研究热点或历史背景，章后附形式多样的习题等，提高教材的可读性，增加学生学习兴趣和自学能力，提升学生科技素养和人文素养。

（3）突出一个环节——内容实践环节。教材出版突出应用性学科的特点，注重理论与生产实践的结合，有针对性地设置教材内容，增加实践、实验内容。

（4）实现一个立体——多元化教材建设。鼓励编写、出版适应不同类型高等学校教学需要的不同风格和特色教材；积极推进高等学校与行业合作编写实践教材；鼓励编写、出版不同载体和不同形式的教材，包括纸质教材和数字化教材，授课型教材和辅助型教材；鼓励开发中外文双语教材、汉语与少数民族语言双语教材；探索与国外或境外合作编写或改编优秀教材。

教材出版是教育发展中的重要组成部分，为出版高质量的教材，出版社严格甄选作者，组织专家评审，并对出版全过程进行过程跟踪，及时了解教材编写进度、编写质量，力求做到作者权威，编辑专业，审读严格，精品出版。我们愿与院校一起，共同探讨、完善教材出版，不断推出精品教材，以适应我国高等教育的发展要求。

中国纺织出版社

教材出版中心

序

这是本书的第五个序，为什么作为新书出版还要保留以前每次出版时的序？我想这种坚持应验了温故知新的道理。一部书的诞生，无论生命力多长，她的每次新生，都是一次华丽变身，它背后的艰辛，机缘巧合的故事，一步步化蛹为蝶的心路历程，只有跟随它的“序”才能知晓这些蛛丝马迹。因此，在我看来一部书的序是很有价值的,还有它的跋。这五篇序记录着这部书从 1991 年第一版到现在(2015 年) 24 个春秋的成长密码,时间记录了这部书的生命信息。想要进入、了解这部书的世界,一个个不断的“序”便是这种生命基因的代码。本序正是记录了本书花信年华的重大时刻。第五次再版也可谓本教材的成年礼祭。重要的成果在于从“十一五”国家级规划教材到本次“十二五”国家级规划教材的出版，最终实现了理论教材、数字教材和实践教材三位一体的系统构建。这个系统构建经历了五年多的理论积累、教学实践和国内外行业、市场的检验，在服装理论与实践上取得了重大突破，基中标志性成果就是以独立系统的“实训教材”捆绑出版，弥补了“服装纸样设计原理与应用”体系化教材建设实践教材的空缺，奠定了服装高等教育教材建设的核心地位，成为高等教育服装专业学生和服装行业设计技术人员最系统、国际化且具操作性的教科书。

学术上的重大突破，是从教学和行业实践而来，并强调理论的科学性、国际化与专业性对实践的指导作用。在教材中进一步完善 TPO 知识系统与纸样设计理论体系建构和实践的同时，本“十二五”国家级规划教材成功地导入 TPO 知识系统编著了配套的实训教材，形成了 TPO 理论指导下的《男装纸样设计原理与应用》《男装纸样设计原理与应用训练教程》和《女装纸样设计原理与应用》《女装纸样设计原理与应用训练教程》教材架构。这种“理论与实践结合重实践”的教材体系，实现了服装学科专业的实践性、应用性的特点，首次以体系化的教材成套出版，理论教材和训练教程结合紧密，基中实训教材占了半壁江山。本套教材最大的成果是，将 TPO 知识系统和服装品牌规则（The Dress Code）在“女装纸样设计原理与应用训练教程”中成功地引入。这使得整套教材最终在“十二五”期间实现了在“十一五”期间渴望实现的，完整教材的国际化、专业化、系统化的整体建设。这种里程碑式的体系化教材建设，不仅在教学实践和市场运作中得到广泛和良好的回报，更重要的意义在于，在服装高等级专业教学实践和产品开发中建立了一整套科学规范、理性有效的理论体系与训练方法指引，特别在《男装纸样设计原理与应用训练教程》和《女装纸样设计原理与应用训练教程》中，系统地导入 TPO 知识系统和国际品牌设计方法流程，使我国长期以来服装设计的“外观与结构”脱节的问题得到了解决，深入系统地阐述了 TPO 知识系统与规划指导下“款式与纸样”的“一币双面”原理、设计方法和工作程序，建立了 TPO 原则指导下的服装语言系统及其“语言流动规则”，并通过王俊霞和张宁研究生的课题，总结出一款多板、一板多款和多板多款的系列款式和纸样设计方法，这在整个“训练教程”中，通过实务分析与拓展训练得到全方位的呈现。她们卓有成效的工作不仅得到学术上的训练，其成果在业界也得到高度认可和市场回报，以此套图书出版谨向她们表示致敬。看来“务实”才是本套教材迈向三十而立的根本。

刘瑞璞

2015.3 于北京服装学院

2008年序

纸样设计不能逾越的 The Dress Code

2005年受中央戏剧学院之邀，作为服装专家评价一门服装专业课程，听了一位年轻教师的设计课。当我问这位老师用什么教材时，他说是《服装纸样设计原理与技巧》，我问是刘瑞璞的吗？（当时院方规定，为评价的真实客观，讲课教师和听课专家是背对背的，故教师对我的背景一无所知），他说是。我问为什么？他说这套教材在亚洲业界影响很大，我在澳门学习时，我的导师就推荐这套教材。为什么？我问。因为这套教材很符合国际行业规范，但又是针对亚洲人的。他答。其实这套教材的国际影响所形成的势好格局，在中国业内已不是什么新闻，重要的是，我们要思考，一套比较注重技术性的服装教材为什么在国内近二十年长期走高，成为服装纸样设计教材的经典，且走出国门。我想很重要的一点就是"规则"，这中间有两层意思，一是技术的规则，二是设计的规则，而且设计规则要指导技术规则。我发现了一个很有趣的现象，《服装纸样设计原理与技巧　女装编》1991年出版，男装编1993年出版，在印数上女装编相当长的一段时间压着男装编，21世纪初基本持平，近一年时间，男装编印数上升开始超过女装编。这其中有什么玄机，我最清楚，这就是将TPO知识进行了升级。在2005年作为北京市高校精品教材修订时，男装"规则"部分作了系统的补充，完善了一些经典的案例图片，其实在系统理论和实践上还有较大空间。而恰恰这一点，正是亚洲地区和我国规范男装市场必做的功课，这就是"TPO知识系统"的建立，这是对The Dress Code的日本人的解读，其实它不仅是介绍宏观的男装知识系统，还对纸样设计这种具体的操作技术具有实际的指导意义并对女装也有很好的指导作用，因为该系统中有一整套操作性很强的规则，这对非欧洲化国际社会的发展中国家意义更大（亚洲渴望掌握这些规则正是如此）。美国国际形象（指社交形象）的建立不也是如此吗？

2007年8月我作为北京服装学院教授考察团成员去美国加州大学戴维斯分校拜访了美国著名的服装社会学家Susan B.Kaiser。我问她The Dress Code是惯例、规则和密码三个意思中的哪个更与之接近，没有想到的是她选择了"规则"，其实它的语境更接近"密码"，美国人选择规则，说明美国人（移民国家）和我们（非欧洲The Dress Code原发性国家）一样更需要的是"规则"（尽管美国社会已建立了很完备的规则体系）。

因此，TPO规则对我们，对一个做男装品牌开发的人，对一个做男装设计的人，对一个做男装板型技术的人，不仅提供了一整套修身知识系统，还提供了一整套操作程序。这正是《服装纸样设计原理与应用男装编》作为国家"十一五"规划教材倾注心力要做的事情，因为The Dress Code是纸样设计不能逾越的知识。

当然，与"女装编"成套，强化"教学与自学"的应用功能，同样做了"知识点"、"课件教材"和修遗的补充（见女装编序）。值得一提的是，男装课件教材，将TPO知识和纸样设计部分分而置之，这主要基于电子教材特点和完善培训功能的考虑。根据电子教材大信息容量的优势，对它们进行了补充和完善，使其行成独立的教学与学习系统，分为上篇“男装 TPO 知识系统与应用”和下篇“男装纸样设计系统与应用”（附赠 2 张光盘）。由此形成本教材的完整教学和分对象、分内容的分级培训功能。这也是本教材强化男装规则（The Dress Code）学习和纸样设计训练实效的措施，并在多年教学实践中产生良好效果。本教材在内容上也有重要成果补充，在第 4 章男装纸样分类设计与应用中增加了“中山装与关门领制服”的内容，这恐怕是修遗中最重要的内容。它不仅解决了中山装在板型技术上与欧板体系接轨的问题，即中山装纳入关门领制服纸样设计系统，也解决了中山装作为当代华人第一礼服的 TPO 知识系统架构的坐标，为开发和推广具有民族特色的男装礼服探索了一条符合国际规则之路和技术样本。这种本土化的尝试还仅仅是个开始，好在有了这次借普通高等教育“十一五”国家级规划教材（本科）出版的发力，相信会创造一个新的辉煌。

刘瑞璞

2008年8月奥运年于北京服装学院

2005年序

《女装纸样设计原理与技巧》和《男装纸样设计原理与技巧》从1991年12月和1993年9月出版以来，共印刷28次，累计发行将近23万册，2000年和1999年分别再版，2000年双双被中国书刊发行业协会评为全国优秀畅销书。1997年《女装纸样设计原理与技巧》获部级科学技术进步三等奖，同年两部教材作为“纸样设计课程理论体系及其模块化教学研究”项目的主要成果，获国家级优秀教学成果二等奖，部级优秀教学成果一等奖。在科学研究和应用开发中，2003年本教材为我主持的“PDS智能化研究”课题提供了坚实可靠的专业化基础性成果，为纸样设计专家知识的总结提供了理论框架和实践依据，使纸样设计自动生成数字化系统有了突破性进展。

从这些数字和成果看，一方面说明本教材的理论和实践紧密结合所产生的强大生命力；另一方面说明它们始终坚持在不断地发展、完善和创新中壮大起来。在某种程度上具有自主的知识产权，如纸样设计专家知识的系统化总结、纸样设计自动生成的智能化技术等都带有原创性，为此大大提升了服装高等教育纸样设计教材的学术层次，2004年本教材整合为上、下两册，作为“北京市高等教育精品教材”建设项目立项，并通过了北京市教育委员会批准。经过一年多的紧张工作，在保持本教材总体面貌的前提下，做了重大的补充和完善。

1. 从书名到内容力求更加专业化、规范化。从《女装纸样设计原理与技巧》、《男装纸样设计原理与技巧》改名为《服装纸样设计原理与技术》(女装编、男装编)。虽然是只字之差，却大大提升了它的学术层次和产业化的客观要求，在内容上也做了相应调整，特别对“系列纸样设计技术”做了系统的补充。在体例上根据本教材的综合性特点，采用社会科学和自然科学相结合的章节格式(第1章、§1-1、1、(1)、①格式)。在男装编中，第四章独立性和技术性强，造成篇幅较大，为了方便学生学习，特将思考题分列在本章的每节后边。在行文上更加严谨，专业化分析、论述更加实用和规范。

2. 增加了第三代标准基本纸样的最新研究成果。这是基于人体状况、生活方式和审美习惯发生明显改变的考虑。女装、男装第三代标准基本纸样从上装到下装，从整体到局部都有系统的理论分析和结论。在应用设计环节上特别强调了系列纸样设计的技术原理和开发的系统分析，且在男、女装上确立了公共平台，最大限度地发挥了纸样设计规律相通性的功能，纸样设计的个性发挥也有了一个坚实而广泛的基础，并通过个案进行实效分析。这可以说是作为精品教材的重要补充。

3. 本套教材的全部图例根据精品教材的要求和内容修改的需要做了全新的设计、规范和补充。在图例绘制上全部采用Corel DRAW高性能制图软件完成，使图例效果达到了目前国际先进水平。制图人员全部是纸样设计课题研究的研究生和高级专业人员，他(她)们是黎晶晶、魏莉、张金梅、刁杰、赵晓玲等。

4. 本教材在教学功能上更加完善。首先，在男、女装纸样设计规律的系统上搭建了公共平台，强调了人体(男、女人体)自然发生的一般结构规律的特质，在教学上打通了男、女装纸样设计理论的通道，在理解知识和效率上更加科学。其次，在每个章节后面增加了思考题和练习题的自学环节，内容和题型是以提炼重点和掌握基本知识与技术为要点，同时亦作为考核的基本范围。

总之，本教材经历了将近15年的磨砺及专业人士、学生、读者的厚爱才真正成熟起来，今天它成为精品教材的建设项目是我们共同努力的结果，然而这仅仅是个起点，使它步入经典教材还有很长的路要走，还有很艰苦的工作要做，我们只有不断地努力学习和工作。

刘瑞璞

2005年5月于北京服装学院

1998年序

《男装纸样设计原理与技巧》自1993年9月出版以来，以每年平均重印10000册的速度已重印了4次，至今累计印刷了48000册。据了解，这个势头还在稳步增长，这在专业教科书中可谓是业绩斐然，足见专业和非专业的读者朋友对此书的厚爱。然而，愧对广大读者的是，本书出版以后，曾有意进行修改，同时将更新的知识奉献给大家，但由于种种原因而未能实现。时隔五年后的今天，这一愿望终于得以实现。值得欣慰的是，时间长些，修改得会更加完善，补充的新知识会更加成熟。

本书有如此的生命力，我想有以下几个原因：首先，它具有国际通用的服装行业理论和技术，特别是规范而稳定的男装语言研究不受更多流行因素的影响，反而具有制造和引导流行的作用；其次，理论和实践紧密结合，并给予系统的总结和阐述；其三，注重原理的分析和对实践的指导作用，强调教学和生产的应用效果；其四，保持独立思考，系统分析，图文结构自成体系的特色。因此，本书在全国同类的教科书中使用率名列前茅，并在1997年全国高校教学成果评选中，作为“纸样设计理论体系及其模块化教学研究”的重要组成部分被评为国家教学成果二等奖。因而，在第二版的修改和补充过程中，这种具有生命力的主体结构框架不加改变。

本书修改和补充的原则是：完善本书的理论体系和应用技术的可靠性，增加适应男装生活和市场发展要求的技术和品种。在总体上，将“男装学问”的系统理论加以完善，对不明确和存在问题的知识信息加以确认和纠正，在文字和配图上做客观的修改和补充。如套装的三种格式，晨礼服、调和西装（休闲西装）等内容。

在本次再版中，变动和补充内容比较多的是第三章和第四章。第三章中增加了“男装标准的研究与借鉴”的分析。其目的是针对我国男装标准与国际标准还存在较大距离，而提出的一种有效的研究思路和借鉴先进国家标准的应用方法。这不仅对本书使用标准提出了指导性的意见，亦对今后国家标准的修改和完善提供了可借鉴的思路。如“比较标准”分析、“确定性规格”和“模糊性规格”的研究与应用、“理想化尺寸”的技术处理等。同时，根据对男装板型（造型）的多年实验研究以及流行趋势对男装的影响，在原基础上对男装标准基本纸样做了更合时宜和科学的修改，使运动、舒适功能有所改进，造型更加自然规范。修改的部位多达六七处，但采寸的调整以微调为原则。因此，两种样板都可使用而均被收录在本书中。

在结构原理的补充中，对收放量主体结构的“相似形”和“变形”的理论与实践分析做了系统全面的阐述，且配有相关的插图。这将是男装结构原理趋于完善的关键所在，因为它的补充可以解决放量设计后，前片和后片、衣片和袖片、主体结构和局部结构关系协调发展的关键纸样技术，对外套（相似形主体结构）和户外服（变形主体结构）这两大系统的服装结构体系的建立和系列纸样技术的理论与实践打下了良好的基础。由此，在第四章全方位的纸样设计中，注入了“系列纸样技术”的关键内容，这比原书一个款式一个纸样设计的单款独进的纸样设计方法有了重大的突破，使一个类型服装（多种款式）的内部主体结构产生了系列的相关性，使这一技术更具有科学性、教学性和可操作性。“系列纸样技术”

在目前国际成衣业很盛行，也是一项通用的系统工程，因此本书不可能全面系统地介绍，因为这会使本书改变初衷。故请读者阅读作者新近出版的《成衣系列产品设计及其纸样技术》一书，可以系统地了解和掌握男、女装“系列纸样技术”的全部理论体系和技术手段。本书只能根据相应的男装类型来应用这种技术，如西服套装、外套、外穿化衬衫等均运用了这种技术。同时，“相似形”和“变形”的放量理论与此结合紧密，使本书的结构设计理论体系更加规整，实践效果更加明显。

根据上述修改，在第四章的纸样设计中做了必要的技术处理和大面积的更新。同时，在局部的采寸上也做了较大的调整，如西服套装中普遍将前侧袖窿处做省或断缝时收掉的1cm容量均在后中缝处追补，以改善后身的运动、舒适性，并保持前身的平整。在户外服中，除保留原有的单款独进的纸样设计方法外，还增加了“系列纸样技术”的外穿化衬衫部分，使户外服从品种到施用的纸样设计技术更加完备。

总之，本书从整体理论知识到技术实践更加连贯，更加系统，更具有可操作性；信息量也更加充足、完备、可靠。可以预见，它会给读者带来更加信服的男装设计智慧和轻松实用的技术技能。亲爱的读者朋友，请接受我这个美好的祝愿。

作　者

1998年3月1日于天津师范大学国际女子学院

1992年序

多少年来，我国对男装结构的研究和设计始终是受着传统方法的制约。但这并不可怕，因为我们可以引进、吸收、更新，用更科学的技术改造、完善它。而令人担忧的是，采取对传统既不研究，对新知识又不求甚解的态度，使之落后于时代。

笔者经过对国内外有关教学单位、生产单位的学习与考察，通过对不同国家男装理论和构成的分析与对比，总结多年服装设计与纸样设计的教学体会，得出了一个颇具悟性的感觉：当今束缚设计的原因是男士们不懂得穿着，不知向谁请教如何着装及展示男士的品格风度，更不用谈了解男装是怎样设计和制作出来的。

本书试图从男装的特点、设计意识、有关男装的学问到其结构构成的原理及实施设计的全过程，做全面系统的阐述。用现实的观点，以“程式化”作为主线，客观而准确地介绍了从礼服到便装的礼仪规范、造型规律以及由装束而产生的男装禁忌。特别是在男装结构的研究中，它和拙作《服装结构设计原理与技巧 女装编》可以构成姊妹篇，采用系统分析的思维方法，推出了适合我国的男装标准基本纸样。对男装从礼服到便装结构的全部类型进行了深入浅出的合理分析和设计。在男装的科学化、系统化、标准化以及设计、生产的可行性上做了较深入的理论探索。

为了使本书中男装的结构研究和设计更具有合理性、实施性和可操作性，每个纸样图例都力争进行反复的研究、设计、绘制，必要时还结合实物的研制进行比较处理。特别在礼服、外套和夹克的纸样研究上做了较全面、科学的实践与理论探讨。同时，在套装的纸样设计中，运用男装标准基本纸样对其深层的结构和造型进行了综合的工艺分析。因此，本书在技术美学方面具有较强的独创性和应用价值。

值得欣慰的是，书中所建立的男装结构的理论体系和实践方法，在本科班、各种学习班、研究生班和生产实践中均取得了满意的效果。然而，此书与读者的见面才是对这种成果的真正检验。故而，期盼专家、同行、服装爱好者和朋友们的指教，我将不胜感谢。

作　者
1992年8月于天津纺织工学院

教学内容及课时安排

章/课时	课程性质/课时	节	课程内容
第1章　男装设计规则和造型特点/2	基础理论/8 （课下作业与调查/16）	1	男装规则的国际化趋势
		2	男装的程式化
		3	男装的功利性
		4	男装的技术美
		5	男装的保守性
		6	小结
第2章　男装TPO原则与国际惯例/6		1	诠释男装TPO原则
		2	礼服知识系统与应用
		3	西装的三种格式与变通
		4	配服与配饰
		5	外套的经典
		6	户外服的经典
		7	男装的流行
第3章　男装纸样的基本理论和设计原理/14	理论应用与实践/42 （课下作业与训练/84）	1	量体和男装规格
		2	制板工具和制图符号
		3	男装标准基本纸样
		4	男装纸样设计的基本原理
第4章　男装纸样分类设计与应用/28		1	西装和礼服纸样设计与应用
		2	背心纸样设计与应用
		3	衬衫纸样设计与应用
		4	裤子纸样设计与应用
		5	外套纸样设计与应用
		6	户外服纸样设计与应用

注　推荐教学课时：50；课下作业与实践课时：100。

目录

基础理论——

男装设计规则和造型特点 /2 课时

课下作业与调查 /4 课时（推荐）

课程内容： 男装规则的国际化趋势/男装的程式化/男装的功利性/男装的技术美/男装的保守性/小结

训练目的： 了解男装规则的国际背景与发展趋势，认识男装构成的特点和理论依据，为进入专业化男装TPO知识学习与设计训练解决最基本的理论问题。

教学方法： 面授、案例分析和课堂讨论结合。

教学要求： 结合男装国际品牌和历史事件的分析，认识男装规则与男装特点，用男女装比较的方法加深理解。课下要善于利用国际品牌市场、媒体和文献获得相关信息。

第 1 章 男装设计规则和造型特点

服装有一个最重要的功能就是规范人的行为。因此，它绝不会随着服装时尚化、个性化的盛行而消失，也正是由于它对于人的规范性，才造就了社会的人、现实的人、文化的人，这是人类区别于动物的重要标志（动物只有生物本能上的行为规范而不会有文化、社会上的）。服装的规范性是绝对的，变化是相对的，只是这种规范性的价值取向随着时代的演进发生了变化，服装的规范只能是与时俱进而不可能消失。值得注意的是，这种规则的社会性在男装中表现得尤为突出且特点鲜明。

§1–1 男装规则的国际化趋势

在世界范围，男装主流社会发生了很大的变革，尤其是在装扮行为上，逐步想放弃传统古典式绅士风度的特权，时刻在挣脱那种彬彬有礼的束缚，似乎要与女士们那斑斓的时装世界分庭抗礼，无怪乎在当今世界中出现了无性别的装束。其实这是种误解，目前的现状并不意味着装扮要放弃原则，而是规则趋向发生了变化，甚至“原始规则”仍起着决定性的作用。例如，人们都说美国男士穿衣很随便，没有章法，其实不然，在美国，但凡白领阶层的男士绝不会在穿礼服的场合穿牛仔装，也绝不会在休闲、旅游中西服革履。从这个意义上讲，美国人似乎比欧洲人更在乎穿衣规则，这是因为在欧洲人的眼里，美国就是个暴发户，美国人也深知这一点，所以他们无时无刻在力主老牌绅士英国人所建立起来的国际规则，生怕落得“经济巨人文化矮子”的名分。没有多少文化积淀的日本人的心态，亦是如此。由此这种富人俱乐部式的规则便成为一种世界性趋势，也是国际性组织形象化的标签，不然联合国、WTO 不会有如此大的聚集力。它的主要特点是，主流社会的穿着规则与民族习惯始终保持和平共处，否则那些发展中国家和不发达国家就不会跟进，但它也永远在承袭着原有的规则。确切地讲就是国际主流社会的着装惯例，即根据时间（Time）、地点（Place）和场合（Occasion）确定着装风格的 TPO 规则。然而，在我国集中西服装文化大汇合的今天，在认识上仍处在“原始积累”阶段。当西方各种新潮服装如洪水猛兽般袭来时，好像只能生吞活剥地接受。因此，需要一种符合国际着装规则（The Dress Code）的建构，当设计者和男士们，对男装的某类型服装进行研究设计和选择时，必须要考虑其相应对象的时间、场合、目的（即 TPO 原则）和它所特有的配饰、礼仪规范，这些都反映了一个国家的文明程度和国际化程度。即使在西方发达国家男装的大变革中，也仍然没有脱离上述这一基本原则，只是我们对其知识系统缺乏足够的研究和了解，也就无法准确把握它的特点。

§1–1 知识点

1.富人俱乐部式的规则是男装规则的国际化趋势。它的主要特点：以欧洲文明为典型的主流社会着装规则与各国民族习惯和平共处。

2.TPO规则是根据时间、地点、场合确定着装风格的国际惯例。

§1-2　男装的程式化

透过纷繁的时装现象，不难发现，男士穿着的风格、感受比起女装要严谨得多。男装，在材料选择、设计、造型、板型和加工手段上与女装相比大相径庭，男装对时间、场合和目的性的要求更为苛刻。从礼服到便装的设计，必须囿于一定范围内考虑其流行、款式、色彩、材料及风格的变化。近年来，由于技术科学、材料科学特别是观念的不断更新，男装也出现了自由、个性化的趋势，但他们大多体现在时尚明星阶层，白领阶层与此却莫衷一是，他们总以保持自身的纯粹性为傲。尽管这些服装可以自由穿用，也不能不考虑其社会工作的习惯性，而必须尽可能地避免因不分场合、习惯、规律而使人产生不愉快和不和谐的装扮行为。长期的积淀便成为男装的“程式”，对于我们研究认识男装的结构样式和设计规律是十分重要的，也正因如此才体现了男士社交伦理的逻辑魅力。

从男装发展的历史来看，它与女装相反，是以稳定求变化，在纷繁多变的女装衬托下，更显出男装的庄重和内敛，在视觉、心理上产生一种平衡。因此，男装的稳定性与自律性是一种心理上的需求。男装强调礼仪的功利在形式上的继承性。现代男装基本上是沿袭着欧洲文明的发展而形成的，由于男士广泛参与社会活动，在装束和装扮行为上形成历史积淀，逐渐确立为具有士族社会集团约束力的“规制”和“禁忌”。这就是男装程式化社会心理因素的客观要求和历史必然。

这种程式化的特征体现在装扮行为和形式上，就是从社会心理因素和历史进程中抽象成为这个集团每个个体都可以接受的“戒律”和识别符号。在此通过最具代表性的西装可以看出这种装扮行为和形式上的程式化特征。无论是一般西装还是运动型西装以及正式礼服，单排扣形式都在一粒到三粒扣之间变化，在设计上几乎不能超越这个形式范围（时尚明星阶层除外）。因为超出这个范围，就可能影响构成该装束的礼仪行为：穿着两粒扣西装系上上边的一粒扣表示郑重，不系扣表示气氛随意；三粒扣西装系上中间一粒扣或上面的两粒扣为郑重，不系扣表示气氛融洽；一粒扣塔士多礼服以系扣和不系扣来区别郑重和非郑重。两粒纽扣以上的西装（包括两粒纽扣），忌讳系上全部纽扣，在他们看来，系上全部纽扣是不讲究的穿法，甚至是无知的表现。这是沿袭欧洲绅士文化的传统习惯而形成的，它对现代男士们的行为仍具有很强的束缚力。例如，逢升国旗、奏国歌等庄严的场合时，穿着西装要系上应扣的那粒纽扣，如果着装不符合这种程式（如皮夹克），会产生无地自容的尴尬，或说明他是这种场合的局外人。在会见重要的人士时，即使不是初次见面也要将表示郑重的那粒纽扣系上，以表示尊重，当气氛融洽了，可以解开纽扣以暗示。与西装相配的背心，也具有这种程式语言。通常背心有五粒扣或六粒扣两种形式，无论是哪一种，最后一粒扣都可以不系。而且从结构上看，六粒扣背心的最后一粒扣根本就不能系上，这并不是对礼仪程度的暗示，而是出于活动方便的考虑，形成了具有功能性的程式。裤子有翻脚裤和非翻脚裤之分，但升格为正式礼服的裤子，就不能选择翻脚裤。扎领带的方式也不例外。领带为配合衬衫领型而采用不同的扎法，扎成后的长度不宜超过腰带，穿背心时领带必须放入背心里面。若没有特别要求，领带和领结是不能替换使用的。还有廓型、颜色、局部款式、面料、风格等，对时间、场合、目的也都有明确的程式化要求和礼仪暗示。

由此可见，仅对一种类型的男装分析，就能看出从整体到局部都具有明显的程式化要求，并且每种程式都具有明显的功利性。设计者和使用者如果不对此有深入、全面的了解，很难想象其后果。在男装设计中，无论流行如何、女装的新款式冲击有多大，设计者都要保持清醒的头脑。总之，每个新主题的产生或局部的改变，都要从男装程式化、功利性出发，这样才不失男装规范。

§1-2 知识点

1.上层男士广泛地参与社会活动不变的是传统，在装束和装扮行为上形成历史积淀，逐渐确立为具有士族社会集团（白领阶层传统的组织形式）约束力的“规制”和“禁忌”，便成为男装的“程式”。

2.程式化的特征体现在装扮行为和形式上，就是从社会心理和历史进程中抽象成为这个集团每个个体都可以接受的“戒律”和识别符号。

§1-3 男装的功利性

对男装的认识，设计师们往往盯着眼前时装千变万化的现象而变来变去，这是十分不可靠的，因为这缺少最基本的功利性。在对男装功利性了解之前，首先要讨论一下服装设计师应具备什么样的资质。

我们把时装文化现象的构成分为五个层次，即人类文化、人类种族文化、民族文化、地域民族文化及时装。设计师是站在时装之上的现实社会，当设计师思考设计时，他的修养和意识如果只停留在时装的层面，那将是肤浅的，其作品也是不堪一击的。相反，其设计意识和修养如果能够深入和辐射到人类的文化层面，他就是一个伟大的设计师，其作品也将是不朽的。我们把这种认识方法称为设计的“辐射效应”（图 1-1）。

设计的辐射效应是现代系统认识理论在设计学中的具体体现。它告诉我们，设计师要想创造出划时代的作品，所要付出的代价是巨大的，也是艰难的。同时也告诉我们，研究一种规律，培养一种意识，其着眼点不限于它的今天，更重要的是它的过去和未来。

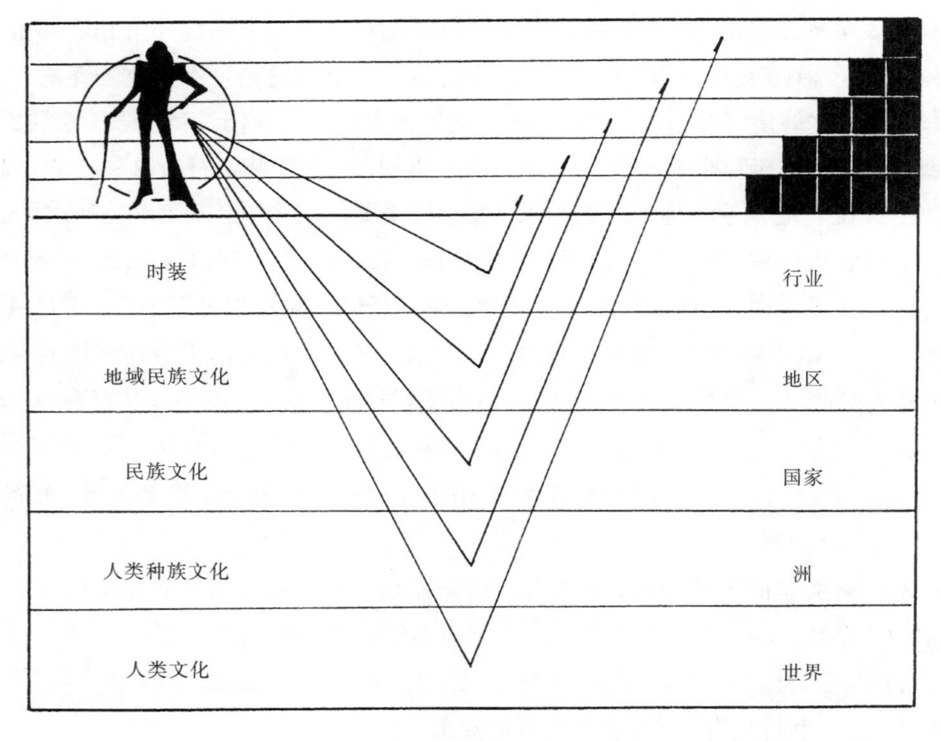

图 1-1 设计的辐射效应

服装在男人身上的价值，是看它承载了多少历史，“穿着历史”是国际男人俱乐部不成文的规则，甚至是入场券。男装中的任何一个细节都保存着深厚的历史和文化信息，这种历史和文化信息都是以原始功用的务实精神体现的，这就是所谓的“功利性”。男装的魅力在于它构成的元素从不以装饰目的而存在，相反，看似装饰元素总是包含着古老而朴素的功能特质，这是功利性符号特征所表现出的社会性。可见，男装的功利性，是从社会历史发展的必然和客观规律中得到的一种悟性总结。“功用”不属于任何一种民族或地区，尽管可能是从某一民族中产生的，它只属于真实的客观规律本身，很可能对世界上任何一个民族都有益处。服装的功利性是服装文化与功能完美结合的产物，而男装的功利性又是建立在“功用”基础之上的。换言之，男装的使用功能决定了它的形式，也是构成男装程式化的基础。那么，男装的功利性，就是“功用”本身所具有的美，不需要半点虚假或伪装。这便是男装功利性的真谛。

这样谈男装的功利性，显得很抽象。我们可以从具体设计的分析中得到充分的理解。在男装设计中遵循这样一个宗旨：只要有装饰的实用，不要无实用的装饰。以西装袖衩和纽扣为例，西装是从古代英国绅士的乘马服（晨礼服的前身）演变而来，为减少阻力和运动方便的缘故，上身裁剪得很合体，但为了穿脱和洗手的方便，袖衩也就自然形成了，固定袖衩的纽扣也随之产生。这种功能确定之时，它的“功用”之美也就产生了。时至今日，尽管其功效皆无，袖子也不那么合体了，然而，这种基本形制却成为西装的特征。袖衩的工艺形式，纽扣的位置、数量，便成为男装礼仪程式化的语言。纽扣的数量不仅说明其功能的作用，也暗示着穿衣者的价值观和归属性。三粒扣表示中性，更多地用于准西装上；一粒扣和两粒扣暗示着随意，多用于休闲西装上；四粒扣表明古典和怀旧的风格，多用于礼服西装上。

纽扣是以实用的功利传递着男人的风格和美。如果将袖衩所具有功能的样式变成纯装饰性的，纽扣也打破它的程式化组合，男装的风格和归属就完全消失了。这并不是在形式上从美到不美的改变而产生的印象，而是将人们头脑中由功用所牢固确立的程式化习惯和形象，用一种相悖的因素取代所产生的不适感（图 1–2）。

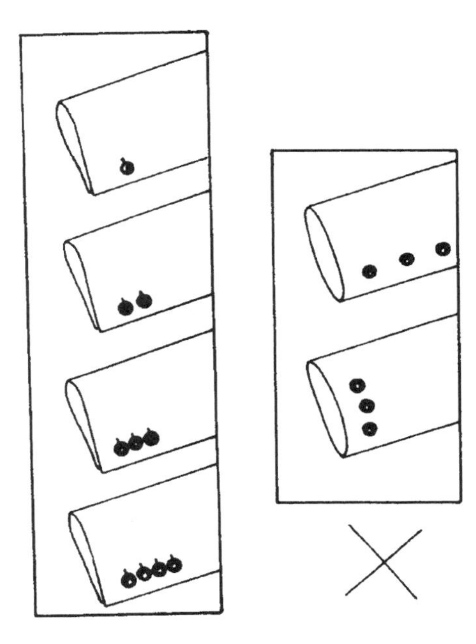

图 1–2　西装袖衩扣功利性和非功利性的对比

再从风衣的设计来看，它承载的是第一次世界大战就确立的堑壕外套极尽功能性的全部信息，今天它的所有元素和组合方式几乎成了绅士的语言。风衣的肩襻、领襻、袖带、胸盖布、披肩等，人们往往把这些设计看成与其他外套区别的标志，很少有人能说出它们各自的功效作用。其实，这种样式就是一个世纪前士兵堑壕外套的翻版。肩襻是作为固定武装带不易脱落而设；领襻、袖带是作为防风雨保暖而设；胸盖布只设在右胸，是因为男装搭门是左搭右，它可以和左搭门形成左右的重叠结构以防任何方向的风雨侵袭；后披肩设计成悬空结构，使雨水不能很快渗入，显然这是一种仿生的设计（图 1–3）。然而，它作为男士日常生活的外套，这些功能显然应用的机会是很少的，但它的基本功能和形式仍然保持至今。诚然，它是以这种特有的功能符号来传递和暗示着男士特别的文化密码。我们几乎可以这样判断，一位穿着堑壕外套且全部元素准确无误的人，一定是个绅士。由此看来，作为男装设计，缺乏这种实用的功利意识是很难成功的。

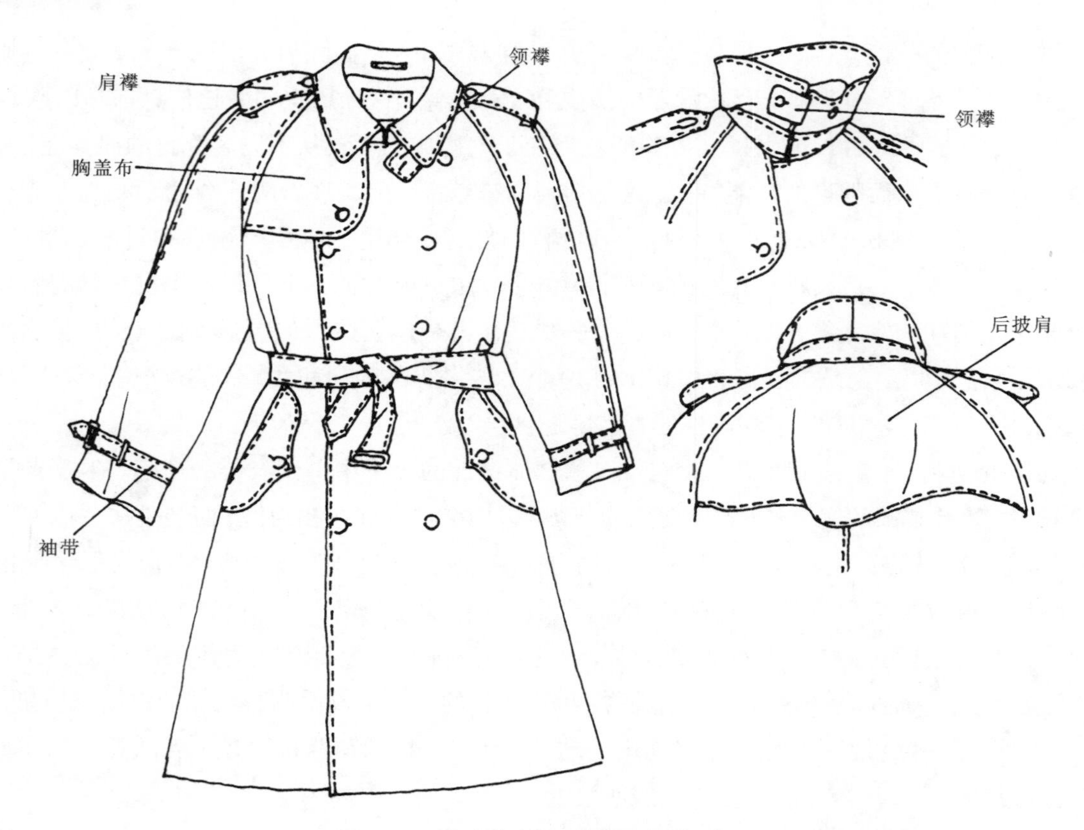

图 1–3　风衣由仿生功能确立的功利性符号

这里还有一个有趣的例子值得一提。在西装驳领上，如果是平驳领，只在左襟驳领（领嘴）处设扣眼；如果是戗驳领则左、右襟驳领都设扣眼。这对一般理解的扣眼用于插胸花或吊牌都是解释不通的，因为戗驳领上的两个扣眼不会插两个胸花，也不会系两个吊牌，这显然是与双排扣西装最初关门领的原始功能有关（图 1–4）。这种功利性符号几乎成为识别地道西装的标志，其实只要是品牌的男装制品，这种功利性的语言是不会被忽视的，也是判断品牌的重要指标。

图 1–4　西装驳领扣眼的原始功能

§1-3　知识点

1.一个设计师的意识和修养如果只停留在时装的层面，那将是肤浅的，如果能够深入和辐射到人类的文化层面，他就是一个伟大的设计师，这就是成功设计师所具备的资质和“辐射效应”。

2.男装中的任何一个细节都保存着深厚的历史和文化信息，并以原始功用的务实精神体现着，这就是男装的功利性。男装的魅力在于它构成的元素从不以装饰目的而存在，看似装饰元素总是包含着古老而朴素的功能特质而被广泛接受并创造着历史，这是男装功利语言的社会性，由此造就了男装的经典（图1-2～图1-4）。

§1-4　男装的技术美

从男装的功利性特点和要求出发，其造型的表现自然不能追求女装那种炫耀和暴露的风格，而要注重工艺性，其核心就是技术之美。

高明的设计师认为，女装看远不看近，男装看近不看远，这是不无道理的。但是，这并不意味着女装可以粗制滥造，而应该从男、女服装的美学和艺术的表现手法去看待这个问题。它们对服装美的作用和追求不同，作为美的高低，它们是没有可比性的。从现代设计观点来看，整个造型领域趋向于工效学和美学的高度统一。这是英国工业设计理论鼻祖莫里斯在 19 世纪就提出来的，时至今日，我们似乎才刚刚意识到。作为产品的服装设计，这种造型意识也是不能忽视的，重要的是，要善于把握功效和美在男、女服装设计中的尺度和层次。这在认识男装的造型中显得更为突出。

影响服装设计尺度的因素，并不是简单地采用“加法”或“减法”，而是取决于设计者“用功”的角度和作用点的不同。认为能够设计女装，也就可以设计男装的观点是幼稚的。事实上，这是不可能的，除了社会心理、生理、审美趣味和集团语言的不同之外，其设计手段也是不同的。女装的造型手段是“外化”的，只要设计者对女装变化的规律和结构原理了解清楚并加以利用，就可以大出风头。男装设计则强调“内功”，女装的千变万化不能在男装的设计上施展。因此，在服装品牌发达的国家，男装设计师和女装设计师之间是有严格界限的。我们在国内市场上看到有很多世界级品牌女装设计师也同样有男装产品，这仅仅是“贴牌”而已，原创设计是没有的，即使有也是属于附庸设计。

男装设计师的“内功”是如何表现的？它是采用某种独特的技术工艺手段，创造出一种微妙而特别的造型趣味和风格，它反对以形式的外观取悦于人，追求技术的韵致之美。总之，“内功”不是形式在造型上的外化，而是构成造型的技术本身。还以西装为例，从西装成为男士日常和社交最广泛的装束至今，在外观上似乎没有发生多大变化，但是，如果我们细心观察，就不难发现，今天和以往的西装在趣味和风格上有一种强烈的时代差别。从结构上分析，20 世纪 60~70 年代，流行 X 造型（图 1-5）。为了强调腰线以下的衣摆，将衣长略增加，腰线比实际腰位提高并收紧，侧缝翘度加大，后开衩加长，整体结构处理成腰线以上合体。在工艺技术上，使肩端略收紧，袖型较瘦，表现出一种干练、潇洒而又典雅的风度。在造型上，它基本承袭着 20 世纪 30 年代威尔士英国贵族的风尚（图 1-6），但轻盈的面料和黏合衬加工技术逐渐取代了厚重的麻、毛衬布的手工工艺，这和增多的休闲生活方式不谋而合，为现代西装风格奠定了基础。

今天的西装造型恰好与此相反。肩部加宽而平，胸部宽松，腰线降低，衣摆收紧到最大限度，后开衩深度较短，并设在两侧，或没有开衩，袖肥变大，整体呈V字造型（图1-5），其实它源自一种成熟、宽厚的常春藤风格，但表现出很强的时代感。

图1-5　男装"内功"的变化

图1-6　男装"内功"的时代风格

☆圆领角套装、肥大的裤子，在1932年的英国开始盛行，这一怀古风格的装束在今天再度出现

从这两个例子可以看出，男装的造型设计不拘泥于表面上的变化，而更注重追求其结构的造型传承之美、材料与合理工艺相结合的技术之美。它们的综合之美就是男装"内功"所呈现的人文趣味和时代风尚。

§1-4　知识点

从男装的功利性特点和要求出发，自身要追求一条工艺性和技术美之路，它的表现手法与女装的"外化"不同，它更强调"内功"，采用某种独特的技术工艺手段，创造出一种微妙而特别的造型趣味和承载着历史的风格（如归拔技术、板型深度设计等，详见第4章），它反对以花哨的形式与多变的外观取悦于人，追求技术的韵致之美。因此，男装的历史是一部技术美学史，它总是进化大于变化。

§1–5　男装的保守性

男装的技术美和结构有着千丝万缕的联系，结构本身具有“自律”的客观性，其最佳状态是它永远追求的目标，当它一旦确立就很难改变，除非产生更好的方案，这就决定了男装的保守性。与此同时，它还受男装程式化和功利性的男人性格、心理特征制约，其中生理因素是制约结构的基础。

首先，男人体形起伏较小，在结构中余缺处理的量和变化小。女装结构根据女人体形起伏较大的生理特征，创立了一整套断缝和省缝的设计原理，然而将这些原理用在男装结构的设计中就显得多余，尽管它也符合某些通用的原理。但在很大程度上，男装结构的程式化又是由男性人体特征决定的。因此，男装结构是造成男装保守性生理的自然法则，亦是平衡社会的（女装结构的非保守性）心理满足。例如，男装中的省缝和断缝结构是完全按照其功效和程式化范围进行设计的，绝不能将女装的省缝和断缝的变化套用在男装设计中（图 1–7）。打褶的运用在男装中更加慎重，褶的位置、数量、形状都是很规范的，特别是对有礼仪要求的服装。即使是在便装设计中也要考虑和女装的习惯差别。

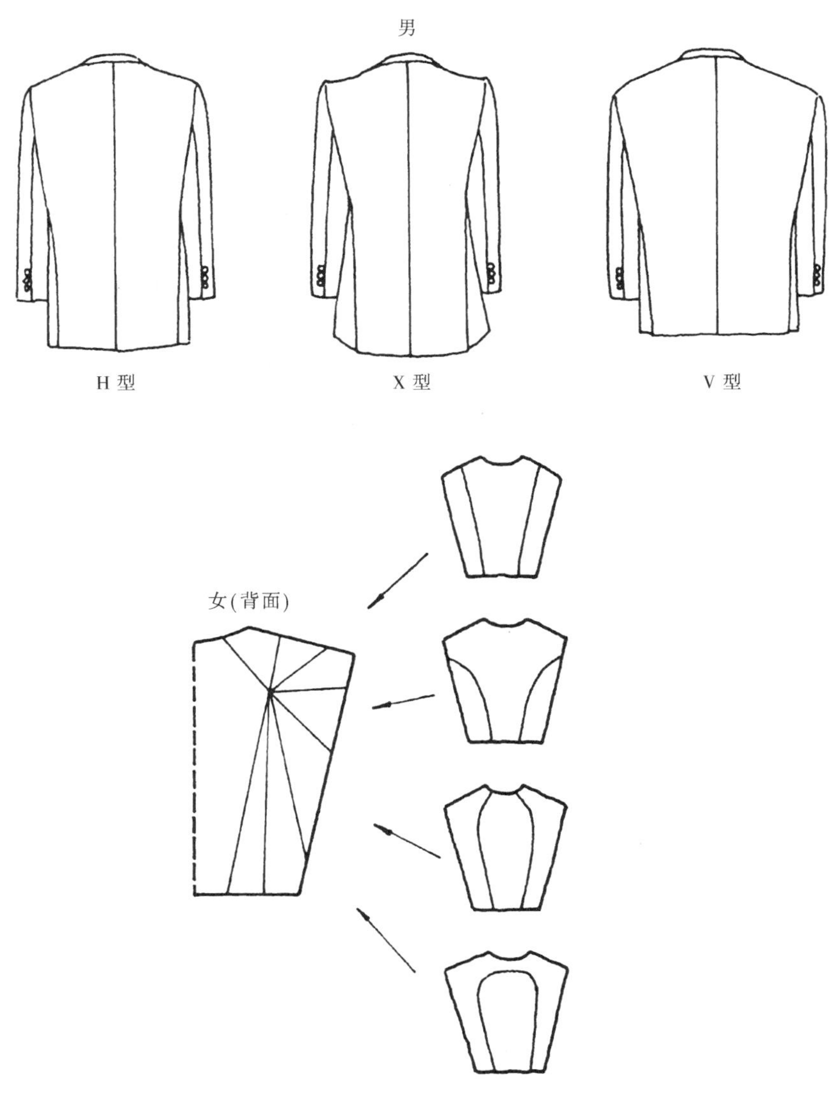

图 1–7　男装结构程式化与女装结构多元化的区别

其次，在男装程式化、功利性和技术美的要求下，结构设计相对女装来说其范围小而稳定。它主要表现在结构的修正和收放量具有一定的尺度范围。例如，男装外套的下摆翘度再大也不可以追求像女装大裙摆一样的结构；长度的确定也是按一定尺度的，如长裤或短裤，而不能像女装那样出现三股裤（裤长在小腿中间）。

男装的这种保守性，是建立男装结构设计的程式化和生产标准化的有利条件，设计者和生产者要善于利用男装的这种特质。特别是在男装的产品开发上，正确地认识它，有助于提高品质标准及产品不断更新的有序发展。

§1-5　知识点

技术美、功利性和程式化最终都要通过服装结构表现出来，结构本身具有“自律”的客观性。首先，男人体型起伏小，结构变化不大；其次，在程式化、功利性和技术美的要求下，结构设计范围小而稳定。因此，结构的最佳状态是它永远追求的目标，当它一旦确立就很难改变，除非产生更好的方案，这就决定了男装保守性的结构特点和纸样面貌。

§1-6　小结

在理论上，男装设计规则和国际化趋势，随着世界经济一体化进程而不可逆转，是不以人的意志为转移的。重要的是要学习和掌握男装国际化的设计规范，研究主流国际着装规则和民族习惯共生的规律，使之成为符合国际惯例的本土化男装经济。

在技术上，认识男装的设计特点，是专业人士进入男装设计与技术的第一步。综上所述，我们可以得到如下结论：

程式化——表现为男装社会行为和样式元素及组合形式的自律性。程式化是相对于女装多元化而言的整体表现语言特色。

功利性——表现为男装式样元素及组合形式上，只有功能目的的装饰，没有装饰目的的功能。功利性是相对于女装的装饰性而形成的设计法则。

技术美——表现为男装工艺性和技术内化。技术美是相对于女装工艺外化的形式美而形成工艺内化的加工手段艺术化的追求。

保守性——基于易性人体体形特征，在程式化、功利性和技术美要求下表现为男装整体结构以静制动的务实精神。保守性是相对于女装开放性特点而形成秩序化的结构特点。

§1-6　知识点

男装的程式化、功利性、技术美和保守性，它们不是孤立存在的，因此综合认识和运用它们才是明智的。

练习题

1. 男装造型四个特点的含义。
2. 根据案例说明男装程式化、功利性、技术美和保守性的表现形式。

思考题

1. 男、女装造型特点相悖的思考。
2. 男装造型语言为什么以功用为基础?

基础理论——

男装 TPO 原则与国际惯例 /6 课时

课下作业调查 /12 课时（推荐）

课程内容： 诠释男装TPO原则/礼服知识系统与应用/西装的三种格式与变通/配服与配饰/外套的经典/户外服的经典/男装的流行

训练目的： TPO原则与国际惯例是男装设计规则和造型特点的纲领性理论，学习在TPO原则指导下的男装知识系统与应用方法，为掌握男装结构特点和纸样分类设计提供理论支持。

教学方法： 面授、多媒体与案例分析结合。

教学要求： 从TPO知识系统案例中解析男装设计规则和造型特点。运用TPO知识系统不同服装类型的基本元素和造型规律解析国际市场男装品牌。完成一项由TPO知识系统指导下的课程作业（采用“设计手稿”形式）。

第 2 章　男装 TPO 原则与国际惯例

对男装来说无论是造型设计还是板型设计，并不在于设计本身如何新颖，关键是要看它是否准确地表达了它的文化与历史；要看它如何对构成这些文化、历史的语言因素进行合理地把握与综合。换言之，在我们没有了解和认识男装语言系统之前，是无法进入设计程序的。纸样设计尤为突出，这是因为纸样结构的构成是由数字规划和比例为基本手段的，而这些数字规划和比例的非自由性是受男装语言元素制约的，即具有“程式化”特征的符号，而这些符号是受 TPO 原则及其国际惯例制约的。

§2–1　诠释男装 TPO 原则

TPO（Time，Place，Occasion）原则是将何时、何地、何目的的着装明确地表示、规定方向、目的性的原则。其中“明确”、“规定方向”、“目的性”这些极为确切的用语，显然对着装行为和设计更有指导意义与可操作性。更准确地说这是针对男装提出来的行为准则（包括装扮行为和设计行为）。对这一点，我们认识并不足，通常是对 TPO 持各自的主观臆断，甚至出现“TPO 就是白天穿白天的衣服，晚上穿晚上的衣服”这类笼统而无任何意义的解释。因此，探究 TPO 原则的背景知识和作用，不仅对 TPO 本身的认识会有帮助，而且是了解男装国际惯例语言格式的第一步。

1　TPO 与东京奥运会

最早提出 TPO 原则的并非是以现代男装体系原发地英国为主导的欧洲大陆，而是出现在当时并不发达的日本[①]。该原则是 1963 年由日本的 MFU 即日本男装协会（Japan Men's Fashion Unity）作为该年度的流行主题提出来的，其目的是在日本公众的头脑中尽快树立起最基本的现代男装国际规范和标准，是将以欧美为主流的国际“男装规则”（The Dress Code）进行本土化，以提高国民着装整体国际形象。这不仅给当时日本国内男装市场的细分化趋势提供了指导，同时也为迎接 1964 年在日本东京举行的奥林匹克运动会，使国民在国际各界人士面前树立良好的形象做准备。TPO 原则不仅在日本国内迅速推广普及，始料未及的收获是，它也被国际时装界所接受，并成为国际公认的社交准则。其中还有一个重要原因：在我国重要历史时刻，没有产生一次像日本明治维新那样的现代工业革命。TPO 知识系统就是在这个过程中诞生的。

2　TPO 原则的指导作用

TPO 原则，横向作用于男、女装的指导意义不同；纵向作用于男装的不同级别、指导趣向有所转化。总之，

① 日本提出男装 TPO 原则，使男装国际惯例理论化。因此，我们说如果没有日本对现代男装语言格式加以总结，其国际惯例是不完备的。TPO 原则被欧美和国际社会接受与普遍运用正因如此。

它是在一个原则框架下发生着有序的变化。

社会角色的分工决定了男、女装的社会功能。男性为理性职业居多，女性以感性职业为盛，故在服装和形制上，男装具有较强的规定性。因此，在国际社交界，格式化语言更多的是指男装，对女装甚至没有约束力，这就是为什么在很多场合男装显得整齐划一，女装则丰富多彩的原因。这也表现在称谓上，男装更加确切、具体、专属性，女装则笼统、模糊、通用性。如晚礼服这种笼统的用语用于女装很合适，它的形制只有大体的轮廓，而男装用“晚礼服”称谓很难进行操作，因为根据 TPO 原则和装扮主体的综合条件有相应对号入座的选择，如燕尾服（第一晚礼服）、塔士多礼服（正式晚礼服）、梅斯（职业化晚礼服）、装饰塔士多（娱乐晚礼服）等。因此，TPO 原则针对男装要注意把握三个要领：一是 TPO 各元素之间是有关联的、配合的；二是 T（时间）起决定作用；三是 TPO 是具体的、确切的、专属的。

TPO 纵向作用于男装的指导意义更加明显，主要表现在男装的不同级别、指导趣向有所转化。按照国际通用的级别分类为：礼服—常服—便服—休闲服—运动服。TPO 作用越接近礼服，其标识性功能越强，表现出程式化的符号性特点也越强；越接近运动服，其实效性功能越强，表现出功能化的符号性特点越明显。换种说法，TPO 对于不同级别的服装，作用也不同：级别越高，其文化、历史的信息越强，实用性处于从属地位，规定性明显，主观性较差；级别越低，其实用性成为主流，文化、历史信息处于从属地位，主观性取代了规定性。

这种对 TPO 的解读，对男装设计者和使用者来说都是不可缺少的，不妨我们从更具体的分类中学习和掌握 TPO 的语言知识系统。

§2-1　知识点

1.TPO原则是将时间（T）、地点（P）、场合（O）的着装，明确地表示、规定其目的性的原则。它是1963年由日本男装协会（MFU）作为该年度的流行主题提出来的，旨在尽快树立和提高国民整体国际形象，为1964年日本东京奥运会作准备。之后成为国际社交界和业界通行的男装规则和完备的男装知识系统。

2.把握TPO原则的三个要领：一是TPO各元素之间的关联性、配合性；二是T（时间）具有决定作用；三是TPO是具体的、确切的、专属的。因此，TPO原则作用于男装的指导意义更加明显。对于不同礼仪级别的服装，作用也不同：级别越高，其文化、历史的信息越强，实用性处于从属地位，规定性明显，主观性较差；级别越低，其实用性成为主流，文化、历史信息处于从属地位，主观性取代了规定性。它不仅对男装行为具有指导意义，对男装设计、男装开发和男装制造也是不可或缺的知识系统。

§2-2　礼服知识系统与应用

男士礼服作为礼仪的标志，不同于女装，在礼节规范和形式上，具有很强的规定性。在文明程度较高的国家和地区，是以它作为“行为礼仪规范”启蒙教育的必修课程。

根据 TPO 的国际惯例，礼服可划分出第一礼服、正式礼服和日常礼服的等级。第一礼服几乎成为特定礼仪和社交的公式化装束，它在搭配组合上有严格的规定。正式礼服是正式场合必须穿着的礼服，通常它采用第一礼服略装的形式，因此，在运用配饰的组合上也是很严格的。日常礼服是在非正式的场合或未指定情况下可选择的礼服，它在形式上也有明显的特征。黑色套装就是日常礼服的最高形式。

1 第一礼服

第一礼服又分晚间穿的燕尾服和白天穿的晨服（晨礼服）。

（1）燕尾服（Tail Coat，彩图1）

燕尾服是男士在晚间6点以后正式穿着的服装，是晚礼服的最高形式。最早出现于1789年法国大革命时期，是上流社会男士较为普遍的装束。1850年升格为晚间正式礼服，1854年黑色燕尾服流行。在第二次世界大战以前，成为上流社会绅士们参加夜间正式宴会、观剧、舞会等场合的正式礼服。现在成为包括社交在内指定性的公式化装束，如国家级（特别在君主制国家）特定的典礼、婚礼、大型古典音乐的艺术家，古典交际舞，豪华宾馆指定的服务生等的装束，这些场合的要求也仅保留在那些像英国、北欧、日本等君主制的国家里，还有像诺贝尔颁奖这样古老的仪式中。值得注意的是，它只用在晚间这些仪式上。

由于特殊礼仪规范的制约，燕尾服的主服、配服（包括款式和裁剪）、配饰、标准色、标准面料、相关词等都有一整套TPO的规制，故被看做是公式化礼服（图2-1）。它的基本裁剪仍保持着维多利亚时期的古老结构。前身衣摆短至腰部与前襟构成短摆型。燕尾服穿着时不系纽扣，只在前身设六粒装饰扣。领型为戗驳领（青果领用于概念设计），并用与本料同色的缎面布料包覆。后身长从后颈点至腿后部膝弯处，后中明开衩至腰节线，形似燕尾而得名。后身的刀背断缝结构与腰线缝的交点用装饰扣覆盖，后中缝在同等位置构成z字形台阶并向下摆延伸为后开衩，呈现维多利亚裁剪的基本特征。这一结构和晨礼服相同。衣料采用黑色或深蓝色礼服呢。与燕尾服相配的服饰为：内穿三或四粒纽扣的方领或青果领白色礼服背心；下身为与礼服同面料的两侧夹缝缎面的双侧章非翻脚裤；内衣为白色双翼领，加U形硬胸衬的礼服衬衫，配白色领结，在正式请柬上写着White Tie（白领结）时是指穿燕尾服之意；手套及胸前装饰巾为白色；脚穿黑色袜子和漆皮皮鞋（彩图1-c）。值得注意的是，燕尾服很少受流行趋势的影响，它的变化在其程式的范围内依赖于礼仪场合和传统习惯的微妙处理，往往是以怀旧的心理满足，来决定燕尾服的风格（图2-2）。

（2）晨礼服（Morning Coat，彩图3-a）

晨礼服是男士白天正式场合穿着的大礼服，与燕尾服级别相同，始于1876年，盛行于1898年，当时为英国绅士骑马时的装束，亦称乘马服。第一次世界大战以后升格为日间正式礼服。现在几乎成为公式化场合行使礼仪的装束，如国家级的就职典礼、授勋仪式、日间大型古典音乐会演出（像一年一度的维也纳新年音乐会）等。在国际社会原系晨礼服的场合多由黑色套装（Black Suit）所取代。重要的是晨礼服不能和燕尾服替换穿着，因为服装的级别越高，时间的强制性越大。

晨礼服构成的标准形式：前身腰部有一粒扣搭门，至后身膝弯处呈大圆摆；后身与燕尾服结构相同保持着维多利亚式裁剪；领型为戗驳领；衣料采用黑色或深蓝色礼服呢。与其相配的服饰：灰黑条纹相间或与礼服同面料的非翻脚裤，灰色麻面料的双排六粒扣加领礼服背心，或与外衣同色一般形式的背心；白色双翼领或普通礼服衬衫；饰黑灰条纹或银灰色领带（葬礼时用黑色领带）或阿斯科特领巾（Ascot）[①]；手套为白色或灰色；胸袋的装饰巾为白色；袜子和牛津皮鞋为黑色（图2-3）。

---

① 似围巾一样的领带，它与晨礼服组合一般解读为一种传统考究的搭配。在欧美配以净色阿斯科特领巾为白天正式结婚典礼时新郎的装束；配以有精美印花图案的阿斯科特领巾，一般用于日间西装的休闲搭配，并系在衬衣领的里边。

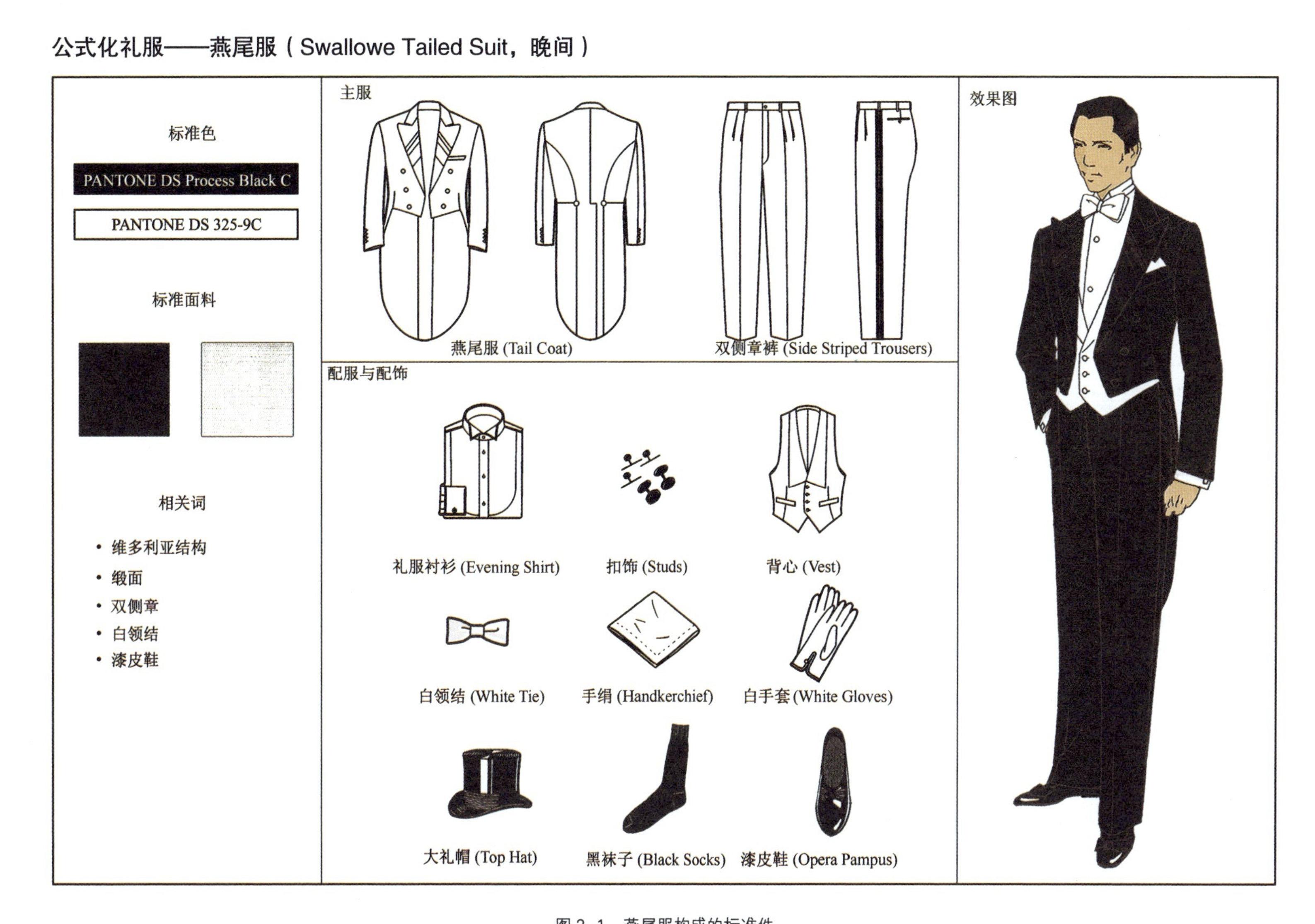

图 2-1　燕尾服构成的标准件

从燕尾服和晨礼服的整个构成元素、形式、搭配来看，它们在礼仪级别要求上虽是相同的，但时间不同在气氛上也不尽一致。燕尾服更追求优雅华丽，赋予了艺术和人文的情感，晨礼服则显得庄重和肃穆，表现出职业化的务实精神，由此呈现它们各自的造型风格。在男装常识中，青果领暗示更加美国化的郑重和多变性，戗驳领暗士英国绅士传统的标准和古典，八字领有反叛和休闲的倾向。因此，在第一礼服中采用戗驳领是明智的。燕尾服驳领用有光泽的缎料是不能忽视的，裤子的侧章也是如此。另外，白色的背心、衬衫和领结与黑色的外衣、裤子和鞋的整体配套也成为一种惯例（一般不能采用黑白以外的配色）。晨礼服由于是在白天穿用，华丽的气氛相对减弱，色彩和配饰的搭配较燕尾服更为灵活，领型用戗驳领仍是最保险的选择，但不能与燕尾服相同配以缎料，这恐怕就是晚礼服和日间礼服通过造型元素的区别在时间上对行为的提示。

图 2–2　怀旧风格的燕尾服，保持了拿破仑时期的特点

公式化礼服——晨礼服（Morning Coat，日间）

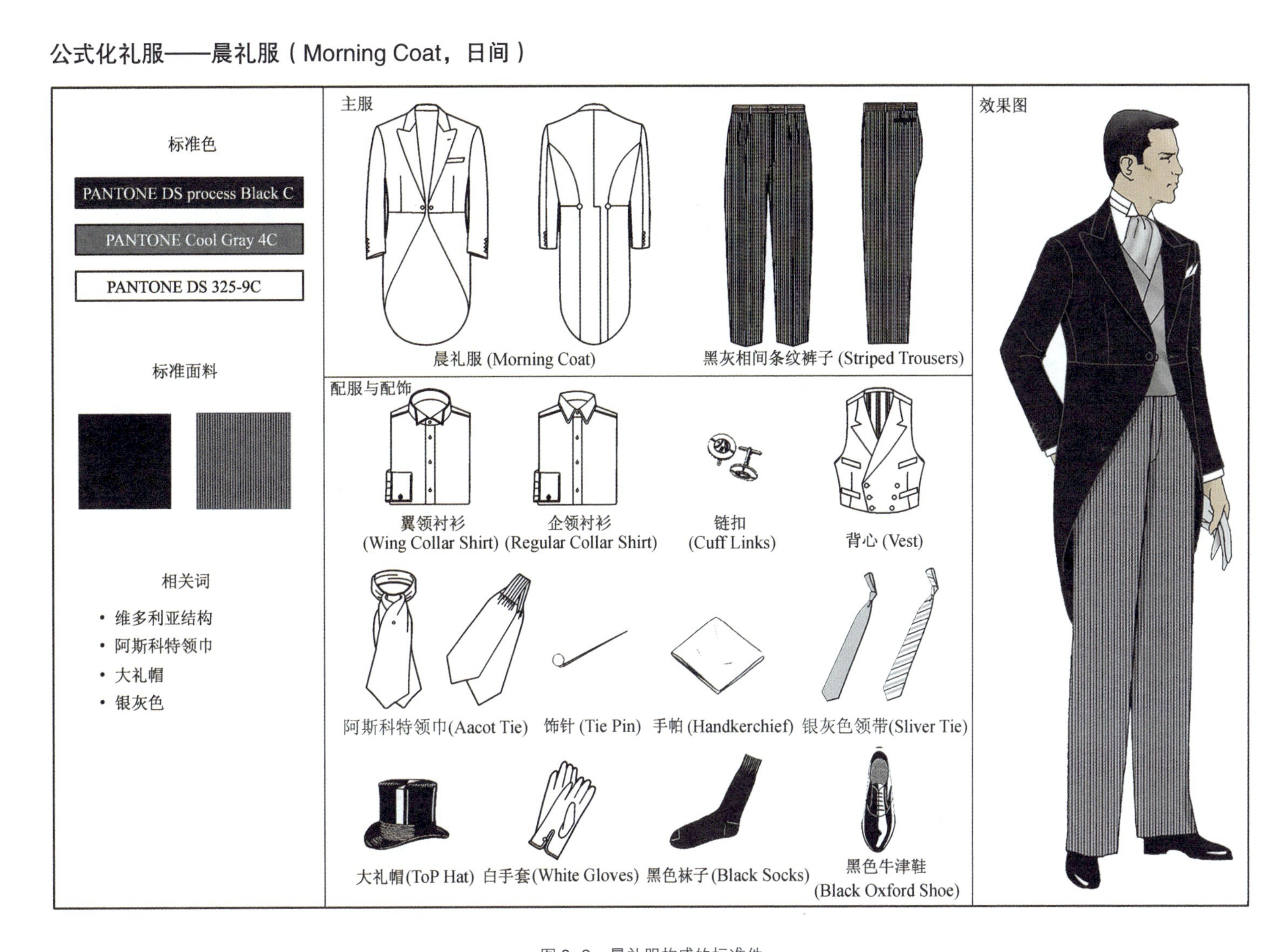

图 2–3　晨礼服构成的标准件

2 正式礼服

正式礼服亦有晚间和日间的区别，塔士多为晚间正式礼服（彩图 1–d），董事套装为日间正式礼服（彩图 3–b），通常视为燕尾服和晨礼服的简装版。在现代隆重的场合原系燕尾服和晨礼服的装束多由此替代。

（1）塔士多礼服（Tuxedo Suit）

参加晚间（18：00 以后）正式的宴会、舞会、观剧、受奖仪式、鸡尾酒会等多穿着塔士多礼服。

塔士多礼服最早出现于 1886 年。在美国纽约市附近有个地区叫塔士多（Tuxedo Lake），1814 年一个叫皮埃尔·洛里亚尔（Pierre Lorillard）的家族购得此地，并于 1886 年自成一个社区，地位逐渐显赫，当时在晚宴上绅士们所穿的一种新式无燕尾的礼服被称为塔士多，其形式特点是从当时的吸烟服发展而来。前门襟一粒纽扣，圆摆，领型采用与燕尾服相同的形式，口袋用缎面双嵌线无袋盖形式。背心采用与外衣同面料的 U 形领口、四粒扣礼服背心，也经常用黑色丝织物制成的卡玛绉饰带（Cummerbund）封系在腰间代替背心，前者为英国风格后者为美国风格（彩图 1–d）。裤子用单侧章非翻脚裤，面料与礼服相同。衬衫为白色双翼领、前胸有襞褶的礼服衬衫，配黑色领结，一般在晚间正式场合的请柬上标有 Black Tie（黑领结，彩图 1–a），就是穿塔士多礼服的暗示，并非只扎黑色领结（图 2–4）。

塔士多礼服在春、秋、冬三季采用黑色或深蓝色，在夏季上衣采用白色，款式常采用短上衣，一种叫梅斯（Mess）的晚礼服，款式类似燕尾服去掉燕尾的部分，被称为夏季塔士多礼服（彩图 2）。梅斯的配服与配饰和塔士多相同，只是由于夏季和短款的要求，配卡玛绉饰带不配背心成为惯例（图 2–5）。

（2）董事套装（Director's Suit）

董事套装与其说是为董事会成员专设的一种礼服（19 世纪末 20 世纪初英国实业家盛行的产物），不如说它是当时的上层社会将晨礼服大众化、职业化的结果。因此，称其为简装版晨服更为恰当。它是当今晨礼服的替代品（彩图 3–6）。

款式与塔士多礼服风格相似，采用单排两粒扣的戗驳领是它的标准特征[①]，其配服配饰和晨礼服相同（图 2–6）。由此可以判断，晚礼服和日间礼服逐步在简化和趋同，但是它们并不能相互代替，故而在礼服中，人们就创造了一种在一般的礼仪场合中没有时间限制的日常礼服，即黑色套装。

3 日常礼服——黑色套装（Black Suit）

在礼仪性较明显的场合（包括正式场合），如果没有对服装做特别的提示，作为一种保险的考虑，穿黑色套装最为合适，如商务谈判、国际会议、仪式、展览等。它由双排扣戗驳领和单排扣平驳领两个版本构成，使现代男士应对社交变化有更大个性发挥的空间和技巧，因为，这种装束不受礼仪的时间、场所和主题的限制，可广泛穿用，搭配组合也可根据爱好、流行而设计，很受国际社会的欢迎。因此，成为现代社交的准礼服（彩图 4–a 和彩图 4–b）。

然而，礼服毕竟不同于便装，出于某种礼节，黑色套装在形式上还是有一定规范的。首先，深蓝色成为它的颜色基础（黑色是正式礼服的专用色），而深棕色、深红色等暖色调的深色系不在其中，这些暖色调深色系是男士礼服中所忌讳的（特别是在葬礼和告别仪式上）。其次，配饰的颜色也要避免使用华丽的色彩。因此，黑色套装的称谓几乎成为现代礼服的代名词，它的内涵就是深沉而高雅的装束。其结构形式通常采用双排四

① 在普通西装中很少采用单排扣戗驳领的形式，这是工业革命时期，英国人创造的实业家形象，在今天单排扣戗驳领这种形式用于普通三件套西装上有“崇英”的暗示，也称不列颠套装。

正式礼服——塔士多（Tuxedo，晚间）

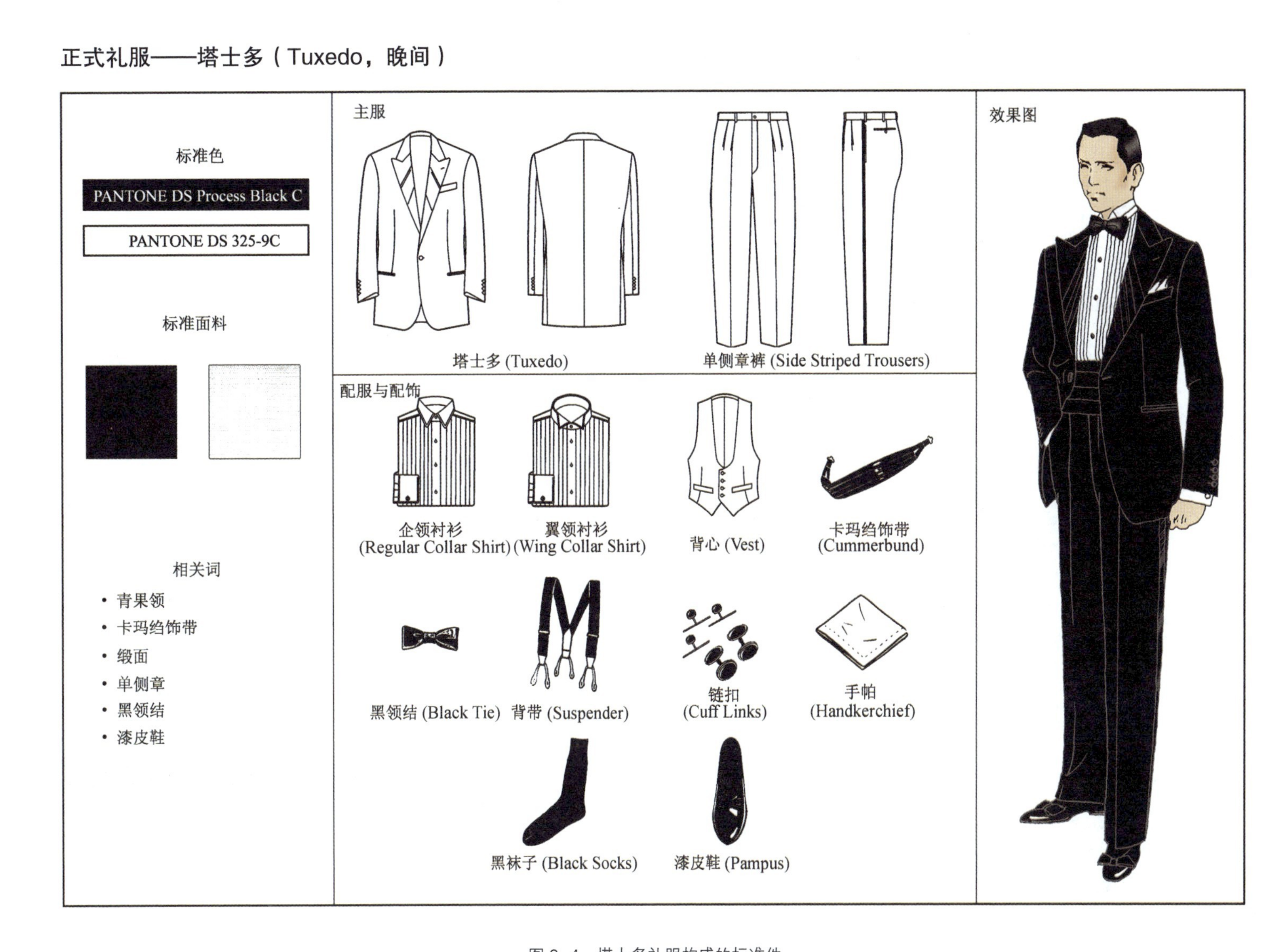

图 2-4　塔士多礼服构成的标准件

正式礼服——梅斯（Mess，晚间，有夏季提示）

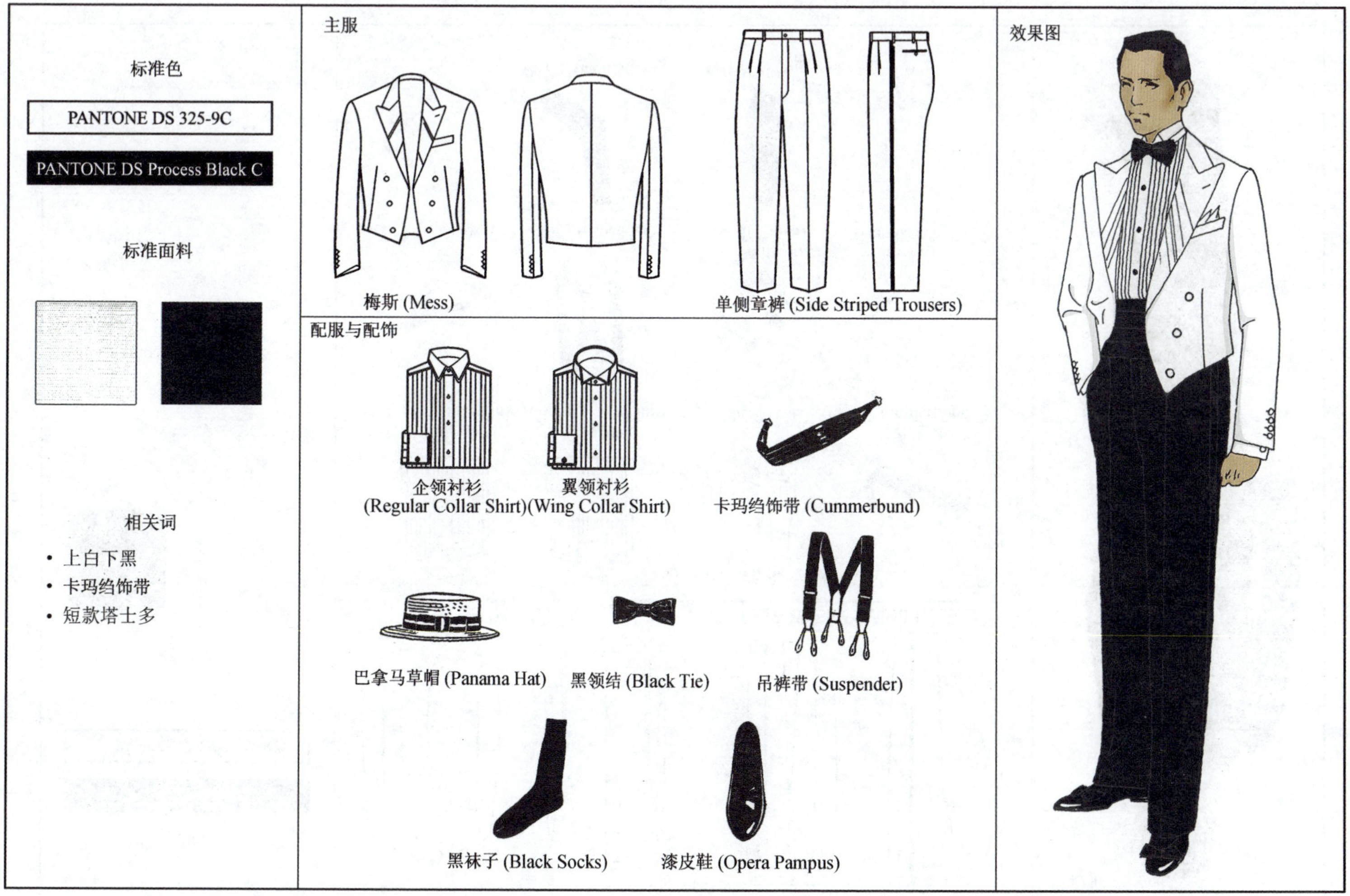

标准色

PANTONE DS 325-9C

PANTONE DS Process Black C

标准面料

相关词

- 上白下黑
- 卡玛绉饰带
- 短款塔士多

主服

梅斯 (Mess)

单侧章裤 (Side Striped Trousers)

配服与配饰

企领衬衫 (Regular Collar Shirt)

翼领衬衫 (Wing Collar Shirt)

卡玛绉饰带 (Cummerbund)

巴拿马草帽 (Panama Hat)

黑领结 (Black Tie)

吊裤带 (Suspender)

黑袜子 (Black Socks)

漆皮鞋 (Opera Pampus)

效果图

图 2-5　梅斯礼服构成的标准件

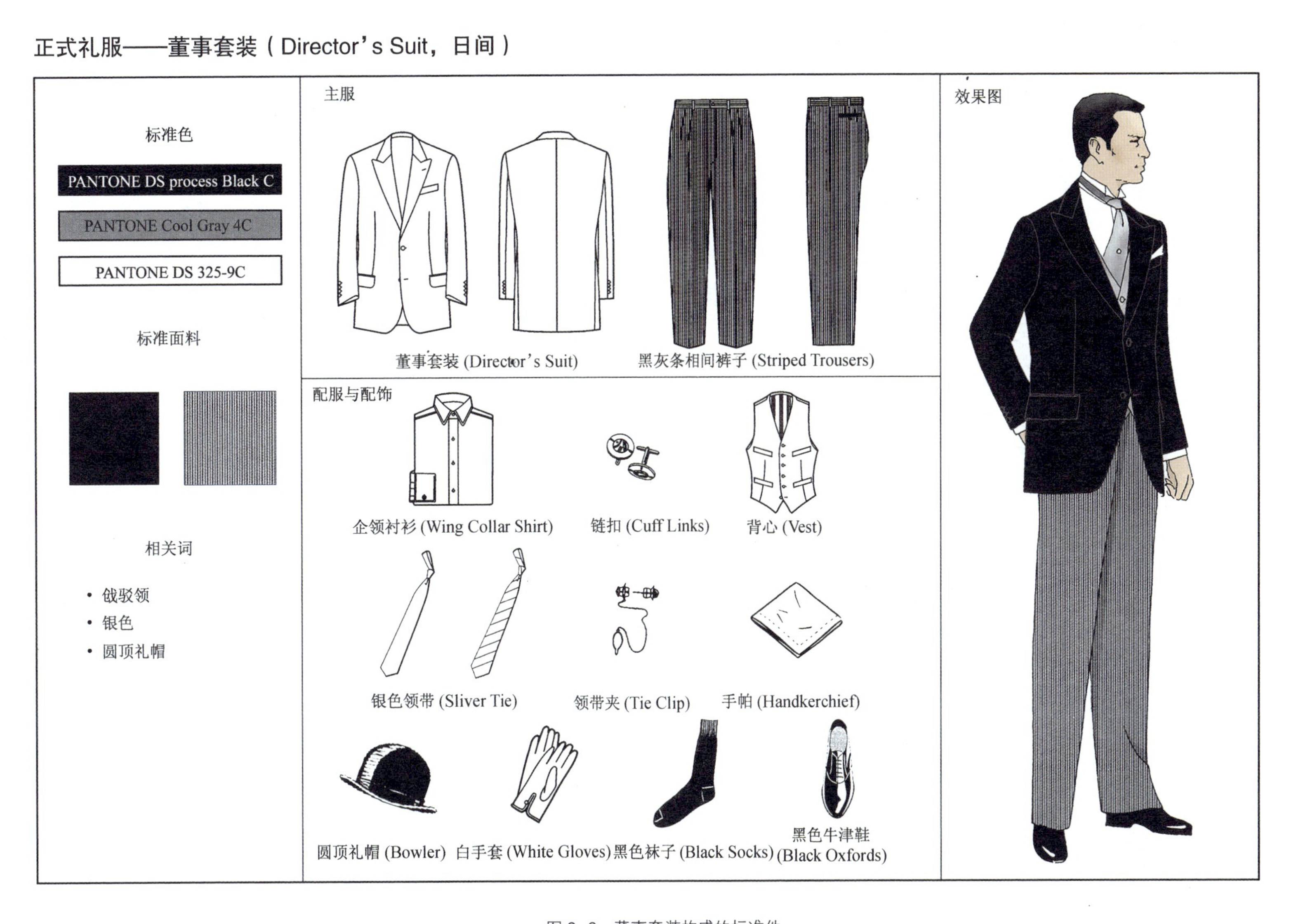

图2-6　董事套装构成的标准件

粒扣或六粒扣戗驳领，有袋盖双嵌线口袋，与上衣同料的非翻脚裤，衬衫用普通领型（忌用翼领）的一般礼服衬衫，系银灰色领带是它的标准搭配。由于它属于全天候礼服，与塔士多礼服配饰组合便成为晚礼服；与董事套装配饰组合就成为日间礼服。它的标准搭配没有时间倾向。值得注意的是晚间和日间礼服的元素不能在黑色套装中同时出现（图 2–7）。采用高驳点双排六粒扣戗驳领形式为传统版，采用低驳点双排四粒扣形式为现代版（见图 4–10 和图 4–11）。

黑色套装正处在礼服到日常西服的过渡阶段，它的可塑性很强。如果将黑色套装的戗驳领换成缎面，就完全可以作为正式场合穿用的塔士多礼服。同时在使用黑色套装的场合，也可以用西服套装（Suit）升级版（彩用 4–b）。

综上所述，可以总结出礼服在礼仪程式上的基本造型要素：礼服的面料主色为黑色或深蓝色调的精纺织物；裤子仅用非翻脚裤型；双翼领衬衫比企领衬衫更传统和华丽；领结比领带更适合用在隆重场合，并与晚礼服配合使用，塔士多礼服配黑色领结，燕尾服配白色领结；戗驳领为礼服的通用领型，缎面青果领显华丽并适用于晚间，有美国风格的暗示；礼服口袋的双嵌线形式比加有袋盖的形式更为庄重；除第一礼服以外的礼服后开衩形式可自由选择；礼服袖衩装饰扣四粒比三粒更郑重；礼服颜色禁忌使用暖色调。

§2–2　知识点

1.礼服分为第一礼服、正式礼服和日常礼服三个等级。第一礼服指特定礼仪和社交的公式化礼服。燕尾服为晚间第一礼服；晨礼服为日间第一礼服。正式礼服是正式场合必须穿的礼服。塔士多礼服为晚间正式礼服；董事套装为日间正式礼服。日常礼服是在非正式场合或未指定情况下的准礼服，全天候使用是它的特点，双排扣戗驳领和单排平驳领是它的两个版本，深蓝是它的标准色（彩图1~彩图4）。

2.燕尾服款式，单门襟戗驳领缎面，短摆燕尾，维多利亚式裁剪。配专用的白色衬衫、白色背心、白色领结、双侧章裤、漆皮鞋（图2–1）。

3.晨礼服款式，单门襟戗驳领，大圆摆，维多利亚式裁剪。配专用的白色素胸衬衫、灰色背心、领带（或阿斯克领巾），无侧章黑灰条相间裤子和三接头皮鞋是日间正式礼服的标准形式（图2–3）。

4.塔士多礼服款式，单排一粒扣戗驳领缎面。配专用的白色衬衫、黑色背心（或卡玛皱饰带）、黑色领结、单侧章裤、漆皮鞋（图2–4）。

5.董事套装款式，单排两粒扣戗驳领，配服配饰与晨礼服通用（图2–6）。

6.黑色套装款式，双排扣戗驳领直摆。搭配标准为相同布料和颜色的西裤，白色企领衬衫，配领带为全天候日常礼服格式。与塔士多元素组合升格为晚礼服；与董事套装元素组合升格为日间礼服。注意，晚间和日间礼服元素不能同时在黑色套装中出现（图2–7）；单排扣平驳领黑色套装只适用日常礼服格式。

§2–3　西装的三种格式与变通

如果说礼服的功利在于它的礼仪规范和社交语言，那么西装的功利则在于它实用的组合方式上。因

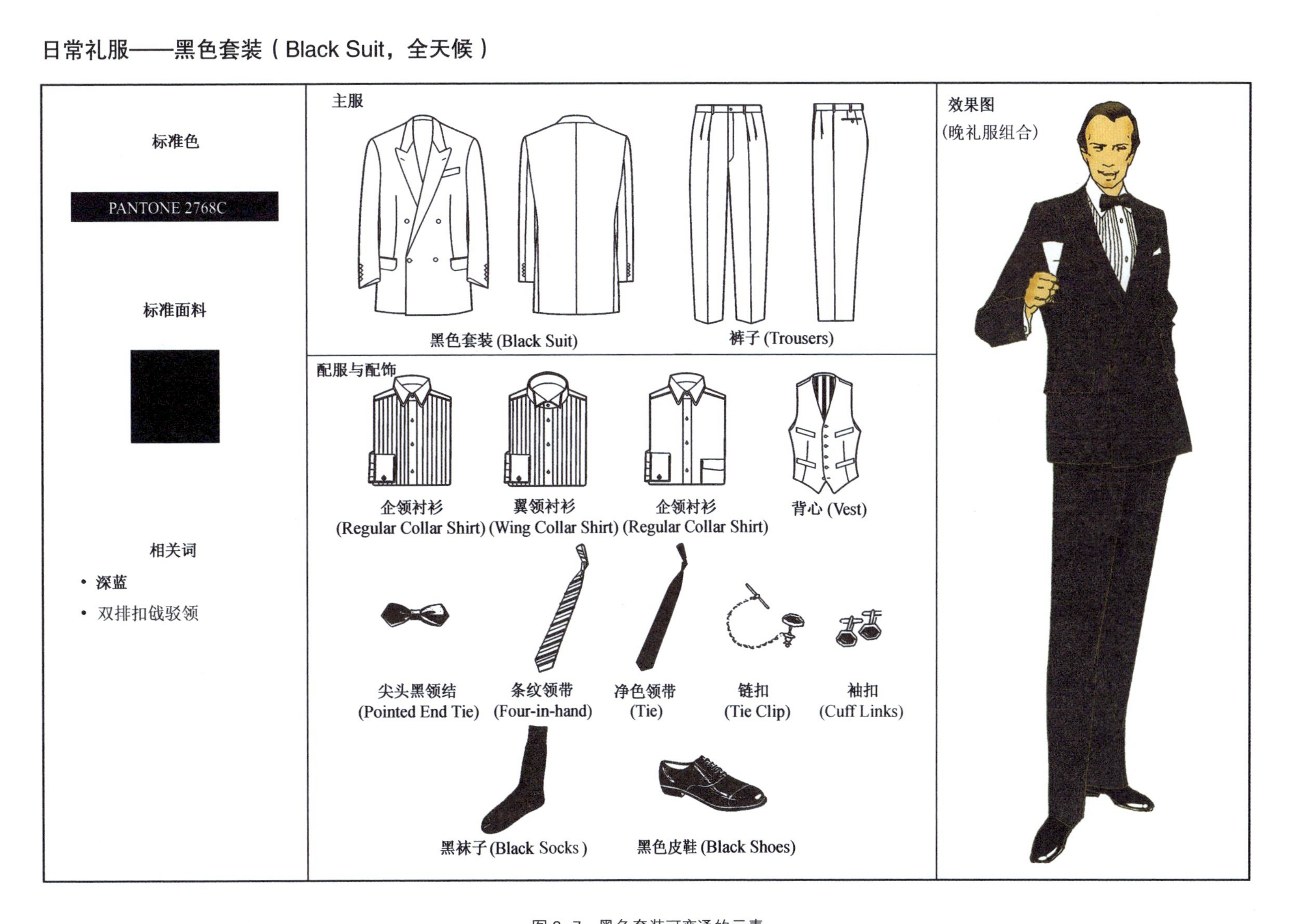

图 2-7 黑色套装可变通的元素

此，西装就成为日常装、出访服和商务公务制服的基本形式。它所构成的三种基本格式，就是根据这一原则通过一百多年的历史积淀确立下来的。由于它属非礼服类，在穿用时间、场合和目的上没有严格的划分，但其基本形式和组合方式仍具有程式性，就是说首先要了解西装三种格式的基本元素和构成形式所表达的社交取向。它的变化在于着装者利用这种程式进行富有创造性的搭配组合和根据流行进行小范围个性趣味的变通。

1 西服套装（Suit）

西服套装（Suit）指同一面料构成的西装，由上衣和裤子组成的称两件套（彩图 5–b），由上衣、背心、裤子组成的称三件套西装。在其造型上基本延续了晨礼服的形制。从它诞生到现在经历了二百多年的历史，始终在不断的流行和完善，在 20 世纪 20~30 年代形成现代西服套装的原型，成为日常装的正统装束。由于套装提供了广泛的搭配和多种形式的选择，从正式到非正式的场合几乎都能穿用，因此从欧洲影响到国际社会，成为国际社交场合指导性的服装，即国际服。

三件套西装构成的形式（彩图 5–a）：上衣为两粒扣，八字领，圆摆，左胸有手巾袋，下边两侧设有夹袋盖的双嵌线衣袋，袖衩有三粒纽扣，后身设开衩；背心的前襟有五粒或六粒纽扣，四个口袋对称设计；裤子是非翻脚或翻脚裤，侧斜插袋，后身臀部左右各有一个双嵌线口袋，只在左边袋上设一粒扣，标准色为鼠灰色（图 2–8）。

在这个基础上，可以根据礼仪规格、习惯、流行、爱好进行组合和结构形式上的变通。两件套西装上下同色同材质面料组合，单排两粒或三粒扣八字领，双排四粒或六粒扣戗驳领或半戗驳领；夹袋盖或双嵌线衣袋，右手侧加装小钱袋有“崇英”的暗示；袖衩纽扣从一粒至四粒；后开衩可选择中开衩、明开衩（第一礼服形式）、侧开衩和无开衩的设计（图 2–9）。面料的不同，目的的不同也会产生不同风格的西服套装，但相同材质和颜色统一的特点不会改变（彩图 5）。

在套装中无论整体或局部如何搭配、变通，有一原则是不变的，即西服套装越趋向礼服，颜色越深（多用深蓝色）越要整齐划一，相反，各元素组合则越自由，有夹克西装倾向。唯有运动西装在搭配上比较特殊。

2 运动西装（Blazer）

运动西装按照国际社交习惯称为布雷泽（Blazer），上衣采用单排三粒扣西装形式为标准版，双排扣戗驳领为水手版（彩图 6–a）。标准面料为藏蓝色法兰绒。配浅色细条格裤子为英国风格，面料采用较疏松的毛织物（苏格兰小格呢）；配灰色西裤或土黄色卡其裤为国际通用格式。为增加运动气氛，金属扣为突出特征，袖衩纽扣以两粒为准或四粒。有袋盖明贴袋、明线是其工艺的基本特点（图 2–10）。在这种程式要求下的局部变化和它相邻的包括西服套装、休闲西装的元素都不拒绝，但在风格上强调亲切、愉快、自然的学院贵族品位（常春藤风格）。因此，形成了运动西装从礼服到便装可以完成“规定动作”组合的优雅休闲品质（彩图 6）。

运动西装的另一个突出特点是它的社团性。它经常作为体育团体、俱乐部、职业公关人员、学校和公司职员的制服。它的形制基本是在军服基础上确立的。其象征性主要是，不同的社团采用不同标志的徽章，通常设

常服——西服套装（Suit，全天候）

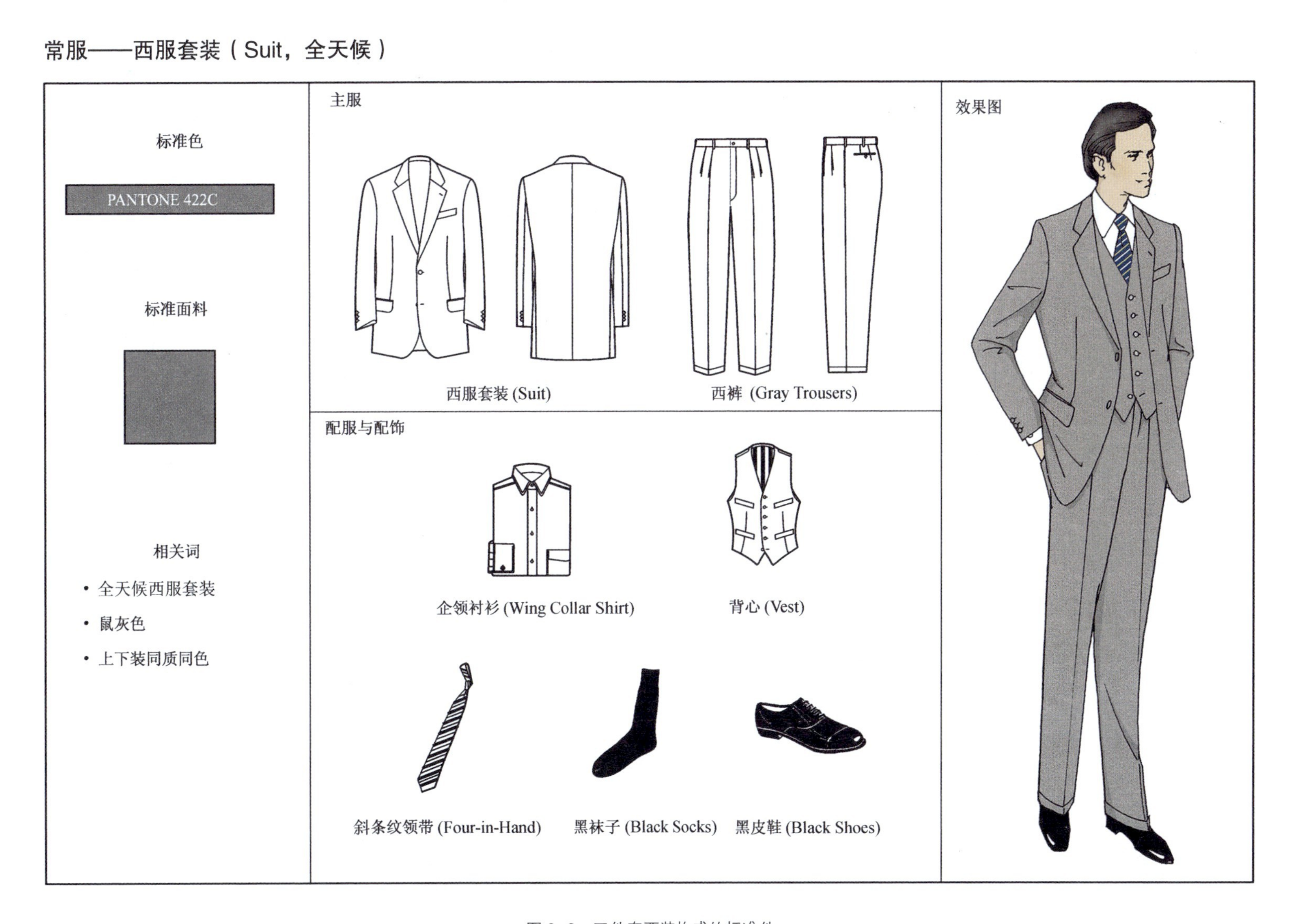

图 2-8　三件套西装构成的标准件

在左胸部。徽章的设计和配置来源于很有讲究的族徽文化，一般不能滥用，如对称、大面积使用都会破坏其功能。徽章的图案，主要采用桂树叶作为衬托纹，这是根据古希腊在竞技中用桂树叶编制的王冠奖励胜利者，以象征王者举世无双而来。社团的标志多以文字作为主纹样，格调高雅，要有一种团结奋进的精神，文字以拉丁文为准。徽章的造型分为象形类和几何型两种。象形类有甲胄、盾牌、马首等造型；几何型有长方形、圆形和组合形（图 2–11）。徽章造型的选择要根据社团性质和特点而定，一般竞技、对抗性强或崇尚传统的采用象形类徽章较多，职业性、公关性强的多用几何型徽章。同时，金属扣的图案也要和徽章统一起来，这几乎成为识别真假运动西装的关键（彩图 7）。

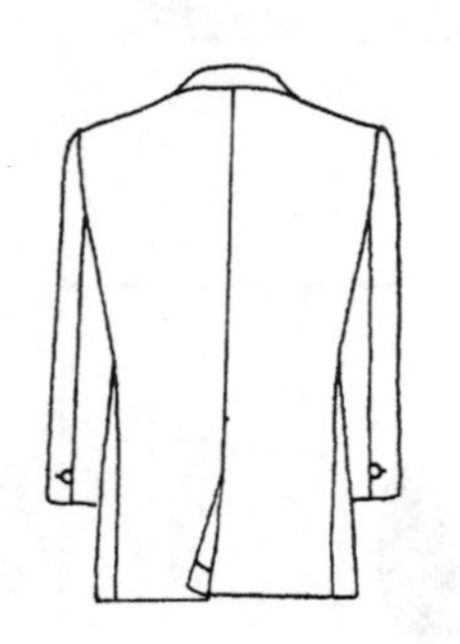
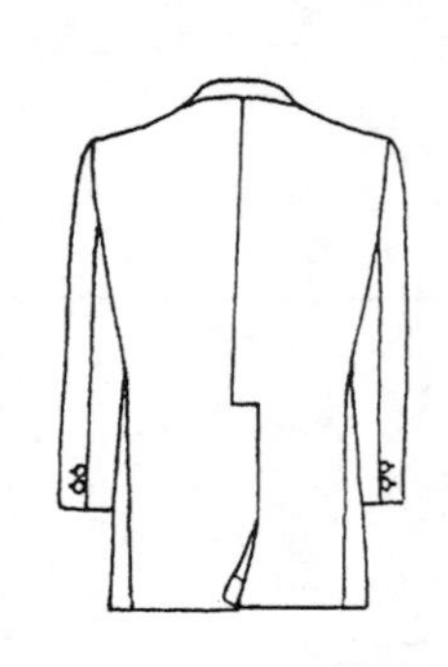
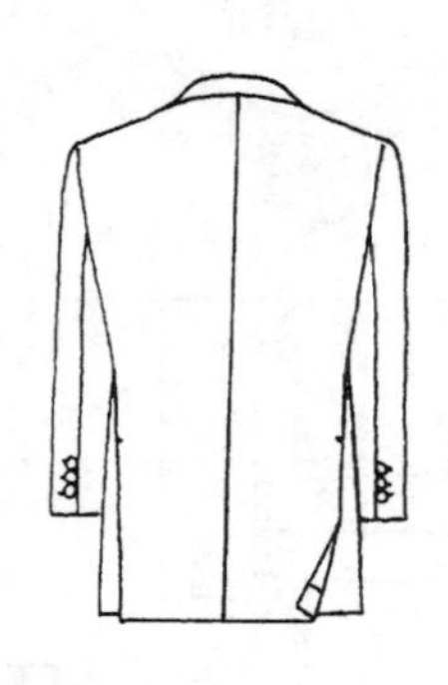
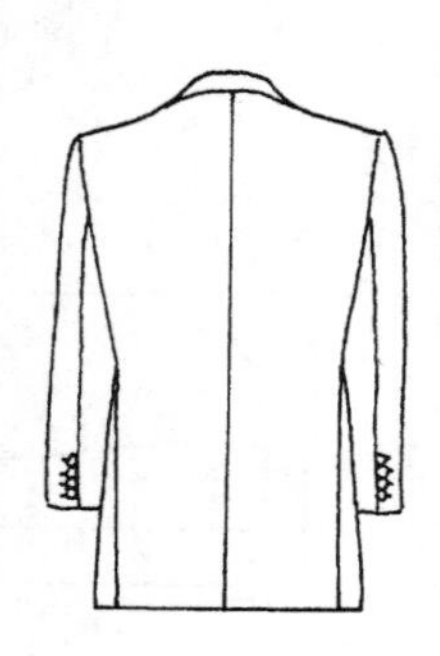

图 2–9　西装后开衩的基本形式

3　休闲西装（夹克西装，Jacket）

根据 TPO 的惯例，休闲西装称 Jacket（夹克），运动夹克、西装夹克的称谓也指此类服装。其中“运动”说明它传统的功能是与运动有关；“西装”说明它的原始形制是从西服套装发展而来，故其内涵是西装的便装版。这和我们习惯称的夹克有很大不同。相对应的名称更接近“调和西装”的含意。采用调和西装的提法，说明此类服装比上述两种西装更有变通性，即“混搭”。如果说西服套装是正餐的话，休闲西装便可称为快餐了。它的基本造型和运动西装相仿，但从面料到款式，从色彩到搭配，完全可以根据目的性的要求展开你的想象。从传统着装上看，它是作为打高尔夫球、钓鱼、射击、骑马、郊游、打网球等运动适宜的着装发展而来。面料通常根据季节有所改变，冬天用粗纺呢，春、秋季多用薄型条格法兰绒，夏季则用棉麻织物。在男士经典服装中，休闲西装是表情最为丰富的一种，它有很强的辐射力，在未来男装的发展趋势中，它所占有的空间将越来越大。因此，今天它不仅可以作为办公室中的实用性着装，还可以作为表现个性的一种休闲品味的装束，因为它不仅可以上下自由组合，内外配饰几乎完全可以脱离正统西装的搭配格式而无限延伸（彩图 8）。

值得一提的是，休闲西装作为男装经典之列，它所固定下来的模式，毕竟经过了两百多年的千锤百炼，如平驳领三粒扣贴口袋配暖色调粗纺呢是它常规的风格样式。它的搭配虽是自由的但不是无约束的，如果上衣是格子面料，裤子则采用净色，相反亦然，色调深浅也要拉开距离。因此有些禁忌还需要进一步了解。如从上衣的下摆可窥见衬衫的穿法（衬衫未放到裤腰里），无论是有意或无意都被认为是有失水准。休闲西装往往被认为是肩宽阔、松度大、袖子长，总之是大尺寸的，款式也超出常规的变化。这无论用怎样偏袒的眼光来看，都不能认为是得体的，特别是作为白领男士的一种穿着形象，不要因为“不得体”而丧失信心，重在细节把握。它仍然可以穿出品位，如细格衬衣、压花棕色皮鞋、狩猎领带等是讲究休闲西装的选择（图 2–12）。

常服——运动西装（Blazer，全天候）

标准色

PANTONE 274C

PANTONE 468C

标准面料

相关词

- 法兰绒
- 苏格兰格呢
- 常春藤风格
- 有袋盖贴袋
- 上深下浅
- 金属扣
- 徽章

主服

布雷泽 (Blazer)

苏格兰格裤 (Scotland Trousers)

配服配饰

企领衬衫 (Regular Collar Shirt)

徽章 (Emblem)

布雷泽金属扣 (Blazer Button)

俱乐部领带 (Club Tie)

运动袜 (Sport Socks)

休闲鞋 (Losfers)

效果图

图 2-10　运动西装的黄金组合

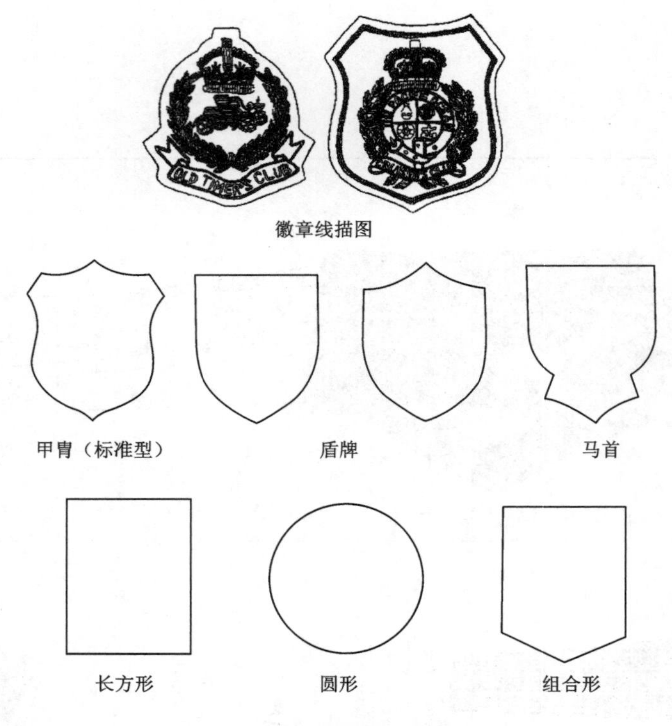

图 2–11 运动西装徽章的基本形式

4 从西装的细节看其功利作用

在开篇就曾讲到，男装的任何一个局部设计，都不能脱离其功效作用，这是男装的魅力所在。有些设计尽管已失去了其原有的使用功能，但它却以一种潜在的功效语言，揭示着男人的历史和文化。我们可以从西装中任何一个细节的设计寻找其原始的依据，由此体验男装的魅力。

从整体表面上看，原来纯属实用的元素，几乎都不以使用作为目的存在着，它的意义在于以表现实用之美传递“考究”的社交信息，即可以不用但不能没有。胸部的手巾袋，事实上并不是装手巾用的，而是为使整体色调谐调且又富有变化而保留的一种专属部件。装饰巾在结构上和西装没有什么联系，但它和胸袋的结合便成为一种格调。装饰巾的颜色应和领带相同，或采用与整体色调同色系偏鲜艳的颜色，但配合正式礼服用麻质白色巾是明智的。装饰巾暴露的形状，根据社交正式的程度、场合的气氛可以选择平行巾、三角巾、两山巾、三山巾、圆形巾和自然巾六种（图 2–13）。

上衣的两个大袋在结构上完全具备一定功能，但在一般情况下是不使用的，以保持外观平整。有时右侧大袋上面设计一个小钱袋，原系放小钱而得名，现在也成为一种西装的异趣。不过，这种选择多少有些“崇英”的暗示（图 2–14）。

在领型中，无论是八字领还是戗驳领，原来都可以合襟用来保暖，领角的纽扣孔就是这种功能的残留。左右领角都有扣孔迹，说明在双排扣搭门结构中里襟也要固定。现在其用途虽不复存在，但没有它似乎结构就不够完整。另外还有一种带领襻的领型，常用在休闲西装上，也是这种功能的遗留（图 2–15）。袖衩装饰扣和扣孔迹、后开衩等都是为当时使用的方便和安全而设计的，今天已成为西装的造型方法和设计语言，值得注意的是，它们如果真的保持着固有的功用，这意味着它不是定制品就是奢侈品。

图 2-12　休闲西装的讲究组合

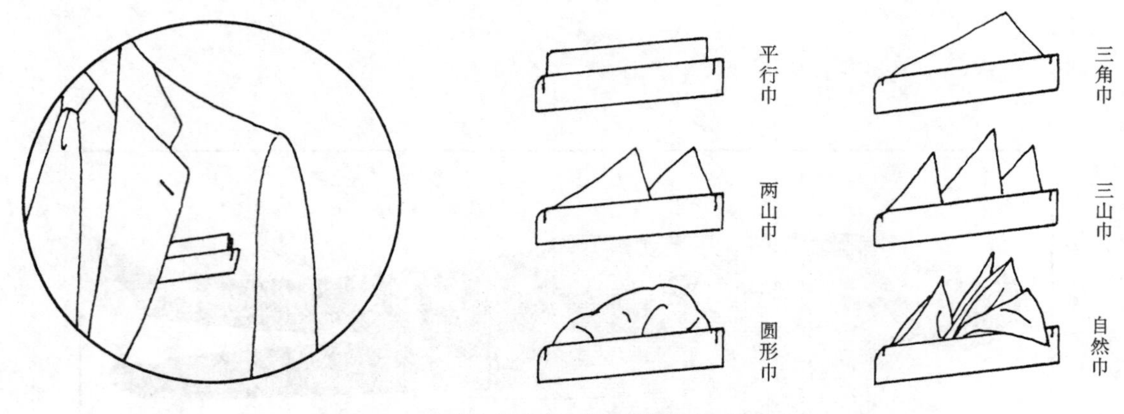

图 2-13 装饰巾的基本形式（越规整表示越正式）

西装元素并不因为其外部功能的丧失而不需要这些细节。从男装造型美学的角度看，外部的功用之美在于不破坏人的整体气质和风度。因此，但凡外表具有功能的结构，都不去利用它，而是采用内部或不影响外观的隐蔽结构的功能设计。图 2-16 就是西装在实际功用上淡化外观、强化内部设计的经典案例，这种典型实例几乎成为识别品牌西装设计和工艺的密符。

然而，由于现代男装简约、轻便的要求，内部的实用结构有所简化，从全里变成半里的设计多了起来（图 2-17）。显然，这种设计思想是根据现代生活方式的改变而做出的必要选择，但这不意味着它降低了工艺含量，而恰恰相反。

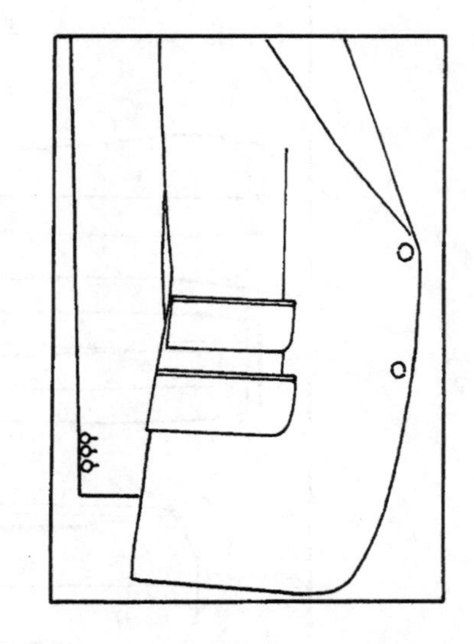

图 2-14 有"崇英"暗示的小钱袋形式

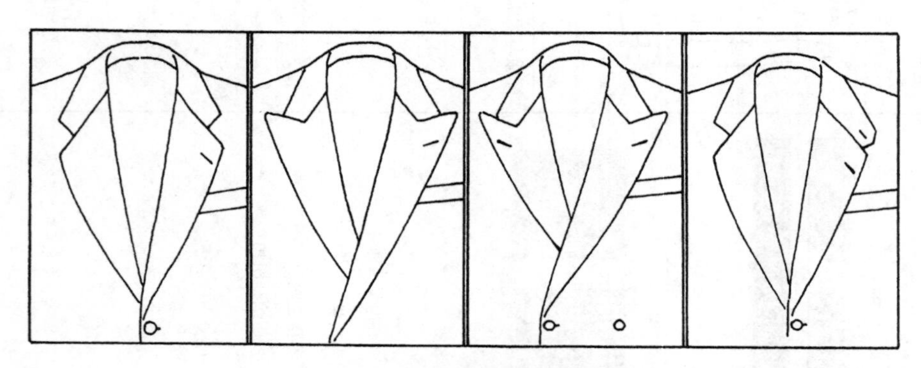

图 2-15 西装领角扣孔的基本格式

图 2-16　西装袋极尽功能设计强调使用在内

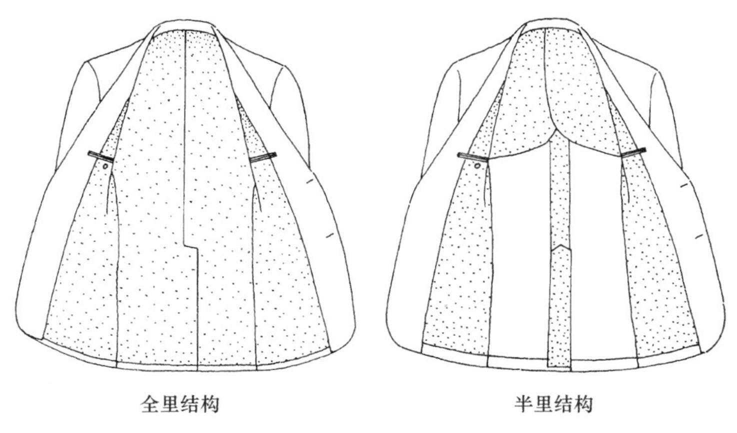

全里结构　　　　半里结构

图 2-17　西装内在结构的简化

5　得体西装穿着的基本要点

西装在穿着方式上有三种典型格式，即西装“三剑客”。一是三粒扣只扣中间一粒扣的布雷泽格式，这是运动西装的标准格式，被视为常春藤风格；二是两粒扣只扣上边一粒的西装套装格式，这种装束被看作为“正式”装束，亦被视为国际化风格，适应的场合最广泛；三是三粒扣系上边两粒的夹克格式，它和布雷泽格式的区别是最上边一粒纽扣是有功效的，使用时可系可不系，领带采用阿斯科特领巾，适用于假日郊游的休闲社交，它是典型的威尔士风格（图 2-18）。

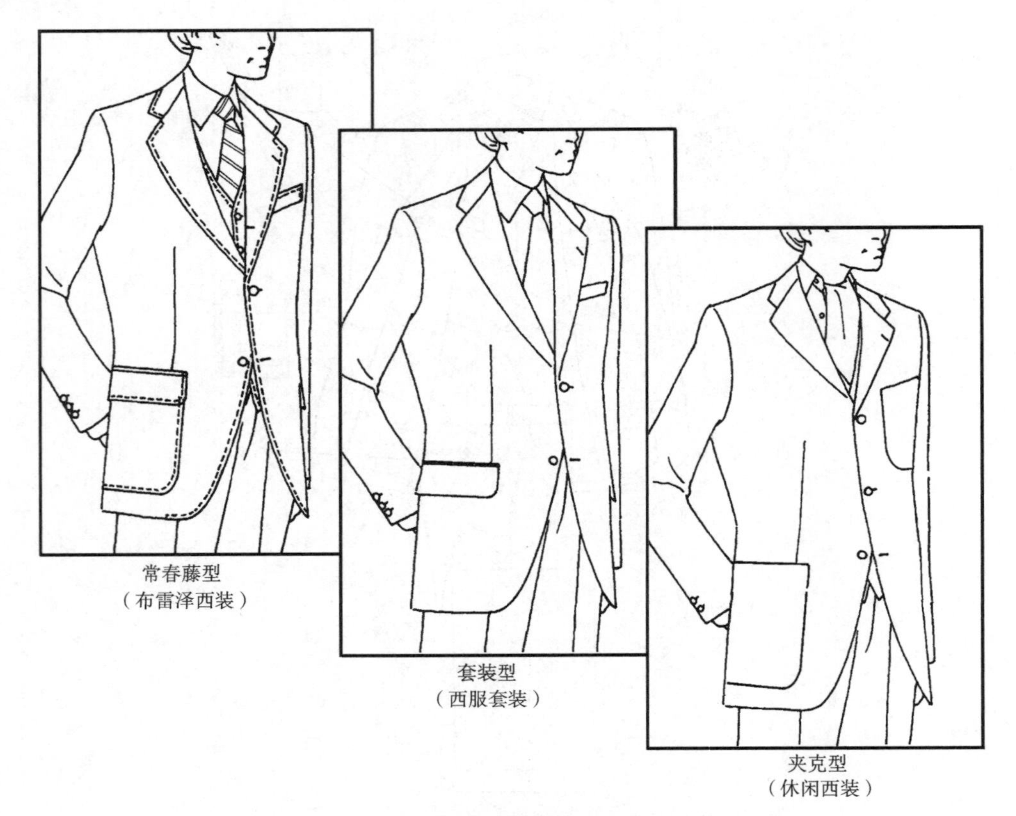

图 2–18　西装的三种典型格式

以上述三种西装的典型格式作为基础，可以进行个性化的搭配，但无论如何变化，它们都有一个共同的穿着程式和标准：在西装与衬衫的组合上，衬衫的下摆要放进裤子里；整装后，衬衣领要比外衣领高出 1.5cm 左右（从后中心测量）；衬衣袖口比外衣袖口要长出 1.5cm 左右，这主要基于礼仪和保护外衣的考虑。背心的前身长度以不暴露腰带为宜（图 2–19）。由此可见，西装的这种穿着方式成为优雅的标志，也对其纸样设计有很强的制约性和技术要求。

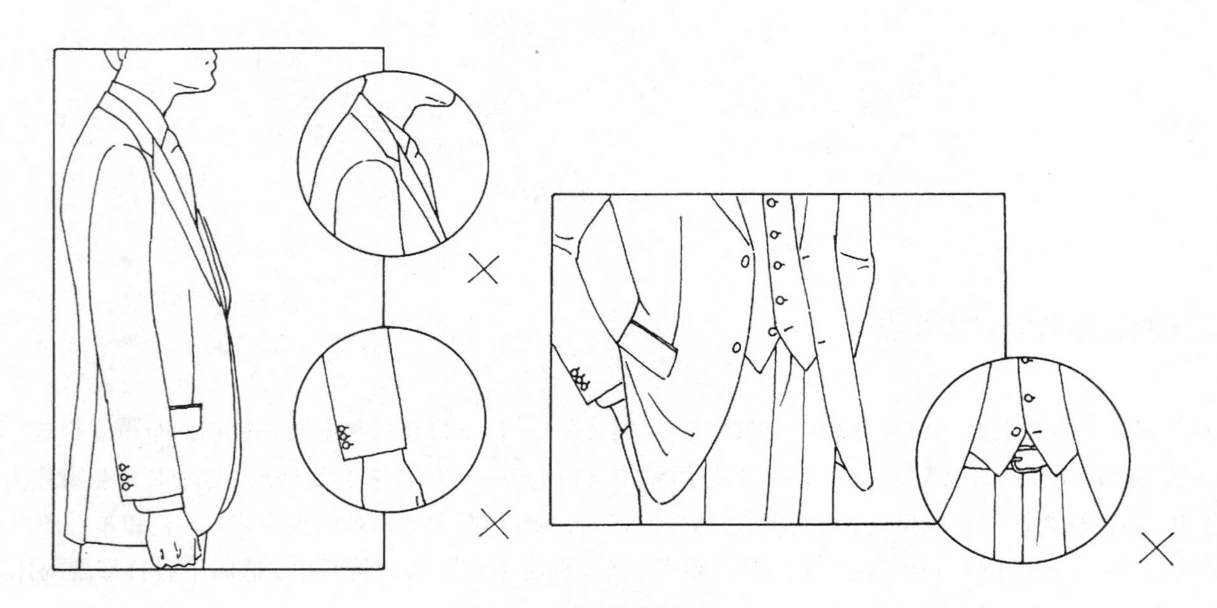

图 2–19　西装穿法的正误对照

在颜色的使用上，除礼服及配饰的特别规定外，还可以掌握以下的原则。以白色为主的浅色系，富有不同色味的净色和浅条格的各种衬衫可采用如下搭配：其一，可以选择任何颜色的外衣；其二，领带的颜色可选择与外衣在同一色系而偏艳的色彩，装饰巾和领带颜色相同；其三，领带与外衣使用对比色时，如深蓝色外衣、红色领带，领带颜色应降低纯度，如胭脂红、砖红、棕色等；其四，灰色系领带高雅、华丽、庄重，几乎适合与所有颜色的外衣搭配，与西服套装组合有“正式”的提示；其五，高纯度、高明度等极色间的搭配组合，多用在娱乐性场合（非正式的），如运动队服、参加聚会的服装等。禁忌是，黑色或深色衬衫和浅色外衣、领带的搭配，因为这种搭配是一种不讲究或是一种癖好，正确的做法是，在休闲西装中采用这种装束往往是作为一种个性化的休闲方案，甚至衬衫也可以用 T 恤。请注意，在任何情况下，切忌使用鲜红和朱红色领带。由此可见，男装的配服和配饰知识也需要系统的学习。

§2-3 知识点

1.西装的三种格式是指西服套装（Suit）、运动西装（Blazer）和休闲西装（Jacket）的社交取向和个性风格。它们之间的所有元素可以变通设计而产生概念西装。

2.西服套装是西装的正统装束，礼仪级别可以和黑色套装同等对待。构成方式为相同材质相同颜色的两件套或三件套西装，标准色为鼠灰色，款式为单排两粒扣系上边一粒，平驳领，有袋盖双嵌线口袋，左胸有手巾袋，袖扣三粒（图2-8）。

3.运动西装属西装的制服类型，礼仪级别次于西服套装高于夹克西装，但变通范围最宽，通过合理搭配可以升格为正式礼服，也可以降为休闲服。构成方式为上深下浅，藏蓝为标准色，苏格兰小格裤、灰色西裤和卡其裤是讲究的组合。款式为单排三粒扣系中间一粒，平驳领，有袋盖贴口袋，左胸有手巾袋，袖扣两粒，金属扣和徽章是其重要特征（图2-10）。

4.夹克西装属休闲西装，是唯一可以自由组合（混搭）的西装，但通常是在西装（常服）范围内进行，亦称调和西装。款式为单排三粒扣系上边两粒，平驳领，两大一小三个贴口袋，袖扣两粒。上下装搭配深浅、纹素分明是其准则（图2-12）。

5.西装的每个细节都以功能而存在，却不以使用的目的而设计，以此积淀着男装的历史和文化信息，这正是男装的魅力所在。西装充分体现了男装的技术美学；外部的功用之美在于不破坏人的整体气质和风度，但凡外表具有功能的都不去利用，采用内部或不影响外观的隐蔽结构的功能形态满足使用，且成为“功用化程式”（图2-16）。

§2-4　配服与配饰

从礼服到便服，如果根据其细分化要求，从第一礼服、正式礼服、日常礼服到西装的三种格式，它们每个主体服装都不是孤立存在的。换句话说，它们都是由相应的配服和配饰组合起来才称其为专门化的称谓，如套装就是指相同材质和颜色组合的西装。这中间所隐含着的文化和历史是不言而喻的。反过来，这些配服和配饰的形制也是由主体服装制约而形成的。总之，配服和配饰必须以一种整合的眼光看待它们，而不是割裂它们。

1 裤子

裤子也可以说是主体服装的组成部分，但配服的地位是不会改变的，这是因为，它总是根据上衣的改变而改变。裤子在男装中变化很小，这和男装程式化的要求有很大关系。虽然，现代男装大有便装化的趋势，但西装裤的基本形式仍变化不大。这是因为，在男士的心目中，便装裤、牛仔裤很难进入正式的社交场合，而西装裤既可以出入正式场合，又可以出入非正式场合，通过合适的搭配还会产生不同的品味。重要的是要了解这种搭配组合的程式规则。

裤子具有三种基本形式，从整体到局部同样按照其特有的造型规律组合。

（1）裤子廓型

裤子的廓型分为Y型（锥型）、H型（直筒型）、A型（喇叭型）三种，同时它与齐腰、中腰和低腰结构对应出现（图2–20）。

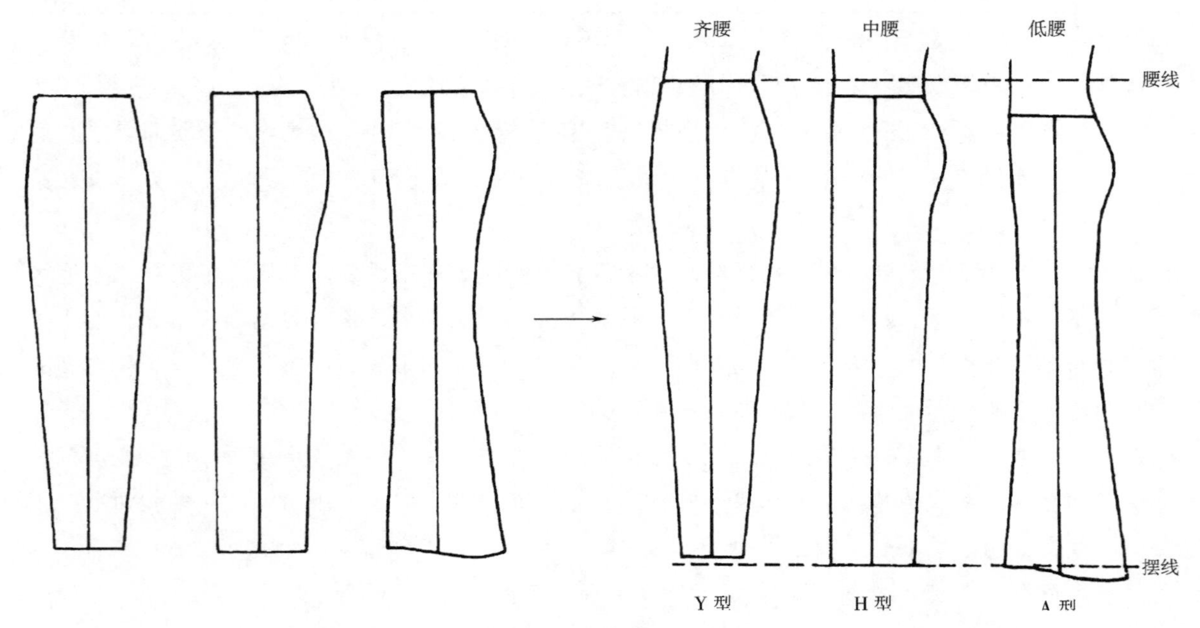

图2–20　裤子的三种基本廓型

（2）侧插袋

侧插袋的三种形式为直插袋、斜插袋和平插袋。裤后开袋有单嵌线、双嵌线和加袋盖的嵌线袋三种基本袋型（图2–21）。注意西裤中不可以使用贴袋形式。

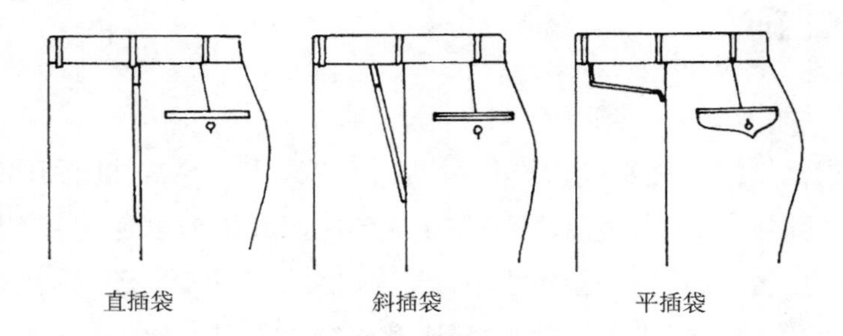

图2–21　裤子的三种基本袋型

（3）裤褶

裤前腰做褶有双褶、单褶和无褶三种形式（图 2–22）。西裤不可以使用两褶以上的形式。

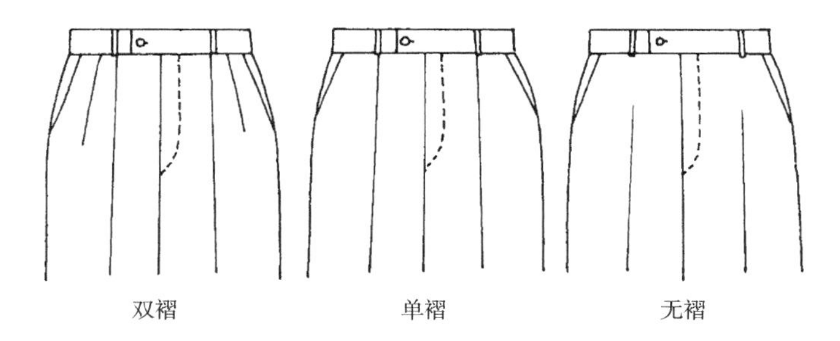

图 2–22　裤褶的三种基本形式

裤子的廓型、插袋和裤褶这三种元素从整体到局部，在裤子结构中是有一定对应性的，这种对应性是根据裤子的造型规律所确立的。在一般情况下，Y 型裤采用齐腰、双褶、侧直插袋、单嵌线臀袋、裤长比标准裤长短的结构组合；A 型裤则与此相反，采用低腰、无褶、侧平插袋、有袋盖的臀袋、裤长比标准裤长长的结构组合；H 型裤采用中腰、单褶、侧斜插袋、双嵌线臀袋和标准裤长的结构组合（图 2–23）。同时 H 型裤又属于中性结构，适应性很强，因此设计时可以将裤子的所有元素自由组合，如采用齐腰、中腰、低腰，单褶、双褶、无褶结构都适宜。同样，中性结构的局部也可以自由组合，如中腰结构也适用于三种基本廓型和三种做褶形式等。但属于两极的廓形，不宜自由组合，如 Y 型裤不宜采用低腰和无褶结构，双褶高腰结构亦不利于 A 型裤。这不仅在设计上破坏了造型规律，在结构上也是不合理的。

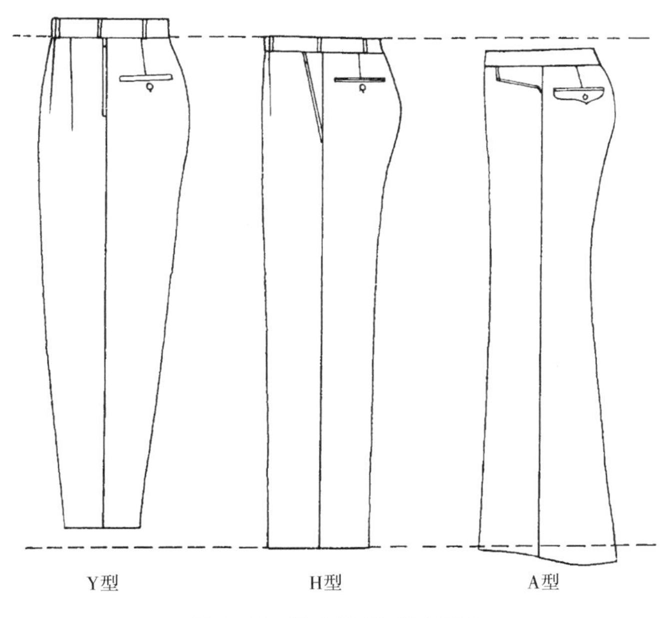

图 2–23　裤子的三种基本造型

另外，男裤的一个特殊造型形式是无翻脚裤和有翻脚裤的区别，作为日常装，无翻脚裤和有翻脚裤可任意选择，作为礼服是不能用翻脚裤的。然而在结构上，它不受上述三种形式的制约。裤腰结构有连腰和绱腰的区别，连腰结构更为古老。晚礼服裤和普通裤的区别，是在普通裤结构的基础上，在侧缝处要夹进缎面的装饰条（侧章），侧袋并入侧缝结构中，后臀袋采用双嵌线结构。西裤和休闲裤在板型和工艺上有很大区别，最明显也是最不被注意的地方是，西裤后腰头中间有断缝，这样有利于体形改变后做适当的修改，而休闲裤的腰头则是完整的。这也说明后者在精确度和工艺要求上不如前者，也为两种裤子的识别提供了标识（图 2–24）。

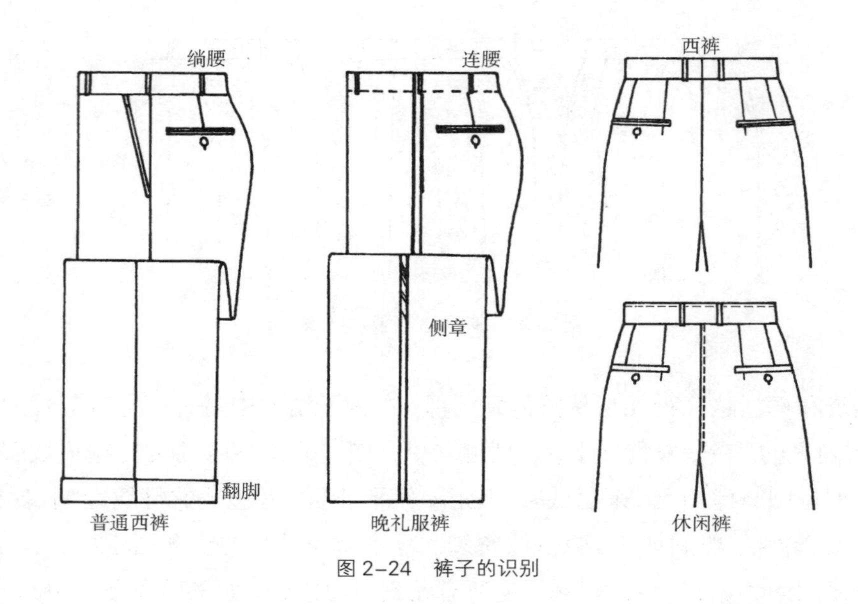

图 2–24 裤子的识别

除了西裤以外，其他休闲裤要做大幅度的变化，也应与女装有所区别。在设计中，往往是从已定型的运动型男裤中得到启发，如马裤、高尔夫裤、滑雪裤、运动短裤等（图 2–25）。

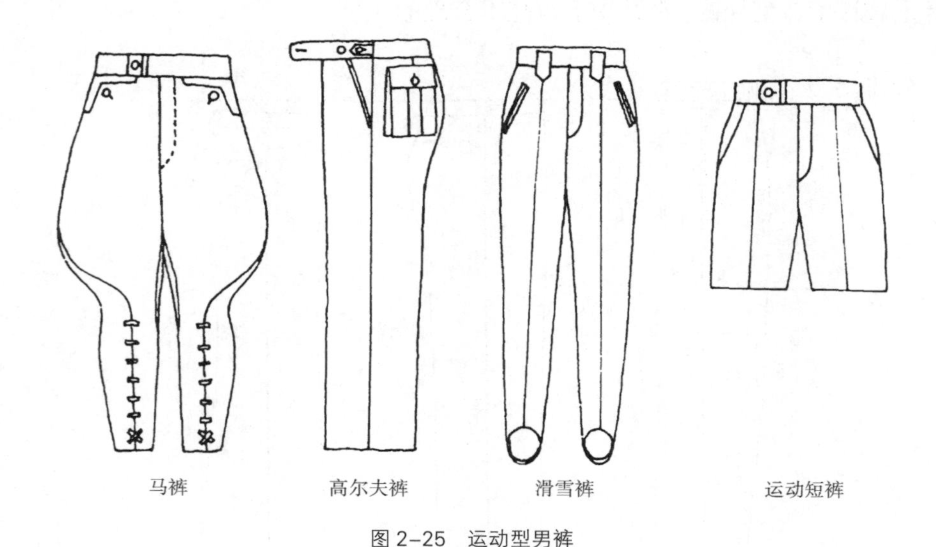

图 2–25 运动型男裤

2 背心

在男装中，选择何种背心往往是为了配合主服，特别为礼服运用于不同（TPO）的场合，它的功利性除作为护胸外，更主要的是作为礼节规格的标志。因此，在不同级别的场合要穿着不同的背心，而且要与其他服饰构成一种标准搭配，在正式场合中原则上不能替换使用。背心在礼服中可以掩盖不宜暴露的隐私部位（如腰带），这也是出于礼节的考虑，即从实用功能逐步演变为礼仪的程式。根据这一基本要求，配合礼服的背心也在逐步简化，甚至演变为一种饰带。

燕尾服背心的V形领口加方领、四粒扣、两个口袋的形式，U形领口加青果领、三粒扣的形式，都是其古典样式。它的现代形式则是将后背和口袋简化，保留三粒扣，形成套穿系带的结构。由此逐渐过渡到塔士多礼服用的三粒扣饰带（图 2-26）。注意这中间无论用什么款式的背心，只有白色是不变的（彩图 1-a 中间）。

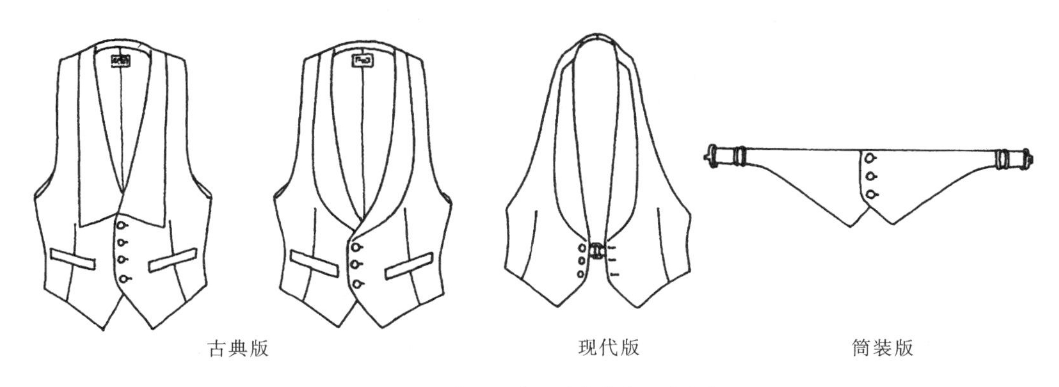

图 2-26　燕尾服背心（白色为标准色）

塔士多礼服常用的背心，U形领口、四粒扣、两个口袋。卡玛绉饰带也是这种礼服专用的背心替换物，丝光缎是它常用的面料，黑色是其标准色（图 2-27、彩图 1-d）。

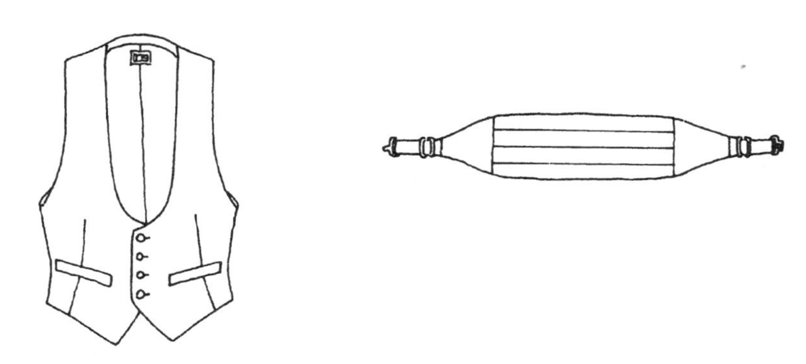

图 2-27　塔士多礼服背心和卡玛绉饰带（黑色为标准色）

黑色套装多为双排扣搭门结构，穿着时以系扣方式为标准，因此背心在其中已不作为配服使用。

晨礼服背心，因在白天使用，通常采用双排六粒扣戗驳领或青果领，四个对称口袋。其简装形式为小八字领，单排六粒扣或采用和普通西装背心相同的形式，也是董事套装最合适的选择，银灰色是标准色（图 2-28、彩图 3）。

除此之外，还有运动型和休闲西装背心，主要是配合休闲风格西装穿用。这种背心，在较为正式的场合不宜和其他礼服搭配使用，因为它是户外和闲暇时穿着的一种休闲背心（图 2-29）。在便装中，背心的选择较为自由，可以采用异色搭配，也可以由毛背心代替。

图 2-28　晨礼服背心和普通背心（银灰色为标准色）

图 2–29 休闲背心

3 衬衫和配饰

在男装中，衬衫往往被忽视，因为它在装束中总处于衬托的地位，有时随便拿来一件就穿，这是男士们在着装中要尽量避免的。衬衫，虽然属内衣类，其重要性不在西装之下；在社交中西装和衬衫的组合，可以脱掉西装，但西装内不能省掉衬衫。因此，它往往成为评价修养的依据，如穿三件套西装配花格子衬衫就会显得有失水准。可见，对衬衫和配饰的把控往往是判断得体着装的风向标。男装衬衫不同于女装，其最大特点是它要与外衣和饰物在一定程式规范下进行组合，从正式到非正式场合大体可以划分出普通衬衫和礼服衬衫两种格式。这主要是在衬衫的特定部位加以区别，即使是变通处理也是在程式要求的基础上进行的。

普通衬衫的领型是由领座和领面构成的企领结构，肩部有育克（过肩），前襟明搭门六或七粒纽扣，左胸一贴袋，衣摆呈前短后长的圆形摆，后身设有过肩线固定和前门襟对应的明褶。袖头为圆角，连接剑形明袖衩（图 2–30）。这作为衬衫的一般形式应用范围很广，在没有礼仪的特别要求下，从礼服到便装几乎都可以使用。根据礼仪规格和程式化的要求，所要改变的主要部位是领型、前胸和袖头。

在礼服衬衫中又分为晚礼服衬衫和日间礼服衬衫。

燕尾服所使用的衬衫为晚礼服衬衫，是双翼领，前胸有 U 形胸挡，用上浆工艺制成，整装后平坦美观。前襟有六粒纽扣，胸部三粒扣是珍珠或贵金属的单品。袖头克夫采用双层翻折结构（法式克夫），袖头并接用双

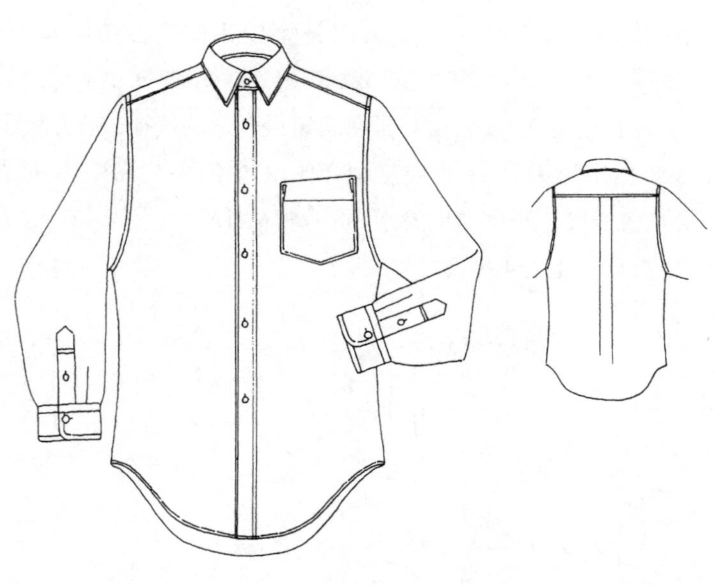

图 2–30 普通衬衫

面链式扣系合。与此相似的前胸采用襞褶或波浪装饰褶的双翼领或普通企领衬衫，可以和塔士多礼服、黑色套装配合使用。在领子的结构设计上，采用领和大身分离的形式是一种古老且讲究的样式，因此小立领衬衫时常成为便装的时尚元素（图 2–31），而领结与其搭配是这种衬衫穿着的标准格式。领结可采用蝴蝶形或双菱形，它们是由一种特别的扎系方法而形成；也有用一种现成的挂钩式领结，不过这不是很讲究的方式，故多出现在演艺服上（图 2–32）。值得注意的是，晚礼服与衬衫的一切配装方式有很强的专属性，是不可以用在日间礼服和普通西装中的。

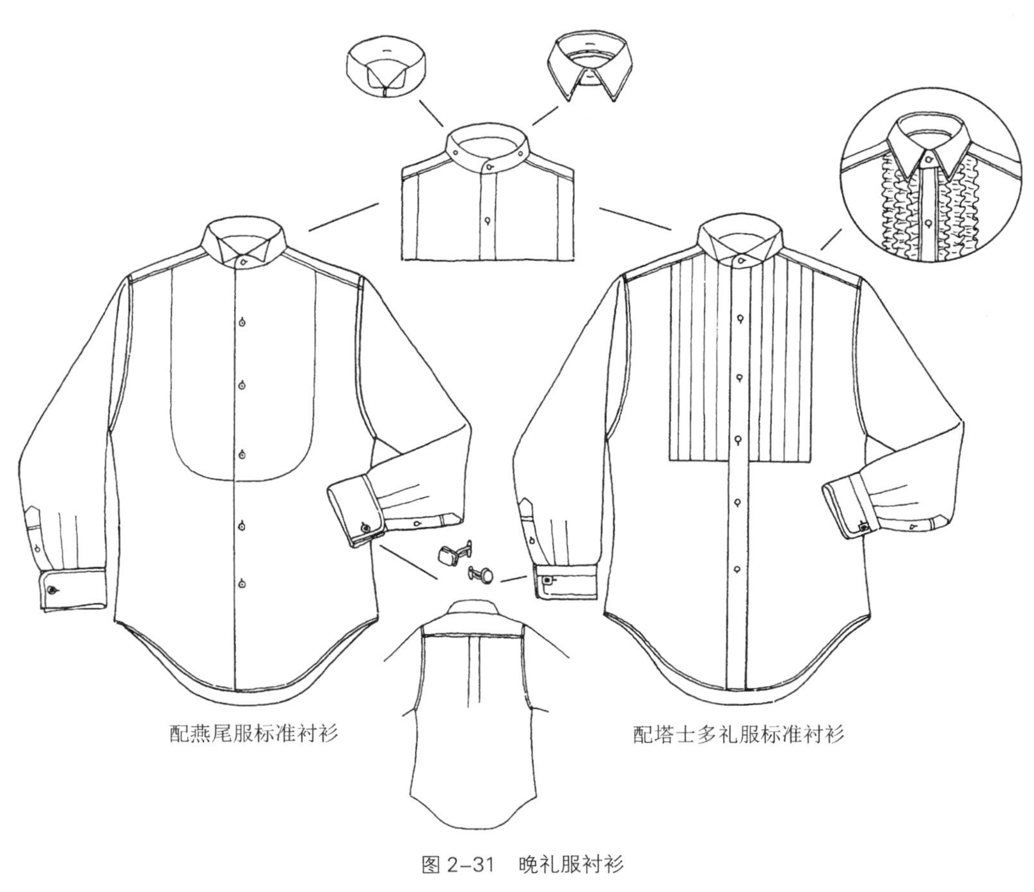

图 2–31　晚礼服衬衫

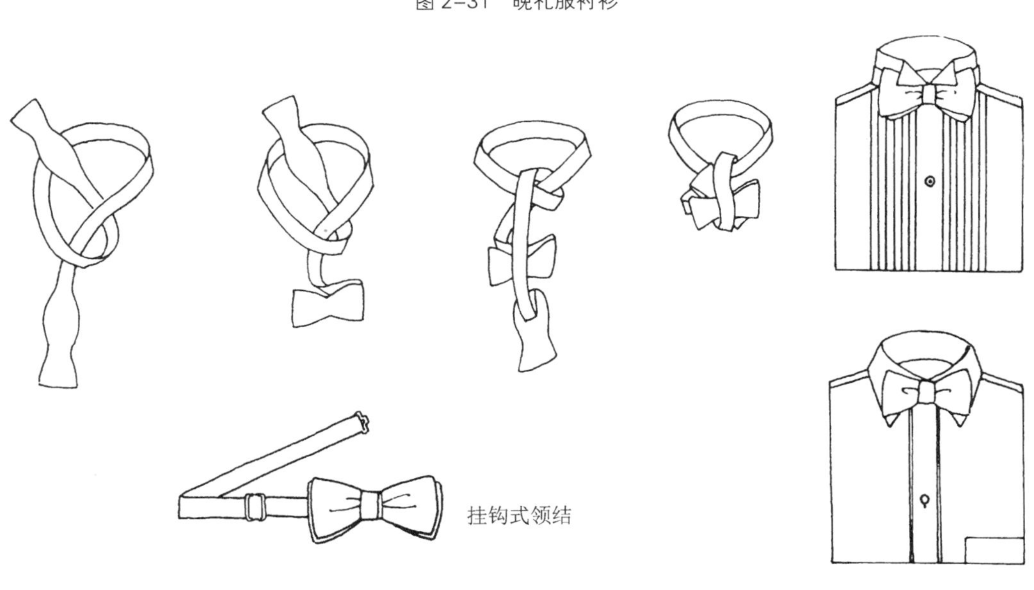

图 2–32　领结系法

晨礼服和董事套装衬衫通用为日间礼服衬衫，是双翼领素胸或普通企领礼服衬衫，用领带或阿斯科特领巾与其相配是日间礼服衬衫穿着的标准形式（图 2–33）。

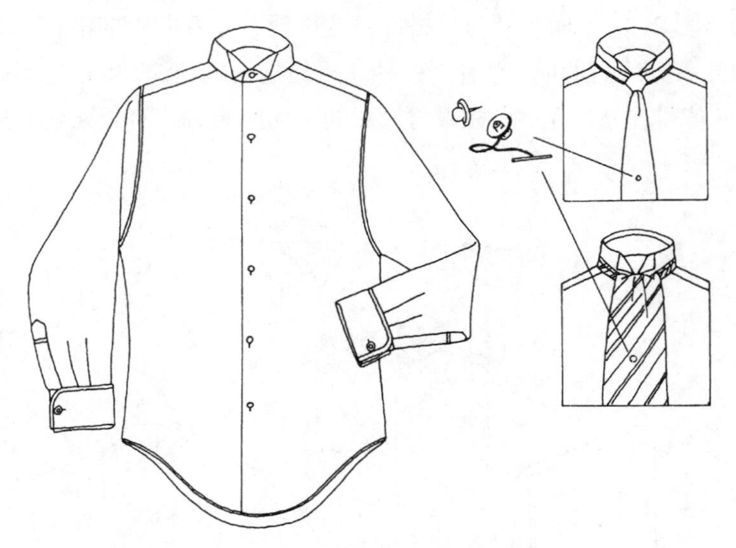

图 2–33　日间礼服衬衫（包括晨礼服和董事套装）

双翼领型的变化，总体上不受流行趋势的影响，但其自身有三种可选择的形式，即小双翼领、大双翼领和圆形双翼领（图 2–34）。

企领在礼服衬衫和普通衬衫上通用，其变化受流行趋势的影响较大，一般与西装领型的流行相配合，以领角的变化最为突出。一般企领的领角在 70° 左右，以此为基础可以变通，有尖角领、直角领、钝角领、圆角领、领角加固定扣及固定领带穿棒结构的领型等，构成了企领的基本类型，其中带扣领衬衫配合休闲类西装（图 2–35）。

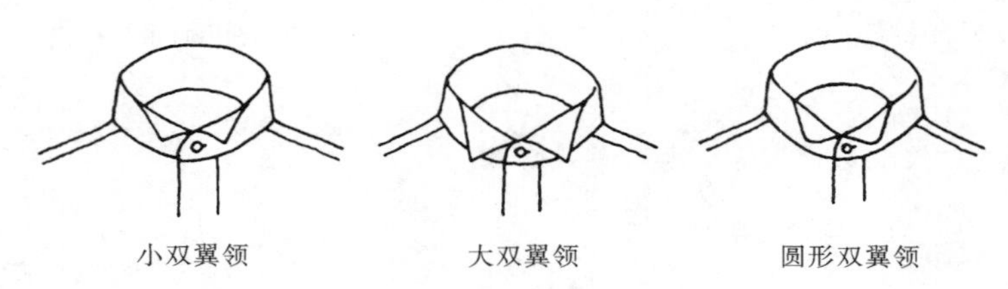

图 2–34　双翼领三种基本形式

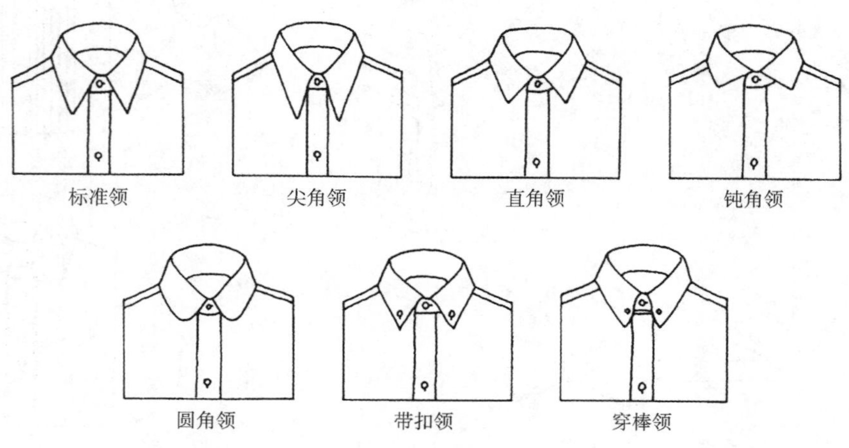

图 2–35　企领的基本类型

同时，领型与领带扎法的配合上亦有一些讲究。一般领角越大的领型，领带结头扎得要大而对称，故采用繁结法（亦称温莎结）；领角越尖领带结头扎得要小而细长，可采用简结法；一般变化幅度不大的领型，领带结头采用中庸法（图 2–36）。

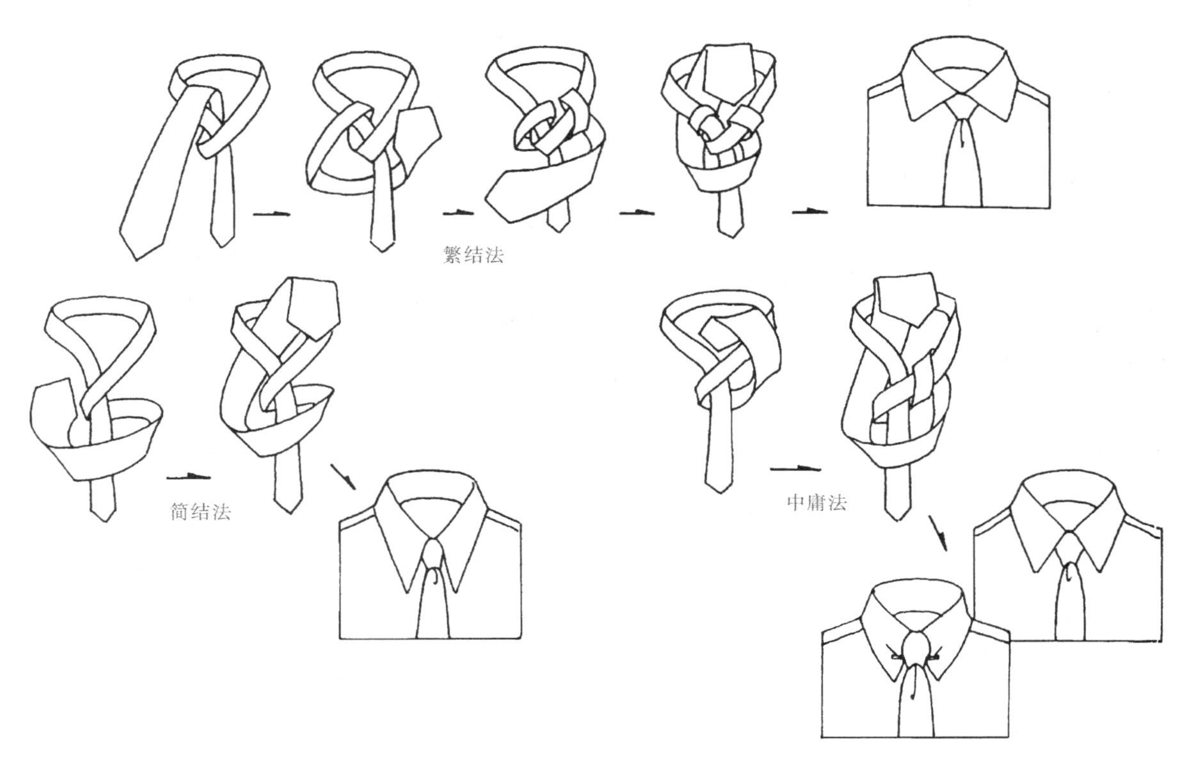

图 2–36　领带扎法与领型的搭配

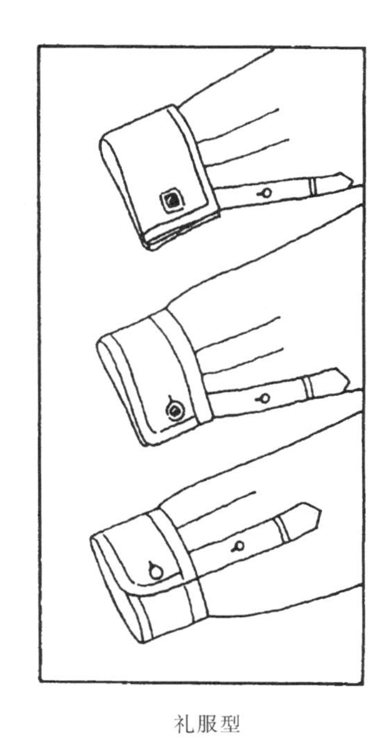

礼服型

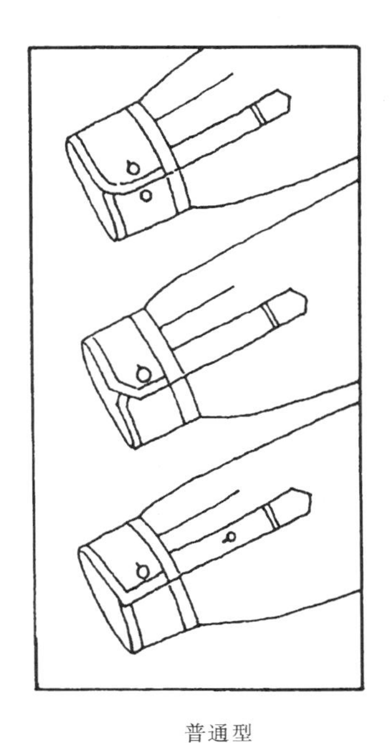

普通型

图 2–37　袖头的基本类型

在一般礼服衬衫中，如三件套西装衬衫，袖头也会采用双层翻折或单层双面链式扣系合方式，以表示礼节的隆重程度。一般衬衫袖头造型的变化，主要根据功能的要求和流行趋势而加以变化。它的一般形式有圆角、方角和直角的区别。袖衩搭门以剑形为主，在便装中也采用方形。袖头搭门纽扣有时设置两个作为调节松紧用。在袖衩中间有时加设一粒扣，以保证活动时搭缝不张开（图 2-37）。

衬衫育克和圆摆的造型，如果不是外衣化衬衫，其基本结构不变，唯有在后身褶的设计上有些变化，如中褶、双侧褶和无褶。衬衫中后身褶的设计是为手臂前屈运动方便而考虑的，因此无褶结构功能性差但平整，故用在礼服衬衫上。后身吊带和领扣的设计有很强的功能性，是在休闲衬衫（外穿衬衫）中常见的（图 2-38）。外衣化的衬衫设计较为灵活，它的基本板型、工艺和面料也和内穿衬衫不同，通常结合夹克、T 恤等运动风格进行设计。

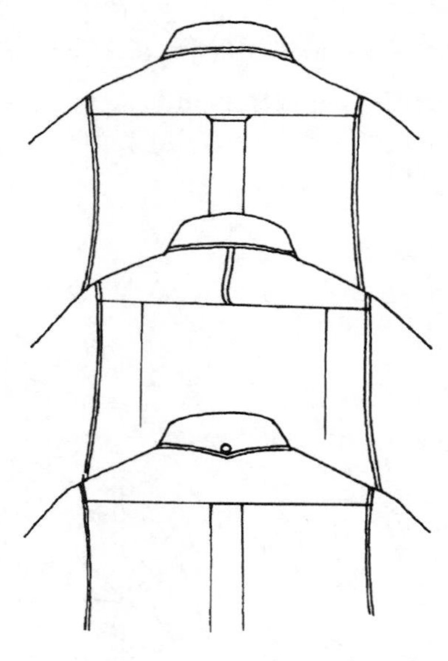

图 2-38　休闲衬衫后背部件常用的设计

§2-4　知识点

1.配服与配饰越表现出程式化特征越接近礼服。它们中的每个元素都受制于主服，因此，配服和配饰必须以一种整合的眼光看待它们，而不是割裂它们。

2.Y型、A型和H型是裤子的基本廓型，Y型配以齐腰、双褶、直插袋元素；A型配以低腰、无褶、平插袋元素，两裤型跨度大，各自元素互通使用要慎重。H型配以中腰、单褶、斜插袋元素，由于H型裤属于中性结构，所有元素可自由组合。

3.西装裤有翻脚暗示不能用于礼服；有侧章暗示只能用于晚礼服。西裤和休闲裤在板型、工艺和加工技术上有差别，集中表现在，后腰头中间断开为西裤，整腰头为休闲裤。前者以毛织物为主；后者以棉织物为主。

4.背心分晚礼服背心、日间礼服背心和休闲背心三类。晚礼服背心有专属的样式，白色为燕尾服专用，黑色为塔士多礼服专用，它们之间可以交换但有失水准。日间礼服的晨礼服和董事套装背心可以通用，标准色为银灰色。注意，晚礼服和日间礼服背心不能交换使用，这是禁忌。休闲背心主要用于休闲类西装的配服。三件套西装背心与外衣同质同色。

5.衬衫分为内穿类和外穿类。内穿类又分为普通型和礼服型。礼服型衬衫又分为晚礼服衬衫和日间礼服衬衫。通常礼服衬衫根据TPO规则都有专属的样式和搭配：燕尾服衬衫配白领结；塔士多礼服衬衫配黑领结；晨礼服和董事套装衬衫配领带或阿斯科特领巾，表示晚礼服和日间礼服的衬衫不能交换使用。它们的共同点是，领型通用，衬衫的标准色都是白色，有色衬衫成为禁忌，但可在休闲类西装中大行其道，而翼领通用。

§2-5　外套的经典

在男性服饰中最能够代表绅士标志的就是外套，在绅士服装中承载文化历史信息最多的也是外套，它是绅士的最后守望者。而构成这些信息所凝固的语言符号，却都源于它们古老而朴素的功用目的。

1　外套造型的功用特点

外套就其性质而言，就决定了它必须强调实用性。它是春、秋、冬三季户内到户外的替换服装，在夏季也常常使用一种雨衣外套。材料的选择亦根据不同季节、气候有所不同。防寒性的外套，选择羊毛、驼毛或人造纤维混纺的毛呢织物，织物结构丰富有触觉感。防尘、防风雨的外套以毛、棉织物为主，但质地密实而轻盈，有的还要做防雨涂层的处理。面料的色调以中性为主，驼色为标准色。

在造型结构上，也以实用功能作为基础，因此，外套的廓型以较宽松的箱型（H 型）结构为主，但礼仪性较强的外套常采用有腰身的 X 型（图 2-39）。长度也根据季节和用途有所不同。一般以膝关节以下的长度作为外套的基本长度，膝关节以上为短外套，常作为春、秋季外套或休闲外套，比此更短的可以作为套装系列。在基本长度以下的外套有冬季大衣和风雨衣，而超长型属于一种流行和时装概念（图 2-40）。

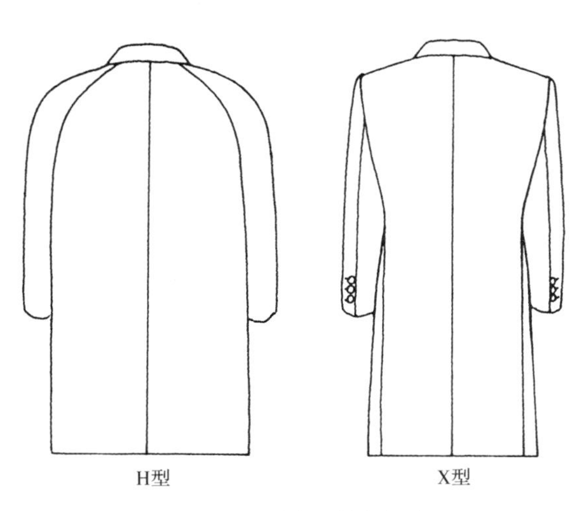

图 2-39　外套的基本廓型

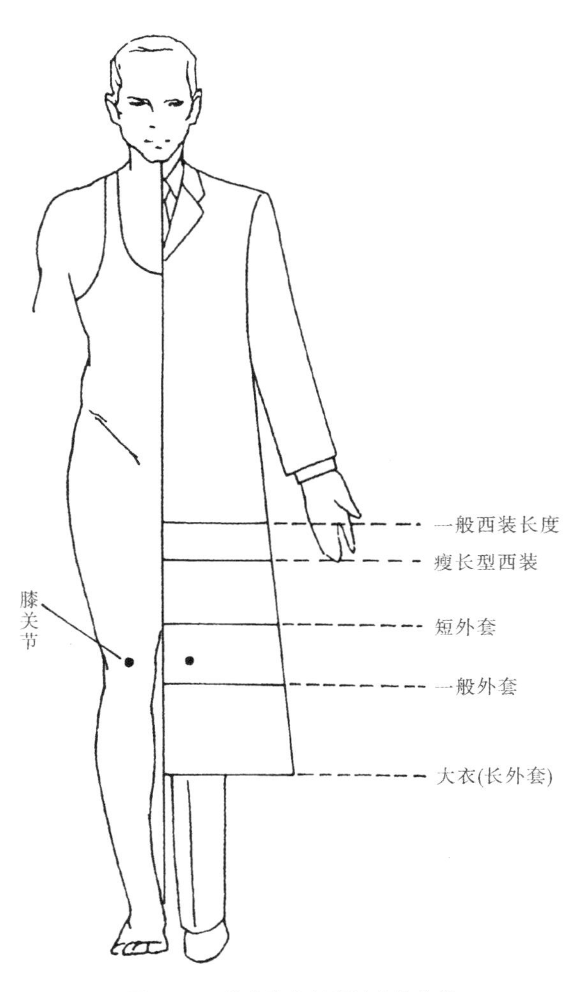

图 2-40　设定外套长度的人体依据

外套廓型的变化是受肩部造型结构制约的。大体上分为装袖、插肩袖和半插肩袖形式。装袖结构多用于 X 型外套上，更强调工艺和造型的功利性；插肩袖和半插肩袖结构适合在箱型（H 型）和宽松外套上使用，因为它具有良好的活动性、防寒性和防水性的功能（图 2-41）。

外套的局部设计与西装相比更富有变化，这是外套强调实用的功利性所决定的，因此，袖型、领型、口袋、搭门、袖襻以及配服的组合形式都较灵活。尽管如此，在适合穿外套的场合中，不同等级的礼仪仍有外套的不同穿着方式和不同的表现形式。

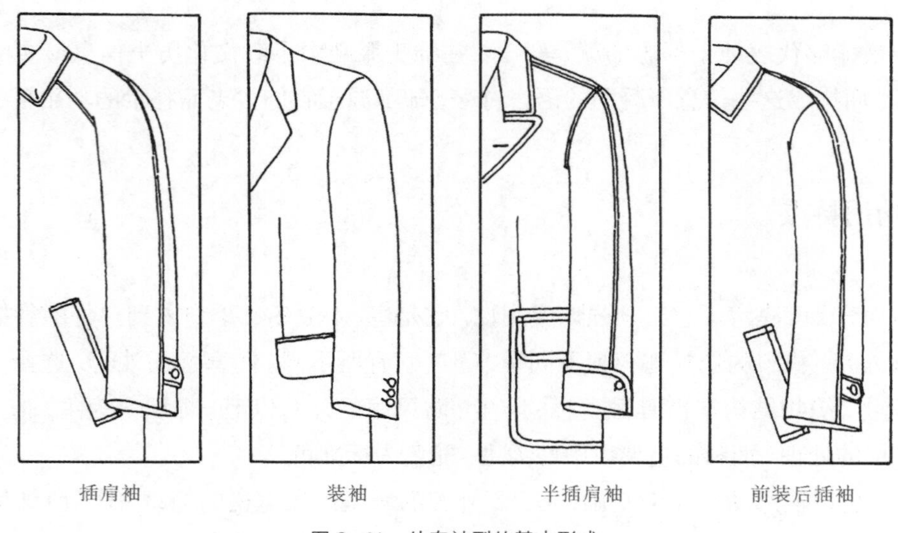

图 2–41　外套袖型的基本形式

2　礼服到便装外套的经典

在男装中，外套的礼仪性与套装相比不太严格，但从正式到非正式场合仍保留着甚至比西装更加古老、系统的经典。这里所解读的外套虽然是今天最具有代表性的主导类型，但对整个外套的设计和纸样技术的学习是不能超越的环节，因为它们是经典外套中的经典。

（1）柴斯特外套（Chesterfield）

柴斯特外套是唯一有腰身的礼服外套，分为标准版、出行版和传统版。传统版形式被称为阿尔勃特外套（19 世纪末英王子名讳），款式为单排暗扣、戗驳领，与此相连接的翻领用黑色天鹅绒面料；外套颜色以黑、深蓝色为主；左胸有手巾袋，前身有左右对称的两个有袋盖的口袋；整体结构合体，衣长至膝关节以下；装袖袖衩上设三粒纽扣，常和塔士多礼服、黑色套装组合使用（彩图 9）。柴斯特外套最早出现在 19 世纪中叶的英国，由一个叫柴斯特・费尔德的伯爵首穿此款而得名。现在基本形成柴斯特外套家族，有标准版，即单排扣暗门襟八字领；有出行版，即双排六粒扣戗驳领。面料以羊绒为主，颜色除黑和深蓝外，以驼色为主导的中性色也被广泛使用，配服从正式礼服到休闲西装几乎都能组合（图 2–42）。天鹅绒的配领和它固有元素按照重组设计方法会产生一个大的柴斯特外套家族。如果整合相邻外套（如 Polo 外套）的元素还会派生出柴斯特外套的便装风格。

（2）波鲁外套（Polo）

波鲁外套在礼仪级别上仅次于柴斯特外套，与柴斯特外套的出行版相当，故它们统归为出行外套。波鲁外套原系一种观看马球比赛的防寒外套，起源于英国发迹于美国，现在常用此作为保暖性的商务出行外套使用。其造型为双排六粒扣，戗驳领或阿尔斯特领，包肩袖（半插肩袖），明贴翻边袖口并用一粒纽扣固定，复合式明贴袋。结构线全部用明线缉缝。波鲁外套的上述结构特点和其历史上采用的粗纺驼毛呢料有很大关系，颜色也以驼色系为主。现代波鲁外套的形制和历史中的英国阿尔斯特系列外套有亲缘关系，因此在波鲁外套

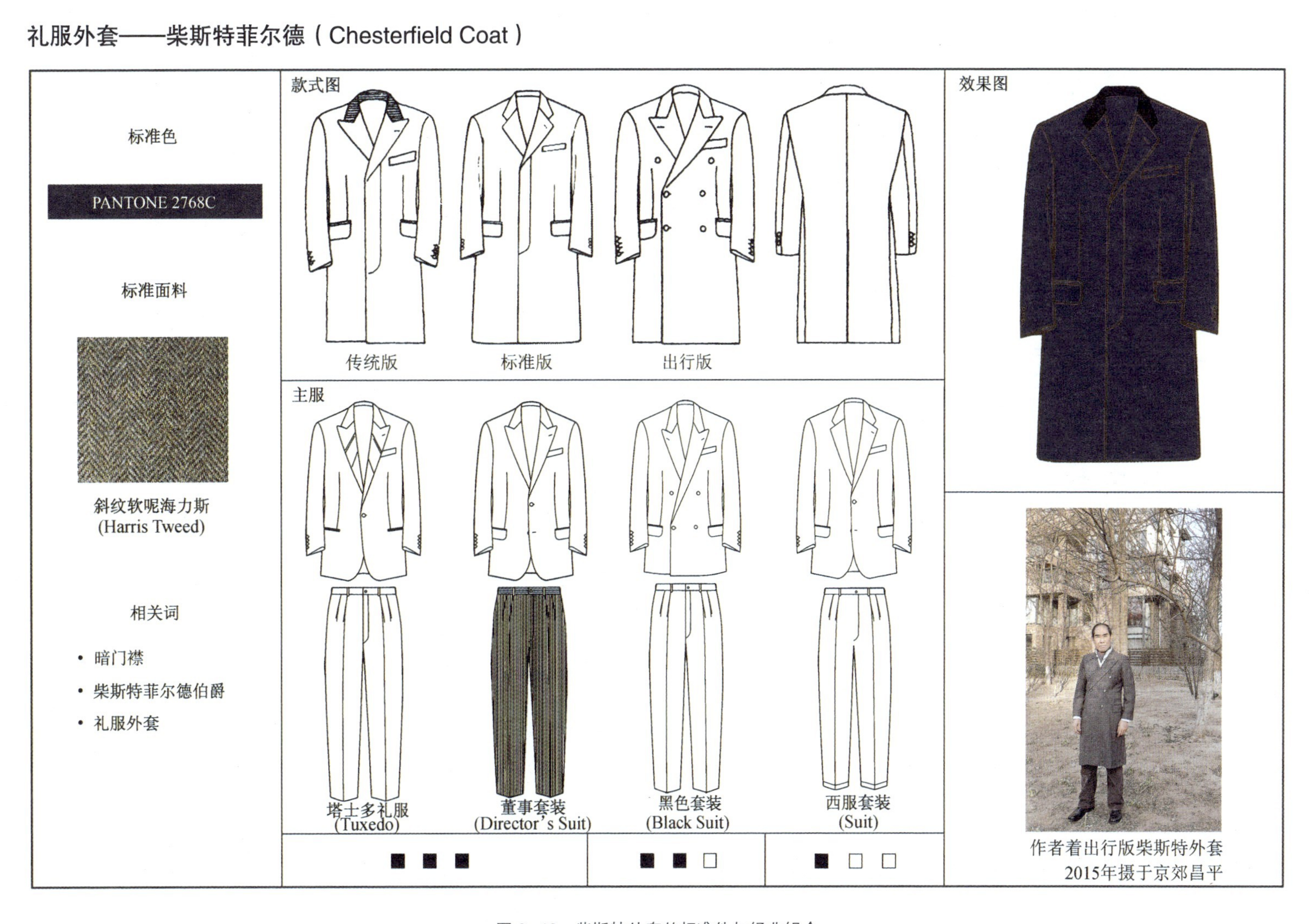

图 2-42　柴斯特外套的标准件与经典组合

的设计上经常使用阿尔斯特的元素，甚至在名称上也不严格区分。同时，它和相邻的柴斯特外套、巴尔玛外套结合会产生新的波鲁样式。不过正统的波鲁外套和柴斯特外套系列构成了男装礼服外套的基本范畴，波鲁外套最合适的配服在黑色套装到休闲西装之间（图 2–43）。

（3）巴尔玛外套（Balmacaan）

在现代主流社交中，巴尔玛外套应用最为广泛。因为，这种外套不受场合、年龄、职业的限制，同时造型风格简洁、大方、潇洒，颇具现代绅士风度，因此，备受男士的钟爱，成为万能外套、全天候外套的代名词，特别适合公务、商务的社交环境。本来这种外套是作为雨衣使用的，产生于英国的巴尔玛肯地区，并以此而得名。这种外套，因其功能设计及其优越和简约的表现特别适合男士的口味而风靡全球，成为当今绅士衣橱必备服装。其结构经过第一次世界大战和第二次世界大战的锤炼，它的每个元素几乎成了绅士的标签：暗门襟和插肩袖形式，具有穿着舒适、运动自如和防雨的功效，在造型上更加简练。著名的巴尔玛领也是由这种外套独创的。领角的纽孔、斜插袋的封扣和袖襻仍保持着其原有的功能和风貌，显示出一种自然亲切和怀旧的感觉，因此，被看做是一种经典标准外套。它的结构形式常作为设计的依据来创作外套流行的新概念，最著名的就是第一次世界大战中据此创造的里程碑式的作品——堑壕外套，而成为巴尔玛外套家族的两个高峰，被社交界誉为新古典主义的代表（彩图 10、彩图 11）。巴尔玛外套自身属中性外套，在服装搭配上很自由，主要与西服套装、休闲类西装组合穿用（图 2–44）。如果用黑色、深蓝色羊绒制作可升格为礼服外套，用朴素的水洗布制作又可以降格为休闲外套（彩图 10–c），因此，巴尔玛外套有万能外套的说法，这正是当今务实主义的绅士生活方式所追求的。

（4）风衣外套（Trench）

在外套中最富有功能性和表现力的是风衣外套。最初是第一次世界大战中士兵用的堑壕服，社交界称其为堑壕外套，因此，它继承了巴尔玛外套功能设计的优良传统，在所有的局部设计中和使用的材料上都具有防风、防雨、防尘甚至防寒的功效，可以说，它是男装设计历史中具有仿生功能的典范，并成为年轻绅士的标志性装备（彩图 11）。在现代生活中，堑壕外套所具有的仿生功效完全无用武之地，但它仍忠实地保留着传统的经典符号，并广泛地运用在外套设计中。在使用材料上也不只是防雨布，色彩也更加丰富。它和西服套装、运动西装、休闲西装、户外服等都可以自由组合。总之，它既发扬了巴尔玛外套全天候的功能，又创造了休闲外套充满务实精神的无限空间，这就是风衣外套永久生命力的魅力所在（图 2–45）。

（5）达夫尔外套（Duffel）

达夫尔是一种保暖型经典休闲外套，源于北欧渔民服。在第二次世界大战中，英国海军曾用作军服，由于它备受英国陆军元帅蒙哥马利喜爱而增加了英国色彩和军旅背景，战后在常春藤名校年轻人中盛行而成为一种运动外套的经典。现在成为使用很广泛的休闲外套。由于达夫尔外套采用一种专门的双面粗纺呢（麦尔登呢和苏格兰呢复合而成），因此，它不挂衬里而呈现工艺外观化，如明贴袋有袋盖、明线、明门襟等，并配有独特的绳结扣，标准色为驼色（彩图 12–b）。达夫尔外套的连身帽更增加了保暖性和个性表达，备受年轻绅士的喜爱。其搭配服装自由灵活多与运动西装、休闲西装、户外服组合穿用（图 2–46）。其独特元素成为一些短外套设计的灵感。

至于达夫尔外套的应用，在一般没有礼仪要求的场合，可使用的休闲外套中达夫尔外套具经典地位。这种外套往往衣长较短，结构实用，有触觉感的材料，样式、工艺、风格受流行因素影响较大，几乎可以能与所有户外服变通使用，可以说达夫尔外套是当今男装经典休闲外套的代表（彩图 12）。

出行外套——波鲁外套（Polo Coat）

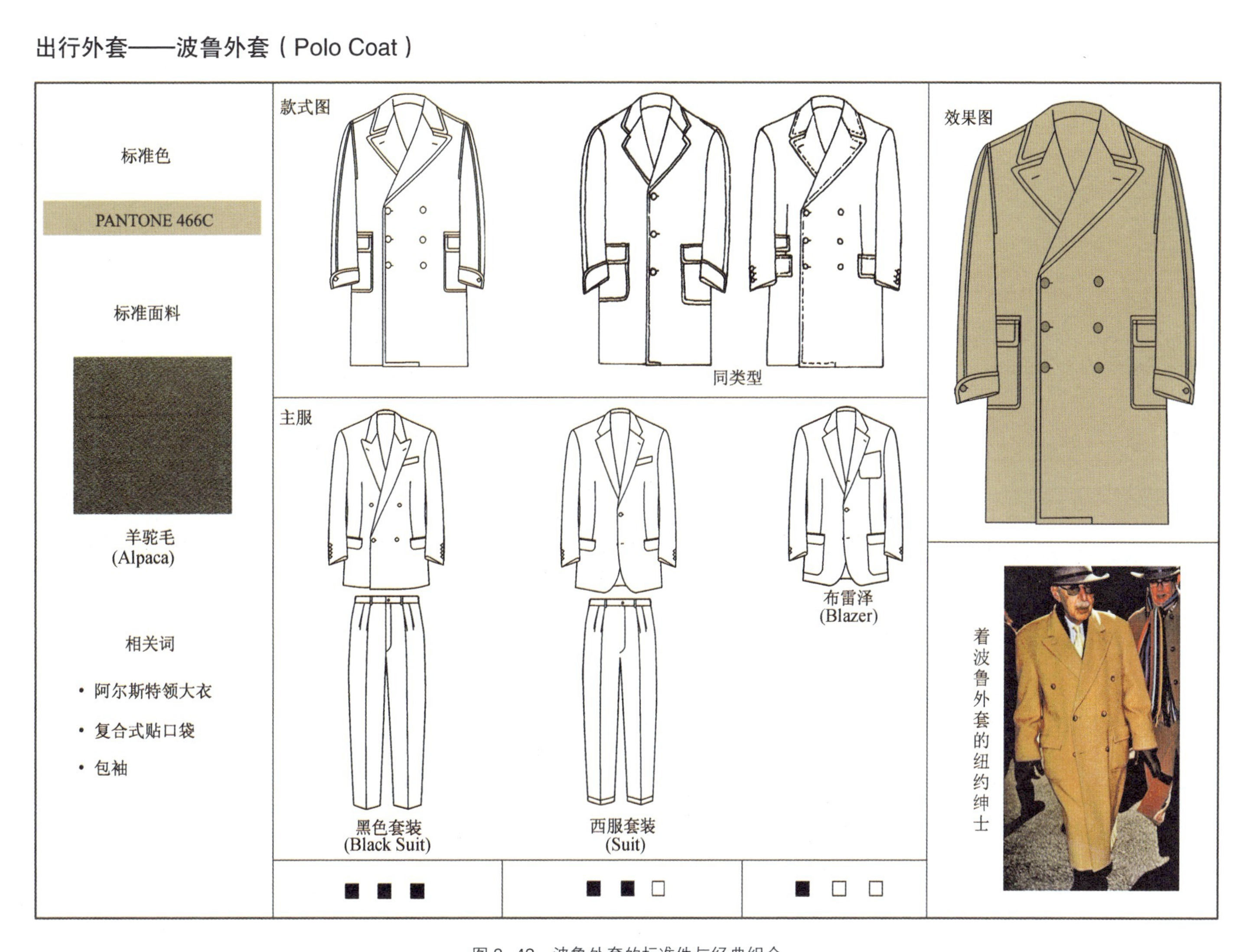

图 2-43　波鲁外套的标准件与经典组合

图 2-44 巴尔玛外套的标准件与经典组合

风衣外套——堑壕外套（Trench Coat）

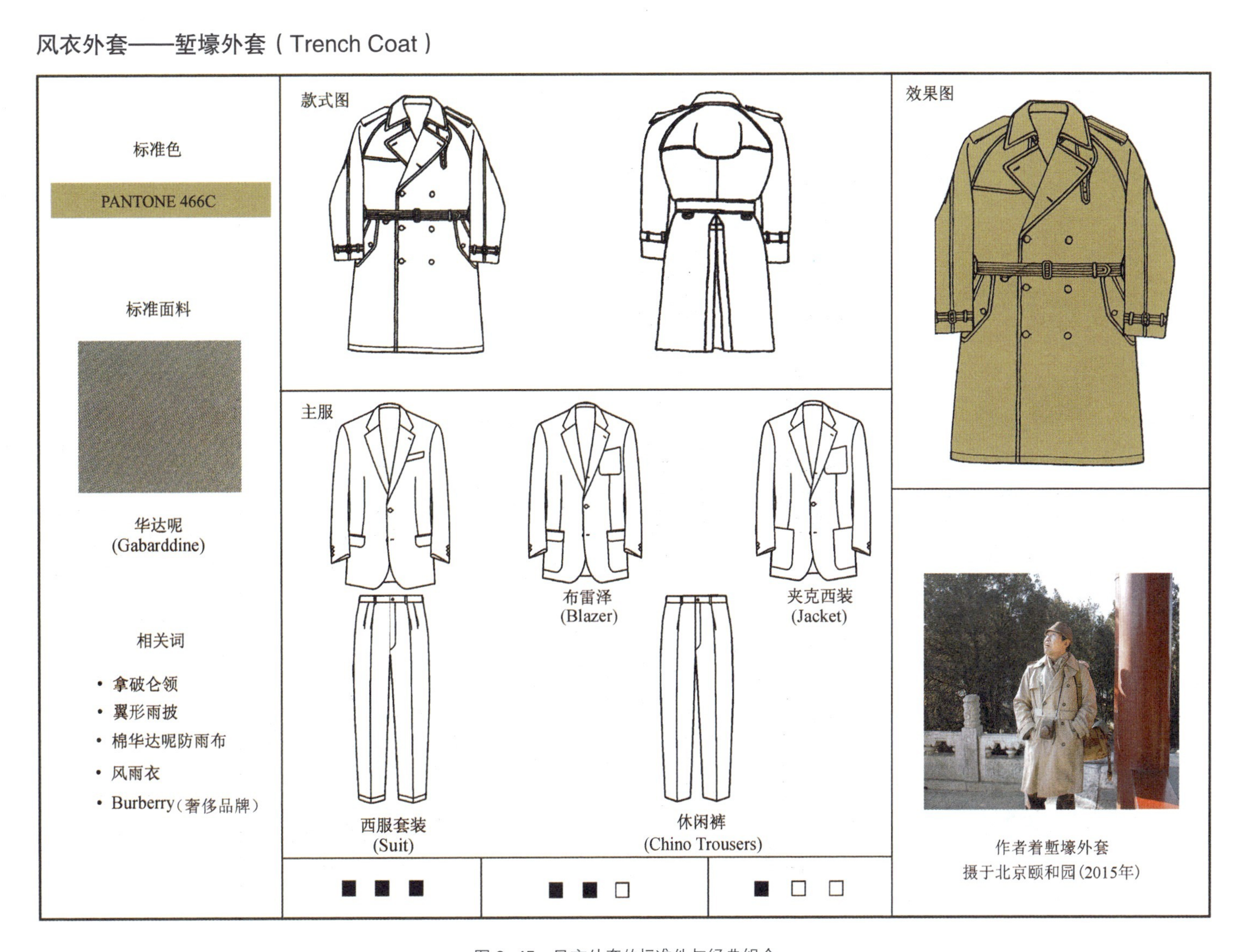

图2-45　风衣外套的标准件与经典组合

休闲外套——达夫尔外套（Duffel Coat）

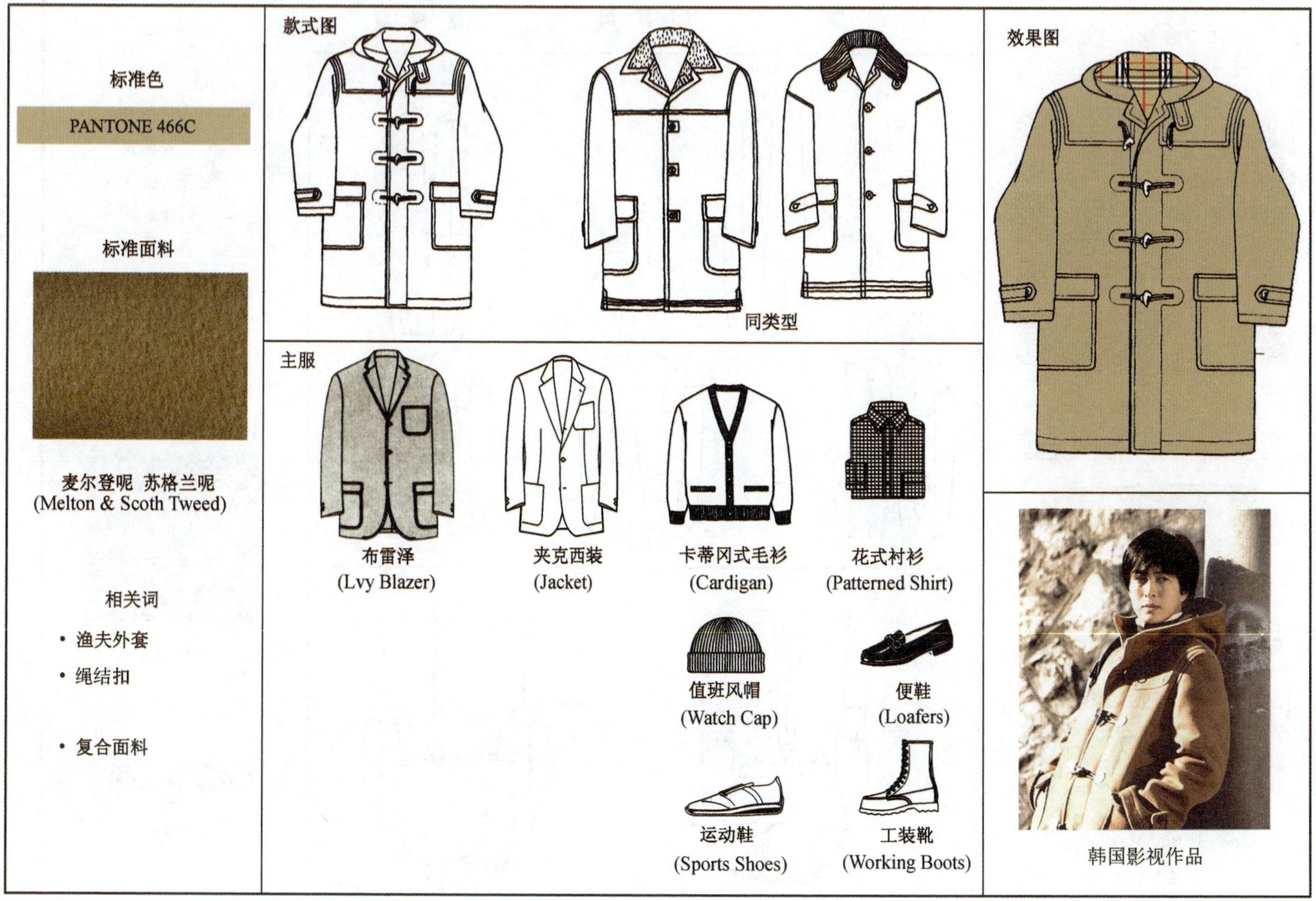

标准色

PANTONE 466C

标准面料

麦尔登呢 苏格兰呢
(Melton & Scoth Tweed)

相关词

- 渔夫外套
- 绳结扣
- 复合面料

款式图

同类型

主服

布雷泽
(Lvy Blazer)

夹克西装
(Jacket)

卡蒂冈式毛衫
(Cardigan)

花式衬衫
(Patterned Shirt)

值班风帽
(Watch Cap)

便鞋
(Loafers)

运动鞋
(Sports Shoes)

工装靴
(Working Boots)

效果图

韩国影视作品

图 2-46 达夫尔外套的标准件与经典组合

§2-5　知识点

1.即使在今天没有哪种服装能够取代外套成为绅士的标志。它每个细节所凝固的符号，之所以成为经典，和它健全而古老的功能有关。因此外套设计首先要考虑的问题是功能问题；外套的选择首要的要会识别它承载功用的符号是否准确。

2.柴斯特外套属礼服外套。单排扣、平驳领、暗门襟为标准版；单排扣、戗驳领、暗门襟为传统版；双排扣、戗驳领、六粒明扣为出行版。黑、深蓝为标准色，驼色多用于出行版。配黑色天鹅绒翻领为阿尔勃特风格。配服以礼服为主（图2-42）。

3.波鲁外套为出行外套，与柴斯特外套出行版相当。风格保持着马球外套的特点，双排扣、阿尔斯特领、复合贴口袋、包袖明卡夫是它的典型元素，级别上仅次于柴斯特礼服外套。驼色羊绒是它的首选面料（图2-43）。

4.巴尔玛外套为中性外套，适用范围最宽。单排扣、暗门襟、巴尔玛领、插肩袖是它的标准款式，土黄棉华达呢为首选面料。它作为万能外套说明它既可以作为便装外套，又可以作为礼服外套；它作为全天候外套，提示它在春夏秋冬四季都适用，只是要提供多套风格的投资（图2-44）。

5.风衣外套亦称堑壕外套，它是春秋季首选外套，级别仅次于巴尔玛外套。仿生学的细节设计是在巴尔玛外套基础上完成的，因此具有功能主义集大成者的地位，是最具功能化和个性化外套的经典，而成为绅士追求务实精神的标志（图2-45）。

6.达夫尔外套是休闲外套的经典。麦尔登呢和苏格兰呢复合而成的双面粗呢是它专用的面料，由此形成其外观化的结构特点。它的英国色彩和军旅背景使其在常春藤名校年轻人中盛行，而成为当今休闲外套的典范（图2-46）。

§2-6　户外服的经典

户外服的称谓保留了欧洲贵族户外文化生活的传统，狩猎、赛马、高尔夫运动等这些以英国贵族为代表的奢侈休闲生活，造就了户外服的经典，如巴布尔狩猎夹克（Barbour Coat）、诺福克夹克（Norfolk）几乎成为当代绅士的标签。同时亦迎合了当今美国人崇尚体育运动、亲近自然、探险、观光旅游的大众休闲生活方式，并造就了美国式的户外服典范，如李维斯（Levi’s）501 牛仔裤、钓鱼背心、白兰度夹克（摩托夹克）、马球 T 恤等。两股户外服思潮的混合成就了世界休闲文化的主流，“功能主义”便是这种时尚文化的主题。

1　户外服的功能语言

户外服（Outdoors）是国际时装界针对休闲型服装通用的提法，是指用于户外非礼仪性的劳作、园艺、外出、郊游、采风、体育运动等场合穿用的服装，也作为日常生活的便装使用。目前，已成为国际社会非正式社交的一种生活方式。实用性、机能性、运动性、舒适性、安全性是它的最大特点。因此，构成了宽松、衣长较短、衣摆和袖口收紧、口袋较多的基本结构形式。材料使用根据其功能的需要，多采用防雨布、坚固呢以及经过后处理的棉织物、针织物、皮革和人造织物等，几乎所有的服装材料都能使用。户外服的机能设计是它的基本内容，也是户外服设计的重要语言，故具有很强的适应性和生命力。对不同年龄、性别、职业的群人都适用，可以说，它是最大众化的服装。在造型风格上自然随意、无拘无束，打破了传统装束重礼仪的清规戒律；在品位上与礼服的那种沉闷气氛格格不入，使老年人焕发了青春，年轻人充满了活力。因此，它成为现代人装扮的一种新观念，亦是服装发展的必然趋势。

然而，这并不意味着未来的服装将是男女老少都可以穿用同一类型的服装。这种服装之所以受到不同类型人们的普遍喜爱，是因为它具有很强的实用性，在现代设计中禁忌无病呻吟和矫揉造作，这和现代人在实际生活中追求体验的满足和需求有着密切的关系。因此，在理解上如果只是单纯地从一种新形式、新概念去认识，恐怕很难悟到现代服装的真谛。

功能性是男装设计的主要造型语言，在户外服上可以说是唯一的造型手段。例如肩盖布、披肩、暗门襟、插肩袖、口袋、袖头、襻、带、褶等功能性元素应用普遍，而不适合实用要求的部分则被省略；同时，特别功能的设计亦成为户外服表现不同风格、趣味的必要方法和途径，而这正是经典户外服历久弥新的传统。

2　防寒服与巴布尔夹克的合理主义

户外服的合理主义是美国人创造的，但它有很强的传承性，崇尚探险的美国人造就的防寒服却可以明显地看出英国贵族巴布尔夹克的影子。因此这种合理主义从不缺少文化的传承性。

防寒服在概念上是指防风、防雪、防冻的服装，在实用上要求方便、耐穿、运动自如，因此，防寒服是一种多功能的服装。其设计思想是由美国人的“合理主义”而影响到世界，在这种设计思想的指导下，就产生了功能主义的主流设计思想。

图 2–47 中防寒服的设计是典型的以“合理主义”为原则设计的代表作品。它的宗旨首先是轻便与防风雪；其次是具有便利收纳物品的结构；再次是具有一定的冷暖调节功能。整体结构采用与套装长度相同，比外套更适合运动、防寒性能更好的插肩袖结构①，在袖头上使用方便并具有调节功能的尼龙搭扣②，同时增加袖衩布③，形成既调节又封闭的功效，使手能自如出入袖口。帽子的设计，只暴露眼睛和面部，以达到头部保暖的最佳状态，并用扣⑩、拉链④的两用门襟贯通。在帽口和腰部设有防寒暗系带⑤，帽口防寒系带上采用皮革制的调节襻⑥。前身设有袋盖的四个明袋，既方便携带物品又能防雪水，下边两个大袋侧边各设一个暗袋⑦，上边两个小袋设活褶⑧以增加袋容量。右襟里面下方是商标、规格和洗涤方法的标牌⑨，指导使用者如何选择和保养服装。面料选用轻便、耐磨、防水的人造织物，中间夹层材料选用轻软而保暖性好的填充绒，里子则选用滑爽密实材料，以便穿脱自如。

从防寒服的设计中可以看出，所选择的结构、造型、配件、材料等都是以实用、方便的功能为目的，这并不是想当然的，而是被实践（实验）数据支撑的，这就是“合理主义”的精神。它的配服也锁定在防寒性的户外服中（图 2–48）。然而，它并不缺少绅士文化，这也是“合理主义”成为世界主流的内动力。防寒服的形制明显的传承了巴布尔狩猎夹克的造型语言，如插肩袖、复合门襟、复合贴袋等，在配服上也继承着巴布尔的传统，这说明户外服的品位准则仍未脱离以“崇英”为基础的绅士规制。因此，当面对一个穿防寒服和一个穿巴布尔狩猎夹克的两个男人时，后者作为现代绅士的综合指标要远远高于前者，因为它的功能是由传统的英国文化传承着，它又称浸蜡夹克，这本身诠释着一个英国版的“合理主义”（图 2–49、彩图 13）。

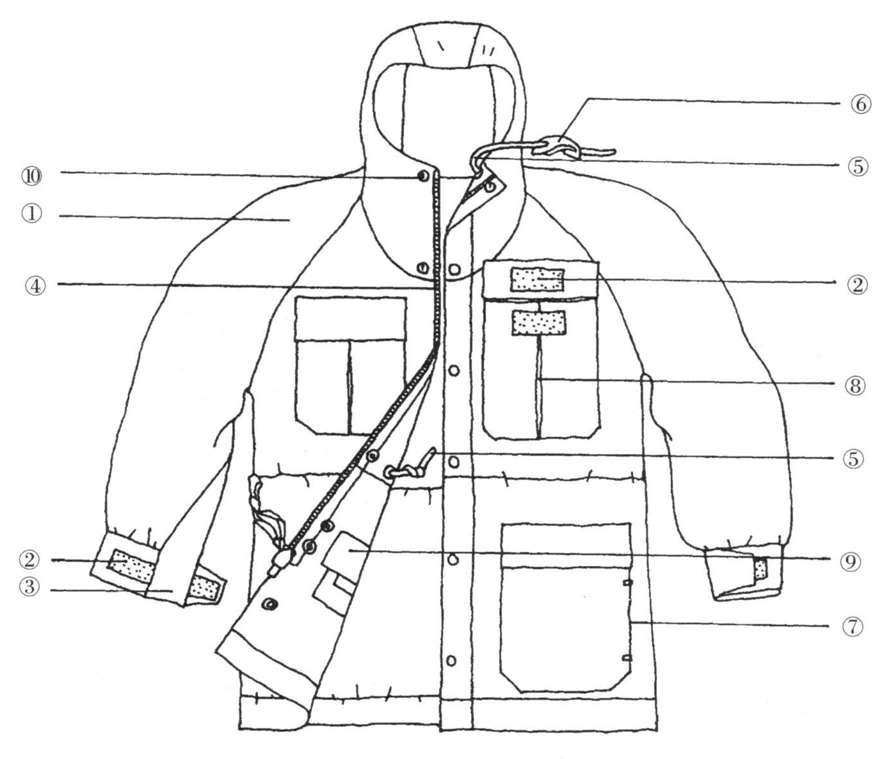

图 2-47　“合理主义”造就的防寒服经典

3　作业背带裤更亲近生活

图 2-50 中的背带裤是美国欧希库希公司（Oshkosh）提供的户外制品。从表面上看似乎有些标新立异，实际上它是很经典的作业背带裤。当它作为一种服装产品在市场上流通时，很快普及开来，特别是在儿童和青年中盛行。最初它的作用也是很广泛的，不单是作为机械修理用装，而且是常用于男子假日从事装修房间、园艺、汽车修理等工作的服装。现在则延伸为青年人远足、旅游、野外考察、采风等娱乐性活动的着装，它所具有的功能设计已不仅仅是使用价值，而变成一种“概念服装”①。无疑，这种理念的设计来源于“合理主义”。

就背带裤这种结构本身，就是由劳作方便而产生出来的新概念。在旅游盛行的现代生活中，考察工具的携带、采集资料的分类等，对于口袋的设计就十分重要了，背带裤中共有大小用途不同的口袋 13 个，胸部贴袋一分为二，每个袋中间都设有暗褶②以增加袋容量，袋口各用一粒子母扣③固定，防止弯腰时工具或材料从袋中脱出，中间隔离袋①可以插放如圆珠笔样的小件用具。腹部设有临时放工具或采集物品的袋中袋结构的悬垂口袋，其中有两个大袋④、两个小袋⑤、两个三角袋⑥，六个袋从大到小重叠设置，上边被固定在腰带⑦上，呈悬垂状。这种结构在弯腰时物品不易脱出，在正常运动中又可以通过设在大袋两个下角的襻⑧与侧门搭扣⑨固定。这种结构是对使用和运动的巧妙设计：第一采集物不会脱出；第二口袋固定时运动自如。同时使裤子的两个侧袋增加了袋盖功能⑩，使其变成密封性很好的储存袋。裤子的两个侧袋的侧缝各固定一个环襻⑪，用来挂放临时使用的工具，如锤子。

① 概念服装，具有超前、空前或未来服装的内涵。它是集现代环境、美学、科技和现代设计与制造手段于一身的集中表现。

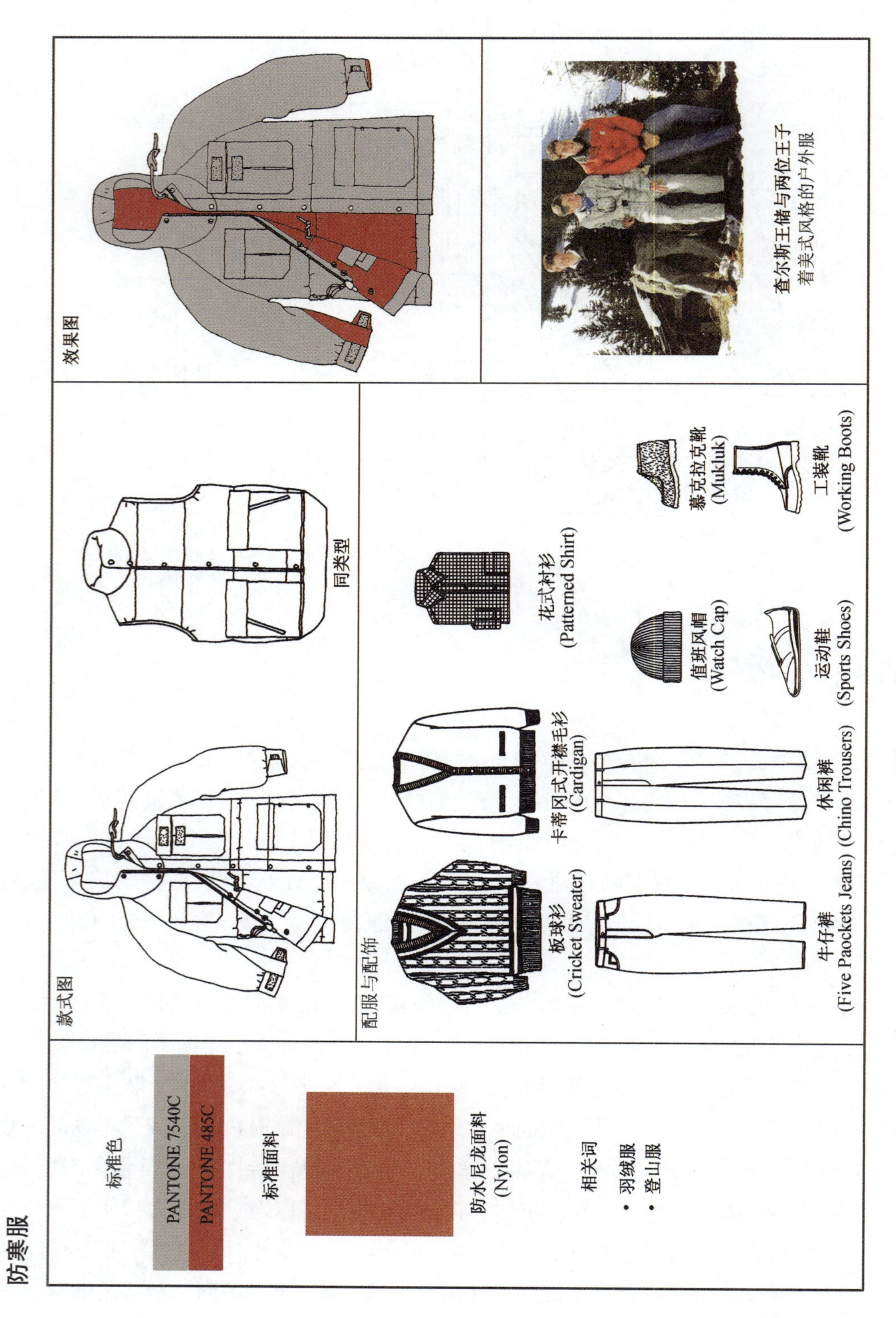

图 2-48 防寒服的户外服组合（美国式合理主义）

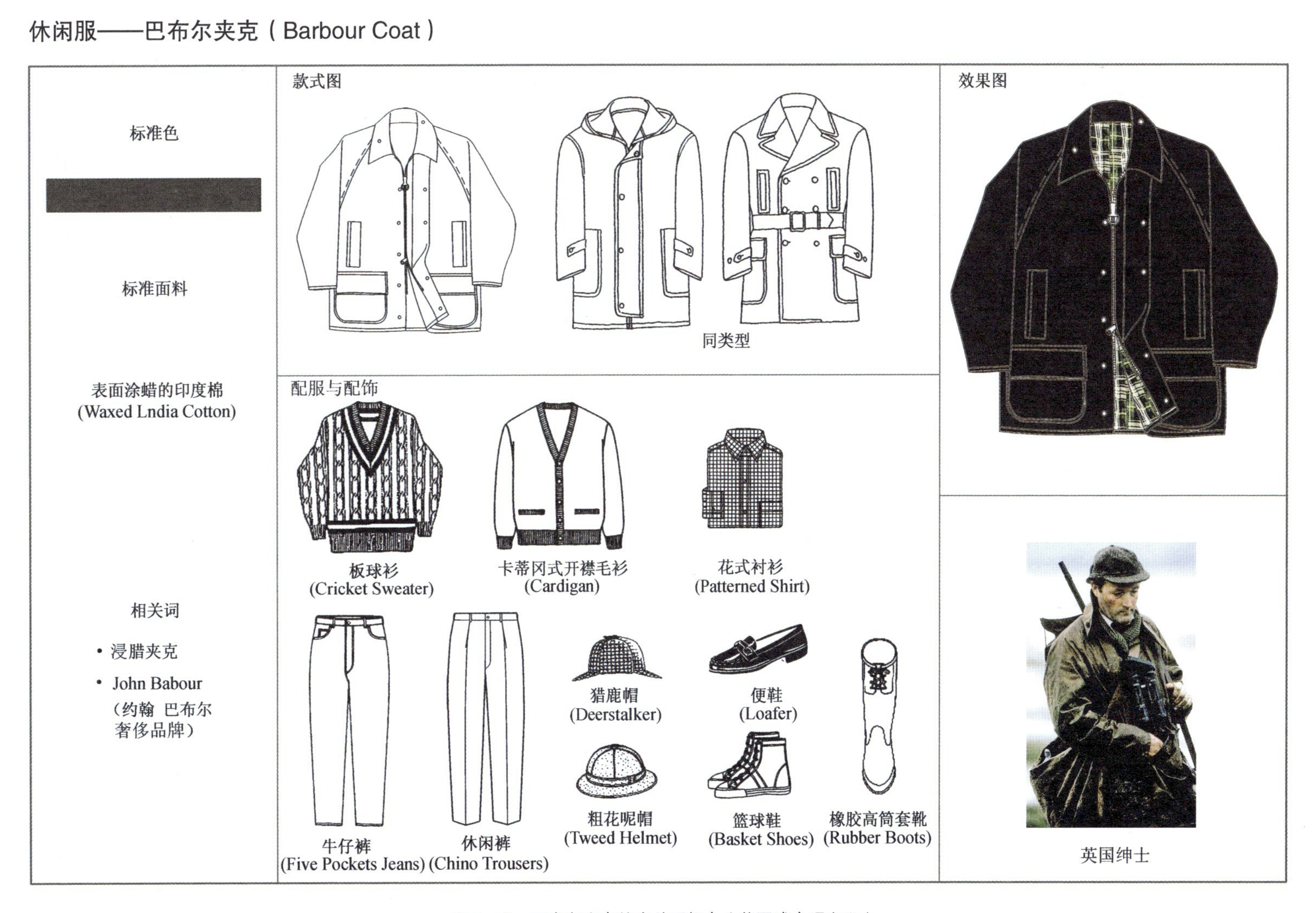

图 2-49　巴布尔夹克的户外服组合（英国式合理主义）

后身臀部两边各有一个贴袋⑫。背带长短可用背带扣⑬灵活调节，它具有伸长、缩短、脱离的功能。

当然，作为便装的背带裤，就无须考虑这些复杂的结构，值得注意的是，当增加或减少某些局部设计时，都要以应有功能的作用作为设计依据，而不能以感观上的好坏取舍，否则容易使男装的内在精神丧失。因此，背带裤虽被广泛使用，但它一定跟某种作业有关，如园艺、维修、垂钓等，而没有任何“作业”的选择就显得幼稚。它的配服组合与外穿衬衫搭配是最合适的（图 2–51）。

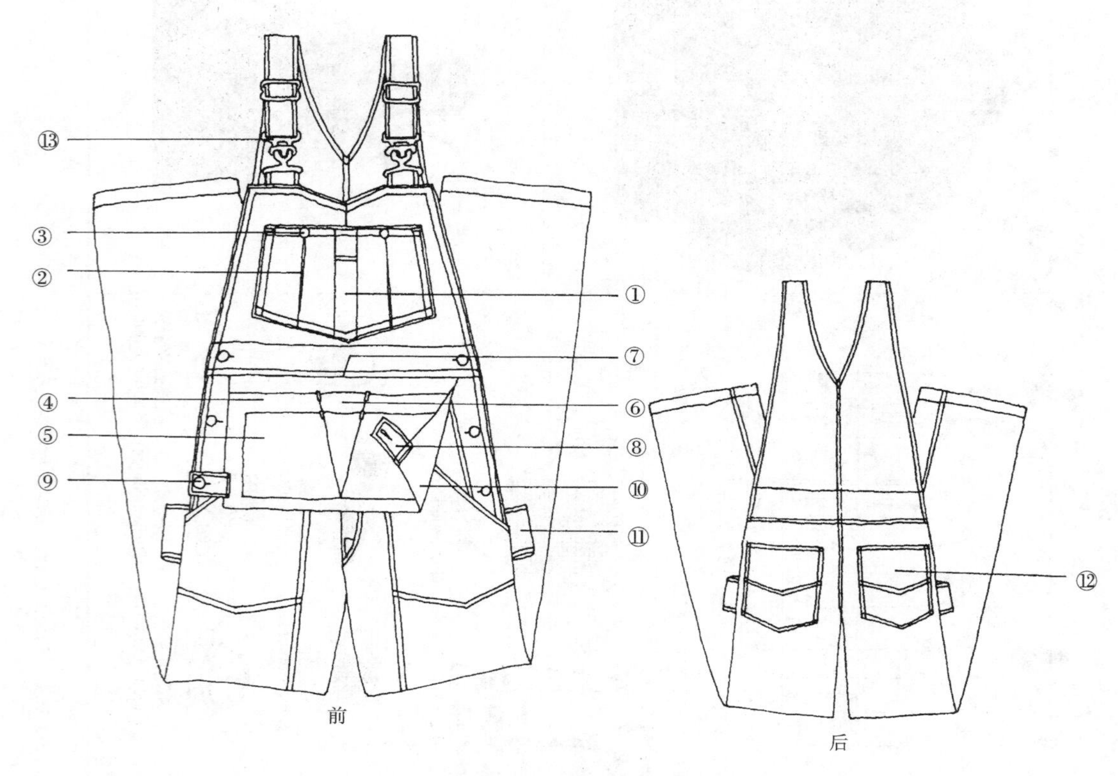

图 2–50 作业背带裤

4 记者背心源于钓鱼背心

记者背心真正的功能是垂钓者采用的一种钓鱼作业背心，它所表现的极具功能性而成为绅士户外服的一个“目录”（钓鱼背心是户外服的提纲），其实它的真正含义是那些拥有“高贵”者所追求自由和逃避尘世的象征，而极具功能的部分被实用主义的记者们截获，记者背心的称谓便成为主流。由于这种背心携物方便，具有容量大和外衣化的特点，经常被当作户外采访或旅游活动的服装。

记者背心的总体设计无领、无袖、宽松，这对活动方便和外衣化的要求是至关重要的。从旅游、考察、采访的目的而言，它的意义在于轻便而又能更多地搜集材料，因此，背心的口袋设计，亦是它的主要内容。是否可以这样设想，在可能的情况下，背心中口袋的容量和作用，完全能够取代挎包、背包或最大限度的容纳零散物品，那将使垂钓、旅游、采访活动变得轻松愉快。

图 2–52 是美国哥伦比亚运动服装公司提供的钓鱼背心，它对户外服设计宗旨的理解和创造具有很大的启发性。

作业服组合——外穿衬衫和背带裤

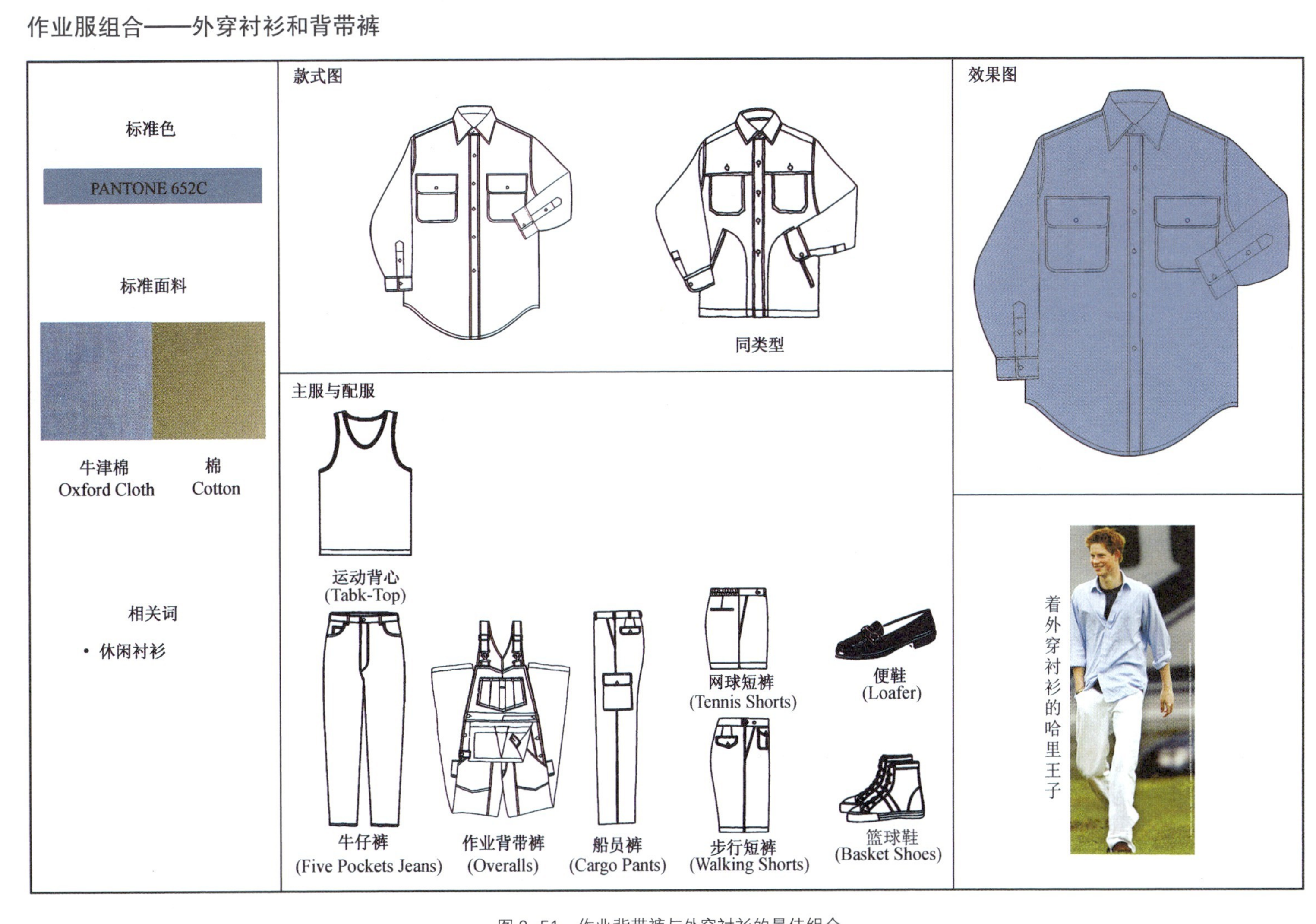

图 2-51　作业背带裤与外穿衬衫的最佳组合

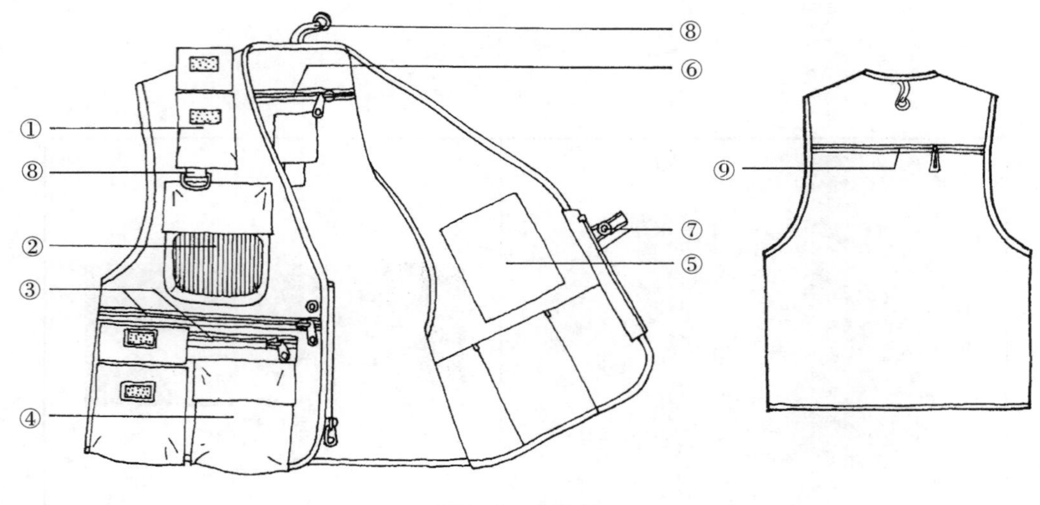

图 2-52　钓鱼背心

钓鱼背心在设计中，充分考虑了在一日的行动中，背心口袋所要容纳的必需品。例如这件衣长在臀围上下的背心中仅口袋就有 22 个，与其说是背心，不如说是“多袋包”。前身靠肩的小袋①采用箱式结构来增加容量；胸部贴袋，袋外层覆皮革面②以保持干燥和增加强度；腰部设双层重叠的袋中袋，袋口用拉链连接③；最外层是两个并列有袋盖的箱式袋④；后背是一个大通袋⑨。这样前身左右口袋对称，加后通袋总共有 13 个。背心里面左右襟共 8 个贴袋⑤，后背里侧 1 个通袋⑥，使整个后背构成双层袋。前门襟拉链并设一个金属搭扣⑦以增加前胸合襟的强度，后领口和前身的系环⑧作为携带大件物品使用，如鱼竿。背心虽然结构简单，但构思巧妙，用途具体。它的配服以夏季户外服为主，作为钓鱼背心，专门的作业裤和高筒靴是必不可少的（图 2-53）。

5　保持户外服原生态的精神追求

从上述三种户外服的实例分析来看，它们在结构上要最大限度地达到合理的简洁和功能的物尽其用。在造型上造成一种目的性很强的户外生活气氛。因此，户外服从功利上看，过多的装饰，不仅不能使人产生美感，反而容易使空气变得紧张，降低娱乐生活品质。

户外服总体上要避免采用礼服的表现手法，在任何一个局部设计中，都应该使穿着者充分的体味到它所具备的功效，而不能产生某种礼仪的暗示或多余的装饰感。由此可以确定户外服的休闲类和运动类两大类型，前者是一种修身的追求，后者则是健身的意志磨炼，重要的是户外服原生态的保持是准绅士的客观追求（图 2-54）。

户外服并不像人们想象的那样，丝毫没有礼服那种象征社会地位和社交语言的符号，只是这些因素虽然含有很强的象征性，但它们实在太功能化了，甚至成为一种功能主义的社交符号。如堑壕外套、巴布尔夹克的“标准件”，没有一个不保持良好的功能性，而绅士们宁可不使用它们，也一件不能少，可以说这是一种功能主义的精神与文化标签。因为，他们深知代表着社会地位和社交伦理的“标志”丧失的后果。在户外服中，这种例子也很多。请注意：不要忽视本书所提供图例的每个细节（本书图例通过权威考证后才收录进来），包括户外服。图 2-55 中无论是鳄鱼 T 恤还是 Polo　T 恤，它们的套头领、短袖罗纹口、下摆有侧衩且前短后长，这些

作业户外服——钓鱼背心（Fishing Vest）

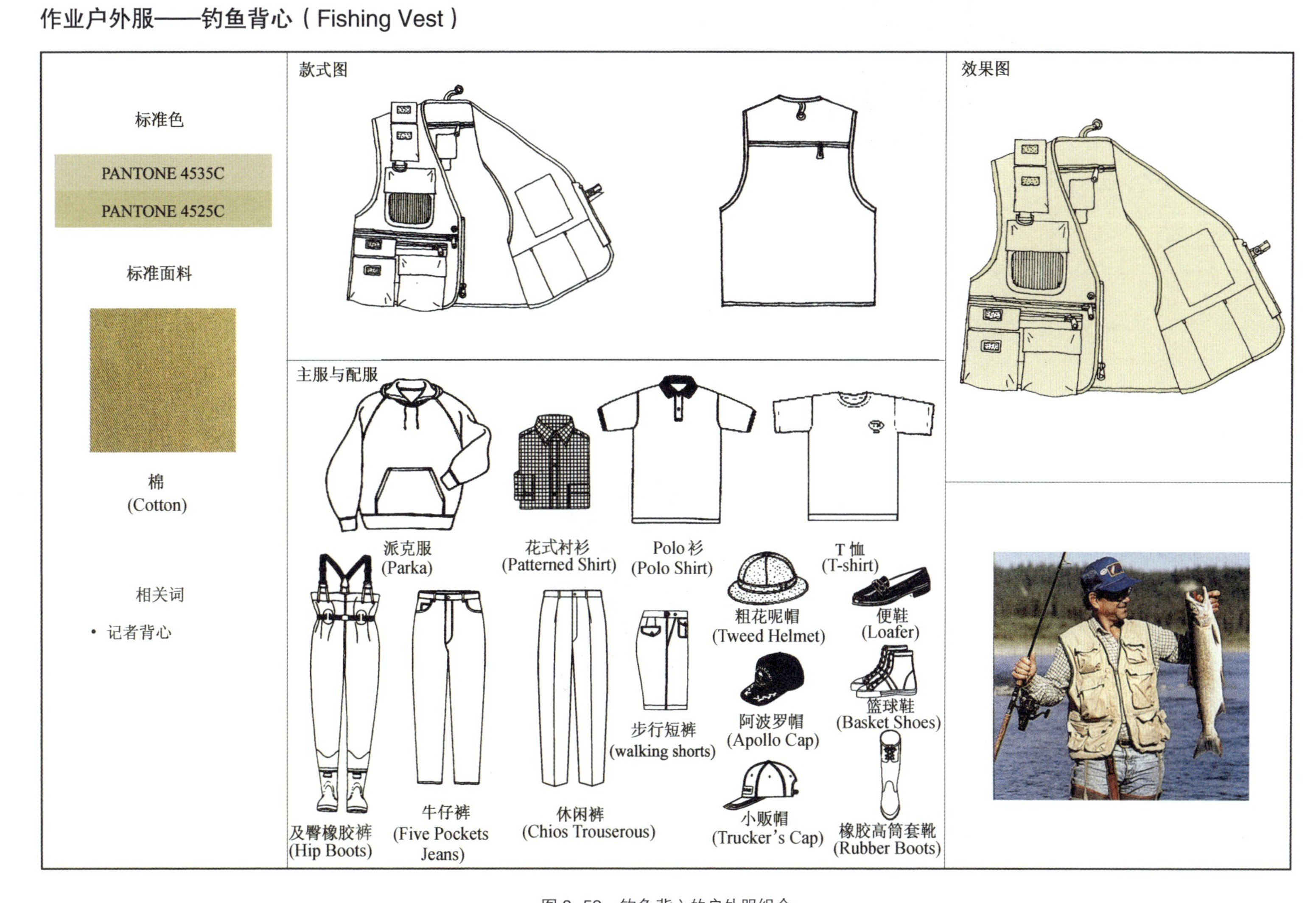

图2-53　钓鱼背心的户外服组合

“标准件”说明它是原生态的。如果出现短袖敞口，加了左胸口袋的T恤，这不论在品牌上还是在拥有者的着装素质上都会大打折扣。图2–56的斯特嘉姆夹克（棒球夹克），袖与身的配色、社团标志、罗纹饰边、子母扣等都保存它固有的元素是明智的，这也是判断真假斯特嘉姆的关键。如果一件斯特嘉姆产品，门襟采用的不是它原生态的子母扣，而是拉链的话，这是很糟糕的，因为在诞生斯特嘉姆的初期还没有发明拉链，因此盛行此时的子母扣就是在斯特嘉姆中凝固的历史印迹，没有了它意味着对历史（文化）的放弃，换掉它也有“关公战秦琼”之嫌。“摩托夹克”不是一个实用概念，而是一个文化命题，是指白兰度夹克，它有一整套固有的构成元素，由机车夹克、飞行夹克到“摩托党”记录着一个先锋派的坚忍诞生。品位高雅不在于是不是拥有它，而在于会不会改变它（图2–57）。

图2–54　户外服的基本分类

综上所述，在形形色色的男装世界里，从礼服到便装都遵循着一种程式化但不同表达方式的造型语言，正因为如此才构造了男人的性格、气质和风尚。因此，它是男装设计和得体着装实践中不可缺少和不能忽视的知识读本和行动指南[参阅基于TPO男装从礼服到户外服一览表（表2–1）]。

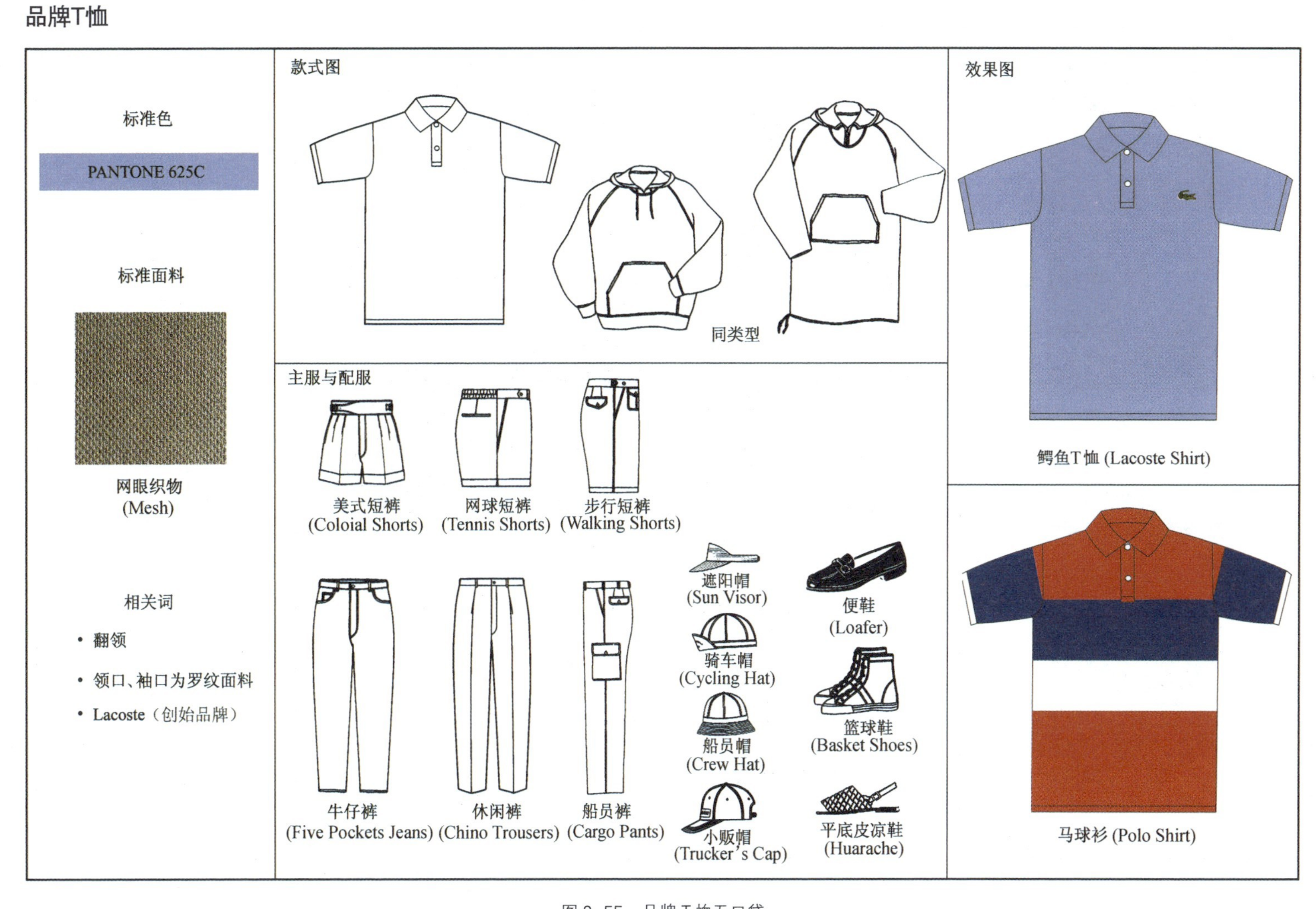

图 2–55　品牌 T 恤无口袋

运动夹克——斯特嘉姆夹克（Stadium Lacket）

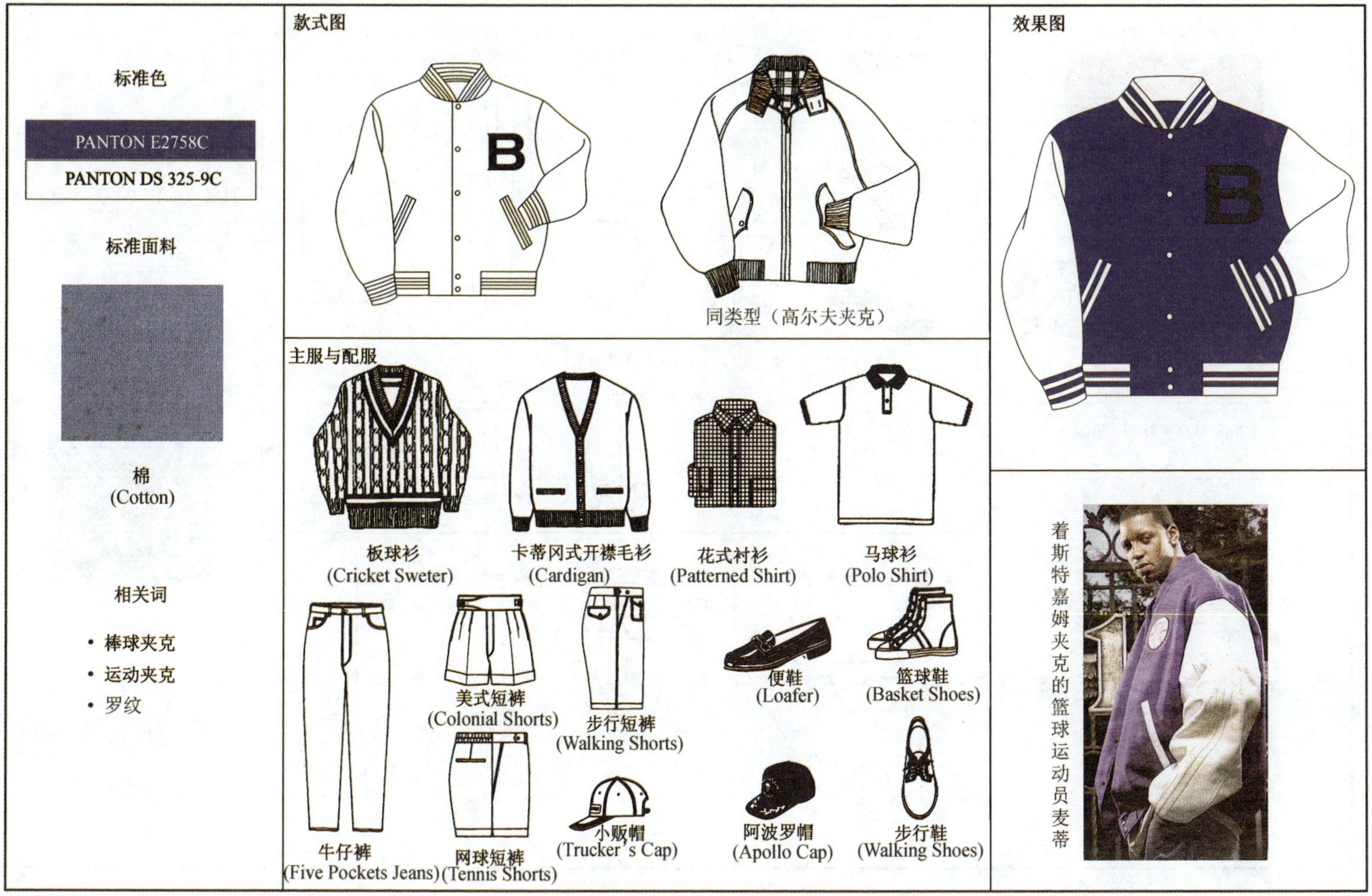

标准色

PANTON E2758C

PANTON DS 325-9C

标准面料

棉
(Cotton)

相关词

- 棒球夹克
- 运动夹克
- 罗纹

款式图

同类型（高尔夫夹克）

主服与配服

板球衫 (Cricket Sweter)
卡蒂冈式开襟毛衫 (Cardigan)
花式衬衫 (Patterned Shirt)
马球衫 (Polo Shirt)
牛仔裤 (Five Pockets Jeans)
美式短裤 (Colonial Shorts)
步行短裤 (Walking Shorts)
便鞋 (Loafer)
篮球鞋 (Basket Shoes)
网球短裤 (Tennis Shorts)
小贩帽 (Trucker's Cap)
阿波罗帽 (Apollo Cap)
步行鞋 (Walking Shoes)

效果图

着斯特嘉姆夹克的篮球运动员麦蒂

图 2–56 斯特嘉姆夹克每个细节保存着历史信息

运动夹克——白兰度夹克

图 2-57　白兰度夹克文化命题大于实用概念

§2-6 知识点

1.现代户外服有两个关键词，即原生态和功能主义。原生态是以英国贵族包括狩猎、赛马、高尔夫等传统的奢侈休闲生活为基础建立的经典户外服，如巴布尔夹克、诺福克夹克、堑壕外套等，在使用它们时，形制上越接近“原生态”，意味着品质越高，这几乎成为户外服识别准绅士的标志。“功能主义”是美国人在英国原生态的奢侈休闲生活基础上发展起来的，它最伟大的贡献就是注入了务实精神，运用合理主义的理念，迎合了世界休闲生活的大众潮流而创造了全新的户外服概念，如李维斯（Levi’s）501牛仔裤、钓鱼背心、探险防寒服、棒球夹克、白兰度夹克、Polo T恤等，这在当今的户外生活中，美国的合理主义成了绝对的主流。

2.探险防寒服、作业背带裤、钓鱼背心、斯特嘉姆夹克、白兰度夹克、Polo T恤等都是很美国的户外服，只有巴布尔夹克成为当今优雅休闲的守望者，其实它们共同建构了世界性户外服的高雅品格。休闲类户外服表现一种修身的追求，因此，探险、园艺、垂钓与其说是休闲不如说是对自由的追求和对尘世的逃避。运动类户外服在健身的背后更重要的是意志磨炼和新知的探索，因此不要轻易改变巴布尔夹克、白兰度夹克、斯特嘉姆夹克、Polo T恤等原生态的标准件，因为它们每个原生态细节都保存着最初的历史信息和文化积淀形成的象征符号。

§2-7 男装的流行

作为自律性很强的男装很难捕捉充满变化的流行因素，正因为如此决定了它的流行特点。

1 男装流行的特点

追求美是人类的本能，但美的标准和追求美的方式却大相径庭。欧洲人结婚以穿黑、白色礼服象征个体对爱情的忠贞和纯洁，而这种装束在我国的传统礼仪中追求宗族礼教的传统是不允许的。因为黑、白色象征死亡，只有火红的颜色，花团锦簇的饰纹饰物，才预示着家族的前程似锦。这是一种地域文化的差异，任何人都不能最终摆脱这种地域文化的束缚，都或多或少地被打上了种族意识的烙印。一个日本人穿着西装，他的心态绝不会是一个英国人的心态。因为，装扮一定承载着民族和时代的两个特征。因此，可以说装束是求生存和进步的重要标志，它是由传统和先进文化交织产生的，而追求先进的文化既是它的本质又是表现民族实力的必然，这并不是否定和掩盖传统。从时代和民族的关系这个意义来看，追求流行对推动民族文化是有积极作用的。

与此同时，还交织着人类生理的自然选择。女人有女人的审美标准和形式，男人有男人的美学准则和规范，他（她）们虽都追求文化的先进性，但只要有自然生理的差异，他们最终就不能同舟共济。在我国的国民中，甚至是服装业的决策者、理论者都抱怨男士们总也不能像女士们那样打扮的丰富多彩。可以设想，如果男装完全像女装那样，在美学意义上，就是一种力的抵消，所谓的丰富多彩就变成了杂乱无章。可见，我国服装界对男装流行理论的探讨是很值得研究的。重要的是不要被西方“流行繁荣”的假象所迷惑，要追求流行的自然法则和规律。

诚然，在社会和自然属性关系的作用下，男装流行的特点必然要走向装扮的程式性、设计的功利性、造型的技术性和结构的保守性上，这样才能与女装装扮的自由性、设计的丰富性、造型的外观性和结构的多元性形成个性的反差，使服装世界既繁荣又富有秩序。这是作为服装设计者所要把握的基本设计法则。

在这种思想指导下，有助于正确理解、分析、判断男装的流行现象。然而，也要避免一种简单的理解，即女装就是要尽情地发挥，男装能不变尽可不变。这种认识往往会把焦点集中到流行表面看得见摸得着的东西上。作为一个有心的设计者，就会把着眼点放到作品的韵味意趣上，同时还要意识到这种风格的区别始终伴随着技术科学、材料科学和制造科学的发展。从这个意义上讲，男装流行的变化并不是以大小衡量的，而是以软硬、外在内涵加以理解的。因此，从流行周期的比较会发现，在外观上似乎没有多大变化，但在情感上却会产生一种强烈的时代差别，这种差别主要反映在使用的物质材料和制造技术的手段上。

2　男装流行的形式因素

男装在形式上的流行受程式化影响很大，这是男装特点所决定的。在女装中流行的形式，超出了男装的程式，男士们是很难接受的。例如，女装中流行收腰大下摆的外套，在男装中却不会流行；女装中流行三股裤，在男装流行中也不会出现。因为这与男装程式化的要求是格格不入的。而且，礼仪性越强的服装受流行因素的影响越小，受程式化因素的制约越强。西装在男装中属于中性，因此，它在流行中最能反映男装变化的尺度，故而它处于男装流行的中心地位。外套的流行受制于西装，因此它的流行方式是和套装相映成趣的。户外服受流行因素制约最明显，同时它与运动型西装、休闲西装、便装外套互为影响，从而形成男装变化因素的主要内容。从礼服到便装，西装的变化就成为牵动整个男装流行的纽带，而西装各形式因素的变化又受男装基本廓型的制约。

（1）廓型

以西装为主题流行的形式因素，是以廓型作为先决条件而制约着局部的变化。男装廓型有三种基本形式，即H型、X型和V型。H型在西装中指一般型，在外套中指箱型，总之，它是指一般的廓型。X型表示有腰身的合体型系列，如瘦型西装、柴斯特外套等。V型指强调肩宽、胸廓而收紧臀部和衣摆的廓型。构成这三种基本廓型的结构，除了对腰部、臀部和衣摆收放比例关系的处理以外，肩部造型的细微设计也是非常重要的。正常情况下，H型的肩为原肩型，X型的肩为翘肩型，V型的肩为包肩型（溜肩型）。由此构成了肩、腰、摆三位一体的造型关系：原肩型配合适当的收腰和衣摆形成了H型的流行主题；翘肩型配合明显的收腰与阔摆构成了X型的流行风格；包肩型与直身小摆的结构相配合，说明是一种V型的流行主题。外套与户外服与之相配合，在结构上也有明显的处理方法，即X型以柴斯特外套和装袖结构为基础变通；H型以巴尔玛外套和插肩袖结构为原型变通。户外服以H型、V型和特别的欧版（O型）作为流行主题。与此相配合的裤子也有筒型（H型）、喇叭型（X型）和锥型（V型）三种廓型。总之，在分析判断流行廓型时必须综合考虑相配服装的廓型，否则会出现张冠李戴的感觉（图 2–58）。

（2）领型

认识服装的廓型是把握流行的关键。领型则是认识流行细节与总体关联的纽带，因为，领子的位置是整个服装的视觉中心，也是流行的感觉中心。

就西装领型的流行而言，有领角、位置、宽窄的变化，并对衬衫、外套等其他类型的服装产生影响。西装

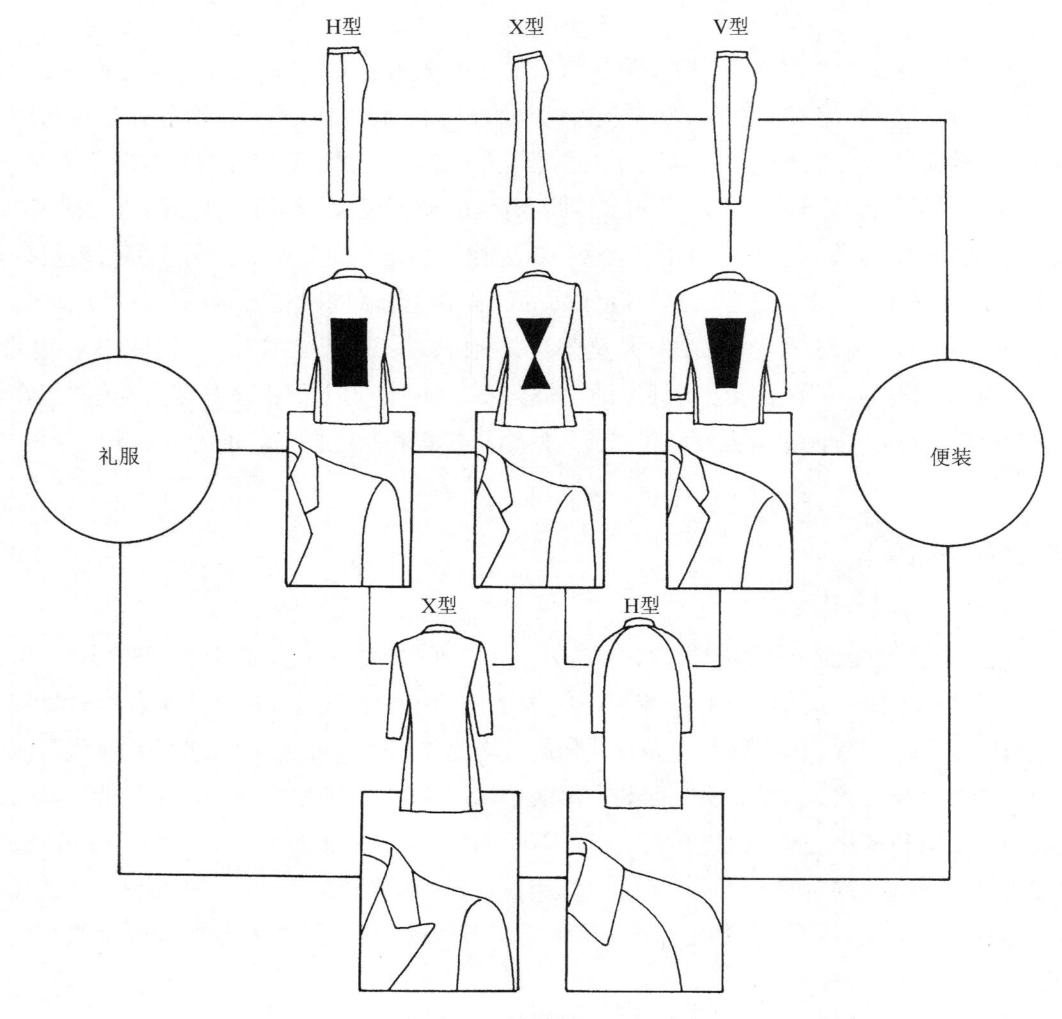

图 2-58　男装廓型的制约关系

领型在流行中是按照一定程式变化的，领角变化以 90° 八字领作为基础，有小八字领、圆角八字领、半戗驳领和戗驳领。领位的流行是在一般领口形成的翻领和驳领的比例关系基础上，有扛领（驳领的比例增大）和垂领（翻领的比例增大）的变化。领型在流行趣味上是有所选择的，一般领角造型远离它所具有的程式范围，说明其流行依据多来源于便装。领位越低说明西装越趋于便装化，领位越扛预示着一种怀旧的流行。总之，领型与具有宽松的 V 廓型和保守的 X 廓型配合设计（图 2-59）。

衬衫和外套领是受西装领变化的牵制。例如，西装领为窄型直角领，衬衫和外套就采用与此相似趣味的直线方领，而不会流行大尖领。再如，八字领领角为圆形，衬衫和外套的领角也流行相同趣味的形式。这就是在流行中表现出来的一种时代语言（见图 1-6）。

（3）袋型

袋型在流行中是一种功能的气氛语言，它多起烘托主题的作用。同时袋型结构还受面料性能的制约。例如，用较疏松的粗纺面料，不适合设计成开袋形式，因此当流行一种粗犷风格的服装时，也同时流行一种外观化的明袋、明线形式。西装口袋的流行方式也是如此。首先，胸部手巾袋切忌对称设计，因为它主要作为礼仪的标志，当然在夹克西装中是例外的，如猎装。手巾袋的形状、角度略受流行影响，其流行的基本形式有：角度较大而宽的船头型；小角度圆角型，两端有打结线型；方角型两端缉明线或明线形式贴袋，这后三种胸袋的流行说明运动型西装受青睐（图 2-60）。大袋除正统西装要求有袋盖和双嵌线的袋型外，其他的斜袋、明袋、褶袋、立体袋等袋型多在运动型西装、休闲西装、外套和户外服中变通流行，通常是以相似风格的程式化组合

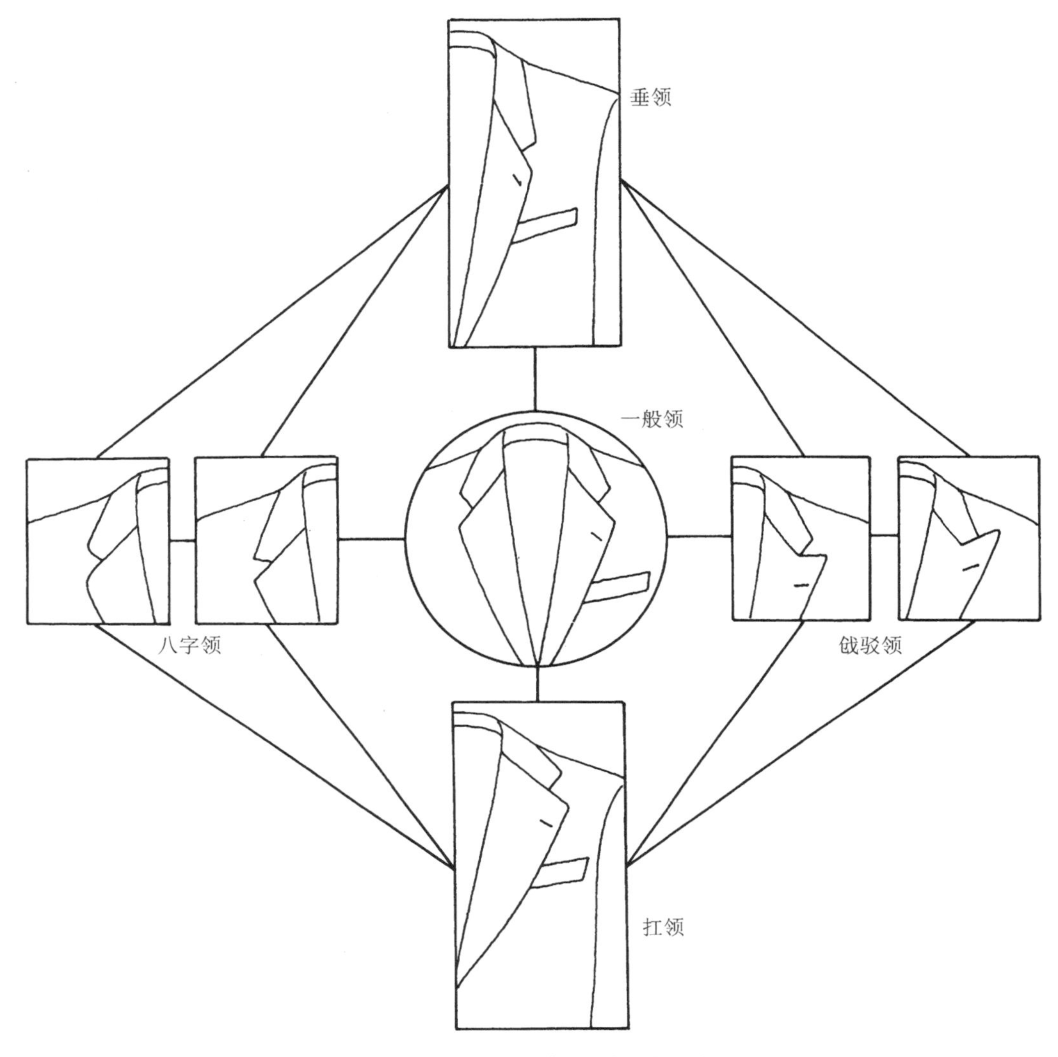

图 2-59　西装领型程式化组合的有序流行

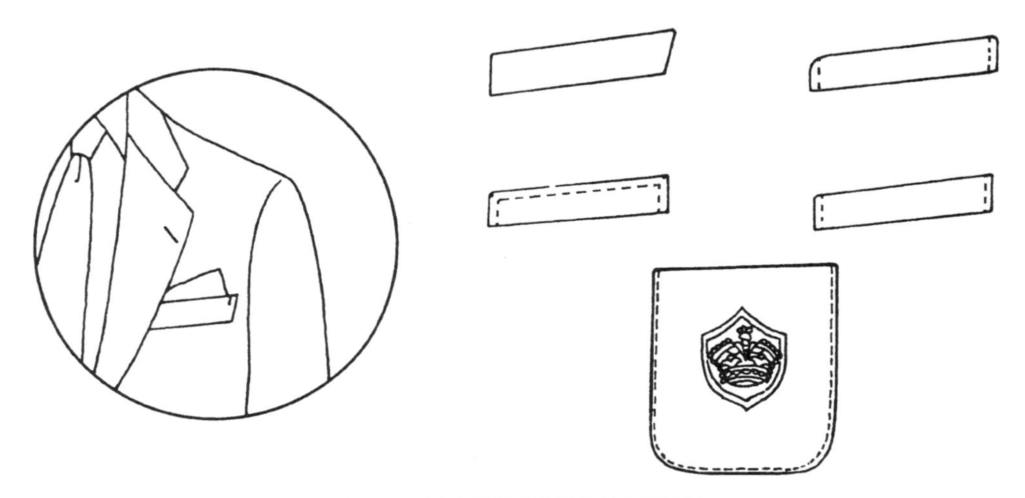

图 2-60　手巾袋程式化组合的有序流行

来创造新的流行主题。例如，用运动型西装、休闲西装、波鲁外套和达夫尔外套的袋型可以组合产生新的趣味，但它们不适合同礼仪性较强的西装和外套进行组合，因为这不符合男装程式“就高不就低”的原则。礼服中的袋型形式可以运用在便装上，也就是说高级别服装元素向低级别流动容易，相反则要慎重，这既是流行规律，亦是设计规律。还要注意某些特别袋型的提示，如小钱袋是“崇英”的暗示，并要了解它原生态的表达习惯：小钱袋要与有袋盖的双嵌线袋型组合设计，且只设在右侧，因此它与西服套装、柴斯特外套组合设计很恰当（图 2-61）。

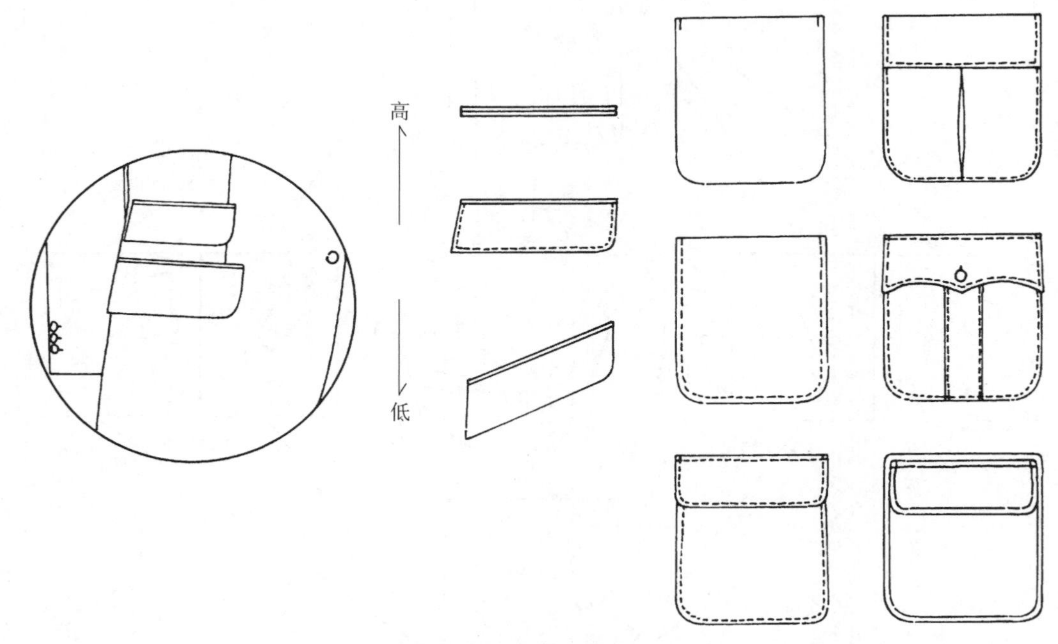

图 2-61 主口袋程式化组合的有序流行

（4）门襟

以西装的门襟为基础，有单排一粒、两粒和三粒扣的形式；双排有四粒和六粒扣的变化。而且随着对纽扣数量的选择其趣味大为不同，无论是单排还是双排，多纽扣流行则是对历史、传统的追溯和怀念，亦是休闲化流行的暗示。但是，这并不意味着历史的重现，只不过是利用现代的造型语言重新解释罢了。在双排四粒扣戗驳领的形式下，用大开襟、垂领、加宽肩部、收小下摆的 V 廓型有强化现代审美意识的概念，值得注意的是任何情况下，双排扣不要配平驳领（八字领），因为无论是原生态还是程式中都没有这种文化习惯。可见健康的流行不是以颠覆传统和规则为代价，而是它们的践行者。

（5）袖衩、袖扣和袖襻

袖衩、袖扣和袖襻在男装流行中具有特殊的造型语言。在西装中，袖衩的功能虽不存在了，但都以仿真的结构流行，同时和袖扣的程式范围组合成不同的趣味和价值取向。在一粒扣到四粒扣之间选择，数量越少说明越趋向便装化、运动化，数量越多暗示着一种怀旧和追求华贵的流行主题。在礼服中，领和袖采用一种特殊的镶边设计，说明了一种俱乐部式的怀古情绪在流行。袖襻有很强的功能提示，主要用在外套和户外服中，在西装中几乎不会流行。因此，袖襻更多的是受功能、材料流行的影响（图 2-62）。

（6）后开衩

后开衩在男装流行中是很重要的功能化形式元素。在西装中，随着后开衩功能的逐渐消失，便成了一种

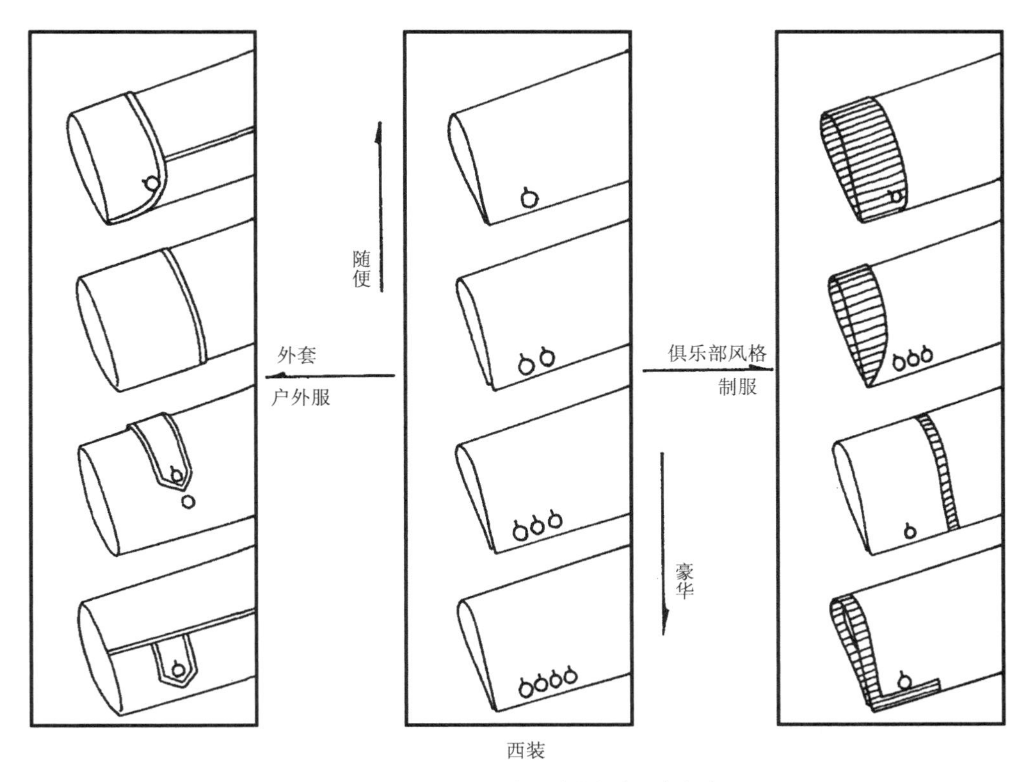

图 2-62　男装袖口元素程式化组合的有序流行

流行语言。由于后开衩的位置、长短经常配合着廓型的变化，因此对整体造型影响很大。一般流行 X 廓型，后开衩设在中间且长度接近腰线，这样使 X 型特点更加突出；流行 V 廓型西装，后开衩设在两侧或无开衩，若设在中间时开衩要缩短；唯有在 H 廓型西装中后开衩的任何形式都适用。外套的后开衩是以其功能性而存在的，因此，后开衩的位置不会过多受流行影响，它的流行是以不同外套的功能、材料的性能而加以选择的，如明衩、暗衩、多功能开衩等（图 2-63）。

（7）其他流行因素

男装的流行不同于女装，它往往在不被人们发觉的部分表现着男人的意趣和魅力。重要的是，对构成服装元素的历史信息解读得越彻底，对流行的时代内涵认识得越清楚。因此，对男装的流行现象要进行细微的观察、分析与研究，才能认识和形成男装流行的总体概念。

男装流行的形式因素，除上述以外还有搭配方式的流行：如具有怀旧情趣的成套组合；表现自由气氛的异色组合；材料是组织密实、有光泽的还是粗犷有触感风格的。西装圆摆斜度、弧度的大小等。背心是五粒扣还是六粒扣；前摆夹角角度的大小；背心趋向礼服型还是运动型或采用羊毛衫的形式等。裤子是不翻脚还是翻脚；前腰单褶、双褶还是无褶；腰位是齐腰、中腰还是低腰；口袋是直插袋、斜插袋还是平插袋；后臀袋是对称的还是只在右边，袋口是单嵌线、双嵌线还是有袋盖的，它们都和三种裤子廓型形成有序的组合方式而流行（见图 2-22 和图 2-23）。

在男装中，凡能够想到的地方，最后都要纳入到整体风格的意趣上，同时还要探究该风格的流行依据，包括：同种类服装对传统的继承性；异种类和不同领域的渗透性；从礼服到便装对流行服装影响的主流是什么；在结构功能上对传统有无重大突破等。从中把握男装程式化和非程式化在流行中的关系、作用和发展，这对分析预测男装未来的发展方向具有现实和应用价值。

综上所述，我们可以对男装的流行做出如下判断。首先，一般情况下，礼服的形式要素和造型语言，可以

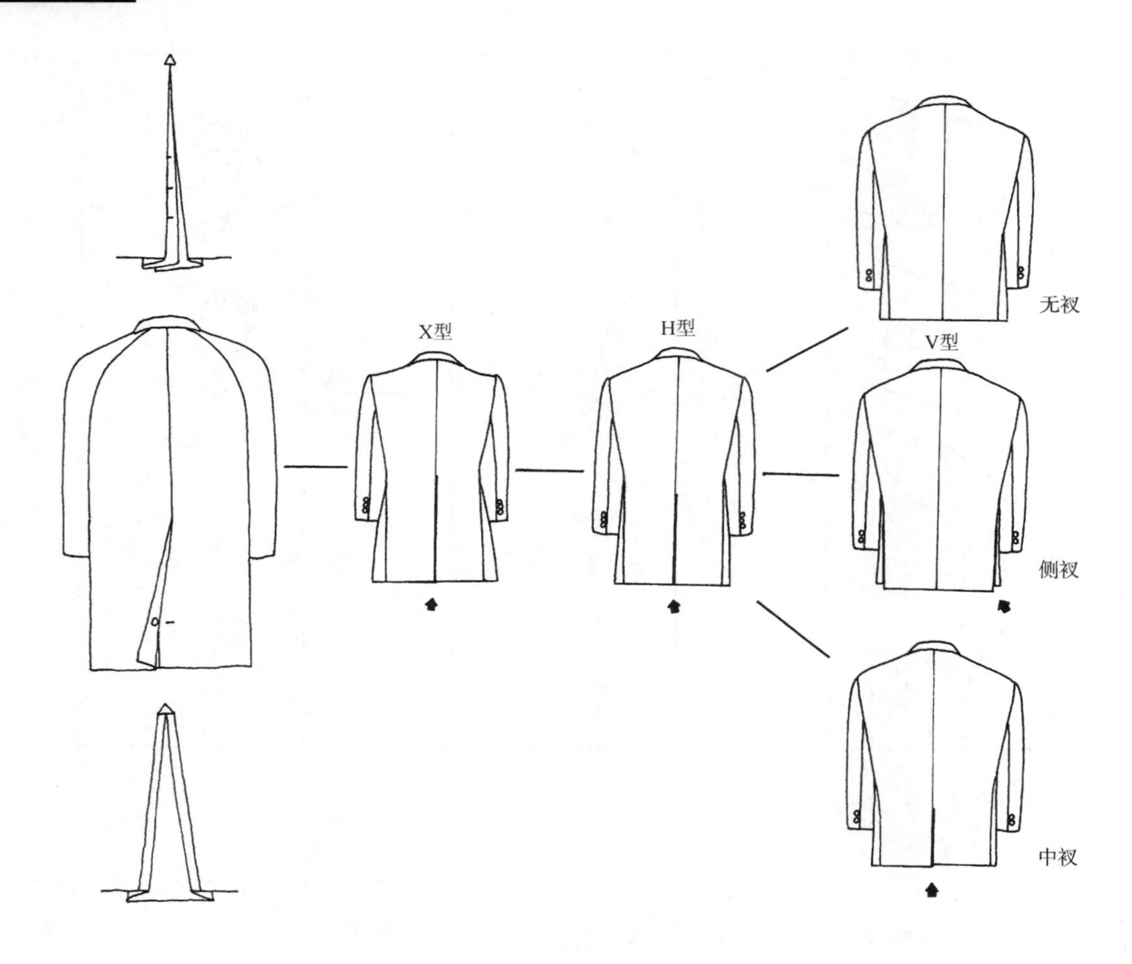

图 2-63 男装后开衩程式化组合的有序流行

向便装流动，如礼服的青果领、西装的装袖、领结的配饰、沉稳的色调等都可以用在便装设计中；而便装的形式要素和造型语言则慎用于礼服设计中，如插肩袖、襻饰设计、鲜亮的色调很少在礼服中流行，这仍然和男装的程式化习惯有关。如在正式场合中，一个男士的装束若充满了便装（随意）语言会显得无理和寒酸；相反，在非正式场合中的着装若表现出过多的礼服（彬彬有礼）语言，充其量给人以“正统”、“古板”的感觉，而绝不会失礼，更不会产生无教养的反感。其次，相邻服装类型元素之间的变通容易，如西装之间、外套之间、户外服之间；相反困难，如礼服与户外服之间等。第三，在礼服中时间相同的元素之间变通容易，如燕尾服和塔士多礼服之间，晨礼服和董事套装之间等；时间不同的元素变通困难，如燕尾服和晨礼服之间，塔士多礼服和董事套装之间等。这些设计规律几乎成为整个时装流行的法则，但还需要我们长时间的学习和体验，特别需要深入到纸样设计和技术层面。

§2–7　知识点

1.男装流行特点与男装造型特点相一致，即装扮的程式化、设计的功利性、造型的技术性和结构的保守性，与女装装扮的自由性、设计的丰富性、造型的外观性和结构的多元性形成对照，由此使时装世界既繁荣又富有秩序。

2.在形式因素上，礼仪性越强的服装受流行因素影响越小，受程式因素制约越强，非礼仪性服装则相反。礼服、常服和户外服，作为常服的西装属中性，它在流行中具有男装变化的风向标作用，对礼服、外套和户外服的走势构成男装流行的纽带。廓型是服装流行的基本形态，男装主要表现为H型、X型、V型和欧版（O型）。廓型制约着局部变化，各局部的相互协调又构成了廓型的典型特征。值得重视的是，这些变化都不能脱离男装造型的基本特点和法则。

3.男装设计规律的三个流行法则：礼服构成的元素向便服流动容易，便服向礼服流动困难；相邻服装构成的元素变通容易，远离服装构成的元素之间变通困难；在礼服中时间相同的元素之间变通容易，不同时间的元素之间变通困难，礼仪级别越高这种作用越强烈。

练习题

1. TPO的产生背景。
2. 礼服的基本类型、款式特征和标准搭配?
3. 西装的三种格式、英文名称的内涵和标准搭配?
4. 裤子、背心和衬衫在礼服和便装中的主要区别?
5. 如何把握设计规律的三个流行法则?

思考题

1. 男装语言和符号系统为什么产生于欧洲文明?

2. TPO个案分析。

3. 简述户外服原生态和合理主义的内涵。举例分析户外服造型元素和设计原则为什么以功用为基本出发点?

4. 高级别造型元素向低级别流动容易，相反要慎重使用是为什么?

理论应用与实践——

男装纸样的基本理论和设计原理 /14 课时

课下作业与训练 /28 课时（推荐）

课程内容： 量体和男装规格/2课时

制板工具和制图符号/2课时

男装标准基本纸样/2课时

男装纸样设计的基本原理/8课时

训练目的： 学习和掌握量体和男装规格、制板工具和制图符号的要领和使用方法，并在男装标准基本纸样制作、纸样设计的基本原理应用上得到准确的表达。

教学方法： 面授、案例分析和对象化训练结合。

教学要求： 1.本节为课程重点，测量一个男性个体基本尺寸和选择男装规格一组中号尺寸，以备1:1和1:4基本纸样制作之用。

2.分别利用所得个体数据和规格数据制作1:1和1:4男装标准基本纸样，并通过老师确认后制成“基本纸样”样板工具。

3.主要利用1:4基本纸样，对所学男装纸样设计基本原理作全面训练。领子、袖子和放量的相似形与变形纸样设计训练为本节的重点和难点。

4.本章课下作业是1:1、1:4基本纸样制作和基本原理的1:4纸样作业训练，要注重交流、产品印证和答疑环节。

第 3 章　男装纸样的基本理论和设计原理

掌握构成男装纸样的基本理论和原理是通向男装纸样设计科学化、标准化、规范化与实施最终造型的必要条件和必经之路。它的基本内容是由人体测量、男装规格和基本纸样以及纸样设计的基本原理组成。它将对男装纸样系统的形成、发展、变化和实现分类型服装纸样设计，掌握纸样变化规律以有力的理论支持和技术指导。

§3–1　量体和男装规格

这里所采用的量体方法，不同于传统的量体裁衣，它是以测量人体的基本尺寸作参数，而不是为设计某种特定服装所测量的尺寸，即为任何服装的设计确定的内限尺寸（净尺寸）。“标准尺寸”是在此基础上，根据综合优化人体特征、行业要求、客观规律和审美习惯等因素加以修正完善的，旨在达到理想化、标准化和可操作性的目的。男装规格即是由此为基础产生的。可见“标准尺寸”在服装工业生产中是至关重要的。同时，它亦对单件的量体裁衣具有指导意义和借鉴作用，因为这种方法并不注重人体各尺寸的实录，而是在可能的范围里优化，以达到弥补人体自然缺陷的目的。因此，它具有理想化和广泛的实用价值。

1　测量要领

（1）净尺寸测量

为了测量的准确性，被测者要穿衬衣测量。围度测量时还要将衬衣所占有的部分减掉，一般穿衬衫减去 1cm，穿西装背心减去 1.5cm，穿薄毛衣减去 2.5cm 等。例如穿衬衣测量胸围是 90cm，实际净尺寸应为 89cm。长度测量原则上不指实际成衣的长度，而是为成衣长度设计提供的基本数据，设计者可以依据基本数据进行设计，或增或减。这种测量的规定，无疑给设计者提供了非常广泛的创造余地，同时又有参数的标准作用和可靠的人体依据。

（2）定点测量

定点测量是为了保证各部位测量尺寸的准确性，以避免凭借经验的猜测。例如，围度测量要先确定测位的凸凹点，测量胸围应以胸大肌的凸点为测点，测量腰围应以腰部最凹点为测点，然后作水平测量。长度测量是以有关测点的总和为准，如袖长是肩点、肘点和尺骨点连线之和。

（3）采用法定或行业习惯计量单位测量

测量者所采用软尺的单位，必须是以国际惯例和行业通行的 cm（厘米，或英寸）为单位，以求得标准单位的规范统一。切忌使用市制之类的测量工具。

测量方法：在测量围度时，左手持软尺标有 0 的一端贴紧测点，右手持软尺水平围绕测位一周并记下读数。软尺贴紧测位围绕一周时，其状态应以软尺既不能脱落被测者又不能有明显的勒紧感为最佳。长度测量一般随人体起伏，并通过中间定位的测点进行测量。

2　测量部位和名称

（1）围度测量及名称（图3-1）

①胸围：以胸部最丰满的胸凸点为测点，将软尺水平围绕胸部一周，记下读数即为胸围尺寸。

②腰围：以腰部最凹处，即上肢自然下垂肘关节与腰部的对应点为测点，水平围绕腰部一周为腰围尺寸。

③臀围：以臀部最丰满处，即大转子点为测点，水平围绕臀部一周为臀围。

④颈围：以喉结下为测点，围绕颈部一周。该尺寸也称领围，专为衬衫设计使用。

⑤腕围：在腕部以尺骨头为测点围绕一周。该尺寸为袖头尺寸设计的参数。

⑥掌围：将拇指并入掌心，围绕掌部最丰满处一周。此尺寸为袖口和口袋设计的依据。

（2）长度测量及名称（图3-2）

⑦背长：沿后中线从后颈点（第七颈椎）至腰围线，随背形测量。注意，男装在正常情况下裤腰带位置并不是实际的腰围线，在腰线下 4cm 左右。

⑧腰长：腰围线至臀围线间的距离，随臀部体形测量。

⑨袖长：上肢自然下垂，自肩点经肘点到尺骨下端点测量的距离为袖长。

⑩全肩宽：自肩的一端至肩的另一端随肩型测量为全肩宽。

⑪背宽：左右后腋点间的距离。后腋点指人体自然直立时，后背与上臂会合所形成夹缝的止点。

⑫胸宽：左右前腋点间的距离。前腋点指胸与上臂会合所形成夹缝的止点（图 3-1）。

⑬股上长：自腰围线至臀股沟（臀大肌与大腿会合形成的夹缝）的距离，随臀部形态测量。此尺寸正置股直肌和股骨之上，故称股上长。由于正常直立测量该尺寸既不方便也不准确，通常习惯请被测者坐在木制凳子上，自腰围线至凳子表面随体测量，因此也被称为“坐高”。

⑭股下长：自臀股沟至腓骨下端（约足底上移 4cm 处）的距离为股下长。如测量困难，可用裤长减去股上长获得。

⑮裤长：自测体腰围线至腓骨下端，此尺寸为裤子的基本长度，也可以用股上长 + 股下长尺寸推算出裤长。

上述量体尺寸可以作为男装纸样设计的基本参数。特别在进行单件设计时，还要结合对被测者身体的细致观察，如身体各部位之间的比例关系、身体与服装的关系等因素进行最后调整，以获得采寸的最佳设计。作为服装设计人员，人体测量是获得基本参数必不可少的手段，特别在男装设计中显得更为重要。同时，它对认识了解规格表中尺寸产生的过程、测量的技术要领和方法是很有帮助的。

3　男装规格特点

随着成衣工业的飞速发展，服装产品在国际范围内的流通日趋扩大，这就要求成衣规格具有适应面宽、科学性强、标准化程度高和易记的特点。

（1）适应面宽

适应面宽主要表现在规格尺寸划分得非常详细，号型齐全，以适应各种体型的消费者。它不仅使一般体型的人可以买到不同风格的成衣，同时也使特殊体型的人加入了规格化成衣的行列，这是成衣走向大众品质的必然趋势。

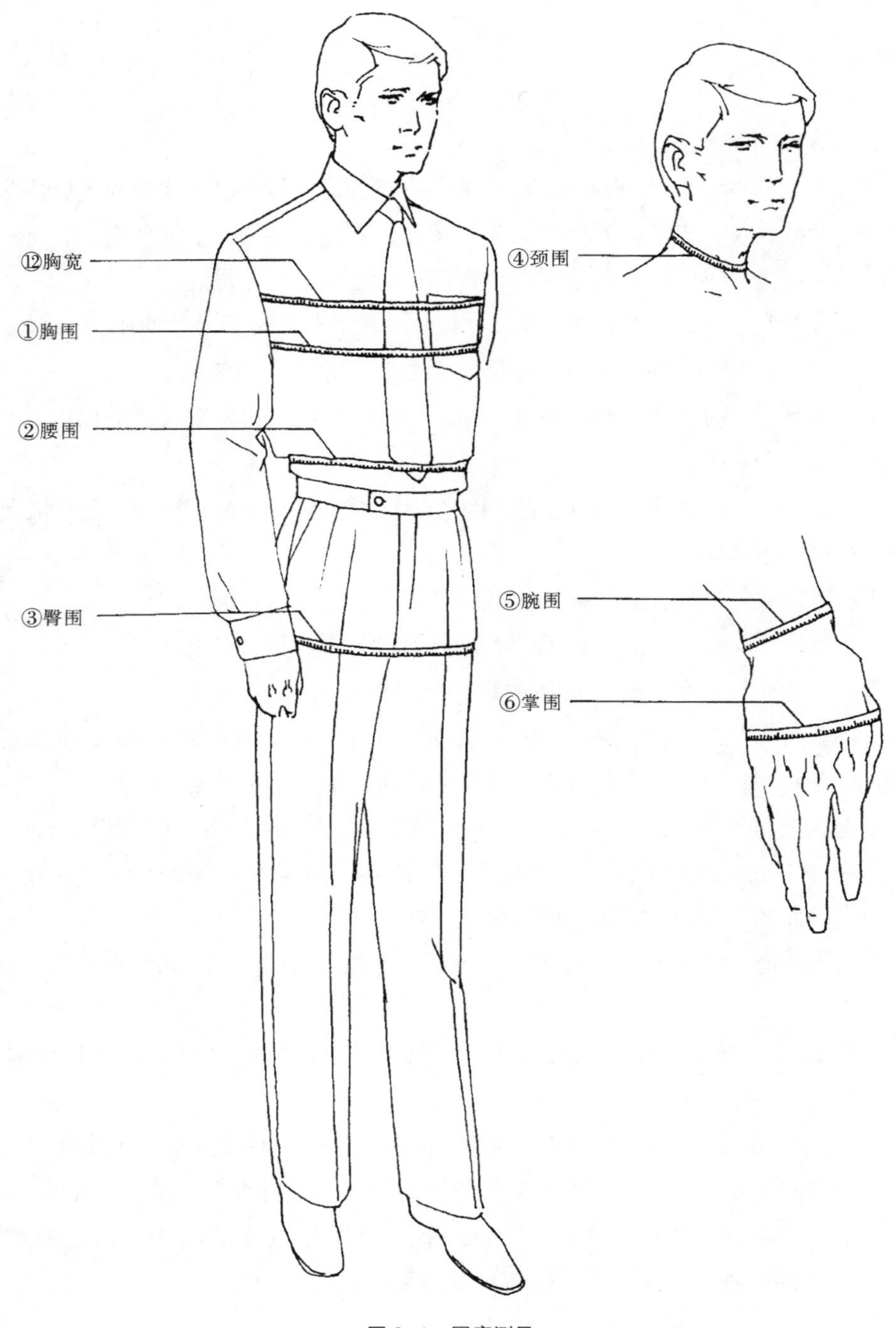

图 3-1　围度测量

（2）科学性强

科学性强即制订规格时要尽可能达到在大跨度的尺寸变化中趋于合理和协调，避免大范围规格化成衣的变形。例如胸围和背长尺寸在一定范围内变化是成正比的，但超出这个范围背长的增值就停止了，这是肥胖型规格的特点。因此，有些成衣在一定范围里，服装造型对消费者的选择面很宽但又不失其美观。

（3）标准化程度高

标准化程度高体现在两个方面：

第一，规格尺寸具有综合性特点。成衣化较高的国家标准规格可适用于所有类型的服装产品，如日本的男装标准规格，对于大衣、套装、裤子、衬衫等任何服装类型都适用。

第二，标准规格所采用的尺寸标准必须是净尺寸，这为各类服装标准化的统一提供了根本前提。因为，作为消费者来说，无论他选择哪种服装，基本尺寸都是不变的，至于放松量的多少那是设计师的问题。

因此，只要将基本尺寸在成衣中标明，任何服装都可以和选购者对号，同时给设计者提供了基本依据和设计空间。

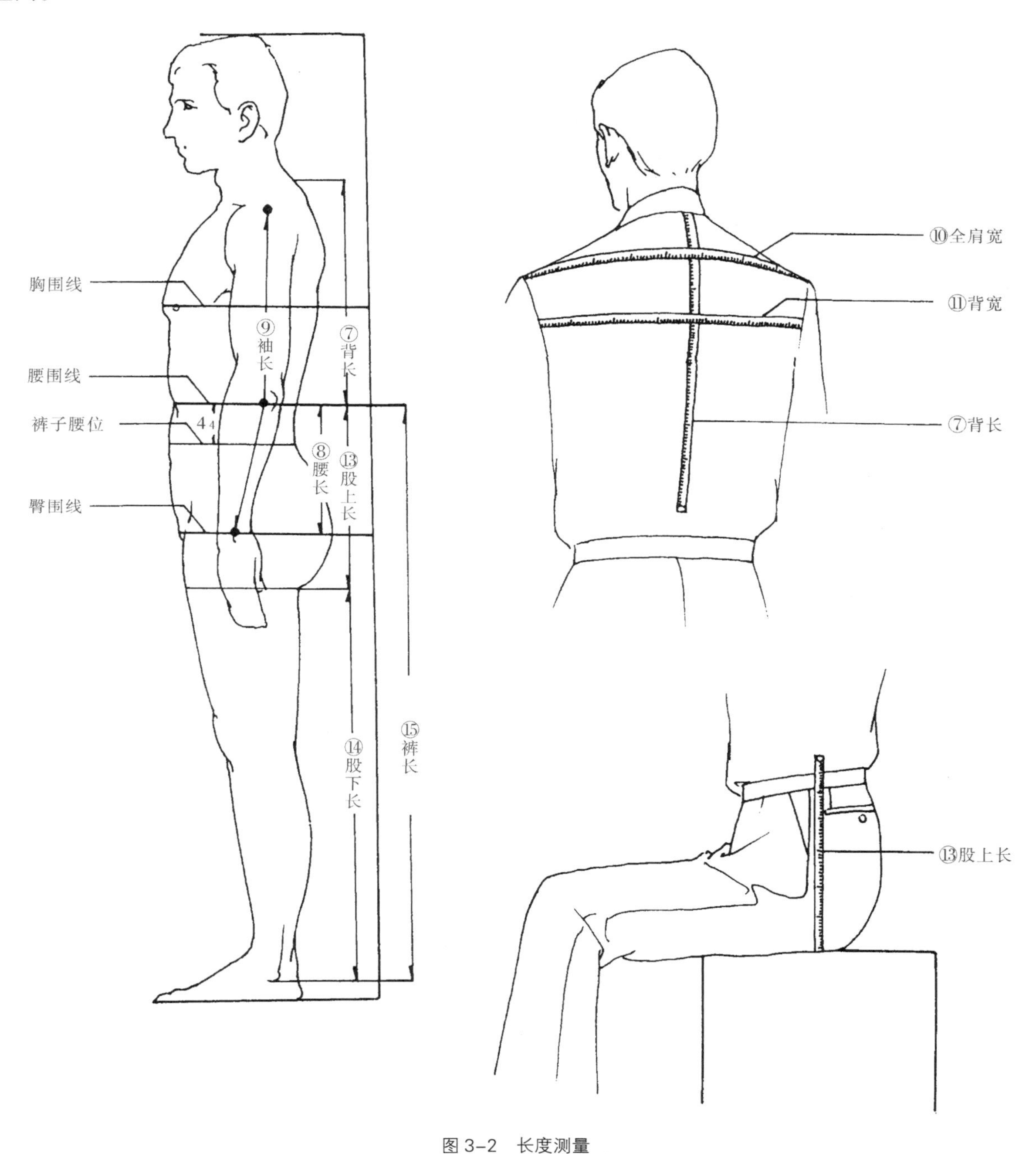

图 3–2　长度测量

（4）易记

在男装规格中，并非越复杂越好，也不是越简单越好，关键是要将必须标明的尺寸，用最概括、说明性强、容易记忆的代码加以表示，且要符合行业习惯。

从日本和欧美男装成衣规格来看，都具有国际标准的基本特征。这种规格模式逐步在我国成衣工业中建立起来，使我国成衣产品适应国际市场的流通环境和要求。为此，原纺织工业部、中国服装工业总公司、中国服装研究设计中心、中国科学院系统所、中国标准化与信息分类编码所和上海服装研究所提供资料，由国家技术监督局在 1991 年发布了服装号型的国家标准，又于 1997 年、2008 年重新修订。

4 我国男装规格和参考尺寸

从现在实施的男装国家标准修订版（《中华人民共和国国家标准　服装号型　男子》2008–12–31 发布，2009–08–01 实施）来看，基本上可以与国际标准接轨。

首先，号型的定义表明，该规格不对某个具体产品作出限定，而是任何服装设计、选购的依据。号，指人体身高的相关尺寸，表示服装长度设计和选购的参数。型，指人体胸围或腰围的相关尺寸，表示服装围度设计和选购的依据。在规格上，由四种体型分类代号表示体型的适应范围，如表 3–1 所示。这在本质上改变了传统规格的固定款式、品种单一的号型模式。

表 3–1　体型分类代号的适应范围　　单位：cm

体型分类代号	Y	A	B	C
胸围与腰围的差数	17～22	12～16	7～11	2～6

其次，号型标识具有普遍性、规范性、易记和信息量大的特点，男装国家标准修订版简化了号型系列。各数值的意义仍表示人体测量的基础参数（净尺寸或基本尺寸）。服装放松量的设计是由设计者依此参数和造型的需要确定。身高系列以 5cm 分档，Y 、A 体型共分七档，即 155cm、160cm、165cm、170cm、175cm、180cm、185cm，B 、C 体型增加 150cm 一档。为了操作和计算的方便，修订版号型标准剔除了 5 · 3 系列（3 围度奇数档差被剔除），使其更加规整计算方便。故修订版号型调整为胸围、腰围分别以 4cm、2cm 分档，组成型系列。身高与胸围、腰围的搭配分别组成 5 · 4 和 5 · 2 基本号型系列。因此，男装国家标准推出的 Y 、A 、B 、C 型，从原来八个系列规格变成了现在的四个系列规格（Y、A、B、C 型的 5 · 3 系列被剔除）。

表 3–2 是$\frac{5 \cdot 4}{5 \cdot 2}$Y 号型系列，其中 5 表示身高每档之间的差数 5cm，4 表示胸围和腰围分档之间的差数 4cm，2 表示单项身高中腰围适应的差数 2cm。表 3–3、表 3–4 和表 3–5 三个系列的号型均根据表 3–2 系列的经验去理解。

表 3–2　$\frac{5 \cdot 4}{5 \cdot 2}$Y 号型系列　　单位：cm

	Y													
身高 腰围 胸围	155		160		165		170		175		180		185	
76			56	58	56	58	56	58						
80	60	62	60	62	60	62	60	62	60	62				
84	64	66	64	66	64	66	64	66	64	66	64	66		
88	68	70	68	70	68	70	68	70	68	70	68	70	68	70
92			72	74	72	74	72	74	72	74	72	74	72	74
96					76	78	76	78	76	78	76	78	76	78
100							80	82	80	82	80	82	80	82

表 3–3　$\frac{5 \cdot 4}{5 \cdot 2}$A 号型系列　　单位：cm

A																					
胸围＼腰围＼身高	155			160			165			170			175			180			185		
72				56	58	60	56	58	60												
76	60	62	64	60	62	64	60	62	64	60	62	64									
80	64	66	68	64	66	68	64	66	68	64	66	68	64	66	68						
84	68	70	72	68	70	72	68	70	72	68	70	72	68	70	72	68	70	72			
88	72	74	76	72	74	76	72	74	76	72	74	76	72	74	76	72	74	76	72	74	76
92				76	78	80	76	78	80	76	78	80	76	78	80	76	78	80	76	78	80
96							80	82	84	80	82	84	80	82	84	80	82	84	80	82	84
100										84	86	88	84	86	88	84	86	88	84	86	88

表 3–4　$\frac{5 \cdot 4}{5 \cdot 2}$B 号型系列　　单位：cm

B																
胸围＼腰围＼身高	150		155		160		165		170		175		180		185	
72	62	64	62	64	62	64										
76	66	68	66	68	66	68	66	68								
80	70	72	70	72	70	72	70	72	70	72						
84	74	76	74	76	74	76	74	76	74	76	74	76				
88			78	80	78	80	78	80	78	80	78	80	78	80		
92			82	84	82	84	82	84	82	84	82	84	82	84	82	84
96					86	88	86	88	86	88	86	88	86	88	86	88
100							90	92	90	92	90	92	90	92	90	92
104									94	96	94	96	94	96	94	96
108											98	100	98	100	98	100

表 3–5　$\frac{5 \cdot 4}{5 \cdot 2}$C 号型系列　　单位：cm

C																
胸围＼腰围＼身高	150		155		160		165		170		175		180		185	
76			70	72	70	72	70	72								
80	74	76	74	76	74	76	74	76	74	76						
84	78	80	78	80	78	80	78	80	78	80	78	80				
88	82	84	82	84	82	84	82	84	82	84	82	84	82	84		
92			86	88	86	88	86	88	86	88	86	88	86	88	86	88
96			90	92	90	92	90	92	90	92	90	92	90	92	90	92
100					94	96	94	96	94	96	94	96	94	96	94	96
104							98	100	98	100	98	100	98	100	98	100
108									102	104	102	104	102	104	102	104
112											106	108	106	108	106	108

配合以上四个号型系列，制订了“男装号型系列分档数值”，以此作为样板师进行工业样板推档（亦称扩号、放码）的基本参数。表 3–6 中“采用数”一栏中的数值是推档采用的数据。

表 3–6 男装号型各系列分档数值

单位：cm

体型	Y								A							
部位	中间体		5·4 系列		5·2 系列		身高[①]、胸围[②]、腰围[③]每增减 1cm		中间体		5·4 系列		5·2 系列		身高、胸围、腰围每增减 1cm	
	计算数	采用数	计算数	采用数	计算数	采用数	计算数	采用数	计算数	采用数	计算数	采用数	计算数	采用数	计算数	采用数
身高	170	170	5	5	5	5	1	1	170	170	5	5	5	5	1	1
颈椎点高	144.8	145.0	4.51	4.00			0.90	0.80	145.1	145.0	4.50	4.00			0.90	0.80
坐姿颈椎点高	66.2	66.5	1.64	2.00			0.33	0.40	66.3	66.5	1.86	2.00			0.37	0.40
全臂长	55.4	55.5	1.82	1.50			0.36	0.30	55.3	55.5	1.71	1.50			0.34	0.30
腰围高	102.6	103.0	3.35	3.00	3.35	3.00	0.67	0.60	102.3	102.5	3.11	3.00	3.11	3.00	0.62	0.60
胸围	88	88	4	4			1	1	88	88	4	4			1	1
颈围	36.3	36.4	0.89	1.00			0.22	0.25	37.0	36.8	0.98	1.00			0.25	0.25
总肩宽	43.6	44.0	1.97	1.20			0.27	0.30	43.7	43.6	1.11	1.20			0.29	0.30
腰围	69.1	70.0	4	4	2	2	1	1	74.1	74.0	4	4	2	2	1	1
臀围	87.9	90.0	2.99	3.20	1.50	1.60	0.75	0.80	90.1	90.0	2.91	3.20	1.50	1.60	0.73	0.80

体型	B								C							
部位	中间体		5·4 系列		5·2 系列		身高、胸围、腰围每增减 1cm		中间体		5·4 系列		5·2 系列		身高、胸围、腰围每增减 1cm	
	计算数	采用数	计算数	采用数	计算数	采用数	计算数	采用数	计算数	采用数	计算数	采用数	计算数	采用数	计算数	采用数
身高	170	170	5	5	5	5	1	1	170	170	5	5	5	5	1	1
颈椎点高	145.4	145.5	4.54	4.00			0.90	0.80	146.1	146.0	4.57	4.00			0.91	0.80
坐姿颈椎点高	66.9	67.0	2.01	2.00			0.40	0.40	67.3	67.5	1.98	2.00			0.40	0.40
全臂长	55.3	55.5	1.72	1.50			0.34	0.30	55.4	55.5	1.84	1.50			0.37	0.30
腰围高	101.9	102.0	2.98	3.00	2.98	3.00	0.60	0.60	101.6	102.0	3.00	3.00	3.00	3.00	0.60	0.60
胸围	92	92	4	4			1	1	96	96	4	4			1	1
颈围	38.2	38.2	1.13	1.00			0.28	0.25	39.5	39.6	1.18	1.00			0.30	0.25
总肩宽	44.5	44.4	1.13	1.20			0.28	0.30	45.3	45.2	1.18	1.20			0.30	0.30
腰围	82.8	84.0	4	4	2	2	1	1	92.6	92.0	4	4	2	2	1	1
臀围	94.1	95.0	3.04	2.80	1.52	1.40	0.76	0.70	98.1	97.0	2.91	2.80	1.46	1.40	0.73	0.70

①身高所对应的高度部位是颈椎点高、坐姿颈椎点高、全臂长、腰围高。

②胸围所对应的围度部位是颈围、总肩宽。

③腰围所对应的围度部位是臀围。

在日本和欧美国家服装规格中，都配有详尽的标准参考尺寸，这是设计者进行标准化纸样设计不可缺少的依据，同时也作为样板推档的参数。我国修订版的男装标准，是在四个系列号型中均配有"服装号型各系列控制部位数值"，它是人体主要部位的数值（系净体数值），其基本功能和通用的国际标准参考尺寸相同。使用方法：当设计者确定某规格时，可以依此查出对应的控制部位数值作为纸样设计的参考数据（表 3-7 ~ 表 3-10）。

我国"服装号型系列控制部位数值"与日本、欧美服装规格的标准参考尺寸相比，仍有不足之处。比较突出的是，由于受我国传统生产方式的影响，对国际标准的理解和关键尺寸的设定与应用缺乏科学性。例如在日本和欧美男装参考尺寸中，背长、股上长是很重要的尺寸，特别是背长在纸样设计中是控制和协调上肢和下肢人体比例的关键参数，而在我国标准中无所涉及。因此，在现代成衣设计规范化、标准化、科学化方法的要求下，修订版的男装标准仍不完善，这也是本书对日本男装规格及参考尺寸着重研究和介绍的根本原因，以弥补我国男装规格及参考尺寸的不足。

表 3-7　$\frac{5 \cdot 4}{5 \cdot 2}$Y 号型系列控制部位数值　　单位：cm

Y														
部　位	数　　值													
身　高	155		160		165		170		175		180		185	
颈椎点高	133.0		137.0		141.0		145.0		149.0		153.0		157.0	
坐姿颈椎点高	60.5		62.5		64.5		66.5		68.5		70.5		72.5	
全臂长	51.0		52.5		54.0		55.5		57.0		58.5		60.0	
腰围高	94.0		97.0		100.0		103.0		106.0		109.0		112.0	
胸　围	76		80		84		88		92		96		100	
颈　围	33.4		34.4		35.4		36.4		37.4		38.4		39.4	
总肩宽	40.4		41.6		42.8		44.0		45.2		46.4		47.6	
腰　围	56	58	60	62	64	66	68	70	72	74	76	78	80	82
臀　围	78.8	80.4	82.0	83.6	85.2	86.8	88.4	90.0	91.6	93.2	94.8	96.4	98.0	99.6

表 3-8　$\frac{5 \cdot 4}{5 \cdot 2}$A 号型系列控制部位数值　　单位：cm

A																					
部　位	数　　值																				
身　高	155			160			165			170			175			180			185		
颈椎点高	133.0			137.0			141.0			145.0			149.0			153.0			157.0		
坐姿颈椎点高	60.5			62.5			64.5			66.5			68.5			70.5			72.5		
全臂长	51.0			52.5			54.0			55.5			57.0			58.5			60.0		
腰围高	93.5			96.5			99.5			102.5			105.5			108.5			111.5		
胸　围	72			76			80			84			88			92			96			100		
颈　围	32.8			33.8			34.8			35.8			36.8			37.8			38.8			39.8		
总肩宽	38.8			40.0			41.2			42.4			43.6			44.8			46.0			47.2		
腰　围	56	58	60	60	62	64	64	66	68	68	70	72	72	74	76	76	78	80	80	82	84	84	86	88
臀　围	75.6	77.2	78.8	78.8	80.4	82.0	82.0	83.6	85.2	85.2	86.8	88.4	88.4	90.0	91.6	91.6	93.2	94.8	94.8	96.4	98.0	98.0	99.6	101.2

表 3-9 $\frac{5\cdot4}{5\cdot2}$B 号型系列控制部位数值　　单位：cm

B

部　位	数　值						
身　高	155	160	165	170	175	180	185
颈椎点高	133.5	137.5	141.5	145.5	149.5	153.5	157.5
坐姿颈椎点高	61.0	63.0	65.0	67.0	69.0	71.0	73.0
全臂长	51.0	52.5	54.0	55.5	57.0	58.5	60.0
腰围高	93.0	96.0	99.0	102.0	105.0	108.0	111.0

腰　围	72	76	80	84	88	92	96	100	104	108
颈　围	33.2	34.2	35.2	36.2	37.2	38.2	39.2	40.2	41.2	42.2
总肩宽	38.4	39.6	40.8	42.0	43.2	44.4	45.6	46.8	48.0	49.2

腰　围	62	64	66	68	70	72	74	76	78	80	82	84	86	88	90	92	94	96	98	100
臀　围	79.6	81.0	82.4	83.8	85.2	86.6	88.0	89.4	90.8	92.2	93.6	95.0	96.4	97.8	99.2	100.6	102.0	103.4	104.8	106.2

表 3-10 $\frac{5\cdot4}{5\cdot2}$C 号型系列控制部位数值　　单位：cm

C

部　位	数　值						
身　高	155	160	165	170	175	180	185
颈椎点高	134.0	138.0	142.0	146.0	150.0	154.0	158.0
坐姿颈椎点高	61.5	63.5	65.5	67.5	69.5	71.5	73.5
全臂长	51.0	52.5	54.0	55.5	57.0	58.5	60.0
腰围高	93.0	96.0	99.0	102.0	105.0	108.0	111.0

腰　围	76	80	84	88	92	96	100	104	108	112
颈　围	34.6	35.6	36.6	37.6	38.6	39.6	40.6	41.6	42.6	43.6
总肩宽	39.2	40.4	41.6	42.8	44.0	45.2	46.4	47.6	48.8	50.0

腰　围	70	72	74	76	78	80	82	84	86	88	90	92	94	96	98	100	102	104	106	108
臀　围	81.6	83.0	84.4	85.8	87.2	88.6	90.0	91.4	92.8	94.2	95.6	97.0	98.4	99.8	101.2	102.6	104.0	105.4	106.8	108.2

5　日本男装规格和参考尺寸

日本男装规格无论是科学程度还是标准化、规范化、专业化水平都是世界一流的，且日本人体特征与我国相近，因此有很强的借鉴意义，可以作为我国男装成衣设计、生产和产品规格（标牌规格）设计的参考。

日本成衣规格以 JIS（日本工业标准）作为基础，男装规格亦是以此作为依据制定的。围度表示以胸围净尺寸作为代码，如 90、92、94 等。体型类别以胸围和腰围之差划分为七种体型，即：Y 表示肌健体型，两项差为 16cm；Y A 表示标准体型，两项差是 14cm；A 表示普通型，两项差为 12cm；AB 表示稍胖型，两项差为 10cm；B 表示胖体型，两项差是 8cm；BE 表示肥胖体型，两项差是 4cm；E 表示特胖体型，两项差为 0，当体型代码不能覆盖时，可以采用 2Y（胸腰差为 16cm）……和 2E（胸腰差为负 4cm）……的特殊体型代码。身高有八个等级，1 表示身高为 150cm，每升一档增加 5cm，即 155cm（2）、160cm（3）、165cm（4）、170cm（5）、175cm（6）、180cm（7）、185cm（8），配合体型特殊代码也可推出 9（190cm）……的特殊身高。由此构成了总括人体（亚洲型）的系统规格（此表示法亦适用于女装），再加上必要的参考尺寸，就获得了男装规格和参考尺寸的全部信息。男装专用规格及参考尺寸是通过 JIS 制定成衣通用规格及参考尺寸，再从通用尺寸中提炼出男装专用规格及参考尺寸。表 3–11 为男装专用尺寸；表 3–12 则是男装参考数据，因为它反映的是通用信息。

表 3–11 是根据日本工业标准（JIS）制定的，它是专以日本成年男子为界划定的男装规格和参考尺寸，同时还根据男装理想造型的要求对某些特殊尺寸进行了“理想化”的技术处理。如果将表 3–11 和表 3–12 中对应的 86YA3 的数据加以对照，会发现表 3–11 中肩宽、袖长、股下长的尺寸有所增加，股上长和背长的尺寸有所减少。因此，表 3–11 有很强的针对性，可以直接使用。而表 3–12 更接近人体的实测尺寸，具有“原始性”特点，同时它还收录了从 Y ~ E 的全号规格，因此，它对男装的设计者、生产者、经营者和消费者都具有十分重要的参考价值。特别需要记住的是，此规格在成衣中的表示法在国际成衣市场中应用广泛，如 92A5 分别表示胸围是 92cm、胸腰差是 12cm、身高为 170cm 的标准体。

在有特别要求的成衣类型中，标出特别尺寸加上体型符号就构成了特定服装的规格。例如男衬衫规格，注重领围，将领围尺寸加在体型符号的前面就是衬衫规格，如 38Y、40A、41AB 等；如果加上腰围尺寸就成为裤子规格，如 78YA、82A、86AB 等。

表 3–11　日本男装规格及参考尺寸（JIS 男装专用）　单位：cm

规格					参考尺寸									
类别＼部位		身高	胸围	腰围	臀围	上衣长	肩宽	袖长	袖口	股下长	股上长	裤口	背长	领围
14	86YA3	160	86	72	88	68	42	54.5	13.8	70	22.5	21.5	39	36.5
	88YA4	165	88	74	90	70	42.5	56	14	72	23	22	40	37
	90YA5	170	90	76	92	72	43	57.5	14	74	23.5	22	41	37.5
	92YA6	175	92	78	94	74	43.5	59	14.2	76	24	22.5	42	38
	94YA7	180	94	80	96	76	44	60.5	14.2	78	24.5	22.5	43	39
12	88A3	160	88	76	90	68	43	54.5	13.8	69	23.5	22	39	37
	90A4	165	90	78	92	70	43.5	56	14	71	24	22.5	40	37.5
	92A5	170	92	80	94	72	44	57.5	14	73	24.5	22.5	41	38
	94A6	175	94	82	96	74	44.5	59	14.2	75	25	23	42	39
	96A7	180	96	84	98	76	45	60.5	14.2	77	25.5	23	43	40
8	90B3	160	90	82	94	68	44	54.5	14	69	25	22.5	39	37.5
	92B4	165	92	84	96	70	44.5	56	14.2	71	25.5	23	40	38
	94B5	170	94	86	98	72	45	57.5	14.2	73	26	23	41	39
	96B6	175	96	88	100	74	45.5	59	14.4	75	26.5	23.5	42	40
	98B7	180	98	90	102	76	46	60.5	14.4	77	27	23.5	43	41
4	92BE3	160	92	88	98	68	44.5	54.5	14.3	68	26.5	23	39	38
	94BE4	165	94	90	100	70	45	56	14.3	70	27	23.5	40	39
	96BE5	170	96	92	102	72	45.5	57.5	14.5	72	27.5	23.5	41	40
	98BE6	175	98	94	104	74	46	59	14.5	74	28	24	42	41
	100BE7	180	100	96	106	76	46.5	60.5	14.7	76	28.5	24	43	42
0	94E3	160	94	94	102	68	45.5	54.5	14.8	64	28	23.5	39	39
	96E4	165	96	96	104	70	46	56	14.8	66	28.5	24	40	40
	98E5	170	98	98	106	72	46.5	57.5	15	68	29	24	41	41
	100E6	175	100	100	108	74	47	59	15	70	29.5	24.5	42	42
	102E7	180	102	102	110	76	47.5	60.5	15.2	72	30	24.5	43	43

表 3-12 日本男装规格及参考尺寸(JIS 男装参考) 单位：cm

类别	部位	身高	胸围	腰围	臀围	肩宽	袖长	股上长	股下长	背长
规格					参考尺寸					
16	84Y2	155	84	68	85	41	50	23	65	43
	86Y3	160	86	70	87	42	52	23	68	44
	88Y4	165	88	72	88	42	53	23	70	46
	90Y5	170	90	74	90	43	55	24	71	47
	92Y6	175	92	76	92	45	57	25	74	48
	94Y7	180	94	78	96	45	58	25	75	50
	96Y8	185	96	80	98	45	60	26	76	51
14	84YA2	155	84	70	85	40	50	23	64	43
	86YA2	155	86	72	87	41	51	23	64	43
	86YA3	160	86	72	88	41	52	23	66	44
	88YA3	160	88	74	89	42	52	23	66	44
	88YA4	165	88	74	89	42	53	23	69	46
	90YA4	165	90	76	90	43	54	24	69	46
	90YA5	170	90	76	91	43	55	24	71	47
	92YA5	170	92	78	92	44	55	24	71	47
	92YA6	175	92	78	93	44	57	25	74	49
	94YA6	175	94	80	95	45	57	25	74	49
	94YA7	180	94	80	95	45	58	25	76	50
	96YA7	180	96	82	97	45	58	26	76	50
	96YA8	185	96	82	100	45	60	27	77	51
	98YA8	185	98	84	102	46	60	27	77	51
12	86A2	155	86	74	87	41	51	23	64	43
	88A2	155	88	76	88	42	52	23	64	43
	88A3	160	88	76	89	42	52	23	66	45
	90A3	160	90	78	90	42	52	23	66	45
	90A4	165	90	78	90	42	54	23	69	46
	92A4	165	92	80	92	43	54	24	69	46
	92A5	170	92	80	92	43	54	24	71	47
	94A5	170	94	82	94	44	55	24	71	47
	94A6	175	94	82	94	44	56	24	74	48
	96A6	175	96	84	97	45	57	25	74	48
	96A7	180	96	84	97	45	58	25	76	50
	98A7	180	98	86	100	46	58	26	75	50
	98A8	185	98	86	102	46	60	27	77	51
	100A8	185	100	88	104	46	61	28	76	51
10	88AB2	155	88	78	88	41	51	23	64	44
	90AB2	155	90	80	90	41	51	23	64	44
	90AB3	160	90	80	91	42	52	23	66	45
	92AB3	160	92	82	92	42	52	24	66	45
	92AB4	165	92	82	93	43	54	24	67	46
	94AB4	165	94	84	95	43	54	24	67	46
	94AB5	170	94	84	96	44	55	24	69	48
	96AB5	170	96	86	96	44	56	25	69	48
	96AB6	175	96	86	97	45	57	25	71	49
	98AB6	175	98	88	98	45	57	25	71	49
	98AB7	180	98	88	100	46	58	27	73	50

续表

规格					参考尺寸					
类别＼部位		身高	胸围	腰围	臀围	肩宽	袖长	股上长	股下长	背长
10	100AB7	180	100	90	102	46	58	28	72	50
	100AB8	185	100	90	102	46	60	28	75	51
	102AB8	185	102	92	104	46	61	28	75	51
8	90B2	155	90	82	91	41	51	23	64	44
	92B2	155	92	84	92	42	51	23	64	44
	92B3	160	92	84	93	42	52	23	66	45
	94B3	160	94	86	95	42	53	24	66	45
	94B4	165	94	86	95	42	53	24	67	47
	96B4	165	96	88	96	43	54	24	67	47
	96B5	170	96	88	97	44	57	25	69	48
	98B5	170	98	90	99	44	57	25	69	48
	98B6	175	98	90	99	45	57	25	71	49
	100B6	175	100	92	99	45	57	25	71	49
	100B7	180	100	92	99	45	58	26	74	50
	102B7	180	102	94	104	46	58	27	76	50
	102B8	185	102	94	104	46	60	27	77	51
	104B8	185	104	96	106	46	61	28	76	51
4	92BE2	155	92	88	93	41	51	24	64	44
	94BE2	155	94	90	94	42	51	24	64	44
	94BE3	160	94	90	95	42	52	25	65	46
	96BE3	160	96	92	97	43	53	25	65	46
	96BE4	165	96	92	98	43	54	26	67	47
	98BE4	165	98	94	99	44	54	26	67	47
	98BE5	170	98	94	99	44	55	27	68	48
	100BE5	170	100	96	101	44	56	27	68	49
	100BE6	175	100	96	101	44	57	28	71	49
	102BE6	175	102	98	102	44	57	28	71	49
	102BE7	180	102	98	102	44	58	29	72	50
	104BE7	180	104	100	104	46	58	29	72	50
	104BE8	185	104	100	104	46	60	30	74	51
	106BE8	185	106	102	106	46	61	30	74	51
0	94E2	155	94	94	100	43	51	27	62	44
	96E2	155	96	96	102	44	51	27	62	44
	96E3	160	96	96	102	44	54	28	64	46
	98E3	160	98	98	104	45	54	28	64	46
	98E4	165	98	98	104	45	55	29	66	47
	100E4	165	100	100	106	46	55	29	66	47
	100E5	170	100	100	106	46	56	29	68	48
	102E5	170	102	102	108	47	56	29	68	48
	102E6	175	102	102	108	47	57	29	70	49
	104E6	175	104	104	110	47	57	29	70	49
	104E7	180	104	104	110	47	58	30	72	50
	106E7	180	106	106	112	48	58	30	72	50
	106E8	185	106	106	112	48	60	32	72	51

日本规格具有国际标准特点，因此，它与美、英规格保持着一定的对应性。以身高为 170 ～ 180cm 为例，

美、英规格是每规定一种胸围就划分出小巧型（S）、适中型（RG）和粗壮型（L）三种规格，这与日本规格的胸围、体型和身高（如90Y5）的三位一体表示法殊途同归（表3-13）。

表3-13　美、英与日本男装规格的对应关系　　单位：cm

美、英规格表示	88			91			94			97			100		
	S	RG	L	S	RG	L	S	RG	L	S	RG	L	S	RG	L
适用身高				(170)			(175)						(180)		
日本JIS	88Y4			90Y5			92Y6			94Y7			96Y8		
	88YA4			90YA5			92YA6	92YA7		94YA7	94YA8				
	90A4			92A5			94A6			96A7			98A8	100A8	

6　美国男装规格和参考尺寸

美国男装规格和参考尺寸相对于日本较为整齐划一。它是按照具有代表性的尺寸成比例推算得来的，综合兼顾了美国人的各种体型，归纳成标准男装规格。它是以身高和胸围的对应形式表示的，在身高上从163cm开始，每增加5cm为一档，共分六档，每档胸围分12级，而且每档的级数和尺寸相同。从胸围相邻各级的差数看似乎没有什么规律，这是因为cm是从有规律的英寸换算而来，因此它还是有一定规律可循的，相邻胸围的差数都在2.5cm左右（误差不超过0.1cm）。在尺寸的意义上和国际标准一致，以净尺寸作为标准尺寸。需要注意的是，参考尺寸中袖长是指“全袖长”，即自后中心线上的后颈点过肩点、肘点到尺骨点之和；背宽是指“半背宽”，即后中心线到后腋点间的距离（表3-14）。

表3-14　美国男装规格及参考尺寸　　单位：cm

身高 \ 部位	胸围	腰围	臀围	衣长	背宽（半肩宽）	袖长（全袖长）	股下长	外套长	背长	领围
163	86.4	72.4	91.4	69.9	19.7	75.6	76.8	105	40.5	35.5
	88.9	76.2	93.9	69.9	20	75.9	76.2	105	40.5	35.5
	91.4	80	96.5	69.9	20.3	76.2	75.6	105	40.5	36.8
	93.9	83.8	99.1	69.9	20.6	76.5	74.9	105	40.5	36.8
	96.5	87.6	101.6	69.9	20.9	76.8	74.3	105	40.5	38
	99.1	91.4	104.1	69.9	21.3	77.2	73.7	105	40.5	38
	101.6	95.3	106.7	69.9	21.6	77.5	73	105	40.5	39.5
	104.1	99.1	109.2	69.9	21.9	77.8	72.4	105	40.5	39.5
	106.7	102.9	111.8	69.9	22.2	78.1	71.8	105	40.5	40.6
	109.2	106.7	114.3	69.9	22.5	78.4	71.1	105	40.5	40.6
	111.8	110.5	116.8	69.9	22.8	78.7	70.5	105	40.5	42
	114.3	114.3	119.4	69.9	23.2	79.1	69.9	105	40.5	42
168	86.4	71.1	91.4	72.4	19.7	78.1	80	107	41.9	35.5
	88.9	74.9	93.9	72.4	20	78.4	79.4	107	41.9	35.5
	91.4	78.7	96.5	72.4	20.3	78.7	78.7	107	41.9	36.8
	93.9	82.6	99.1	72.4	20.6	79.1	78.1	107	41.9	36.8
	96.5	86.4	101.6	72.4	20.9	79.4	77.5	107	41.9	38

续表

身高＼部位	胸围	腰围	臀围	衣长	背宽（半袖宽）	袖长（全袖长）	股下长	外套长	背长	领围
168	99.1	90.2	104.1	72.4	21.3	79.7	76.8	107	41.9	38
	101.6	94	106.7	72.4	21.6	80	76.2	107	41.9	39.5
	104.1	97.8	109.2	72.4	21.9	80.3	75.6	107	41.9	39.5
	106.7	101.6	111.8	72.4	22.2	80.6	74.9	107	41.9	40.6
	109.2	105.4	114.3	72.4	22.5	81	74.3	107	41.9	42
	111.8	109.2	116.8	72.4	22.8	81.3	73.7	107	41.9	42
	114.3	113	119.4	72.4	23.2	81.6	73	107	41.9	42
173	86.4	69.9	91.4	74.9	19.7	80.6	83.2	110	43.2	35.5
	88.9	73.7	93.9	74.9	20	81	82.6	110	43.2	35.5
	91.4	77.5	96.5	74.9	20.3	81.3	81.9	110	43.2	36.8
	93.9	81.3	99.1	74.9	20.6	81.6	81.3	110	43.2	36.8
	96.5	85.1	101.6	74.9	20.9	81.9	80.6	110	43.2	38
	99.1	88.9	104.1	74.9	21.3	82.2	80	110	43.2	38
	101.6	92.7	106.7	74.9	21.6	82.6	79.4	110	43.2	39.5
	104.1	96.5	109.2	74.9	21.9	82.9	78.7	110	43.2	39.5
	106.7	100.3	111.8	74.9	22.2	83.2	78.1	110	43.2	40.6
	109.2	104.1	114.3	74.9	22.5	83.5	77.5	110	43.2	40.6
	111.8	107.9	116.8	74.9	22.8	83.8	76.8	110	43.2	42
	114.3	111.8	119.4	74.9	23.2	84.1	76.2	110	43.2	42
178	86.4	68.6	91.4	77.5	19.7	83.2	86.7	113.5	44.5	35.5
	88.9	72.4	93.9	77.5	20	83.5	85.7	113.5	44.5	35.5
	91.4	76.2	96.5	77.5	20.3	83.8	85.1	113.5	44.5	36.8
	93.9	80	99.1	77.5	20.6	84.1	84.5	113.5	44.5	36.8
	96.5	83.8	101.6	77.5	20.9	84.5	83.8	113.5	44.5	38
	99.1	87.6	104.1	77.5	21.3	84.8	83.2	113.5	44.5	38
	101.6	91.4	106.7	77.5	21.6	85.1	82.6	113.5	44.5	39.5
	104.1	95.3	109.2	77.5	21.9	85.4	81.9	113.5	44.5	39.5
	106.7	99.1	111.8	77.5	22.2	85.7	81.3	113.5	44.5	40.6
	109.2	102.9	114.3	77.5	22.5	86	80.6	113.5	44.5	40.6
	111.8	106.7	116.8	77.5	22.8	86.4	80	113.5	44.5	42
	114.3	110.5	119.4	77.5	23.2	86.7	79.4	113.5	44.5	42
183	86.4	67.3	91.4	80	19.7	85.7	89.5	117.5	45.7	35.5
	88.9	71.1	93.9	80	20	86	88.9	117.5	45.7	35.5
	91.4	74.9	96.5	80	20.3	86.4	88.3	117.5	45.7	36.8
	93.9	78.7	99.1	80	20.6	86.7	87.6	117.5	45.7	36.8
	96.5	82.6	101.6	80	20.9	87	87	117.5	45.7	38
	99.1	86.4	104.1	80	21.3	87.3	86.7	117.5	45.7	38
	101.6	90.2	106.7	80	21.6	87.6	85.7	117.5	45.7	39.5
	104.1	94	109.2	80	21.9	88	85.1	117.5	45.7	39.5
	106.7	97.8	111.8	80	22.2	88.3	84.5	117.5	45.7	40.6

续表

身高＼部位	胸围	腰围	臀围	衣长	背宽（半袖宽）	袖长（全袖长）	股下长	外套长	背长	领围
183	109.2	101.6	114.3	80	22.5	88.6	83.8	117.5	45.7	46.6
	111.8	105.4	116.8	80	22.8	88.9	83.2	117.5	45.7	42
	114.3	109.2	119.4	80	23.2	89.2	82.6	117.5	45.7	42
188	86.4	66	91.4	82.6	19.7	88.3	92.7	121.5	47	35.5
	88.9	69.9	93.9	82.6	20	88.6	92.1	121.5	47	35.5
	91.4	73.7	96.5	82.6	20.3	88.9	91.4	121.5	47	36.8
	93.9	77.5	99.1	82.6	20.6	89.2	90.8	121.5	47	36.8
	96.5	81.3	101.6	82.6	20.9	89.5	90.2	121.5	47	38
	99.1	85.1	104.1	82.6	21.3	89.9	89.5	121.5	47	38
	101.6	88.9	106.7	82.6	21.6	90.2	88.9	121.5	47	39.5
	104.1	92.7	109.2	82.6	21.9	90.5	88.3	121.5	47	39.5
	106.7	96.5	111.8	82.6	22.2	90.8	87.6	121.5	47	40.6
	109.2	100.3	114.3	82.6	22.5	91.1	87	121.5	47	40.6
	111.8	104.1	116.8	82.6	22.8	91.4	86.7	121.5	47	42
	114.3	107.9	119.4	82.6	23.2	91.8	85.7	121.5	47	42

7 英国男装规格和参考尺寸

英国是以国际上通用的成衣标准为依据的，按照欧洲大陆系统的规则、规章，制定出英国标准男装规格，旨在减少成衣流通的混乱而增强竞争力。英国男装规格划分的范围较为理想化，主要分为两类：一类是青年型，指35岁以下运动型身材的规格（表3–15）；另一类是一般型，指已成熟的男士，其中包括中年以上特殊体型的规格（表3–16）。这两类规格的共同特点是，都以胸围级差4cm分档，这与欧洲大陆系统相吻合；身高均推荐为170 ~ 178cm之间。但在这以外过矮或过高身材的男士，可根据两类规格选取必要的长度尺寸来修正，适用范围较矮的在162 ~ 170cm之间用减值调整；较高的在178 ~ 186cm之间用增值调整（表3–17）。

表3–15 英国男装规格及参考尺寸(35岁以下男子)

单位：cm

部位＼身高	170～178							备注
胸围	84	88	92	96	100	104	108	
臀围	86	90	94	98	102	106	110	
腰围	66	70	74	78	82	86	90	
低腰围	69	73	77	81	85	89	93	腰线以下4cm裤腰围
背长	43	43.4	43.8	44.2	44.6	45	45	
背宽	18	18.5	19	19.5	20	20.5	21	$\frac{背宽}{2}$
股上长	25.4	25.8	26.2	26.6	27	27.4	27.8	
股下长	77	78	79	80	81	82	82	
腕围	16	16.4	16.8	17.2	17.6	18	18.4	
袖长	60.3	60.9	61.5	62.1	62.7	63.3	63.3	上衣
衬衫袖长	63	63.6	64.2	64.8	65.4	66	66	
衬衫长	74	76	78	80	80	80	80	

续表

部位＼身高	170～178							备　注
衬衫袖口(围)	22	22	22.5	22.5	23	23	23.5	袖头长
袖口(围)	25	26	27	28	29	30	31	上衣袖
领　围	36	37	38	39	40	41	42	衬衫
裤口宽	23	23.5	24	24.5	25	25.5	26	$\frac{裤口围}{2}$

表 3-16　英国男装规格及参考尺寸(成熟男子一般体型)

单位:cm

部位＼身高	170～178									备　注
胸　围	88	92	96	100	104	108	112	116	120	
臀　围	92	96	100	104	108	114	118	122	126	
腰　围	74	78	82	86	90	98	102	106	110	
低腰围	77	81	85	89	93	100	104	108	112	腰线以下 4cm 裤腰围
背　长	43.4	43.8	44.2	44.6	45	45	45	45	45	
背　宽	18.5	19	19.5	20	20.5	21	21.5	22	22.5	$\frac{背宽}{2}$
股上长	25.8	26.2	26.6	27	27.4	27.8	28.2	28.6	29	
股下长	78	79	80	81	82	82	82	82	82	
腕　围	16.4	16.8	17.2	17.6	18	18.4	18.8	19.2	19.6	
袖　长	60.9	61.5	62.1	62.7	63.3	63.3	63.3	63.3	63.3	上　衣
衬衫袖长	63.6	64.2	64.8	65.4	66	66	66	66	66	
衬衫长	76	78	80	81	81	82	82	82	82	
衬衫袖口(围)	22	22.5	22.5	23	23	23.5	23.5	24	24	袖头长
袖口(围)	27	28	29	30	31	31.6	32.2	32.8	33.4	上衣袖
领　围	37	38	39	40	41	42	43	44	45	衬衫
裤口宽	23.5	24	24.5	25	25.5	26	26	26	26	$\frac{裤口围}{2}$

表 3-17　英国男装长度尺寸调整表

单位:cm

部　位＼适应身高	162～170	178～186
背　长	−2	+2
袖　长	−2.5	+2.5
衣　长	−4	+4
股上长	−1	+1
股下长	−4	+4

8 德国和意大利男装规格

欧洲大陆男装规格是以二分之一胸围表示的，如胸围是100cm，它的规格表示就是50cm。这个规律从德国和意大利男装规格惯用的表示法即可看出。另外，德国规格表所显示的年龄跨度较大（表3–18），意大利的则较小（表3–19），这可以通过表中胸围和腰围差量的数值加以判断。

表3–18 德国男装规格及参考尺寸

单位：cm

规格 \ 部位	身高	胸围	腰围	臀围	裤腰	裤长	股下长	袖长	领围
38	158	76	71	84	69	92	70	56.2	32
40	162	80	74	88	72	94.5	72	57.9	34
42	166	82	77	92	75	97	74	59.6	35
43	168	86	78.5	94	76	98.3	75	60.5	36
44	170	88	80	96	78	99.7	76	61.3	37
46	172	92	84	100	82	101.4	77	62.2	38
48	174	96	88	104	86	103.1	78	63.1	39
50	176	100	92	108	90	104.8	79	64	40
52	178	104	97	112	95	106.5	80	64.9	41
54	180	108	102	116	100	108.2	81	65.8	42
56	181	112	107	120	105	108.9	81	66.6	43
58	182	116	112	124	110	109.6	81	67	44
60	183	120	118	128	116	110.3	81	67.4	45
62	184	124	124	132	122	111	81	67.8	46

表3–19 意大利男装规格

单位：cm

规格 \ 部位	胸围	腰围	领围
44(1a)	87～89	74～76	37
46(2a)	91～93	78～80	38
48(3a)	95～97	82～84	39
50(4a)	99～101	86～88	40
52(5a)	103～105	90～93	41
54(6a)	106～109	94～97	42
56(7a)	110～113	100～103	43
58(8a)	114～118	105～109	44

9 男装标准的借鉴

从我国和日本男装规格及参考尺寸标准的比较中可以得到如下分析：

（1）男装应强调“确定性标准”的研究和使用

在成衣标准的国际惯例中，有两种表示法：一是模糊性规格表示，如S（小）、M（中）、M L（中大）、L（大）、LL（特大）；二是确定性规格表示，如92A5（胸围92cm、胸腰差12cm、身高170cm）。根据成衣自身和作用对象的穿着特点，前者适用于便装（宽松）、童装和女装，后者适用于礼服（合体）和男装。男装程式化的特点决定了“标准”广泛适应确定性规格的惯例。我国男装规格客观上应属于模糊性特点，因为，它所限定的不是某个具体的数值，而是一个范围。例如 170/88 A，170 表示适用于身高 168~172cm；88 表示适用于胸围 86~90cm；A 表示胸腰差在 12~16cm 之间。而日本规格 92A5 所表示的对应尺寸是确定的、唯一的，这样可以提高生产者和选购者的准确度和着装品质。因此，确定性规格的完善程度决定着男装设计、生产水平和消费质量。

（2）男装规格和参考尺寸在保证必要信息量的基础上要具有高度的可操作性

目前我国男装标准，要想很迅速地掌握它的全部信息和有效的使用是较困难的，因为规格表（4 个）要对应推档表（4 个）、参考尺寸表（4 个）是分离的，设计师或其他技术人员要想获得任何一组数据，都需要查阅所有的表格并对号入座。例如 170/88A 的全部参数，要先查相应的规格表，根据规格表再查阅分档数值表，获得推档数据；然后再查阅控制部位数值表，获得纸样设计参考数据。这期间需要很长的时间、耐心和技巧。而日本男装标准是规格、参考尺寸和推档尺寸三位一体，其容量只占我国标准所需篇幅的五分之一，而信息无一丧失，获得三项全部数据可一蹴而就。例如纵向查阅规格为 92A5，由于该规格为确定数值可以直接使用，由此横向后续数值为参考尺寸便作为纸样设计参数。然后纵向查阅前后两项的差数（后项减前项）就得到了推档尺寸，而且差数是有规律的。例如身高的档差是 5cm、胸围档差是 2cm、肩宽档差是 0.5cm、背长档差是 1cm，那么 5、2、0.5、1……便成为推档的数据（见表 3-11）。

（3）男装规格和参考尺寸要逐步完善“理想化”尺寸

我们从日本男装规格表 3-11 和表 3-12 中不难发现，在两表的同一种规格中参考尺寸却不尽相同，可见基础测量的数据不能直接用在设计上，必须通过“理想化”的技术处理，才可成为专业化数值标准。同时采用什么尺寸、不采用什么尺寸，既要考虑行业的习惯，又要考虑技术的先进性、国际市场的通用性，这方面我国的男装标准有待于深入的学习、研究和完善。例如，国际通用的标准数据、关键的技术数据，在我国成衣标准中却没有采用（如背长、股下长、腰长等）。再如，我国男装规格的体型分为四种类型，即 Y、A、B、C 型；日本分为七类，即 Y、YA、A、AB、B、BE 和 E 型。我国最大的胸腰差到 22cm，最小到 2cm；而日本最大到 16cm，最小到 0。日本男装规格最大的差量小于我国（6cm），但这不能说明它不能适应胸腰差在 22cm 的人，这是因为，即使有 22cm 胸腰差的男士，在服装设计上也不会采用如此大收腰的设计。研究和现实都表明，男装理想的造型应考虑在差量不超过 16cm 为理想造型。而差量为 0 时却不能不考虑，在我国的男装规格中没有涉及，因此，这一部分人便被排除在外。另外，日本规格的胸围、腰围与胸腰差数值是一一对应无误的，而我国的这些数据关系模糊。可见，日本男装规格和参考尺寸的专业化和理想化研究成果是值得我们研究和学习的。

在成衣规格的规范化、系列化、科学化和标准化上，日本走在了前面，因此，欧美国家也纷纷效仿。日本服装规格试图用最科学且最简单的方法，揭示成衣和着衣者的关系，为设计者和消费者架起了理解的桥梁。无疑，它应作为我国设计师进行成衣设计所需要借鉴和学习的重要内容。

§3-1 知识点

1.测量是获取人体的基本参数，非成衣尺寸，并根据行业要求将测量尺寸进行理想化、规范化、标准化处理，以此理解服装工业标准形成的过程和技术，同时也为单件设计的定制行业提供人体基本数据。

测量要领：一是净尺寸测量，为了测量准确，被测者需穿衬衣测量；二是定点测量，以保证各部位测量尺寸的准确性，避免凭借经验的猜测；三是采用法定或行业习惯计量单位测量（厘米或英寸）。

测量方法：围度测量，左手持软尺标有0一端贴紧测点，右手持软尺水平围绕测位一周并记下读数；长度测量，一般随人体起伏，并通过中间定位的测点进行测量。

2.男装规格特点是根据成衣国际市场的要求界定的，表现为适应面宽、科学性强、标准化程度高、易记（规范、可操作性强）的四个特点。

3.我国男装标准，规格用号型系列表述，有身高、胸围、腰围和胸腰差数值构成（如170/88A），身高、胸围和腰围采用实际数值，胸腰差用Y、A、B、C代码表示，Y胸腰差为17～22cm，A胸腰差为12～16cm，B胸腰差为7～11cm，C胸腰差为2～6cm。推档尺寸用系列分档数值表述。纸样设计参考尺寸用系列控制部位数值表述。且三种数值分置操作有所不便。

4.日本男装标准中，规格、推档尺寸和参考尺寸三位一体，并通过JIS进行男装专门化处理，其标准化、规范化、专业化、科学化程度高，可操作性强，且日本人体特征与我国相近，有很强的参考价值。规格表述“确定性”明显（我国呈模糊性），由胸围、腰围、胸腰差和身高构成（如92A5），胸围和腰围采用实录。胸腰差采用7个标准代码，即Y16、YA14、A12、AB10、B8、BE4、E0。身高采用8个标准代号，即1/150、2/155、3/160、4/165、5/170、6/175、7/180、8/185。男装专用规格从中提取最适合部分，并配备参考尺寸（参见表3-11）。

§3-2 制板工具和制图符号

1 制板工具（图3-3）

在纸样设计中，虽然对制板工具没有严格的要求，往往是依个人的经验和习惯制板，但是，作为初学者或专业制板者，应了解专门的工具并熟练地使用它们，这作为一个合格的服装设计师、制板师是至关重要的，同时也说明本行业的专业性。况且在服装工业生产中，必须要严格按照工艺和品质标准进行规范化生产。纸样标准化设计和制作是达到这个目的的重要保证，因此，制板的专用工具就显得尤为重要了。当然，家庭和个人所用工具可以简化或采用具有相同功能的用具代替。

（1）工作台

工作台指服装设计者制作样板的专用桌子，通常是制板和裁剪单件服装面料共用的。桌面需平坦，是无接缝的较硬质材料，长为120 ~ 140cm，宽为90cm，高度在使用者臀围线以下4cm处为宜（一般为75 ~ 80cm）。总之，工作台以能充分容纳一张整开纸的面积，使用者能够运用自如为原则。如个人使用，可用一般桌子代替。

（2）样板纸

在服装工业生产中，纸样设计原则上讲是裁成服装裁片的样板，换言之，它应该是标准化和规范化的生产样板。因此，样板用纸应具有一定的强度和厚度。强度是考虑减少反复使用的损耗；厚度主要是考虑多次复描时的操作方便和准确。常用的样板纸是卡片纸和牛皮纸。卡片纸呈白色两面均光滑，画线自如，但价格较贵。亦可用白板纸代替，它一面粗糙呈灰色，一面光滑呈白色，制板师常常利用这种双面异色来区别不同功能的纸样，但其纸质较糠不宜反复使用。使用专门的打板纸最为理想，但价格较贵。牛皮纸较薄，而且色泽暗，画线不易分辨，常作为辅助用纸。它的代用纸可以用图画纸或白报纸。代用纸可以用于家庭纸样，而不能用在正式的工业纸样中。

（3）铅笔、蜡笔、划粉

铅笔主要用在纸样绘制上。常使用的型号有 2H、H、HB、B 和 2B 的绘图铅笔。HB 铅笔表示软硬适中，运用范围最广，有时这一支笔可以完成纸样设计到制作的全部过程。H 铅笔为硬型，B 铅笔为软型，它们各自的号越大，其软硬的程度越大。设计者可以根据需要选择使用。

蜡笔有多种颜色，笔芯是蜡质，它主要用于特殊标记的复制。例如纸样中的袋位、省尖等复制到布料上，可以用与布料异色的蜡笔通过样板中的孔迹复制到布料上。

划粉是主要用于把纸样复制到布料上的画线粉笔。

（4）尺

尺的单位必须用公制（或与英寸共置的），切忌用市尺。常用的有直尺、比例尺、三角尺、皮尺（软尺）和曲线尺等。直尺有 20cm、30cm、50cm 和 100cm 几种，采用有机玻璃的最佳，因在制图过程中可以不被尺遮挡。比例尺主要用在纸样设计练习的缩图上，它可以节省时间和纸张，总览纸样设计全貌，常用的有 4∶1、5∶1、6∶1 比例尺，以三角板式的比例尺最佳。三角尺，必须备有 45° 角，采用有机玻璃的最理想。皮尺，必须是带有厘米读数的软尺，通常是 150cm 长，主要用于量体和纸样弧长的测量等。

另外，常用的尺还有云尺和曲线尺等。这些尺主要是帮助初学者有效地完成各种曲线的绘制，如袖窿线、领口线、摆线等。但这对理解曲线的造型功能并不利，也不宜得到更多的训练和经验。因此在 1 ∶ 1 的纸样绘制中，应尽可能不依赖于曲线尺，要训练用直尺根据设计者的理解、想象的立体创造完成曲线部分。这对初学者来说是很好的训练方法，也是服装设计者所应具备的基本功。

（5）剪刀

剪刀指缝纫专用剪刀，它是服装设计者、板师和裁剪师必备的工具。规格有 24cm（9 英寸）、28cm（11 英寸）、30cm（12 英寸）几种。选用多大剪刀通常是根据个人习惯，有的喜欢用重剪，有的则习惯用轻剪。无论怎样，剪纸和剪布的剪刀要分开使用，特别是剪布料的剪刀要专用。

另外，纸样制成后需要确定缝份的对位记号，一般用剪刀剪出三角缺口称剪口。在较严格的制板中，有一种专门用来打剪口的剪刀叫对位器。它可以迅速而准确地完成这项工作。

（6）辅助用具

除上述的工具以外，还使用圆规、锥子、打孔器、描线器、透明胶带、纤维带、大头针、人台（人体模型）等。这些用具对纸样制作虽不很重要，但也不能缺少，特别是工业纸样的绘制。

圆规用于纸样较精确的设计和绘图，特别在缩图的练习上。锥子用于纸样中间的定位，如袋位、省位、褶位等，还用于复制样板。打孔器为打板专用工具，有时配合对位器使用，多用于将纸样分类打孔，以便于管理，在家庭用制板常用文具打孔器代替。描线器也称为点线器，它是通过齿轮在线迹上滚动来复制纸样。透明胶带和大头针用于修正纸样。纤维带宽度在 0.5cm 到 1cm 之间，用于纸样分类管理。人台采用男性中号作为人体代用物，常用的中号人台规格是 94A5 和 96B6。

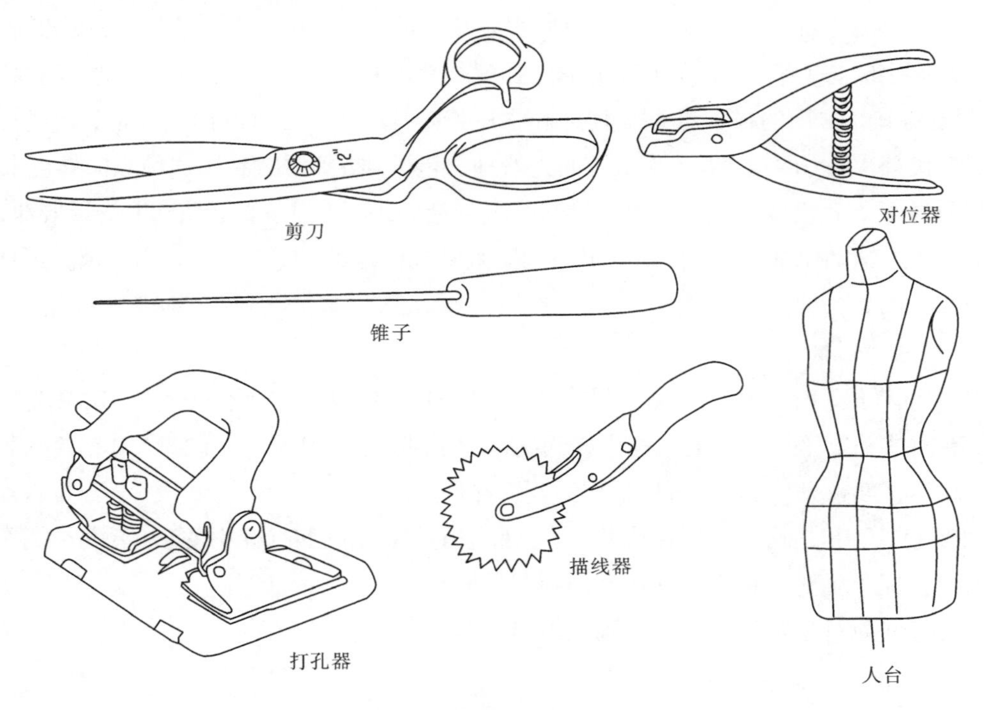

图 3-3 制板工具

2 纸样绘制符号与工艺符号

纸样符号主要用于规范化制图。它不同于单件制图，而必须在一定批量的要求下运用，因此需要确定纸样符号的标准，以指导生产、检验产品，故称为工艺符号。另外，就纸样设计本身的方便和识图的需要，也必须采用专用的符号表示，此称为纸样绘制符号。

（1）纸样绘制符号（图3-4）

在纸样设计中，若用文字说明缺乏准确性和规范性，也不符合简化和提高效率的要求。由于对文字理解的差异，还容易造成误解。而制图符号的运用，则能解决这些问题。因此在以后的制图中，能用符号说明的都不用文字，这就需要读者通过对绘图符号的分析、识别、阅读，认识和掌握纸样设计过程。

①制成线：在本书所有纸样设计的图中，最粗的线为制成线。它有实线和虚线的区别，实线，指纸样制成后的实际边线，由于它不包括缝份，所完成的纸样为净样板，这种样板不适合用在工业生产。因此，在增加缝份之后再剪下来才是工业生产所用的毛样板。虚线，原则上表示该线两边完全对称或不对称的对折线，在图中看到这种线意味着实际纸样应是以此为对折的整体纸样。

②辅助线：在图中比制成线细的实线和虚线表示辅助线。它只起制图的引导作用。

③贴边线：在成衣中贴边起牢固作用，主要在面布的内侧，如前襟的贴边、过面等。绘图时用点划线表示。

④等分线和相同尺寸符号：这两种符号在功能上是一样的。图中如出现两个以上同种形状或规格的符号，说明它们所指的尺寸是相等的。设计者只要避免在一个图中相同符号的混淆，就可以随意创造新的此类符号。

⑤直角符号：图中的直角符号与数学中的直角符号有所区别。制图中一些想当然的直角部位，图中不加以明确，请读者注意。

⑥重叠符号：双轨线一端所共处的部分为纸样重叠部分。在分解制成样板时，要将重叠部分恢复原样。

⑦整形符号：当纸样设计需要变动基本纸样的结构线时，如肩线、侧缝线、腰线等，必须在此处标出整形符号的一半，以示去掉原结构线，并与另外一半合并构成完整形状，同时还要以新的结构线取代原结构线。如男衬衫的育克设计。

⑧剪切符号：纸样设计往往是根据事先设想的造型进行修正纸样的过程，其中很多是从结构中间部位修正的，因此需要剪切、扩充、补正。剪切符号是个剪刀形状，符号尖头所指向的部位，就是要剪切修正的部位。注意剪切只是纸样修正的过程，而不是结果，因此，要根据制成线识别最后成型的纸样。

（2）纸样工艺符号（图3–5）

名 称	纸样绘制符号
制成线	
辅助线	
贴边线	
等分线	
等量	△ □ ○ ◎
直角	
重叠	
拼合	
剪切	

图 3–4　纸样绘制符号

名 称	纸样工艺符号
布丝方向	
顺毛向	
省	
活褶	
缩褶	
拔开	
归拢	
对位	
明线	

图 3–5　纸样工艺符号

纸样工艺符号具有标准化和强制性，充分掌握它的作用和要求，有助于指导生产，提高产品的效率和质量。同时也是衡量设计者对服装结构的造型、面料性能和生产关系的综合设计能力。例如，布丝方向符号可能有几种选择，这说明纸样结构虽然相同，但采用不同的布丝方向，造型就会有很大的差别，其中有的是错误的，有的是正确的，这要取决于设计者对这种符号作用和功能的理解程度。

①布丝方向：纸样中所标的双箭头符号，是要求生产者把纸样中的箭头方向对准布丝的经线排板。当纸样的布丝方向符号与布丝经线出现明显偏差时，会严重影响产品质量，或者使设计所预想的造型不能圆满实现。一般布丝方向符号有三种造型选择，即直丝造型、横丝造型、斜丝造型。

②顺毛向：当纸样中标出单箭头符号时，要求生产者将纸样中的箭头与带有毛向面料的毛芒相一致，如

皮毛、灯芯绒等。

③省：省的设计往往是一种合体处理的方法和手段，如适应人体的凹凸造型。省的余缺指向是和人体的这种凸凹结构相一致。省量和省的状态选择也反映出设计者对服装造型与人体关系的理解，同时也可利用省改变人体的局部状态而创造出新的造型。因此，省可依体型和造型的要求进行各种各样的选择。图中所标的常见省有枣核省、丁字省、埃菲尔式省、子弹省和宝塔省。

④活褶：活褶是褶的一个种类，它是按一定间距设计的，也称褶裥。一般分为左、右单褶，暗褶，明褶四种。重要的是要会识别不同活褶的符号表示方法。在活褶符号中，打褶的方向总是将斜线的上方倒向下方，画斜线的范围表示褶的宽度。

⑤缩褶：图中的波浪线表示缩褶，它是通过缩褶缝工艺完成的。

⑥拔开：在服装凹凸的细微处理中，用省往往显得生硬，这是因余量处理过于集中所致。而利用布料本身的伸缩性（多用于毛织物上），借助一定的温度和技术手法将缺量伸烫开，能使造型有细微变化，这在男装工艺中称为“拔”。符号张口的部位表示拔开的部位。

⑦归拢：归拢与拔开的作用相反，称“归”。两弧线的开口表示归拢的部位。注意它与整形符号的区别。通常归拔动作是配合进行的，故称“归拔工艺”。

⑧对位：图中用“剪口”标记表示。在工业纸样设计中，一般它是对应缝边成对出现的，其作用是确保产品设计在生产中不走样，且可降低单位生产时间。

⑨明线：明线的表示形式多种多样，总之是按照实际明线的特征实描下来的。虚线表示明线的线迹，实线表示接缝线。在实际生产中，有时还需要标出明线的针数（针 /cm）、线距等。

§3–2　知识点

1.制板工具是实现纸样标准化、规范化、专业化设计和制作的重要保证。包括工作台、样板纸、各种专用的笔、尺、剪刀和辅助用具。

2.纸样绘制符号的主要作用，是在纸样设计中实现准确性、规范性和高效率为目的。包括制成线、辅助线、贴边线、相同符号、直角符号、重叠符号、整形符号、剪切符号等。纸样工艺符号是通过样板的规范化标识信息指导生产、提高产品生产效率和质量，它表现为标准化和强制性。包括布丝方向、顺毛向、活褶、缩褶、拔、归、对位、明线等。

§3–3　男装标准基本纸样

运用基本纸样系统原理与技术实施男装全部类型的纸样设计，还是个新的尝试。在日本和欧美等服装发达的国家，虽普遍利用基本纸样技术和方法设计男装板型，但也仅限于在一般大宗的成衣产品开发中应用，而在高端的“全定制”男装中仍不多见，如礼服的制板几乎全部采用传统的单量单裁的方法。这在很大程度上抑制了男装纸样设计技术的科学化、系统化和标准化的普及。例如，一些很有才华的服装设计师，由于方法陈旧，对男装设计却束手无策。像我国这样并不发达的男装成衣业，更需要确立男装纸样的理论和设计科学。这是本书完善“男装标准基本纸样”系统的意义所在。

鉴于此，在本教材 1993 年出版的时候就推出了男装标准基本纸样（后简称“基本纸样”），开始系统地利用基本纸样全面实施男装纸样设计原理和方法的理论探索与实践。实践证明，得到了业界的普遍认同，影响力也日益扩大。在 1999 年修订时，对此进一步加以完善，推出了第二代基本纸样，使其理论和应用价值得到确立。在本书确定为服装本科精品教材立项项目之际，又在第二代基本纸样基础上做了科学和适应性修改并郑重推出它的升级版——第三代男装标准基本纸样。在此基础上，利用本教材作为普通高等教育“十一五”“十二五”国家级规划教材修订的机会又做了微调。它将为提升男装高品质的纸样提供强有力的支持。由此，“基本纸样”体系的建立，在国际制板领域为本书确立了权威地位。为了完整地展示它的发展脉络，有利于系统地进行比较研究和应用时的可选择性，这里做全面介绍。

1　第一代男装标准基本纸样特点与绘制方法

男装基本纸样在欧美和日本等发达的服装教育及其产业技中都已广泛地应用于男装纸样设计中。在制定标准时，它是以本国成年男子的标准体型作为依据，以本民族的审美习惯为基础，因此，各国的基本纸样都各有特点。所谓“男装标准基本纸样”是在日本文化服装学院提供的“男装原型”和英文版《男装成衣纸样剪裁》（METRIC PATERN CUTTING FORMENSWEAR）教材中提供的“男装基本纸样”的基础上加以合理完善得到的。其修正原则是以我国成年男性标准体和男装成衣的标准化、系统化和规范化为目标，因此，它具有不同于日本和英国男装基本纸样的特点。

男装标准基本纸样在制图方位上以左半部为准，改变了我国服装行业男装采用以右半部分制图的传统习惯。这样更符合国际男装成衣以左襟搭右襟的标准。

标准尺寸设定以净胸围为基础，以比例为原则，以定寸为补充来提高标准化程度。以胸围为基础确立的比例关系式的依据是人体自然的生理生长规律。因为在正常的人体生长规律中，胸廓的大小对臂膀和颈部有直接的影响，是以正比的形式生长的，即胸廓各结构组织愈发达，臂膀和颈部各结构组织也就愈发达。为此，基本纸样中比例原则的理论依据，产生于男装理想化和标准化造型的需要。科学的人体测定表明，世界上没有一对完全相同的人体，而人类学又表明人种或两性的群体中有着极其相似的生理条件和外观。根据这个理论基础，男装基本结构上的应用公式应具有既符合群体要求的因素，又能得到满足个体造型设计的机制。这个特点在基本纸样的制图中反映得十分明显，也就是我们理解的标准化在一定的个体中得到实现。理想化在基本纸样中主要表现在应用公式的有序性上。如图 3-6 中的$\frac{B}{2}$、$\frac{B}{6}$、$\frac{B}{12}$、$\frac{B}{24}$、$\frac{B}{36}$（B 为胸围），其中分母 6、12、24 为等比数列，而 12、24、36 又是等差数列，在造型学中它们均被称为“调和数列”。由于公式的规律性很强，更容易学习和记忆。更重要的是它为后续的推板技术提供了基本的计算系统。在小的尺寸上也多采用由胸围制约的等比方法，如领口、符合点的确定等，这些比例的应用，在人体造型中具有很高的实用美学价值。基本纸样中的补充数值主要表现在定寸上。但是为了避免过多的人为因素，定寸的数值都会跟在主体公式的后边。例如，胸背宽从公式上反映都是$\frac{B}{6}+4$cm，但这作为男性服装的运动机能是不合理的，根据上肢前屈运动大的功能，在确定袖窿线时要将背宽增加 0.5cm，同时在胸宽的适当位置减掉。基本纸样的松量虽然不是成衣的松量，但要有利于成衣松量设计，因此基本纸样松量保持“中立”最好。基本纸样中$\frac{B}{2}+9$cm，公式中的 9cm 是围度基本松量（一周为 18cm），$\frac{B}{6}+8.5$cm 中的 8.5cm 为袖窿深的基本松量。由此所确定的基本松量在实践中一定是可进可退的。当然这个“基本松量”也会有时代特征的，所以也就有了第一代、第二代……基本纸样。

更重要的是基本纸样的计算公式还具有推板功能，特别是围度公式，如$\frac{B}{6}$和$\frac{B}{12}$。在推板中，通常是以前、后中心线为 0 点（不加不减）；如果胸围的档差为 4cm 时，侧缝处于胸围的四分之一处，推档值就是$\frac{4}{4}$=1cm；肩点根据基本纸样提供的公式，大约处于胸围的六分之一处，肩点的推档值就是$\frac{4}{6}\approx$ 0.6cm；侧颈点位于胸围的十二分之一处，侧颈点推档值就是$\frac{4}{12}\approx$ 0.3cm。由此公式作为横向推板区域，当改变款式时，推板区域是相对不变的，各推板点可以纳入到对应的区域计算出推档数值。由此，也可以推导出长度（纵向）的推板规律。所以基本纸样中某些关键公式的选择还为后续的推板工作打下了良好的计算平台。因此，这些公式在后续各代的修订中都给予保留（图 3–6）。

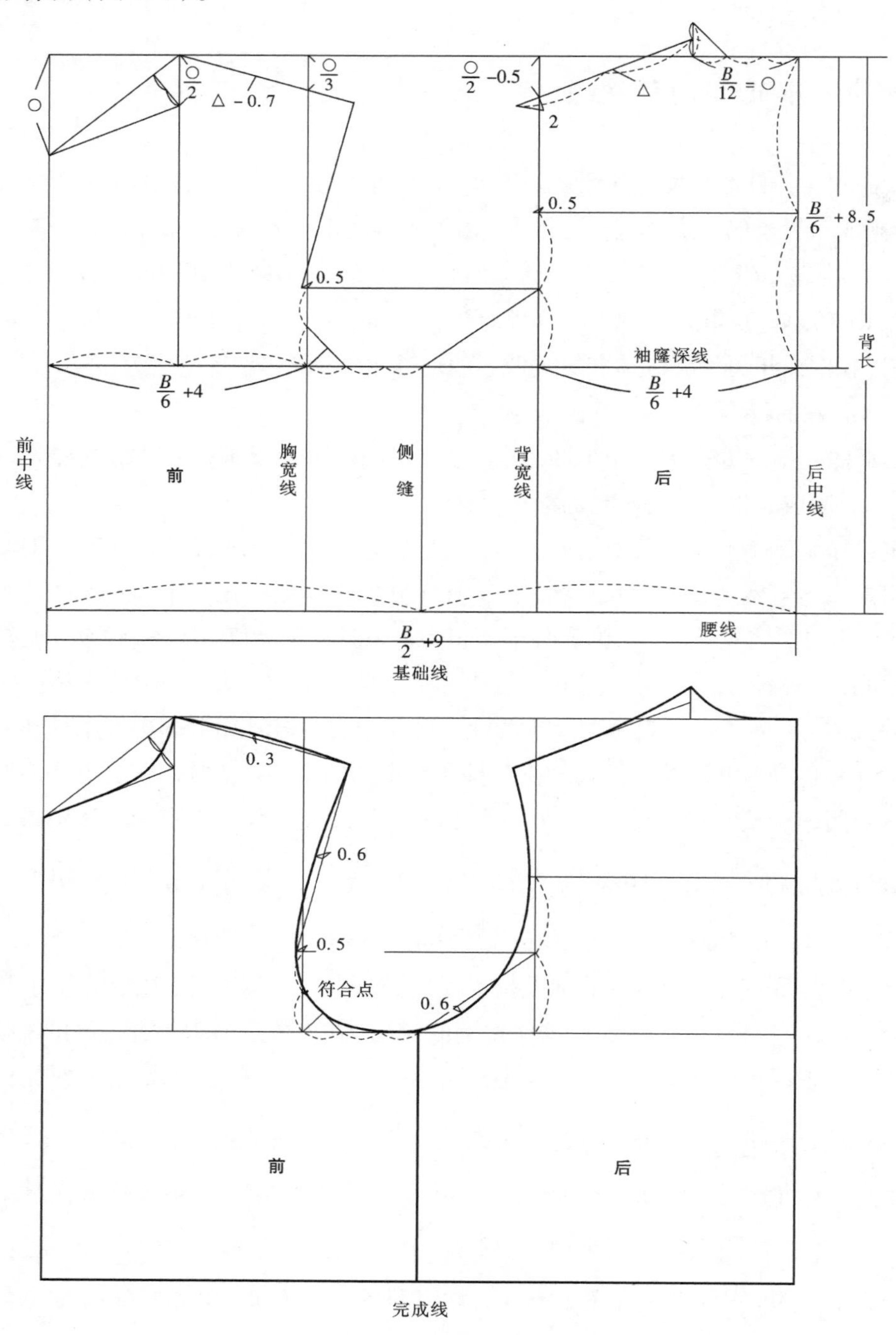

图 3–6　第一代男装标准基本纸样

2　第二代男装标准基本纸样

第一代男装标准基本纸样经过多年服装设计技术人员的使用和教学实践，均产生了良好的效果。然而，根据生活方式和审美习惯的改变，时代发展的必然趋势和技术的不断进步，使原有的基本纸样产生了不适应因素。总的来讲，无论从礼服到便装，都强调了宽松的造型环境和趋势，技术上表现出细腻、机械化和规范化的特点。因此，基本纸样有必要在原有的基础上做适当的调整和改进。

首先，围度尺寸的放量有所增加，由此所影响的其他尺寸相应变动。主体尺寸从$\frac{B}{2}$+9cm 改为$\frac{B}{2}$+10cm，使整个胸围松量增加了 2cm，与此对应的袖窿深公式从$\frac{B}{6}$+8.5cm 改为$\frac{B}{6}$+9cm。局部尺寸调整背宽增量：背宽横线在背宽竖线交点向外从 0.5cm 增至 0.7cm。

其次，在板型上亦做相应的调整。靠前胸袖窿凹进点和上一代相同，直接利用袖窿深的四分之一等分点凹进 0.5cm，符合点取袖窿深的八分之一；后袖窿的右下角凹进点从 0.6cm 调整到 0.3cm。前肩凸起点从中点移至胸宽线与肩辅助线的交点，凸起量增至 0.5cm。前领口凹进点从原来的二分之一等分点下移到三分之一处。这种调整经过实践的验证，使工艺、板型、造型和体型更加协调美观。值得注意的是，新的基本纸样产生以后，并不意味着原有基本纸样的废除，它们只是不同的需要和历史的产物（图 3–7）。

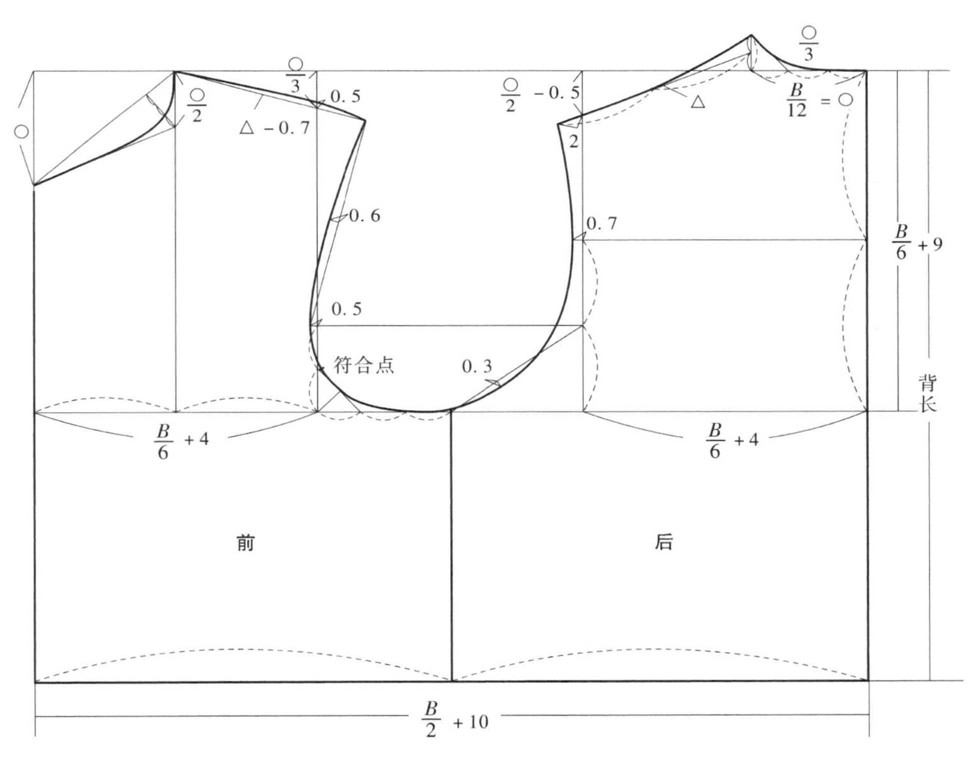

图 3–7　第二代男装标准基本纸样

3　第三代男装标准基本纸样升级版

根据第二代男装标准基本纸样使用的信息反馈和技术分析，提出第三代男装标准基本纸样修订方案。这个方案主要是对领口与肩宽的比例、后落肩差进行了微调，以改善肩背的造型和舒适性。

首先，在后领宽公式$\left(\frac{B}{12}\right)$的基础上增加0.5cm，后领口其他尺寸也会有微小改变；其次，后落肩直接取后领宽的一半减去0.5cm（$\frac{○}{2}$−0.5cm），使落肩有所减小，在此基础上冲肩量与上一代相同（2cm）。为配合后领宽增加0.5cm，前领宽也同步增加。这样修订的结果：领宽变大，肩宽和胸宽相对变小，后肩抬高量做同步调整，对肩背造型与舒适性有所改进（图3–8）。

与肩背微调相对应的前身结构也要做适应性调整。在第二代男装标准基本纸样基础上前领口宽增加0.5cm，前肩线与其他部分的绘制过程与上一代基本纸样相同。所谓第三代升级版，是在围度松量不改变（$\frac{B}{2}$+10cm）的情况下，将袖窿深公式从原来的$\frac{B}{6}$+9cm调整为$\frac{B}{6}$+9.5cm。第二处微调是将袖窿最低点调整成前后片两个，前片最低点靠近侧缝的三分之一等分点上；后片最低点在靠近侧缝的六分之一等分点上。注意，后面各章节和上衣纸样设计有关的内容均利用第三代升级版男装标准基本纸样。

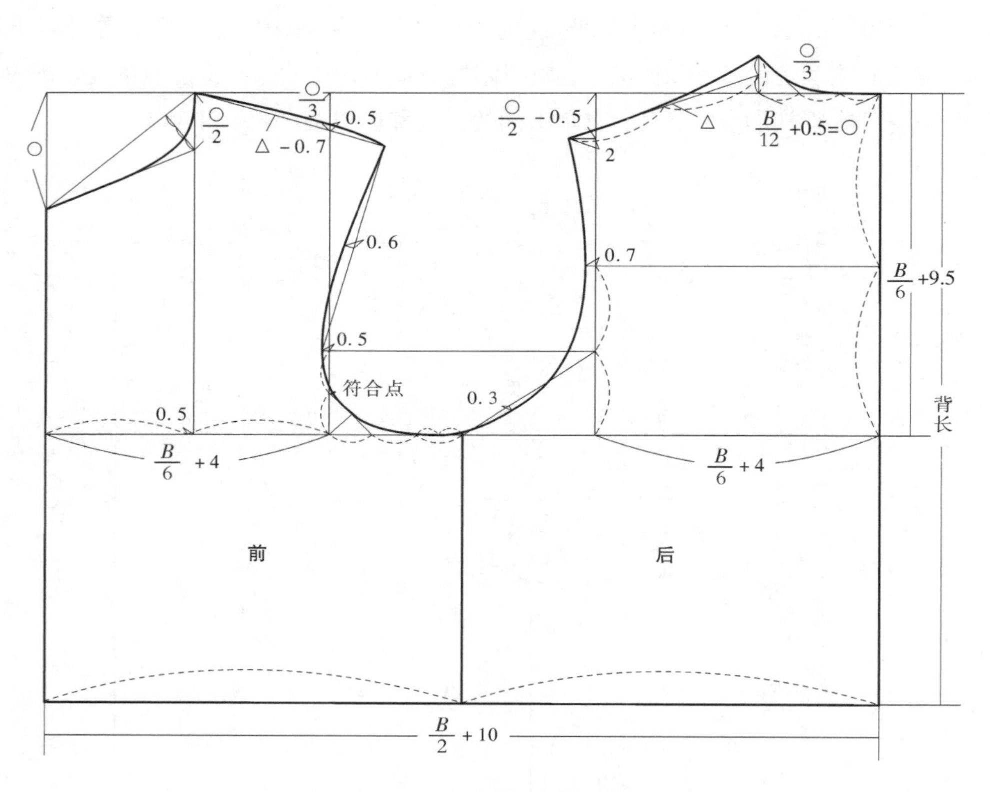

图3–8　第三代升级版男装标准基本纸样

§3–3　知识点

1.第三代男装标准基本纸样升级版，是在第一代、第二代和第三代不断修正中完成的，它的未来也还将是与时俱进，在发展和动态中完善自己。因此，第三代升级版承载了它的历史信息，也注入了全新的时代概念。

2.第三代升级版制图步骤：作高为背长宽为$\frac{B}{2}$+10cm的长方形，通过$\frac{B}{6}$+9.5cm作袖窿深线；通过$\frac{B}{6}$+4cm作背宽线和胸宽线；通过$\frac{B}{12}$+0.5cm公式和相关比例，完成后领口、前领口、后肩线和前肩线；以窿深（$\frac{B}{6}$+9.5cm）为基数，推出袖窿曲线轨迹的参数并完成全图（参见图3–8），并以此作为全部纸样设计的基本纸样。

§3–4　男装纸样设计的基本原理

从人体自然生理生长规律看，无论是人种的区别还是性别的差异，在形体上只是量的不同，本质上仍是接近的。如男人体和女人体也仅仅是同部位的起伏大小不同而已。因此，所构成的服装结构原理是相同的，只是处理方法、习惯和程度不同罢了。诚然，女装纸样设计原理亦适应于男装，所不同的是，由于男装品类较女装更为定型和服装穿着习惯的程式化，促使男装结构的变化小而稳定。因此，男装标准基本纸样只有上衣，其应用结构原理的范围也少得多，但从结构的精确度和深度的处理上要高于女装。另外，从纸样设计的思维方法上亦不同于女装。由于男装特点的制约，形成了男装纸样的一整套设计规范。设计思维方法往往是从个别到一般（女装与此相反），即从一个具体的服装类型纸样推演出其普遍的结构规律。从男装上衣基本纸样看，它几乎成为西装纸样的组成部分，通过这样一个具体的纸样，根据男装的特点和结构原理可以设计其他任何品类。最能说明这一规律的是袖子纸样设计的演化过程。

1　袖子纸样设计原理

女装袖子的纸样设计原理表明，袖子的千变万化都依赖于基本纸样。袖子基本纸样并没有特定服装造型的意义，但是任何袖子造型的设计都离不开它。这就是女装从一般到个别的思维方法。男装恰恰相反，由于男装袖型的变化较定型和保守，设计时习惯直接从特定的袖子结构入手，不经过袖子基本纸样。但这并不意味这种特定造型不符合袖子的结构原理，只是这种原理的应用过程存在于设计者的脑子里。因此，在某种意义上讲难度更大，但凡结构合理的设计，都能最终还原成袖子基本纸样，这是检验袖子结构设计正误的试金石。

（1）装袖纸样设计原理

如果说，上衣基本纸样构成了西装结构的主要内容，那么，根据上衣基本纸样参数设计的两片袖，就是西装的袖子纸样。上衣基本纸样中的袖窿弧长（*AH*）、符合点、袖窿深线和背宽横线为两片袖纸样的基本参数。设计起点是从符合点开始（$\frac{\circledcirc}{8}$或$\frac{\circledcirc}{9}$），向上至后肩点下降 3cm 至 4cm 处做水平线，此线至袖窿深线之间为袖山高（约等于$\frac{AH}{3}$）。符合点至背宽横线之间斜取$\frac{AH}{2}$ -3cm 至 4cm，确定为袖肥，在此垂直向上与袖顶线连接呈长方形，如图 3–9 所示，确定袖顶辅助点（长方形的中点向右取$\frac{2}{3}$），从该点至符合点的垂直延长线上确定袖长并加 1.5cm，袖口宽可以用定寸（15cm），也可以采用长方形的横取袖肥 2/3 的比例，再回到背宽横线袖肥点连线，完成两片袖的基础线。在此基础上设计大小袖片。

从西装两片袖的纸样设计看，在造型组合上有其合理性。首先，符合点是大、小袖前袖缝互补作用的基准点，即此点垂线两边大袖增加的部分在小袖中减掉，同时，符合点将袖子和袖窿的特定位置固定下来。其次，从大袖的顶点向后移 1cm 为肩缝符合点；大、小袖后袖缝上端点应和背宽横线与后袖窿线交点相吻合；小袖的后袖山线的形状由基本纸样的侧缝线上端引出至背宽横线上，由此控制了后袖山的活动量；基本纸样的袖窿深线在袖子上显示为落山线。这种自然的封闭式结构，使袖山和袖窿在组合上达到了良好的配伍效果。由此可见，两片袖纸样的设计依赖于基本纸样的结构和参数，是很有实用价值的。

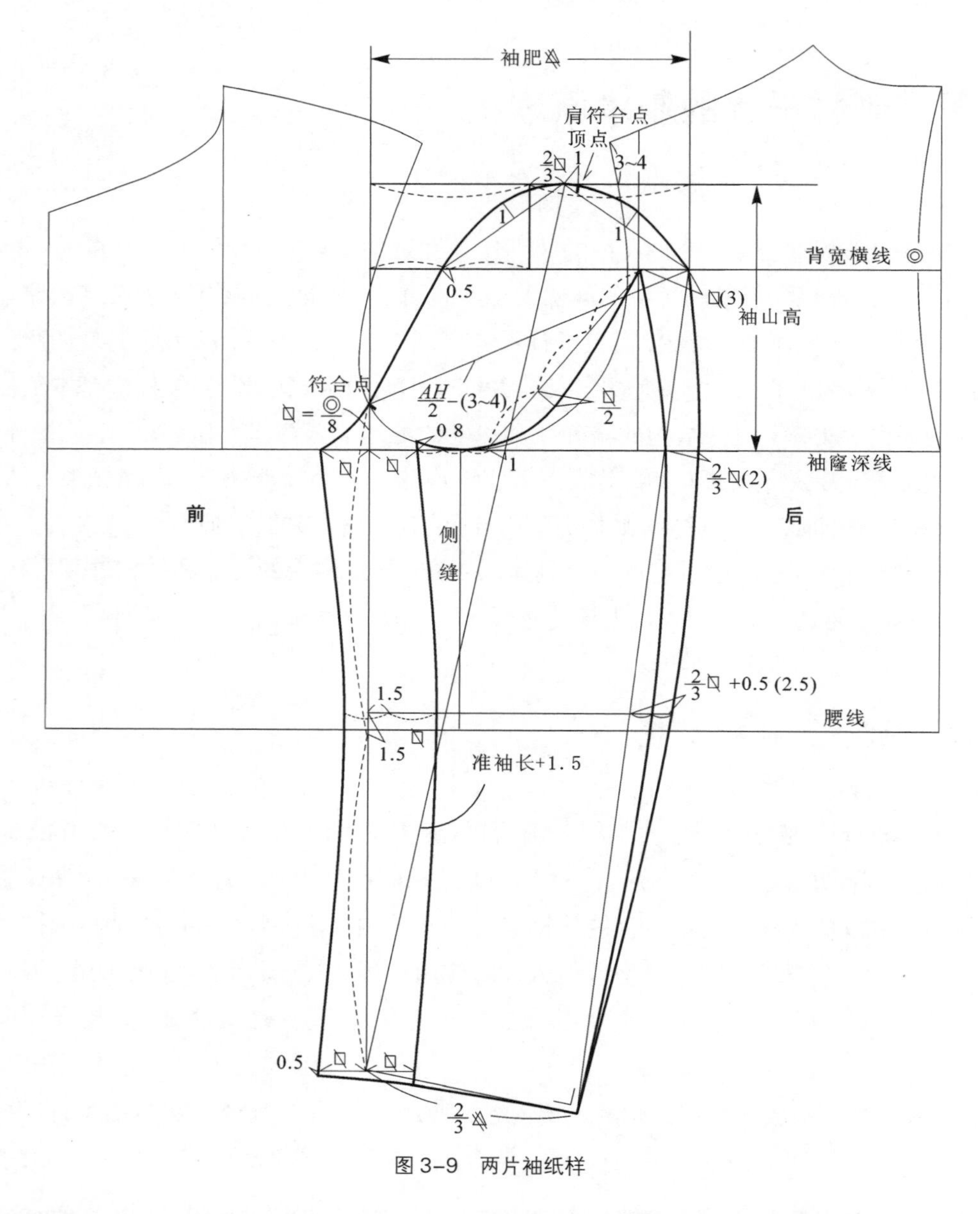

图 3–9 两片袖纸样

从特定的两片袖纸样看，如果将大、小袖前后袖缝互补量回到零位，就可以展开成为有肘省的一片袖（合体一片袖）。如果很好地解读了从两片袖到一片袖的变化原理，就完全可以通过“直裁”方法获得有省一片袖纸样。方法是通过符合点垂直引出的袖边线为一片袖前袖的翻折线，袖肥点（$\frac{AH}{2}-3$）的垂线在袖口处往前移3cm，形成手臂的自然前屈度，并以此作为一片袖后袖翻折线。以基本纸样的侧缝线作为一片袖的前后内缝线，按照前、后翻折线对称的形状复原完成一片袖纸样。由于从两片袖到一片袖演变的结构障碍（修正袖口两端接近直角），使袖内缝线后比前长，这恰巧是肘省产生的自然规律。从结构上理解，两片袖变成一片袖可以说是合体袖的两种表现形式，故合体一片袖存在省是合乎情理的（图 3–10）。

根据这种结构发展的规律，很自然地就转化为男装袖子的基本纸样。这种结构状态和女装袖子的基本纸样很相似，将其纳入纸样设计原理，男装袖子基本纸样的变化规律仍取决于袖山高度对袖肥、袖贴体度的制约，即袖山越高，袖肥越小，袖贴体度越大而合体；相反，袖肥就越大，袖贴体度越小而宽松（图 3–11）。

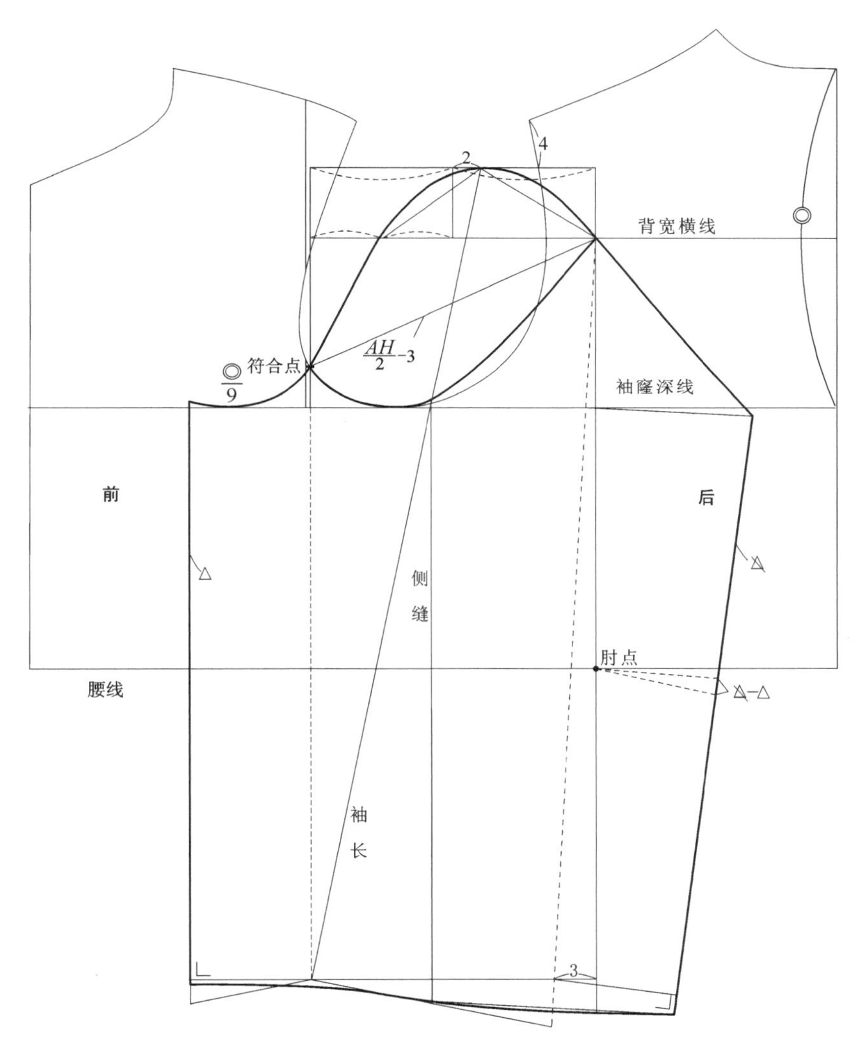

图 3–10　由两片袖演变的有省一片袖纸样

（2）插肩袖纸样设计原理

男装袖型是由装袖和插肩袖两大系列组成。如果两片袖作为装袖结构的基础，那么，将袖山高度对袖肥和袖贴体度的制约原理应用到插肩袖纸样设计中，就可以掌握男装插肩袖设计的关键技术。

要使插肩袖设计系统地应用袖子的结构原理，首先要从中性插肩袖开始（以后中线呈 45° 斜线为准），而在中性插肩袖结构中男装与女装有所不同。根据男装的造型特点和功能要求，一般前袖中线的贴体度大于后袖中线的程度比女装更明显（男前 1.5 ：后 0；女前 1 ：后 0，见图 3-12）。绘制方法：在前袖中线通过肩点所做的边长为 10cm 等腰直角三角形底边中点下移 1.5cm，后袖中线通过三角形底边的中点（图 3-12 中略，参见图 4-37）。这是男性人体体型和运动机能所决定的。由中性贴体度（以后袖中线在直角三角形所形成的 45° 为准）和基本袖山高（约$\frac{AH}{3}$）作为基本参数所完成的插肩袖，为中性插肩袖。在此基础上，当降低袖山，意味着袖贴体度变小，袖肥增大，这时进入宽松状态。袖山高和袖窿深的关系在结构的合理性上是成反比的。因此在宽松的插肩袖结构中，袖山自然减掉的部分也作为袖窿开深量，这时前身胸围放量合理的数值应该约为该袖窿开深量的二分之一，由此确定袖肥和袖口尺寸。值得注意的是，在这种结构变化过程中，落山线始终和袖中线保持垂直，与袖窿线的初始交叉点相对不变，这是构成插肩袖纸样变化规律的重要标志（图 3-12）。

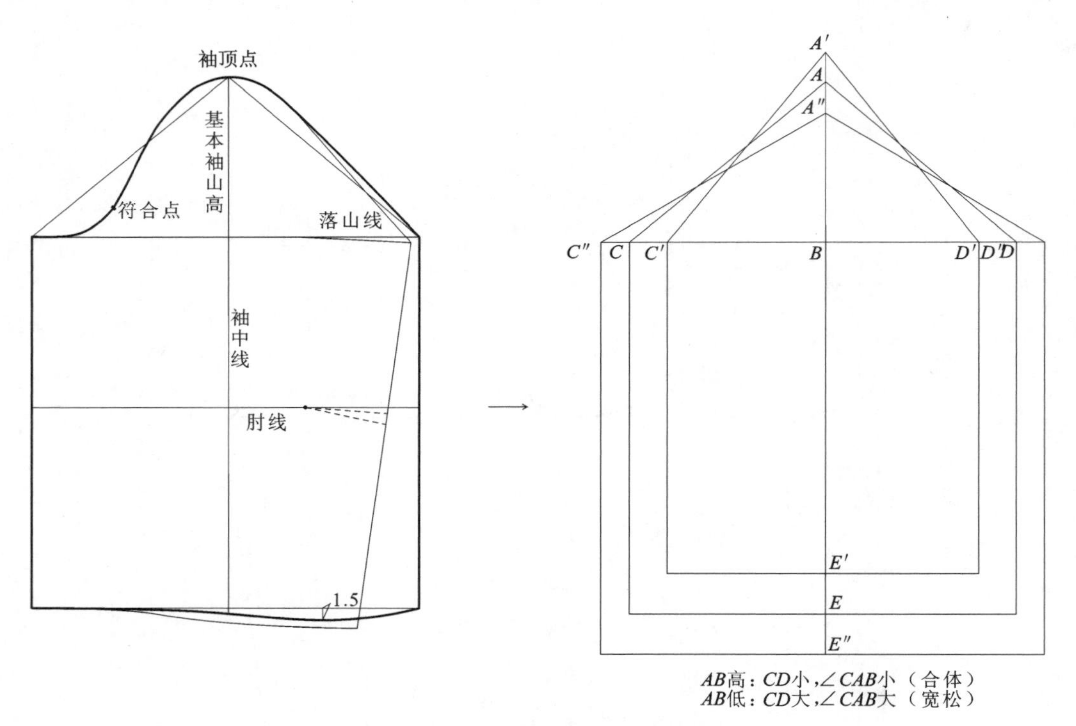

图 3-11　袖子基本纸样及其结构原理

在形式上插肩线表明袖与身的互补程度和状态，当插肩袖与衣身互补程度达到极限时，形成了袖子与衣身的连体结构，这是袖裆结构形成的机制。不过这种较合体的袖裆结构在男装设计中极为少见，更多的是将腋下重叠部分分解，在便装夹克和户外运动装上采用较宽松的袖裆结构。男装的袖裆结构几乎不在贴身造型中使用（合体袖裆原理参阅本套教材《女装纸样设计原理与应用》），因此，袖中线的设计一般贴体度较小，但前袖中线倾斜的角度仍然小于后袖中线。在这种条件下，一般是在前后身设计放松量之后确定袖裆缝。故此，最后在所确定的前后侧缝与前后袖内缝完全相吻合的情况下而自然形成的袖裆缝（前后有所不同是正常的），才更具有合理性（袖裆结构原理系统表述见本套教材《女装纸样设计原理与应用》袖裆纸样技术部分）。袖裆量的设计要根据活动量的大小加以选择，这和插肩袖结构原理相吻合，即整体结构越宽松，袖裆量的设计就越小。因为越宽松意味着袖中线越不贴体，在整体结构上就具备了部分腋下活动量。当宽松达到一定程度时，袖裆量就完全可以在整体结构中得到补偿，如蝙蝠袖。当然，这还需要结合习惯、造型要求和放松量的具体情况综合考虑、灵活设计（图 3-13）。

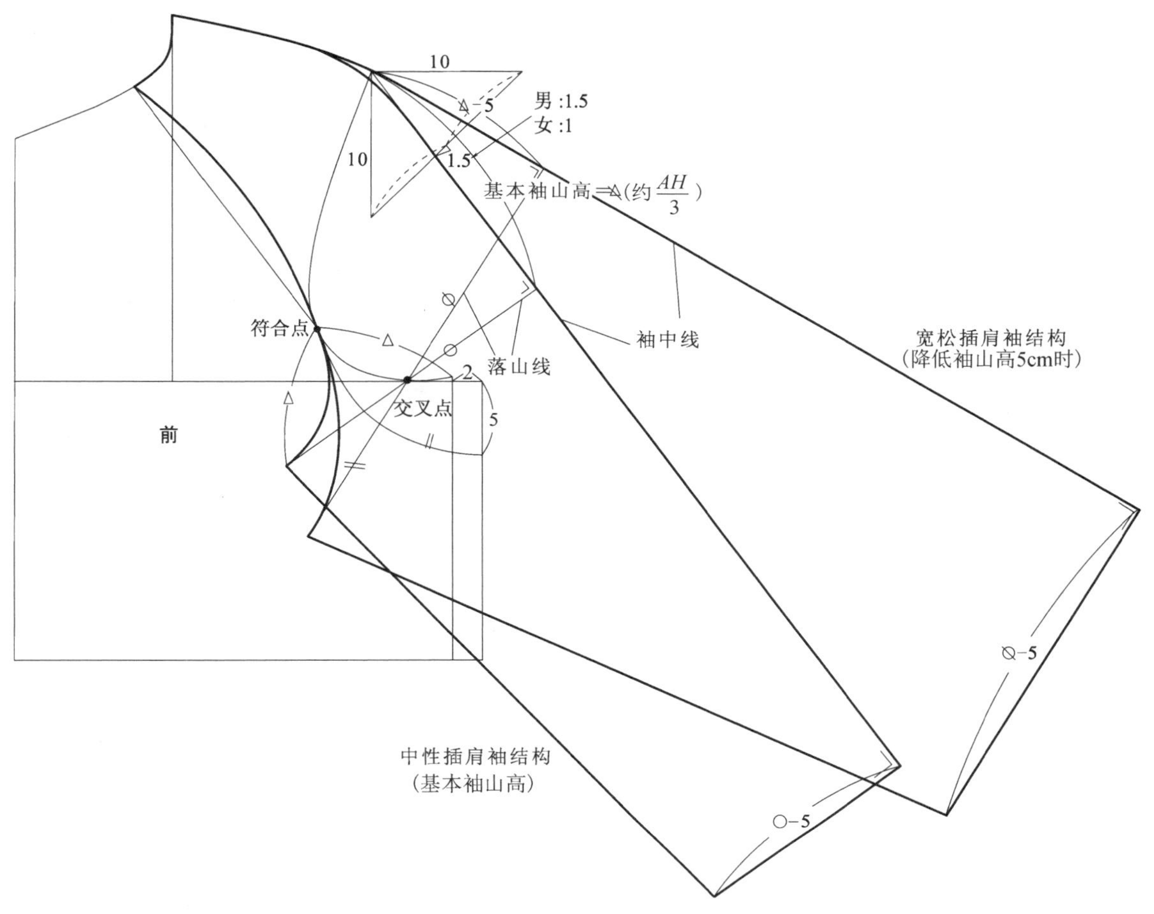

图 3-12　中性插肩袖及变化规律

2　纸样放缩量的设计原则和方法

这里的“放缩量”不是指推板的概念，而是指在一个基本松量的基础上，设计不同类型服装时改变基本松量的原则和方法（增或减的原则和方法）。男装放缩量设计范围相对女装小而保守，但施用的原则方法完全相同。即放缩量分配是在满足后身活动量的前提下，使前身尽可能运用保守的尺寸，以达到前紧后松的造型目的。

在放量的结构类型上分“相似形”和“变形”两种。

（1）相似形放量

相似形放量适应于正统的外套设计。外套的穿法一般是由衬衣、背心、套装（西装）和外套一层层进行的，因此，外层和内层结构与松量构成相似状态。如果将基本纸样理解为套装的主体结构及其松量的话，当设计外套增加放量时就必须考虑内、外层的制约关系，一般情况下外套（外层）放量要大于套装（内层）的放量，最低不得小于 8cm。相似形放量的另外一个特点是，围度放量和长度放量是成正比推进的。根据人体和结构变化的客观要求，胸围的放量规律对其他部位的放量具有关联作用。依据前紧后松的放量原则，胸围放量的比例分配最多的是后侧缝，其次是前侧缝，再次是后中缝和前中缝。这样操作起来仍难避免局部分配的主观性，故可以参照几何级数的分配方法（即等比数列，相邻的前后项数值均为倍数关系）。例如，设胸围追加放量为 16cm，一半制图为 8cm。将 8cm 按几何级数分配，即后侧缝：前侧缝：后中缝：前中缝 = 4：2：1：1。需要注意的是按几何级数比例方法分配的数值有时很不规则整齐，操作也不方便快捷，这时则需要结合“强调”（强调的部分适当增加）、“不可分性”（分配数值很小时不分解）和“易操作”（在分配次第不变原则下容易操作）

微调原则进行设计。例如 7cm 的分配比例若按几何级数排列的话，应为 3.5 ∶ 1.75 ∶ 0.875 ∶ 0.875，这个分配方案虽然很严格，但是很不实用，这时可以结合微调原则将首位小数点后边数值去掉归后位分配，调整为规整排列即 3 ∶ 2 ∶ 1 ∶ 1，也可以采用 3.5 ∶ 2 ∶ 1 ∶ 0.5 或 3 ∶ 2.5 ∶ 1 ∶ 0.5 等排列。胸围放量比例确定后，根据“重后轻前”的放量原则和相似形的客观要求，可推导出长度的分配比例。长度增量部位有：前、后肩升高，肩加宽，袖窿开深，后颈点升高，腰线下调等。

肩升高量是以前、后中缝放量为参数，根据放量原则，后肩大于前肩。如果前、后中缝总放量是 2cm，前、后肩的分配比例为后肩 ∶ 前肩 =1.5 ∶ 0.5。注意 2cm 以下的参数没有可分性，直接把参数作为后肩升高量而前肩为 0，如 1.5 ∶ 0、1 ∶ 0 等。

前、后肩加宽量取前、后中缝总放量的二分之一；后颈点升高量以后肩升高量的二分之一为准。这三个尺寸的增幅比例按相似形的造型要求不宜过大，否则它们会使后领口变形，因此它们的增量参数均来源前后中缝放量。

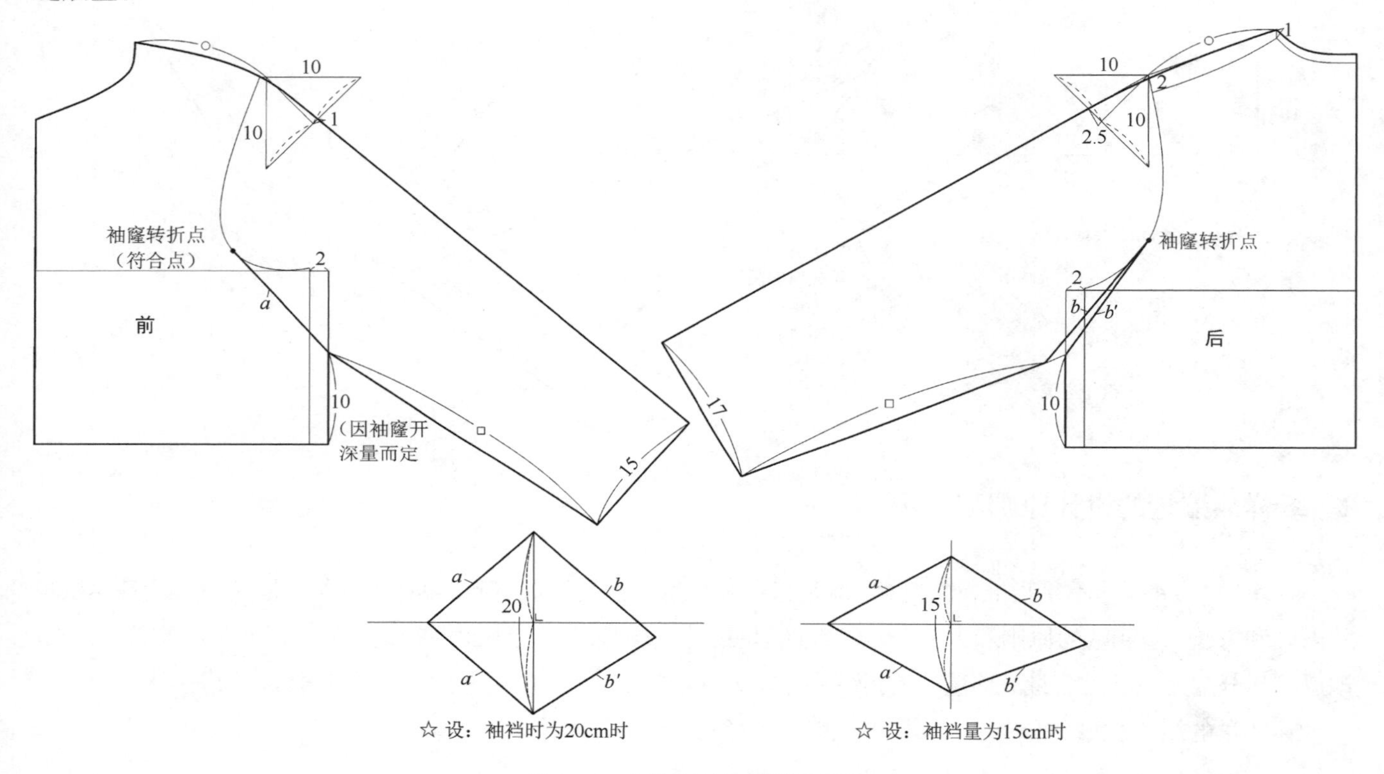

图 3–13　宽松类袖裆纸样设计原理

袖窿开深依据的是相似形法则的原则公式：侧缝放量减去肩升高量的二分之一，按 8cm 胸围放量的分配比例（前、后）侧缝放量是 6cm，肩升高量是 2cm，袖窿开深量就是 6cm–1cm = 5cm，这时原腰线位置不适应袖窿开深的比例，故向下调整袖窿开深量的二分之一（2.5cm）。最后，将新的前后中线、侧缝线、肩线、后领口线和袖窿曲线参照基本纸样线性特征绘制（图 3–14）。

根据相似形放量原则，在此基础上如图 3–14 所示，重新确定新的袖山高和背宽横线，重新测量 AH 值，为相似形的两片袖设计提供新的必要参数。相似形两片袖的设计步骤和标准两片袖相同，只是参数改变了，定寸设计从小比例变成了大比例，定寸大比例设计的基准线以新的符合点数值为参照系（图 3–14 中$\frac{\otimes}{8}$）。

（2）变形放量

变形放量适用于宽松型户外服设计。由于户外服比外套的穿法更自由，换言之，它不受内层服装的制约，

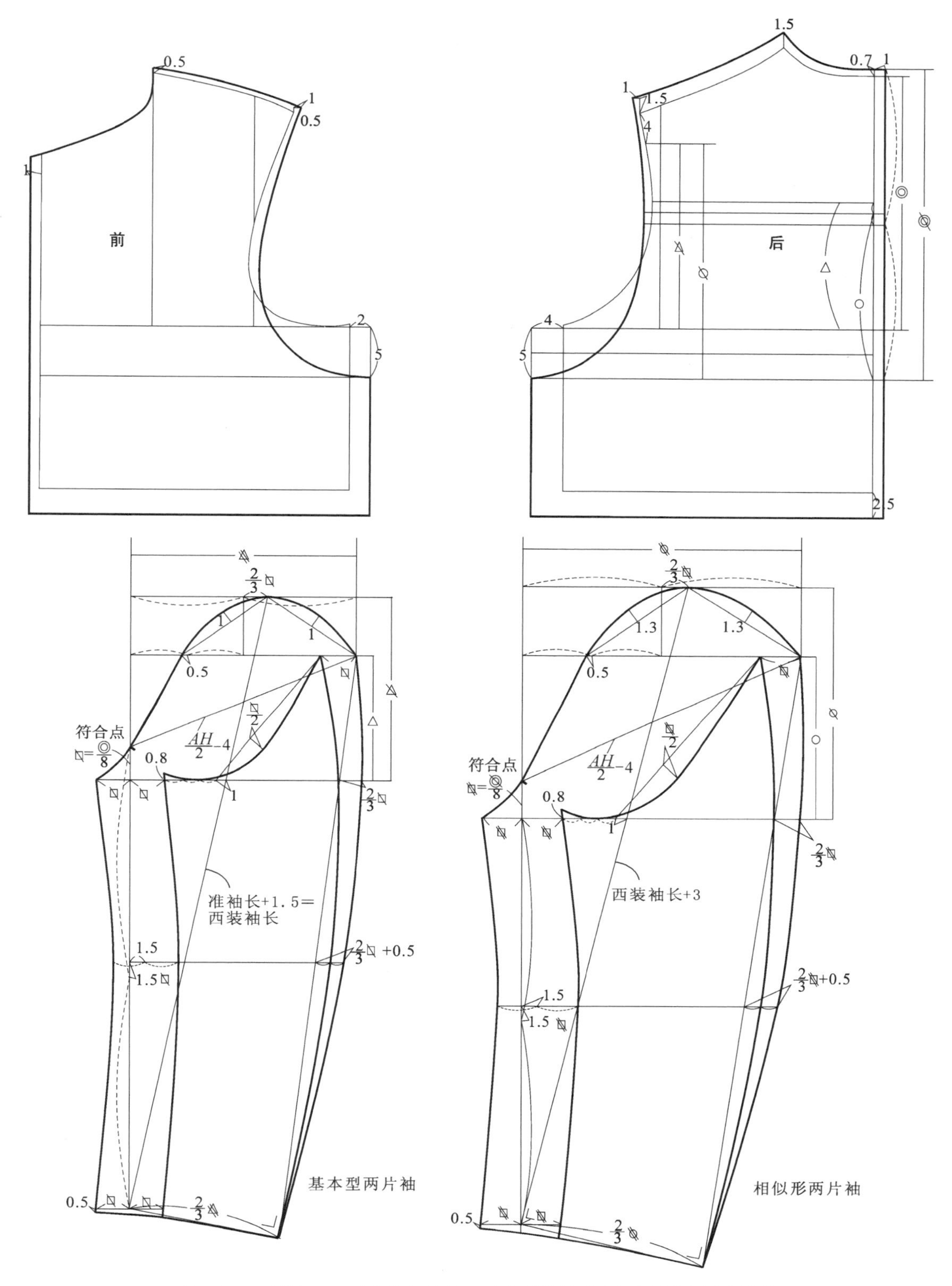

图 3-14　追加量 8cm（总追加量 16cm）相似形放量衣片和袖子的纸样处理

如休闲衬衫的放量完全可以与外套相同，但休闲衬衫没有内层的制约而自身保持了宽松的结构。因此，变形放量也被视为无省结构设计，首先如图 3-15 所示，将基本纸样中的撇胸量处理掉；其次是它的放量特点：一是不必考虑内穿服装的制约，二是采用宽松的偏直线结构。为了达到这一目的，变形放量设计应在相似形放量设计的基础上使围度放量整齐划一，即前、后侧缝放量相同，如 4∶2∶1∶1 排列变成 3∶3∶1∶1；3.5∶2∶1∶0.5

的排列变成 2.5：2.5：1：1 等。肩升高和后颈点升高的比例与相似形一样。肩加宽量比相似形大得多，这是变形结构的必然结果，它是随着侧缝放量的增加而增加，公式为$\frac{侧缝放量}{2}$+1cm，如侧缝（前、后）放量是 6cm，在后肩基础上加宽量等于$\frac{6}{2}$+1=4cm。前肩宽对应后肩宽截取。袖窿开深量是在相似形基础上再追加后肩加宽量，公式表达为：侧缝放量－$\frac{肩升高量}{2}$+后肩加宽量。根据 3：3：1：1 围度放量的比例，袖窿开深量（变形）就是 6−1+4=9cm。袖窿曲线如图 3−15 所示，修正成似抛物线，前、后片合并时应呈子弹形。这时变形袖的结构特点比两片袖更趋于简单、规整。其袖山高的确定刚好和相似形袖设计相反，即采用基础袖山减去袖窿开深量等于变形袖的袖山高。其他线性也趋于单纯平直（图 3−15）。值得注意的是变形放量的领口是随着放量的增加而增加的，这适合于户外服夹纸样设计，但休闲衬衣则将放大的领口要还原成衬衣领口（参阅 §4−6−1）。

从相似形和变形的放量设计分析来看，它们各自袖山高的确定具有很强的规律性。基本袖山高是在基本纸样中直接获取；相似形的袖山高是在基本袖山高的基础上加上该袖窿开深量获得；变形袖山高与此相反，是从基本袖山高减去袖窿开深量而剩余的部分（图 3−16）。相似形纸样的线性特征和基本纸样保持一致的复杂性，而变形纸样趋于单纯和规整，显然这是由于相似形纸样保持了合体的结构，变形纸样变成了宽松结构的缘故（对照参阅图 3−14 和图 3−15）。

（3）缩量

缩量的采寸配比与放量相反。在基本纸样中围度的基本松量只有 10cm（二分之一松量），而且男装内衣类也要保持最低的必要松量（8cm 左右）。因此，围度缩量的设计是很有限的，因此，其缩量范围多集中在前身基本纸样上。长度缩量也只有在前肩线基础上向下平移，一般不超过 2cm（图 3−17）。这种缩量设计常用在礼服背心和内穿衬衫品类中。

值得注意的是，无论放量还是缩量的设计，都可能对袖窿和领口结构产生影响。因此在袖子结构设计中，要根据放松量的实际情况重新确认设计参数。领口的结构变化，虽然是在放缩量的自然状态下形成的，但作为领子造型的特殊需要，往往要对领口稍加改动。

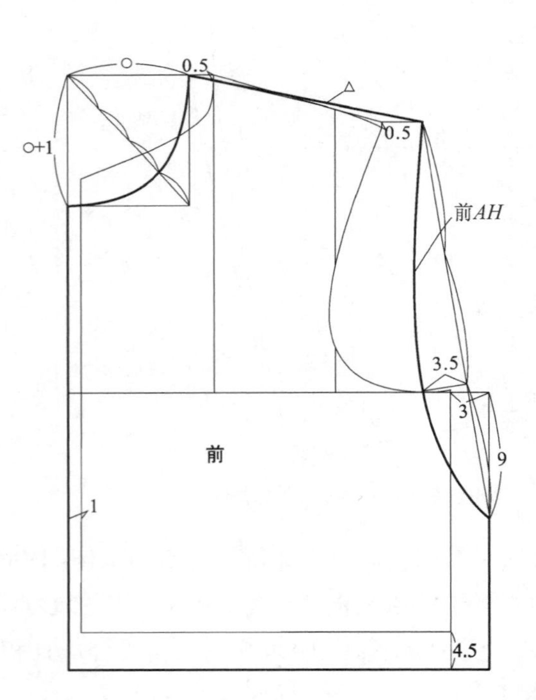

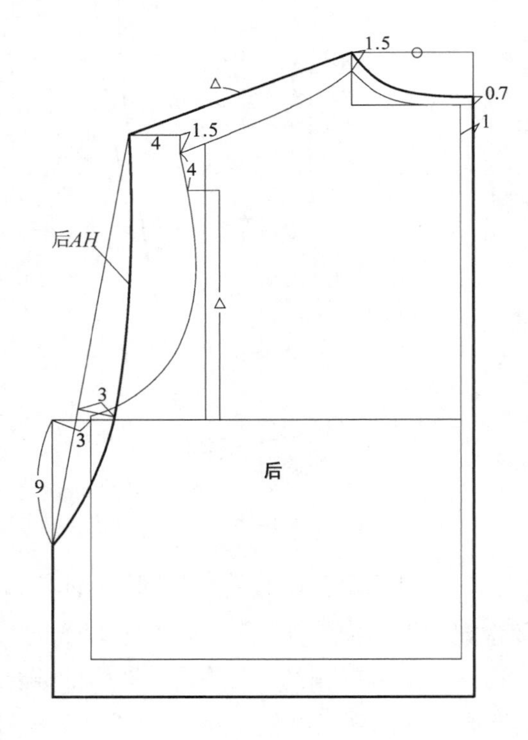

图 3−15

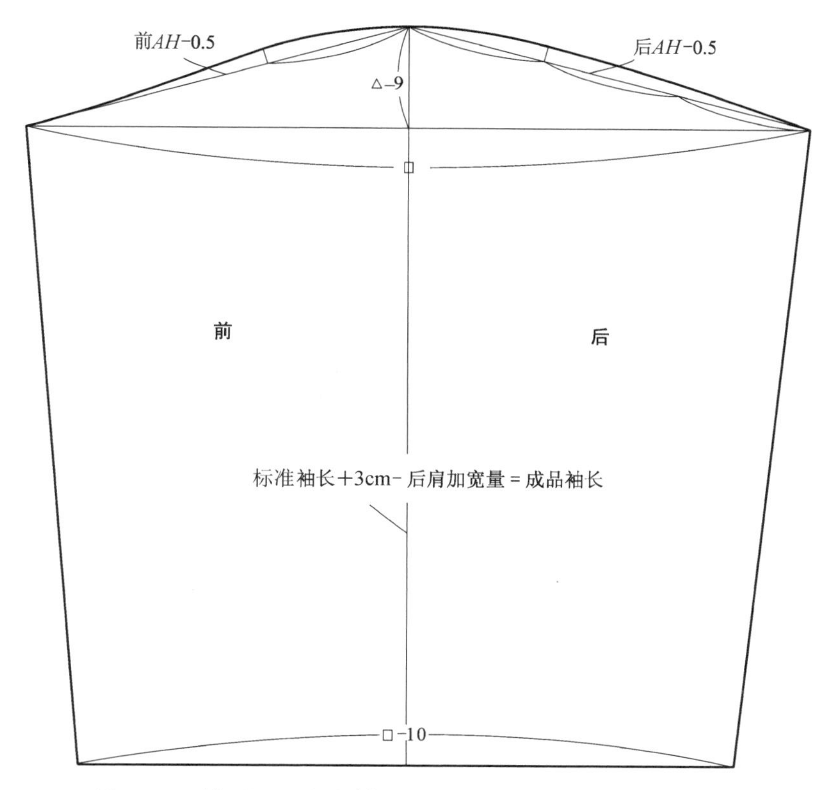

图 3-15　追加量 8cm（总追加量 16cm）变形放量衣片和袖子的纸样处理

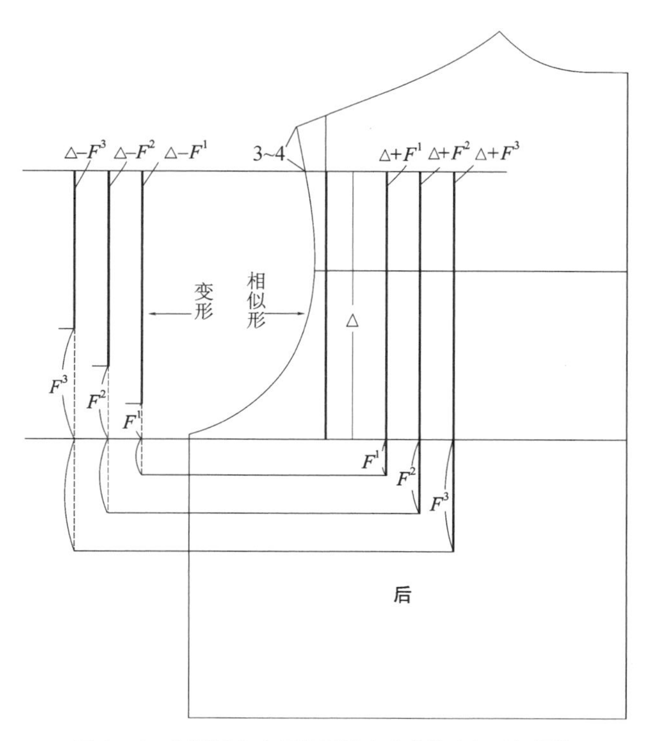

图 3-16　相似形和变形放量袖山确定的“相反”规律

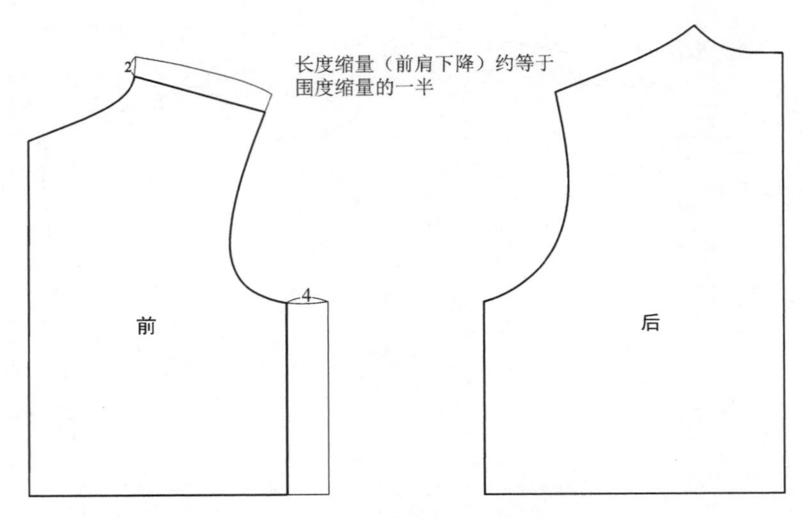

图 3-17　基本纸样的缩量设计

3　领子纸样设计原理

在男装设计中，领子根据结构的分类主要有三种，即立领、企领和翻领。除此之外，所出现的任何领型也都是这三种领型的变体形式。而这三种领型的内在结构又都来源于立领原理。

（1）立领原理

我们知道，立领底线的长度是受领口长度制约的，换言之，就是领底线长度是相对稳定的。如果立领内角不变（均为直角），要想变化领型，只有将领底线的曲度改变，这样可以出现两种造型趋势：一是领底线向上弯曲，产生抢颈的立领系列，造型呈台体。但是这种结构系列由于受颈部的阻碍，选择范围较小，或需要结合开大领口来确定领底线向上的弯曲度。二是领底线向下弯曲，在造型上呈倒台体。另外，它还有一种特殊的结构变化，由于领底线向下弯曲，使立领上口线大于领底线，这样很容易使上半部分翻折形成翻领和领座两个部分，这就是企领造型结构的基本原理。而且领底线向下弯曲幅度越大，翻领的面积就越大，这是企领变成众多翻领结构的基本规律。可见翻领结构就是企领结构的变体形式（图 3-18）。

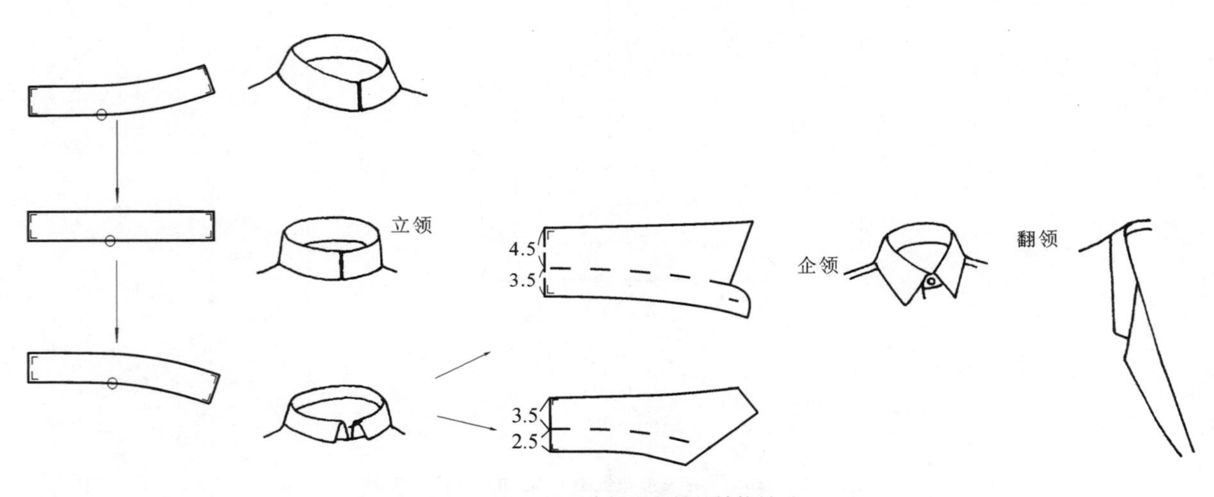

图 3-18　立领、企领和翻领的结构关系

（2）翻领底线倒伏量关系式

由此不难理解，在翻领纸样系列中，翻领的面积大小和服帖度与该领底线的曲度有直接的关系。在翻领设计中，有两种基本造型需要考虑将领底线下弯曲度适当增大：一是翻领开襟点（驳点）接近前颈窝时，因为开襟越小，领面外口线所需要的弧度和弧长越大；二是翻领和领座的面积差越大时。当然也可能这两种因素同时出现，另外还有面料的伸缩性、领型的特殊要求等都有可能对领底线弯曲的设计产生影响。总之，领底线弯曲度的设计要对诸因素综合考虑。

根据可操作的定量分析，我们可以获得领底线曲度与翻领驳点、翻领和领座之差的关系式：首先，通过颈侧点作垂直线认定为翻领结构的基准线。然后设翻领 3.5cm 与领座 2.5cm，两者差为 1cm；设驳点在腰线上。这两个指标通常是准西装翻领的标准。通过颈侧点顺肩线延伸出领座（2.5cm）并由此连线到腰线的驳点，此线为驳口线。通过颈侧点作驳口线的平行线所引出的领底辅助线自然和最初作的垂直线（基准线）在后领弧长的端点处形成开口，这里标 x 值，也就是由颈侧点所引出的领底辅助线与垂直线的角距离。通过实验证明，驳点越高 x 值越大，倒伏量也就越大，反之就越小。如果把翻领和领座的差也追加进去的话，就会产生它们的关系式，即倒伏量等于 x 值加上翻领和领座之差，同时利用翻领后宽（3.5cm）约等于翻领角（3.5cm ± 0.5cm），翻领角小于驳领角 0.5cm（4cm），串口线等于驳领角 3 倍的理想比例可以获得完全动态下的理想西装翻领（图 3–19A）。当我们设计外套翻领时，如连体巴尔玛领，驳点会有很大提高，翻领和领座之差也会大幅增加（设翻领：领座 =7 ：4），倒伏量会产生与之相匹配的客观数值，它往往对我们主观的经验值做出很科学的修正（图 3–19B）。这一关系式不仅对从企领到翻领，还是从简单到复杂的翻领结构处理都具有指导意义和理论价值。

（3）从企领到翻领的复杂结构

无论是企领还是翻领，它们都有连体和分体的区别，后者为复杂结构。那么，为什么允许复杂结构存在（成本和工艺都会提高），而且得到普遍运用？

连体企领是由领底线向下弯曲所产生的翻领和领座的连体结构，但它对于高端服装类型还不够理想。因为人的颈部如果理解成几何体，是上细下粗的台体，只有将领底线向上弯曲时，才能和颈部这种结构相吻合。采用领底线向下弯曲虽然产生了翻领，但颈部和领座之间会出现空隙而不服帖。因此，连体企领结构常用在不十分合体的便装和简单成衣的设计中。如果将企领的翻领和领座的结构分别设计，就解决了企领和颈部不服帖的问题。它在结构处理上仍然采用立领原理，将领座底线向上弯曲，使其产生类似枪颈的造型而服帖，翻领部分底线则向下弯曲，其弯曲度与方向和领座成反比，而产生翻领翻折所需要的容量。分体企领是企领中的最佳造型结构（图 3–20）。

领座和领面各自底线相反方向的曲度，在分体企领结构设计中，一般是相同的。但在分体翻领设计中，由于造型和结构功能的需要，可以改变领面与领座的比例与造型（采用领面和领座的连接线不在翻折线上的结构）所产生的各自底线曲度的关系式，这是因为翻领的驳点和领面与领座之差处于变化状态，这时它们的关系式就起作用了。值得注意的是，合理的结构其领面底线的下弯度只能大于领座底线的上翘度，而不能相反，这时翻领底线下曲度应在领座上曲度环境下设计，应把 $x+n$（n 为领面和领座之差）的公式变成 $x+n+n'$（n' 为领座上曲值）。这在男装纸样设计中是极为普遍的，如巴尔玛领、风衣翻领、西装翻领等。分体的西装翻领要用分体翻领的关系式，不过这些情况，通常都是因为面料的密度大或质地不能有效地利用归拔工艺的缘故。当然其他外套翻领也适用这个关系式（图 3–21）。

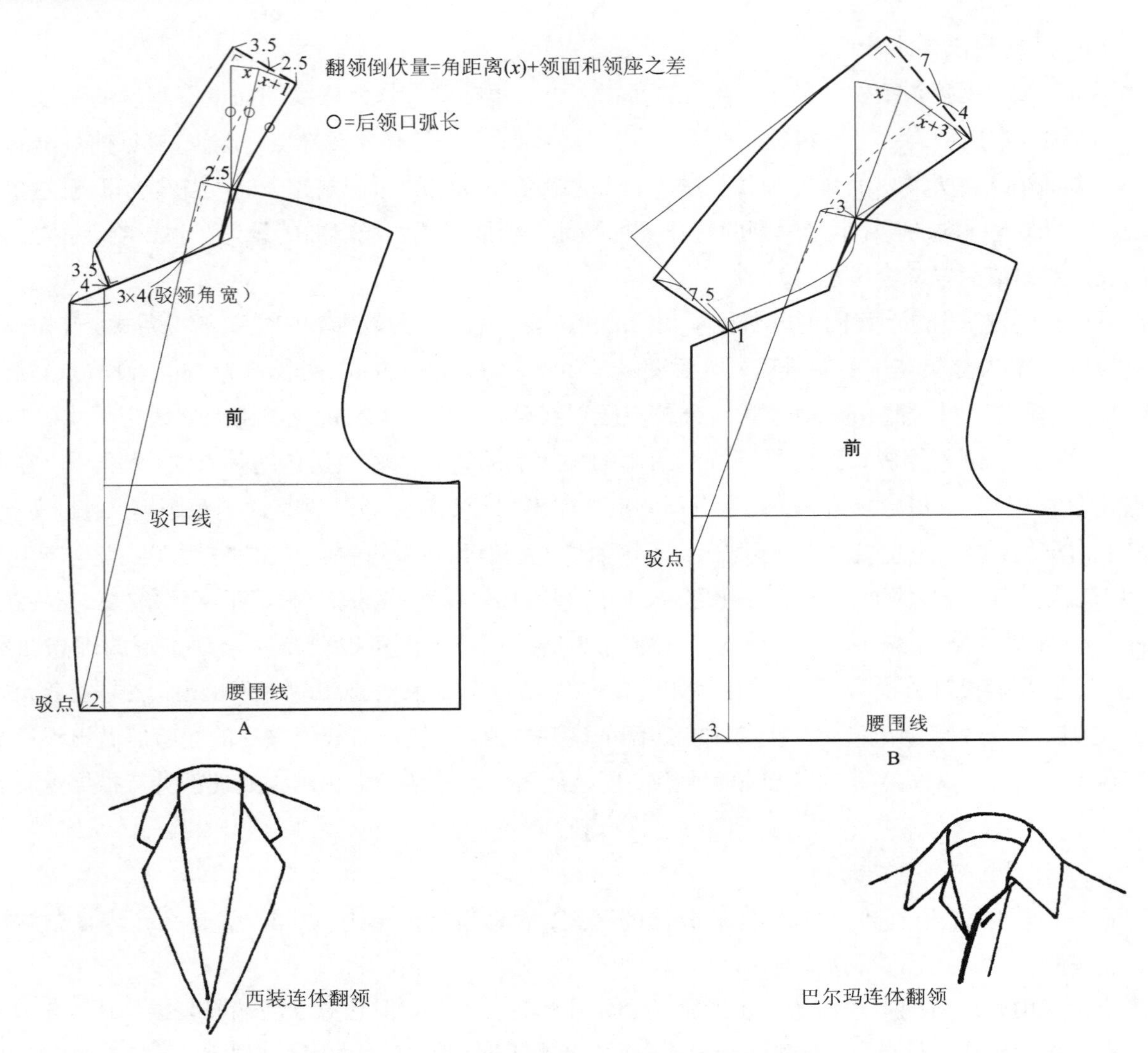

图 3-19　领底线倒伏量与驳点、翻领和领座之差的关系式

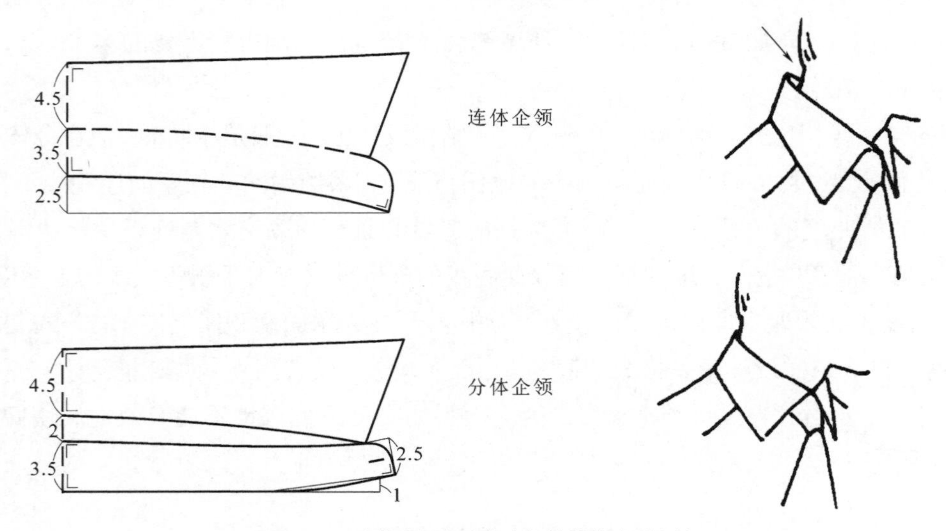

图 3-20　连体企领和分体企领结构的造型比较

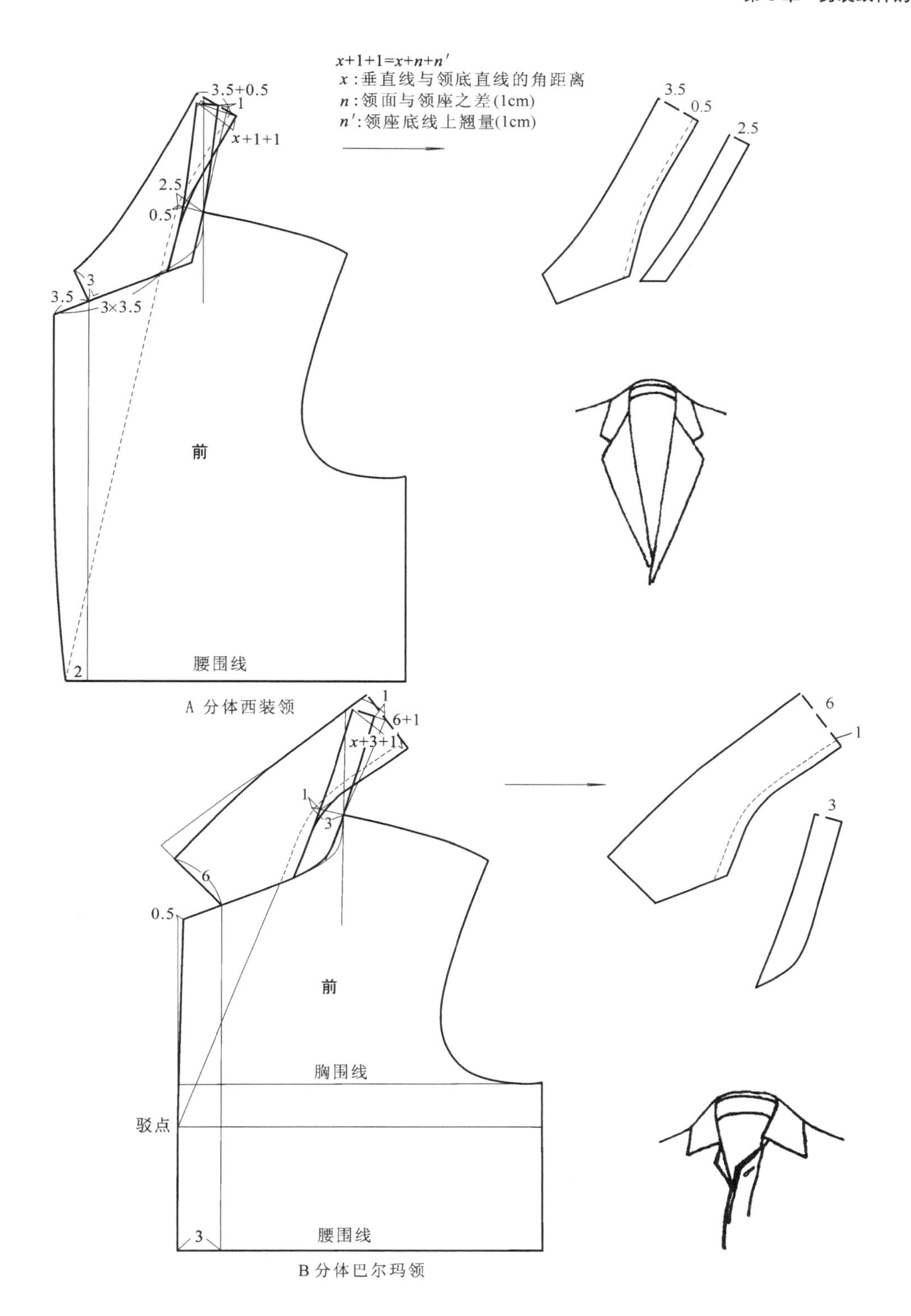

图 3–21　翻领的分体结构与倒伏量的关系式

§3–4 知识点

1.男女体型只是量的区别，本质上没有什么不同，因此，所构成的服装结构原理是相同的，只是处理方法、习惯和程度有所区分。因此，女装纸样设计原理亦适用于男装，可结合本套教材《女装纸样设计原理与应用》学习和实践。

2.习惯上男装纸样设计原理，是从个体推演出普遍规律。装袖纸样设计原理是从西装两片袖、有省一片袖到袖子基本纸样，再由袖子基本纸样推导出“袖山高制约袖型”的基本原理。重要的是，由于程式化的要求，定型的两片西装袖建立了一整套比例的数值关系，而且在相应的成品设计中保持相当的稳定和辐射作用，这就需要特别的记忆、学习和训练（图3–9～图3–11）。

3.插肩袖纸样设计原理，延续了“袖山高制约袖型”的基本原理，在插肩袖环境中，袖山越高，袖肥越小，贴体度越大；袖山越低，袖肥越大，贴体度越小（图3–12）。在实践中，袖裆是插肩袖的一种特殊形态，女装应用很广，男装袖裆更多用在宽松的款式中，原理与女装宽松的处理方法相同。

4.纸样放缩量设计原则是“前紧后松”；方法相似形放量从后侧、前侧和前后中缝为几何级数递减配合“强调、不可分性和易操作微调”的方法；变形放量采用整齐划一配合三种微调的设计方法。相似形和变形放量袖山高设计形成相反规律，即相似形放量越大，袖山越高；变形放量越大，袖山越低，并有各自定量算法（图3–14～图3–16）。

5.领子纸样设计的基本原理，是“领底线曲率制约领型”。重要的是翻领底线倒伏量关系式$x+n$可以有效控制翻领驳点升降（x）、领座与领面差量（n）的设计（图3–19）。在复杂的分体翻领结构中，将领座上翘量（n'）加入，即$x+n+n'$，便实现了复杂翻领结构关键技术的有效设计（图3–21）。

练习题

1. 测量自己的基本尺寸并进行“理想化”的技术处理。

2. 我国男装号型Y、A、B、C和日本（JIS）Y、YA、A、AB、B、BE、E表示什么？它们的区别如何？为什么要借鉴日本的规格和参考尺寸？

3. 第三代升级版男装标准基本纸样的特点和制作方法？

4. 根据JIS（表3–11）94A6相关尺寸和自身测量的必要尺寸制作第三代升级版1：5和1：1基本纸样。

5. 控制袖子的关键尺寸和应用。

6. 相似形和变形放量的相同点和不同点是什么？为什么？

7. 控制领子的关键尺寸和应用。

思考题

1. 根据JIS主要参数（胸围、胸腰差和身高）设计一组系列规格，这种训练有助于形成企业品牌标准。

2. 基本纸样和相似形、变形的亚基本纸样如何体现在服装类型上？举例说明为什么？

3. 连体和分体翻领的结构特点和造型效果如何？通过纸样设计举例说明。

4. 试设计三片袖结构前装后插袖纸样（这被视为袖子纸样设计较复杂的结构之一）。

理论应用与实践——

男装纸样分类设计与应用 /28 课时

课下作业与训练 /56 课时（推荐）

课程内容： 西装和礼服纸样设计与应用/10课时

背心纸样设计与应用/2课时

衬衫纸样设计与应用/2课时

裤子纸样设计与应用/2课时

外套纸样设计与应用/6课时

户外服纸样设计与应用/6课时

训练目的： 学习和掌握男装纸样分类设计的程序与方法，能准确有效地运用纸样设计基本原理进行纸样设计的应用性开发，较熟练掌握系列纸样设计技术。

教学方法： 面授、案例分析和对象化训练结合。

教学要求： 1.利用1：1基本纸样，设计一套完整且相对复杂的（加省六开身+欧板风格）西装纸样，并通过教师确认。本环节为重点和难点课程内容。

2.利用1：4基本纸样，对包括西装、礼服、衬衫、背心、裤子、外套和户外服在内的分类纸样设计进行全面的训练，表现形式以课程作业的方式系统训练。4人各类型的经典款式为主，重点放在西装、裤子和户外服上。

3.建议本课程评分比例：1∶1西装纸样设计40分；课程综合作业30分；其他30分。

第 4 章　男装纸样分类设计与应用

本章以 TPO 原则指导下的经典男装为背景。运用纸样设计基本原理，结合分类纸样的造型规律、结构特点和工艺要求，系统分析每个独立的成品纸样（衣身、领、袖、部件等）设计全过程和相关技术。这里有一个基本设计思想值得重视，就是：每个独立的成品纸样设计并不是孤立的，而必须将它放到它所属的分类纸样的造型规律、结构特点和工艺要求的系统中去思考、去实施。因此，这里的分类并不是主观或习惯上的分类，而是纸样设计规律客观要求下的分类，即西装类（包括礼服类，在结构上与西装属同类）、内衣类（包括内穿衬衫和背心）、裤子类、外套类和户外服类。这样就为成品纸样系列设计与技术的实现提供了前提和理论支持。西装类又是上衣类型服装最具基础地位的，首先弄清楚西装纸样设计的基本规律，对全类型上衣纸样设计与实践具有指导意义和辐射效应。

§4-1　西装和礼服纸样设计与应用

在男装纸样设计中，西装纸样可以说是最具代表性、用途广、影响大、程式化强、技术含量最高的品种了。因此，采用西装的基本结构作为男装的基本纸样是具有广泛的意义和应用价值的。对于男装纸样的全面而深入研究和设计，从西装开始自然是顺理成章的。

从男装结构类型进行细分的话，西服套装、运动西装、休闲西装、正式礼服、第一礼服，还有以中山装为典型的制式礼服（以关门领为特征的制服、军服等）都属于西装板型类。因此，它们可以直接使用基本纸样，由于在纸样设计过程中的合理消耗，最后成品纸样松量在 15cm 左右，如果需要增减松量，通常在标准基本纸样净胸围基础上增减 4cm 以内，也就是松量控制在 11~19cm。从造型的程式化习惯看，它们都采用装袖的两片袖结构，这是西装内在结构的共同特点，也是把握西装纸样设计的关键所在。领型以翻领变化为主。

1　西服套装、运动西装和休闲西装的三种板型及应用

西装从造型上看有三种基本格式，即西服套装（Suit）、运动西装（Blazer）和休闲西装（Jacket）；从结构上看有三种基本板型，即四开身、六开身和加省六开身。三种格式和三种板型没有对应关系，也就是说，每种格式可以选择任何一种板型，每种板型也可以选择任何一种格式，但面料的选定对板型略有影响。需要注意的是，对三种板型的造型特点和技术要求要有所了解，这样才能应用自如。

（1）西服套装及三种板型的应用

两粒扣平驳领是西服套装的典型形式，但它的板型可以有三种选择。第一，四开身为简易结构，适用于 H 廓型和粗纺面料的西装；第二，六开身为常规结构，由于前侧省变成断缝，对 H 、X 和 Y 廓型都适用，对面料的选择更宽泛；第三，加腹省六开身为西装的理想结构，因为这种结构充分表现出了西装从整体到局部的完

整统一，且造型细致入微，也是欧板造型的基础。故它多用在精纺面料的高档西装中，适用于 X、H 、Y 和 O 全部的廓型设计。三种板型模式在完成的西装外观上，如果没有多年经验的专业人员是难以察觉的，这是因为此三种板型模式在内部结构中有很强的关联性又存在微妙的差别，但在外观款式上几乎是一样的。下面采用两粒扣平驳领西服套装形式，对三种板型进行系统分析。

四开身：如图 4–1 所示。

四开身是三种板型的基本结构，可理解为西装的基本型。它集中地反映了西装类纸样的共性特点。首先在基本纸样（第三代升级版）后中线处向外追加 1cm 的松量（在后续的设计中在前身还要减去相同甚至大于它的尺寸，造成前紧后松的功能效果），衣长以此为基础线，自腰线追加 “$\frac{3}{4}$背长 –1cm” 的尺寸，这是西装的标

外观图

图 4–1

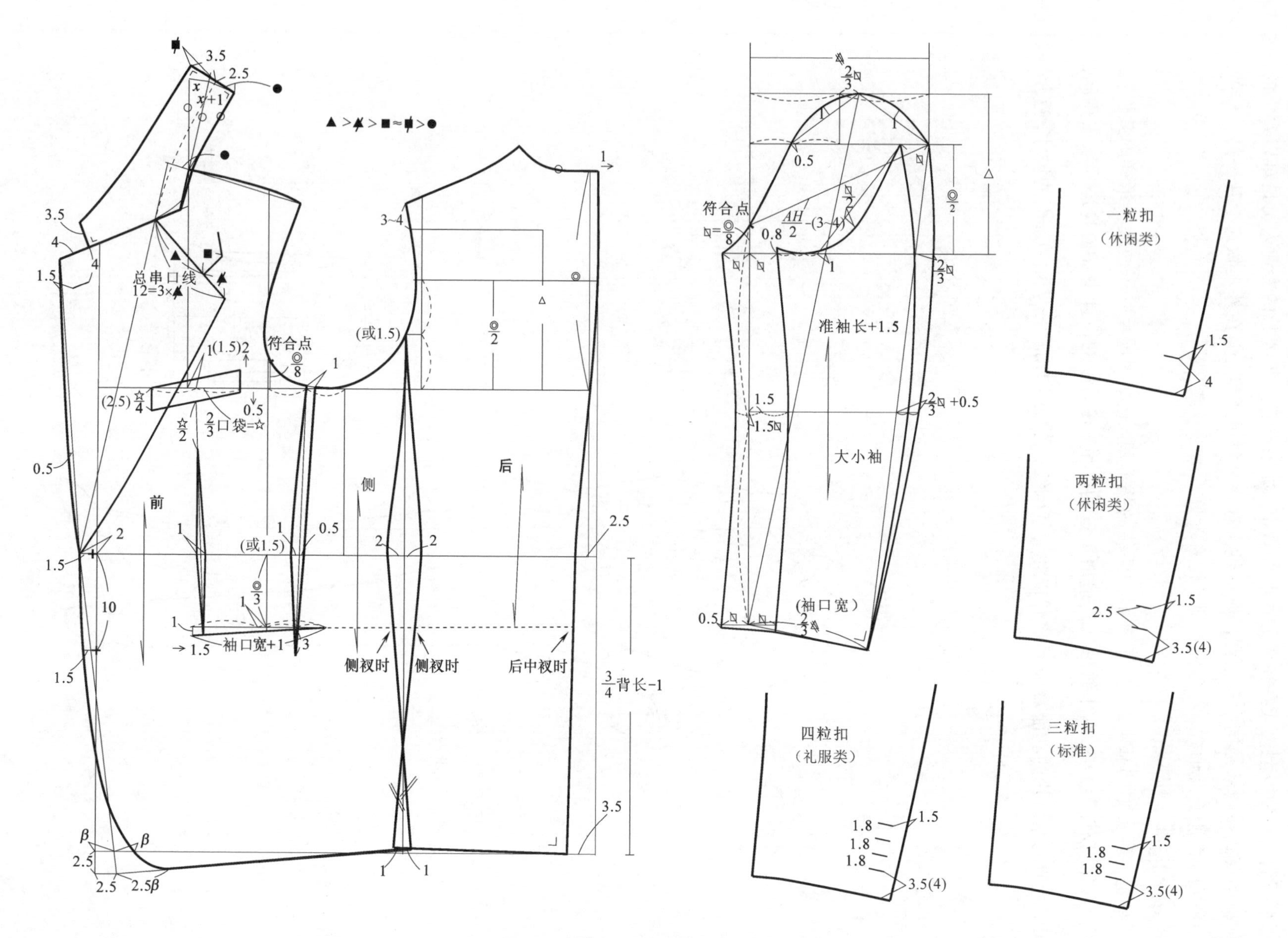

图 4-1　两粒扣四开身西装纸样设计

准长度，当然也可以根据流行和个人的爱好加以调整，控制正负 1cm 为宜。后背缝收臀量大于收腰量是男西装造型的一大特点。后侧缝的设定是以背宽线为依据的，因为背宽线正是后身向侧身转折的关键，也是塑型的最佳位置。前侧省位的设定，要稍向侧体靠拢，因为胸宽线虽也是前身向侧身转折的关键，但这个位置如出现结构线，容易破坏前身的完整性，故此结构线向侧体微移对塑型影响不大，同时，对前胸省、前侧省和后侧缝间的距离起到平衡作用，并有效保持前身的整体性。注意在前侧省的袖窿处要减去后中线追加的 1cm，如果有紧胸考虑时，可以增加到 1.5cm、2cm，当然收腰量也随着增加。从四开身结构收腰量的规律看是从后到前依次递减的，后背缝最大（5cm），后侧缝其次（4cm），前侧缝处在第三位（1.5cm），胸腰省最小（1cm）。这是男西装为强调后背曲线、前胸挺括的造型需要而设计的。这种造型结构，不仅在西装中成为程式化的设计规律，而且在外套中也普遍应用。当然采寸的多少还要根据流行的廓型和个人的爱好而定，但收腰量前后的比例关系大体不变。胸省的设计要根据不同规格的体型和造型需要进行，一般体型纸样都应设胸省，但最多不超过 1.5cm。而腹围较大的规格可以小于 1cm，甚至不设胸省，同时在必要的情况下还要配合增加撇胸量和腹省（肚省）的结构设计，即所谓欧板处理。在设胸省时，如选择了条格面料，省位必须与布丝顺直设计，以保证条格图案的完整性。胸袋（手巾袋）位置以胸围线为准，袋口尺寸依据大袋三分之二比例确定；侧大袋位置在腰围线以下取袖窿深的三分之一与胸宽延长线上的交点前移 1cm（或 1.5cm）为该袋的中点，袋口尺寸的设定以$\frac{\text{掌围}+6\text{cm}}{2}$作为参数，标准规格在 14~15cm，约等于成品袖口的宽度。

翻领的内在结构，关键是把握住“领底线倒伏量 =x+ 领面与领座差”这个关系式，如果给它一个经验值的话，领底线倒伏量在 3cm 左右。翻领的外在结构设计是具有程式化特点的，根据它的程式化特点，我们可以总结出平驳领尺寸设计的配比关系：

后领座宽小于后翻领宽 1cm；

后领面宽约等于翻领角宽；

翻领角宽小于驳领角宽 0.5cm；

翻领和驳领之间构成的张角等于或小于 90°；

驳领角宽的 3 倍等于总串口线宽。

用符号表示：● < ■（● +1）≈ ■（■ ±0.5）< ▲（■ + 0.5）：▲ =1：2，总串口线的计算方法为▲ ×3。如果领座后宽设为 2.5cm（被视为西装领座宽理想数值），一系列相关数值便自动生成：2.5（领座）：3.5（领面）：3.5（翻领角）：4（驳领角）：12（串口线），我们称此为平驳领设计的“多米诺律”（图 4–1）。它在平驳领设计中具有普遍性，在改变其两粒扣整体结构时亦适用（见后文运动西装、休闲西装的相关内容）。

后开衩设计，无论在后中缝，还是在两个后侧缝，它们开衩的止点以两边侧口袋的高度为基准（图 4–1）。

一般西装的两片袖纸样设计与第三章中讲过的两片袖设计完全相同。图 4–1 中的两片袖设计是将基本纸样中的参数分离出来进行的，其中很多定寸的来历都是由基本纸样的封闭结构自然形成的。确定袖肥的公式为$\frac{AH}{2}$ −3~4cm，若要灵活运用，公式中减 3cm 的数值，实际上是个变量，它取决于用多少才能使两片袖的袖山曲线比袖窿曲线长 4cm 左右（吃势也称容量），处理时袖肥与袖山高要保持呈正比关系，这样肩部造型才会保持稳定。袖扣的设定是由原始功用而积淀下来的程式；袖扣越多礼仪级别越高，相反休闲程度越强，反其道而行之便玩的是种“概念”了。

图 4–1 中所完成的两片袖纸样对本章中出现的西装、礼服和中山装纸样设计均适用，后文不一一赘述。

六开身：如图 4–2 所示。

六开身是在四开身纸样的基础上将前侧省变成前侧断缝结构完成的，其他尺寸保持不变。唯下摆量分配要保持最大为后侧缝、其次为前侧缝、最小为后中缝的比例。如果强调X廓型，就可以在六开身结构的基础上进行收腰和增加下摆的处理。注意追加收腰量要在后侧缝和前侧缝两处平衡处理且不宜过大，收腰比例仍要保持从后到前依次递减态势；追加下摆量要在后侧缝、前侧缝和后中缝处平衡处理亦不宜过大，且要保持理想的配比关系（见图4-3）。Y廓型的修正参阅图4-5和图4-6的处理方法。对小钱袋的个性选择，有英国风格的暗示，在设计上要有所调整（图4-2小图）。

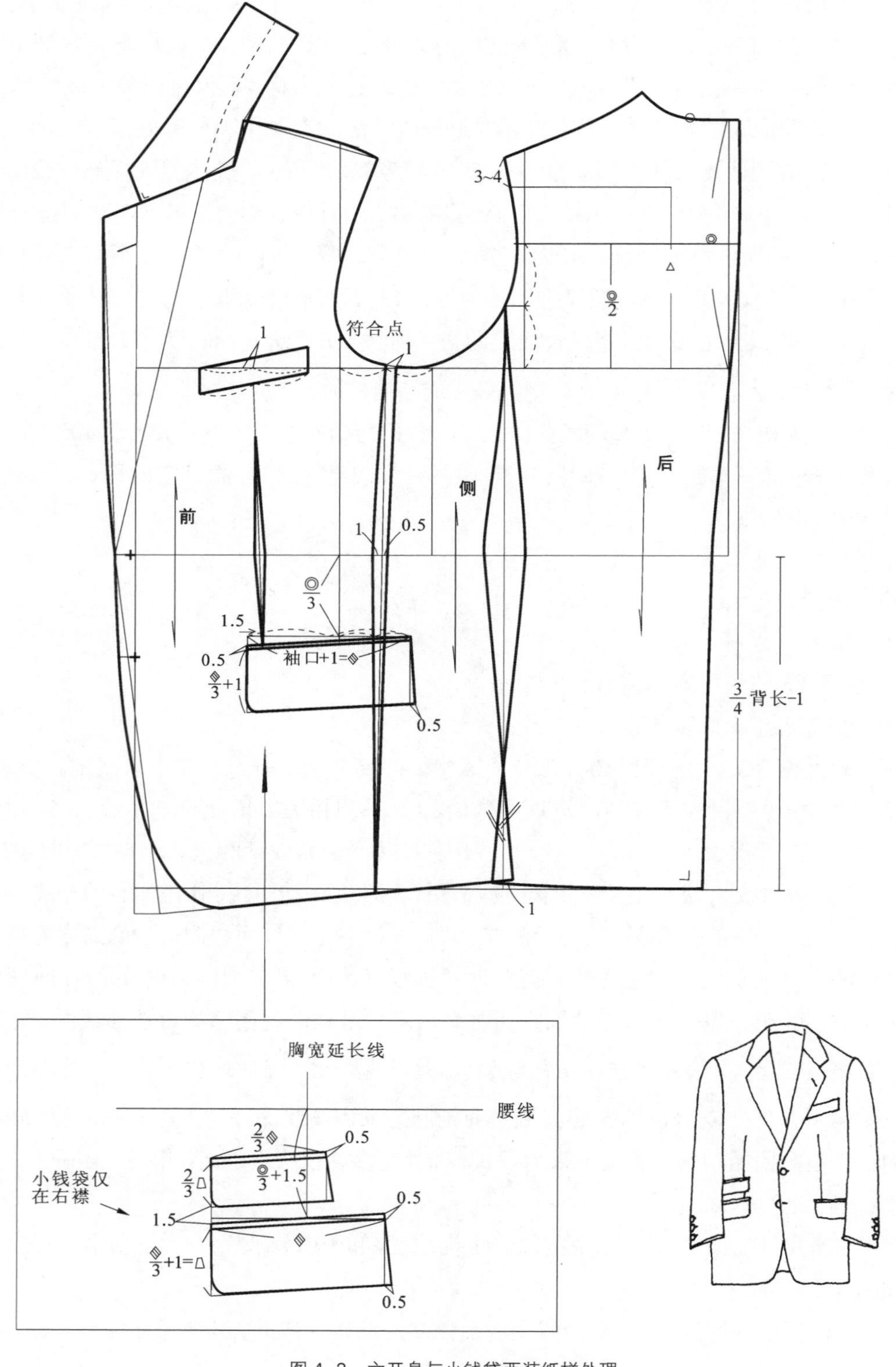

图4-2　六开身与小钱袋西装纸样处理

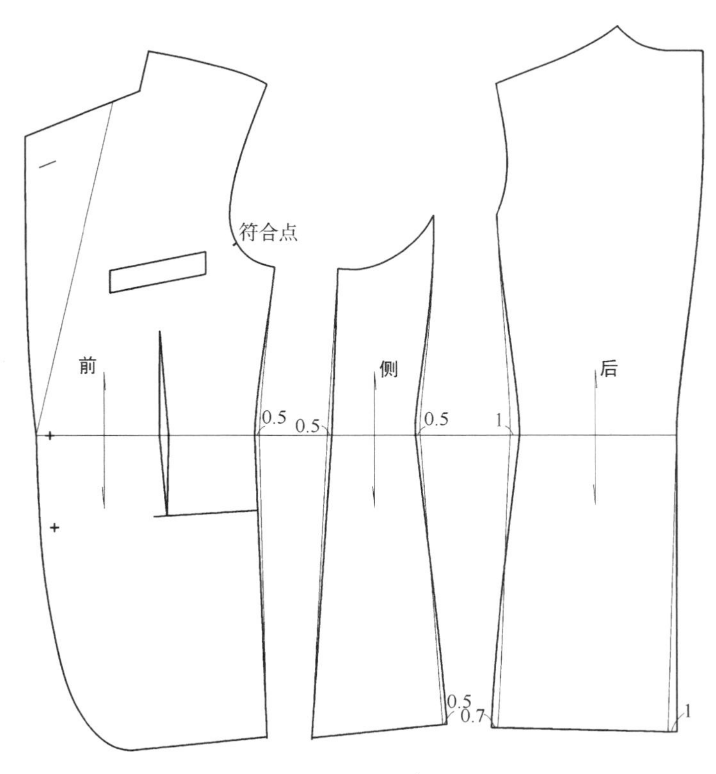

图 4–3　六开身 X 廓型西装纸样处理

加腹省六开身：如图 4–4 所示。

加腹省六开身的主要目的，是在保持六开身结构适应造型（廓型）变化的基础上，更强调男装结构与造型关系的紧密性和内在的含蓄性，即男装“内功”的所在。具体地讲，通过腹省设计，使作用于前胸的菱形省变成剑形省而减少前身的“S”曲线（硬线设计），同时将前身通过作腹省使前摆收紧又保持了作用于腹部微妙的曲面（球面）造型。当然在加工工艺上增加了难度，巧妙的是它可以和嵌线口袋工艺合二为一，这也是高端西装板型的重要标志。设计方法是在六开身基础上将前菱形省变成剑形省，同时利用袋口线收 1cm 省，并作收缩下摆处理（图 4–4）。如果在此处强调 X 造型可以借鉴 X 廓型西装纸样处理方法（见图 4–3）。

如果将加腹省六开身变成 Y 廓型，就可以在此基础上做加宽肩部、收缩下摆的纸样处理。不过 Y 廓型比 X 廓型在纸样处理上要复杂得多。通常情况下，有两种 Y 廓型纸样的处理方法：第一种是肩宽增幅大、厚度（侧片）增幅小的 Y 廓型，这种造型横宽明显，厚度较小。纸样处理一般采用前后片切开平移量大、侧片量小的方法，再将增幅的尺寸在前侧缝、后侧缝和后中缝的下摆处平衡减去。侧片的增幅使袖窿变宽，故要开深相应尺寸的袖窿使其平衡，袖子也做相应的纸样处理（图 4–5）。第二种是肩宽增幅小、厚度（侧片）增幅大的 Y 廓型，这种造型横宽不明显，厚度较大。在纸样处理上，由于侧片增幅大，袖窿变形（变宽）也大，这时最好通过前、后片袖窿中段的横向剪切增幅相应尺寸还原效果更好。袖子也做同样纸样处理（图 4–6）。

加省六开身欧板处理：如图 4–7 所示。

在加腹省六开身纸样中除了可以实现 H 、X 和 Y 廓型的设计外，还有一种特别复杂的板型必须配合加腹省六开身结构实施设计，这就是欧板。它适用于腰围尺寸偏大的规格，体型特征是挺腹、弓背和溜肩，这种规格在欧洲国家更普遍而成为西装主流造型，以此形成的板型叫“欧板”（我国挺腹体型也日益增多，欧板亦备受青睐）。其特点是，板型设计是在腹部增加必要的容量，前下摆要有良好的“收敛”处理。主要方法是通过标准加腹省六开身西装纸样的撇胸设计以改善腹部容量，后身纸样要与之配合，对背部结构加以弓背调整。一般情况，挺腹体型都会伴随着弓背和溜肩，前身的撇胸处理使前肩斜自然变大。因此，将后身背宽横线的位置切开，在弓背点打开一个张角，后肩斜也会相应增加，它的增量和前身撇胸量设计成正比（图 4–7）。这仅是原则性的分析，具体操作要根据规格的体型划分，以确定对应规格的撇胸、弓背数值比例。建议以日本男装规格 AB 型作为向欧板系列过渡的开始（参考表 3–11），由此逐步加大撇胸量设计，即 AB 型胸腰差在 10cm 时，增加撇胸量在 1cm，以后每减少一档胸腰差，增加 0.5cm 撇胸量，即 B 型增加 1.5cm、BE 型增加 2cm、E 型增加 2.5cm。3cm 为撇胸量上限的最大值（腹围大于胸围时也不改变），为避免纸样变形过大工艺技术难以实现（通常用于高级手工），因此撇胸量应控制在 1~2cm 为宜。与此相应的后身弓背处理：AB 型和 B 型弓背量为 0.5~1cm；BE 型和 E 型弓背量为 1~1.5cm，弓背量最大不宜超过 1.5cm，相对撇胸量保守得多，这是符合挺腹体型规律的。这时可能一些基础线（辅助线）有所变异，需要做还原处理和局部设计的比例调整（图 4–7）。

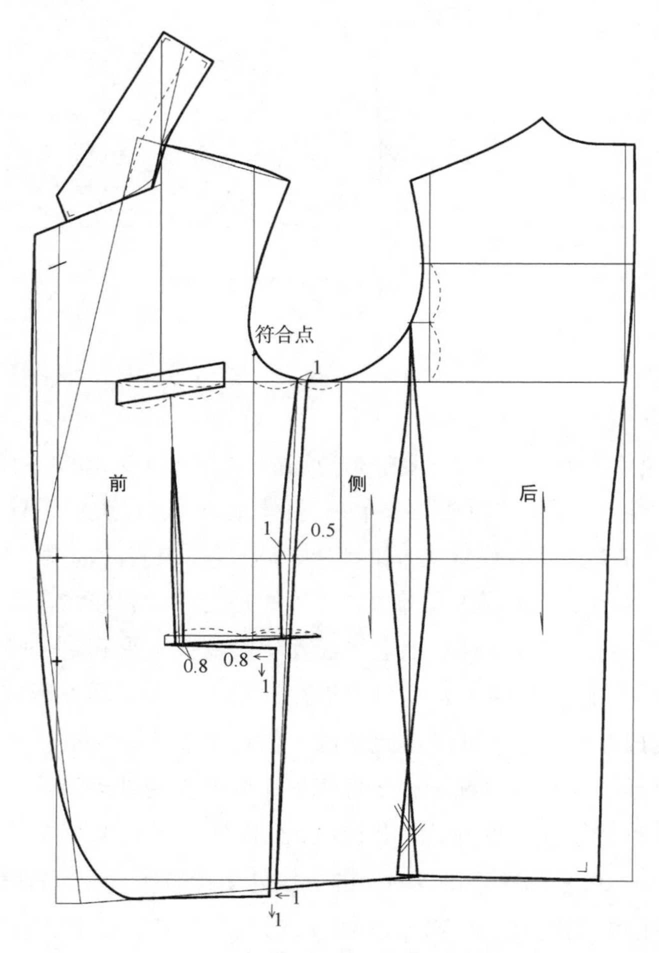

图 4–4　加腹省六开身西装纸样处理

一套成品西装纸样设计，能否成为生产样板，最后还有一项不容忽视的工作，这就是根据不同规格和服装的造型要求，对关键尺寸之间相关作用的理想指标进行复核，如果成品纸样和理想指标差距偏大，就要进行调整和修改。根据规格和西装的造型特点，可以得到如下的复核原则：

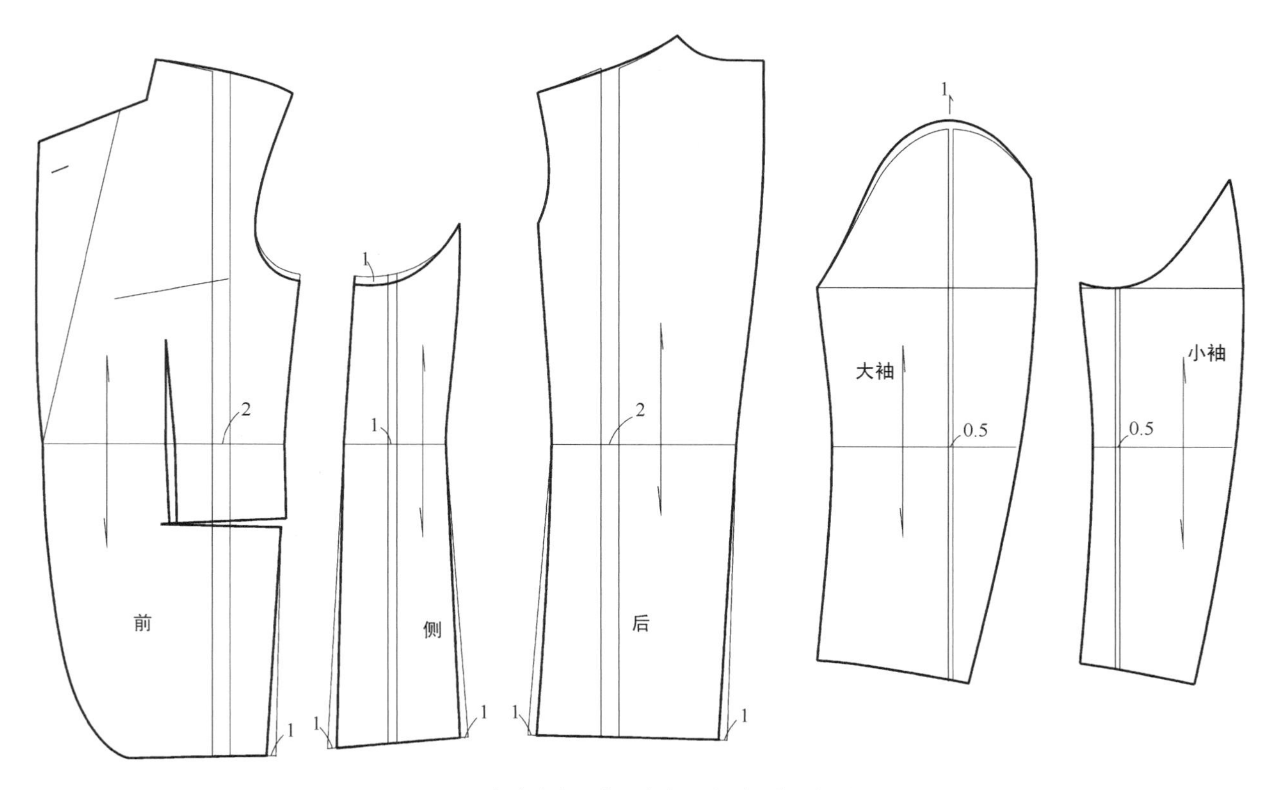

图 4-5　加腹省六开身的宽肩 Y 廓型西装纸样处理

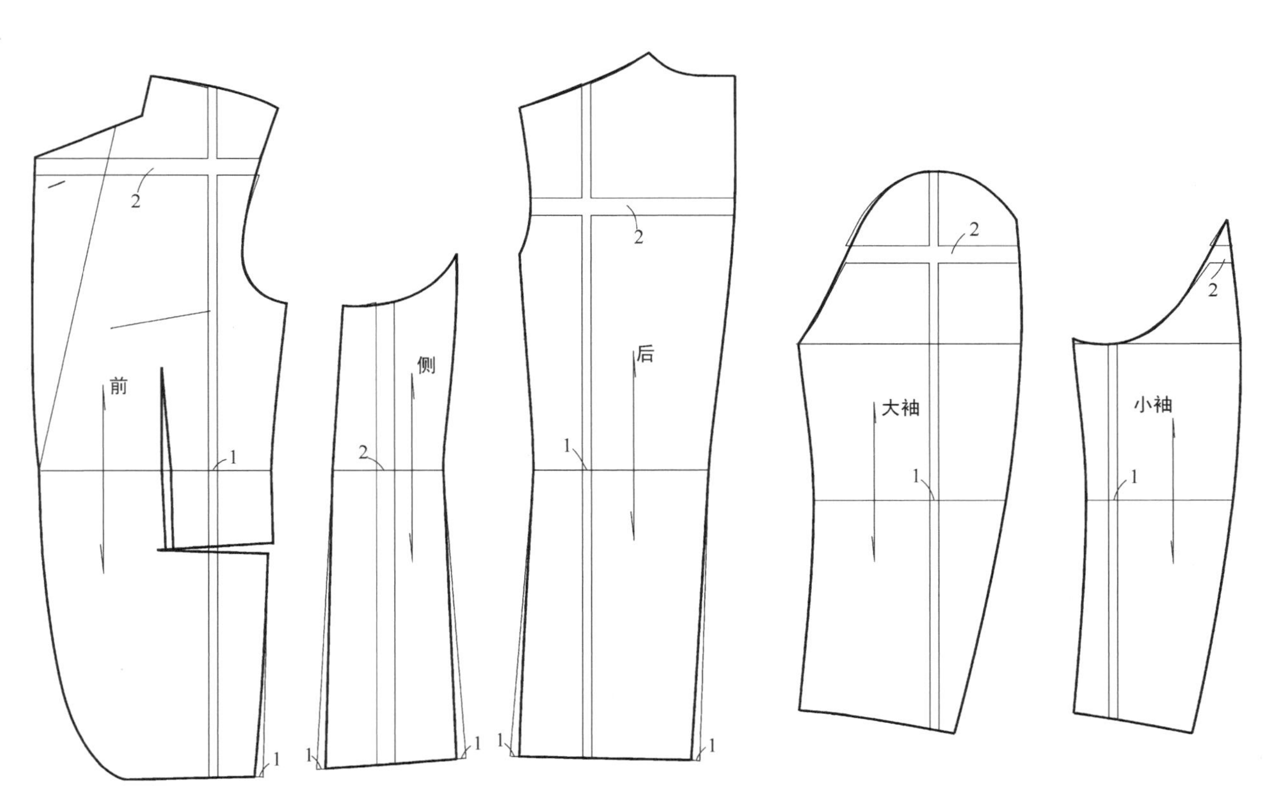

图 4-6　加腹省六开身的侧宽 Y 廓型西装纸样处理

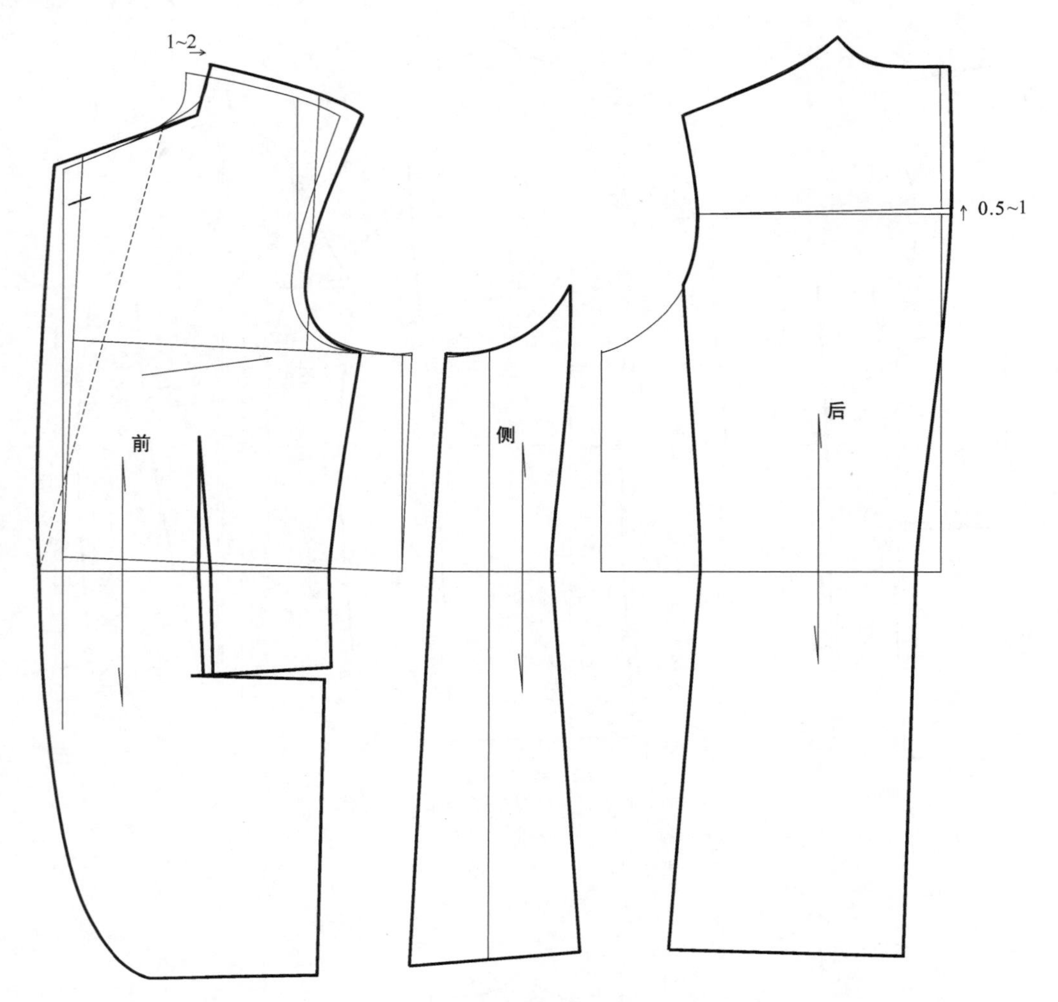

图 4-7 加腹省六开身欧板的撇胸与弓背纸样处理

胸围松量≤腰围松量　　适用于 Y 、YA、A 型；

胸围松量≥腰围松量　　适用于 AB、B 、BE、E 型；

臀围松量≥ 10cm　　全部适用；

袖山曲线 > 袖窿曲线（AH）=4cm。规格增减吃势也随之增减；精纺面料 < 4cm、粗纺面料 > 4cm。

如果常规的西装胸围松量是 15cm 的话，规格为 Y 、YA、A 型的腰围松量就等于或大于 15cm；规格为 AB、B、BE、E 型的腰围松量等于或小于 15cm，全规格臀围松量等于或大于 10cm。可见 AB 型适应面最广，因为它是中性规格。

（2）运动西装和休闲西装纸样设计

运动西装和休闲西装在内在结构上可以选择三种板型的任何一个，其中加腹省六开身也是它们最常用的板型。平驳领三粒扣贴袋是它们的典型款式，由此造成驳点的升高（x 值会增加），根据领底线曲度设计的关系式，翻领倒伏量会有所增加，但领型外部尺寸配比关系不变。口袋均采用大比例贴袋形式（比标准口袋大 2cm），这是它们常用的一种设计格式。这种设计格式的确立，是因为它们有采用粗纺面料和明线工艺的传统（图 4-8、图 4-9）。

运动西装的金属纽扣是它的重要标志，在胸贴袋上覆加团体或俱乐部组织的徽章，是一种专业性的 Blazer 制服。在一般运动西装中也常采用流行和时代主题的标志来强调日常装中的娱乐性。其主体结构可以采用四开身和加腹省六开身的欧板。双排戗驳领四粒扣也是运动西装的经典样式（见黑色套装），但由于面料的选择趋于多样性，款式变化与休闲西装无大区别，相关西装元素的互鉴也成为概念运动西装设计的重要手段（图 4–8）。

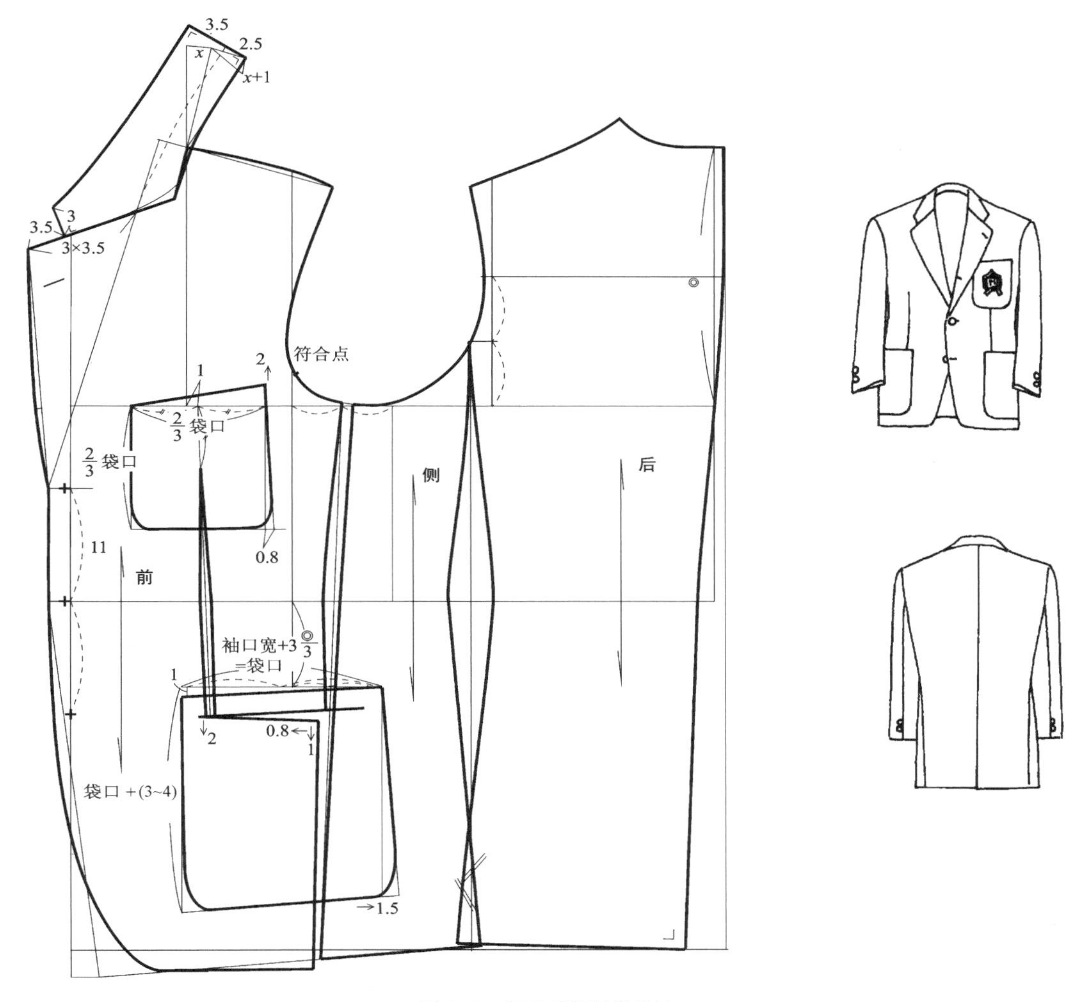

图 4–8　运动西装纸样设计

夹克西装的猎装风格，属休闲西装类。它的整体结构和运动西装相同。由于夹克西装的应用范围主要在户外或某种高规格的休闲场合，因此，在三粒扣六开身板型的基础上又增加了一些实用性的功能设计。例如，在右肩为架枪的需要以增加耐牢度而设的肩盖布；后肩至腰部的侧背缝设活褶以适应上臂前屈大幅度运动的需要；左边的翻领角延伸设计成领襻，这是关门领设计起防风寒作用的残留；两侧设有袋盖的贴袋，并在中间做活褶以增加袋容量；袖肘的麂皮补丁不仅有耐磨的功能，它几乎成为猎装夹克的标志。可见这些所谓“功能元素”只不过是历史的文化符号（参阅 19 世纪诺富克夹克相关信息）和绅士的标签，它们存在的一切形式都是按一定的规则安排的，因此用在休闲西装上合适，用在礼服西装上则不合适（图 4–9）。若要增加松量可以采用图 4–5 和图 4–6Y 廓型的处理方法，或利用增加净胸围（不超过 4cm）的基本纸样进行设计。

纵观西装纸样设计全过程和应用状况，无论是西服套装、运动西装，还是休闲西装，它们的基本结构形式是单排两粒扣或三粒扣，四开身、六开身或加腹省六开身。在局部变化中较为灵活，如后开衩、两侧开衩或不开衩均可选择。然而，这些变化仍然没有脱离男装的程式。如西服套装和休闲类西装的胸袋只能设在左胸上，因为它的功能在这类男装中只作为插装饰巾用。两个胸袋同时出现，只在猎装中才可能有，这是其实用目的所决定的。因此，男装设计主要看是以礼节为主还是以实用为主，以此来确定它的结构和局部设计。一般来讲，实用的目的性越明显，其可变的因素就越大；礼节性越强的，其设计的程式化要求就越高。在男装中恐怕程式化决定设计的因素要更大一些，这在礼服设计中显得尤为突出。

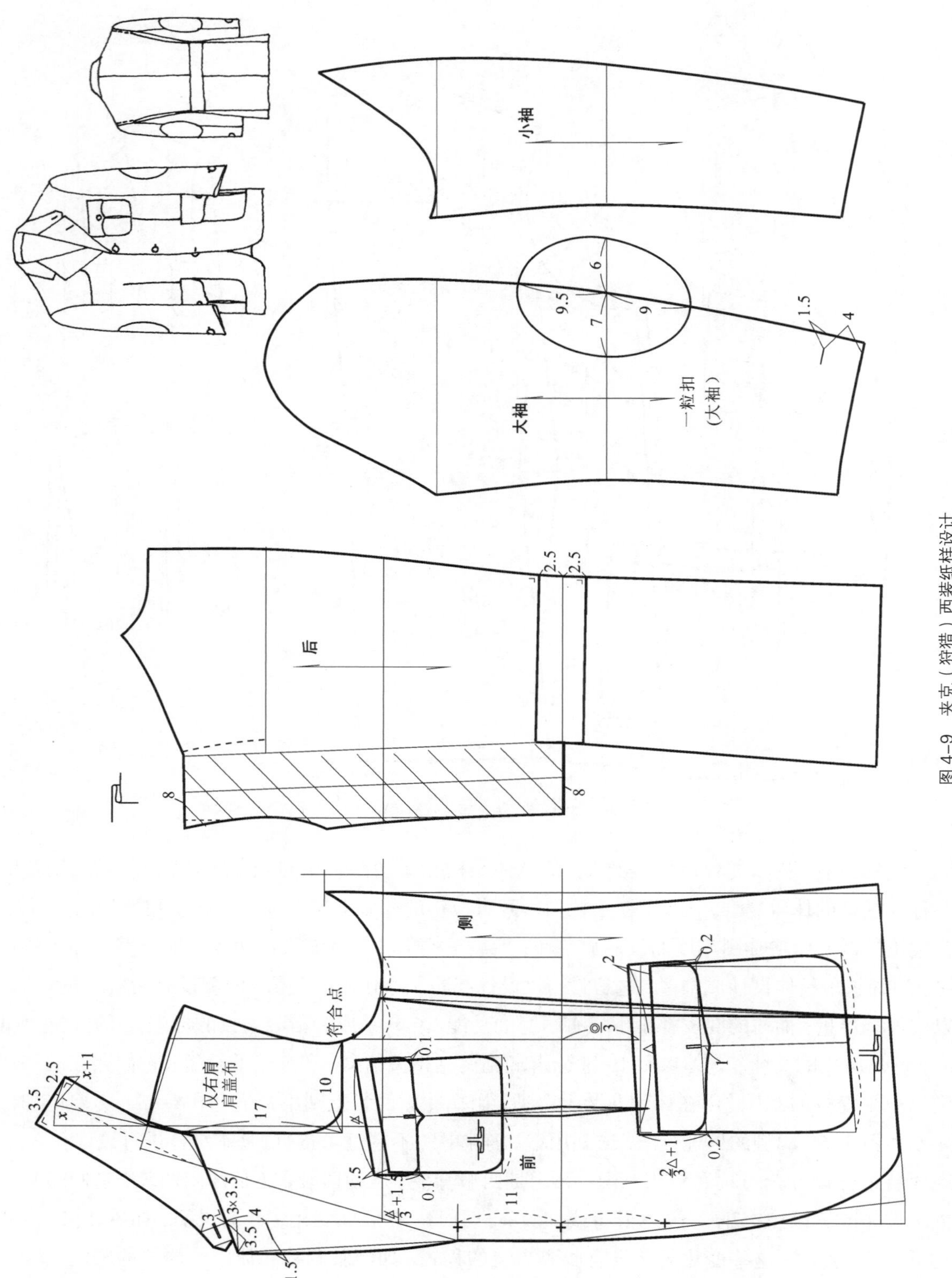

图 4-9　夹克（狩猎）西装纸样设计

2　黑色套装、塔士多礼服和董事套装

黑色套装、塔士多礼服和董事套装都是礼服，但都属于西装的板型系统，这意味着四开身、六开身、加省六开身以及欧板、X 型和 Y 型的纸样处理技术完全是适用的。不同的是它们作为礼服选择了双排扣戗驳领和单排扣戗驳领这种标志性的款式。

（1）黑色套装纸样设计

黑色套装属于准礼服，深蓝色是它的专用色，因此，在两粒扣西服套装中，用深蓝色也具有这种暗示。不同的是黑色套装采用双排扣戗驳领，使其更具有庄重感，这也是它成为礼服的重要标志。如果将戗驳领和双嵌线口袋采用缎面布料镶拼，即升格为正式塔士多礼服。然而，当这种基本形式不变而采用灰色系，它的应用范围就更为灵活，而成为日常公务、商务西装的级别。

六粒扣黑色套装的整体结构采用加腹省六开身，由于这种结构更具有塑形性，因此，它在礼服中应用很普遍。两侧大袋采用双嵌线无袋盖设计，每条嵌线宽为 0.5cm，这是礼服西装常用的形式。双搭门量的设计约 8cm，原则上双门襟量包括纽扣搭门要与双嵌线口袋的前端保持一定的距离（3cm 左右），翻领的开领深度也在双嵌线口袋上下浮动，这种低驳点的黑色套装被视为现代风格，也被视为法式塔士多礼服的经典款式。戗驳领和翻领的采寸配比也具有程式化的特点，一般戗驳领的领角大于或等于驳领串口线与驳口线所形成的夹角；戗驳领角与翻领角的比例约为 3 ∶ 2；翻领角宽和领面后中宽相似；领面后中宽大于领座宽 1cm。这种戗驳领结构采寸的配比关系在男装所有戗驳领的造型设计中具有普遍意义。倒伏量公式与西装相同（图 4–10）。根据流行和个人爱好，也可以采用四粒扣设计，方法是将纽扣数量减至四粒，扣距比例适当加大。更多信息参阅配套教材《男装纸样设计原理与应用训练教程》。

传统版六粒扣黑色套装和现代版六粒扣黑色套装的整体结构、领型设计基本相同，只是前开领深度提高一个扣位（约 10cm），搭门驳点以下设四粒功能扣、以上设两粒装饰扣，这是传统版黑色套装的特点。两侧大袋用双嵌线的形式，当然也可以采用加袋盖形式（图 4–11，更多信息参阅《男装纸样设计原理与应用训练教程》）。

（2）塔士多礼服纸样设计

塔士多礼服属正式晚礼服。整体结构适用西装三种开身，特点是单襟戗驳领深度较低，一般在腰线和口袋之间设单排一粒扣。口袋设计采用双嵌线无袋盖是它的标准。在局部的内在结构处理上采用加腹省六开身设计。领型采用缎面戗驳领为英国版，采用青果领形式为美国版，但它们都是经典样式。戗驳领采寸配比关系与黑色套装戗驳领相同。青果领的结构处理较为复杂，由于其领面整体没有接缝，在过面设计中要将前肩靠近侧颈部的重叠部分分离，在缝合之后，重叠部分可以得到补偿，过面的布丝方向符号要与领后中线垂直。前衣片处理这个问题的方法仍采用前衣片在串口与领座分离的结构，这样可使翻领在颈部重叠部分同样得以补偿，这种结构虽然产生了接缝，但它是在青果领的背面（图 4–12）。

夏季塔士多礼服的基本形式有两种，一种是采用与一粒扣塔士多礼服相同的设计，只是将黑色面料变成白色；另一种是更为正统的短款夏季塔士多礼服，亦称梅斯（Mess，彩图 2）。

梅斯在结构处理上打破了一般西装的形式，其下摆类似背心的结构，衣长大幅度减短，但主体结构的松量比常规西装要小，一般不在后中线处追加 1cm，其松量和第一礼服相同。需要注意的是，这种礼服通常不系扣子，因此前襟不设搭扣，并将扣搭门缩小，在前胸至前尖角衣摆之间设三粒装饰扣（图 4–13）。从梅斯的整体结构看，它更接近去掉燕尾部分的燕尾服结构。有时利用燕尾服板型去掉燕尾部分数梅斯传统版。

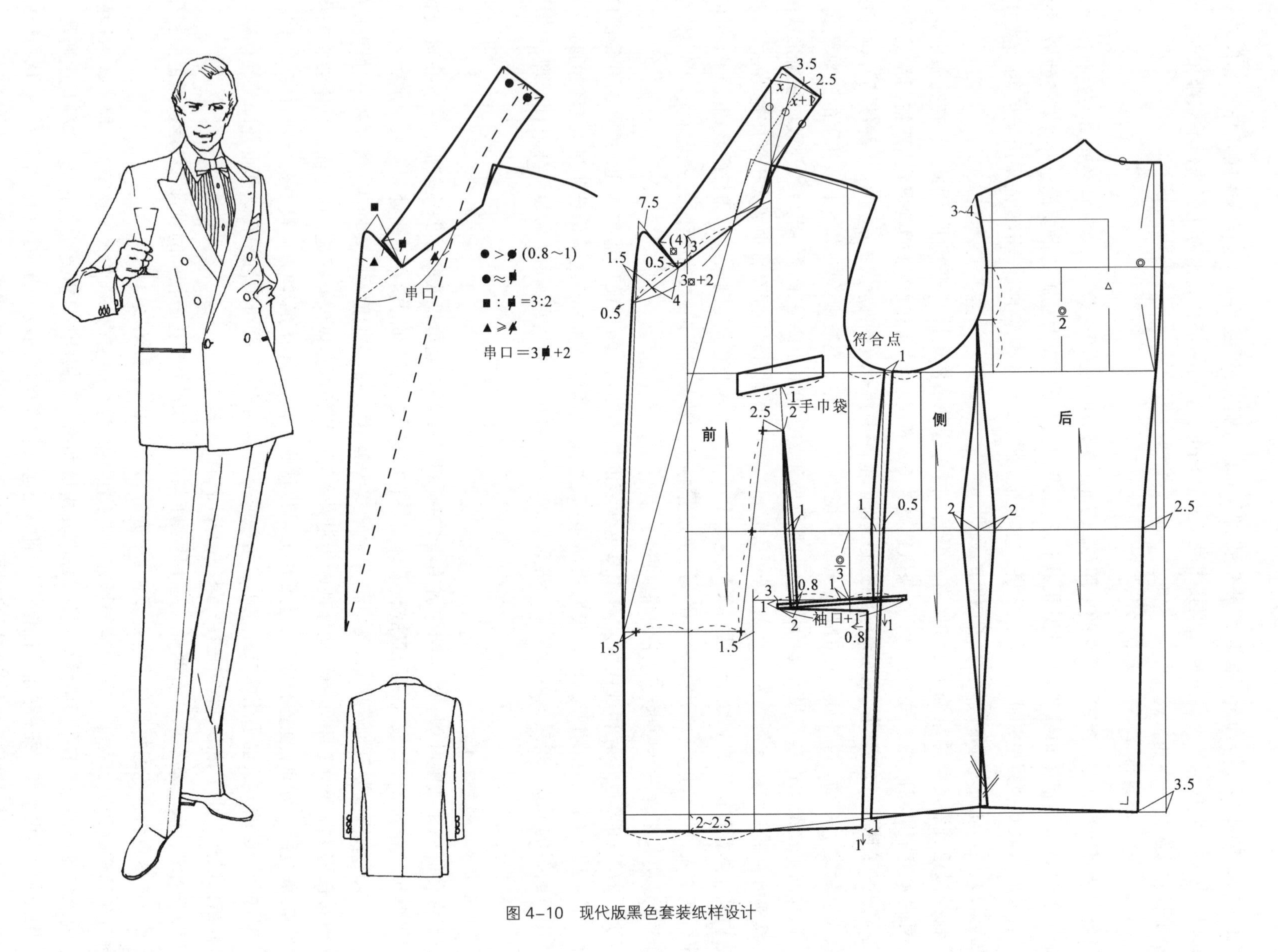

图 4-10　现代版黑色套装纸样设计

（3）董事套装纸样设计

董事套装属于日间正式礼服，与作为正式晚礼服的塔士多属同一级别，在适用场合上虽然它们不能相互代替，但在款式和板型上有明显的血缘关系，因此董事套装纸样完全可以在塔士多纸样基础上做微调完成。其款式都是单排扣戗驳领，板型都以加腹省六开身为主，而它们的共同祖先却与黑色套装的形制有着千丝万缕的联系。它们的区别，只是根据时间和场合气氛做细微处理。我们可以从图 4–14 判断，塔士多礼服单排一粒扣缎面驳领，双嵌线口袋的细部特征是对“晚间”的暗示；董事套装的单排两粒扣戗驳领，有袋盖双嵌线口袋的细部特征是对“日间”的暗示；黑色套装固有的元素没有前两者的功能，说明它的级别偏低，时间上晚间、日间场合都适用。值得注意的是这些特征应渗透到纸样设计中（更多信息参阅《男装纸样设计原理与应用训练教程》）。

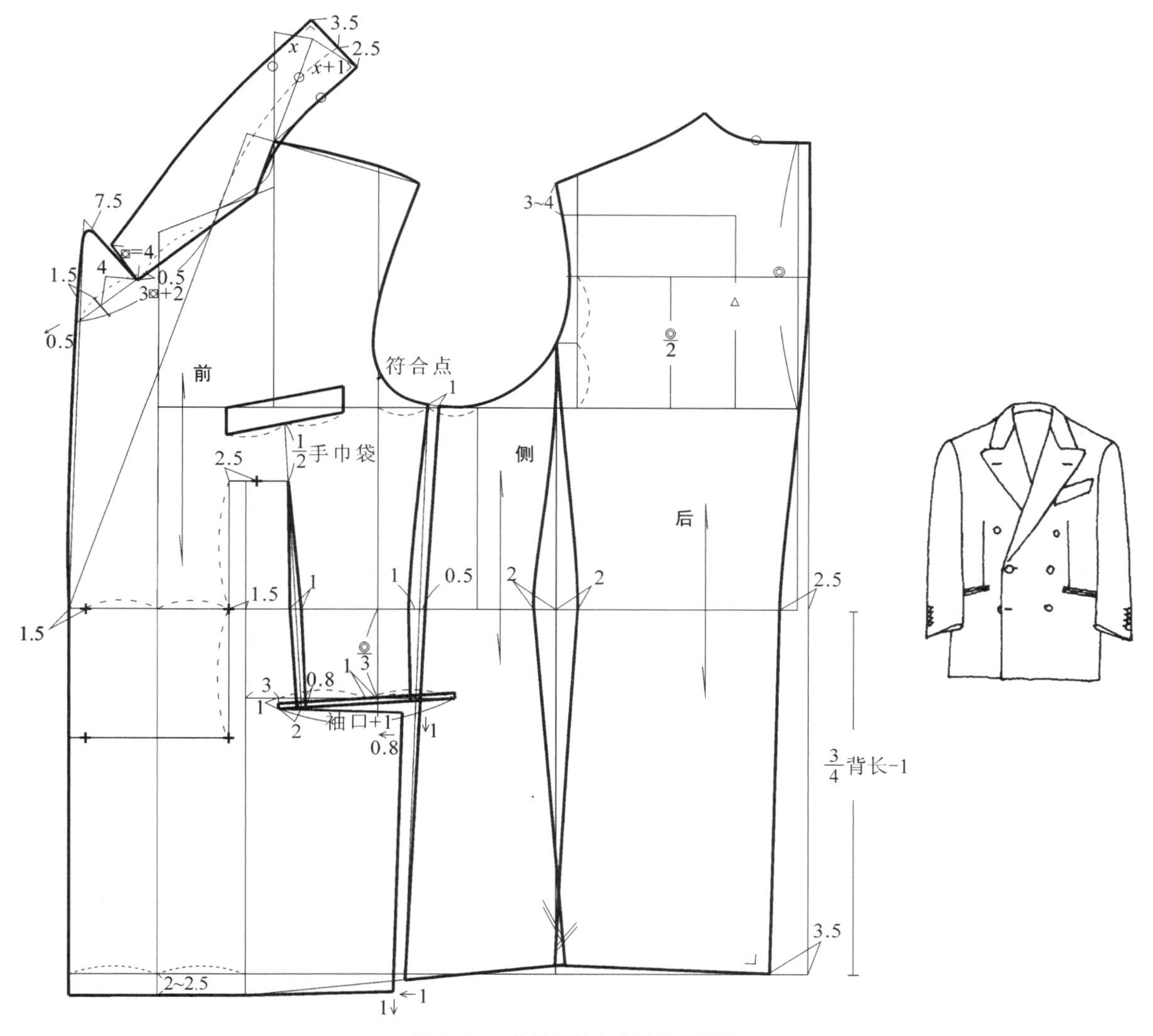

图 4–11　传统版黑色套装纸样设计

3　中山装与关门领制服

中山装属于关门领板型，是关门领制服的一种特殊形式。所谓特殊形式，是指由孙中山时代创立，毛泽东时代定型，具有华服结构特征，中西全璧的典型样式。其实，中山装的结构与西装的板型体系如出一辙，它是从西装古老的三缝结构，即关门领四开身演变而来：从关门领四开身变成敞开领四开身就是今天典型的西装结构；另一支是仍保持关门领四开身的主体结构，就是今天的立领学生制服。中山装是沿着后一支注入中华文化的诠释和结构本土化实现的：第一，在形式上以学生制服为基础，加入了军服四个贴袋的形制，寓意四平八稳，企领改变了立领造型更彰显华丽而庄重；第二，在结构上保持分片最少（四开身），将后中破缝“弥合”构成三开身结构，这种宁可牺牲对形体塑造的个性表现，也要保持结构完整性的处理，充分表现出中华文化传统“大一统”和“天人合一”的思想。客观上，在技术层面继承了古典华服剪裁“敬物尚俭”的格致精神，这种以不破坏材料完整性为原则的“造物思想”在中山装以前的华服中表现得更加纯粹。因此，中山装的无中缝结构是华服传统的最后守望者。根据国际惯例尊重民族习惯的 TPO 原则，中山装在社交界可视为中华第一礼服，与 TPO 礼服系统相对应，即在国际社交中不习惯穿 TPO 礼服的都可以用中山装应对。

了解了这些中山装的历史与文化背景，就不难把握它的板型规律。第一，在西装四开身结构的框架下，保留后领口的基本尺寸，利用上衣基本纸样，在后中线上作收腰收摆设计并处理成直线，使后身呈完整结构（中线用虚线表示）。其他开身结构设计与西装相同。第二，利用后领宽作为基础数据，如图 4–15 所示完成前领口关门领结构，这时关门领的撇胸便发挥作用（西装为敞领撇胸隐含其中）。利用前后领口数据设计中山装领，由于它属于典型企领结构，与衬衣领纸样设计相似。第三，前身四个贴袋，胸部两贴袋与第二粒纽扣对齐；下部两个立体贴袋与第五粒纽扣对齐，这已被认定“毛服”中山装的定型格式而被后人尊为“中山装格律”，为此在纸样设计时，先确定第一和第五粒纽扣，第五粒扣位以大袋上边线为准，再用等分法找出全部五扣的位置，然后根据第二和第五扣位确定四个袋位，贴袋尺寸设计是参考西装贴袋完成的。中山装两片袖纸样设计与西装完全相同，只是三粒袖扣采用“假袖衩工艺”，这也是中山装元素象征意义大于实用意义的一个具体表现（图 4–15 无中缝三开身）。

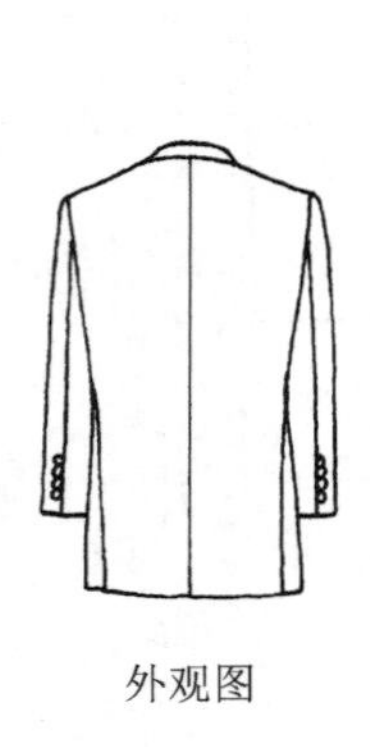

外观图

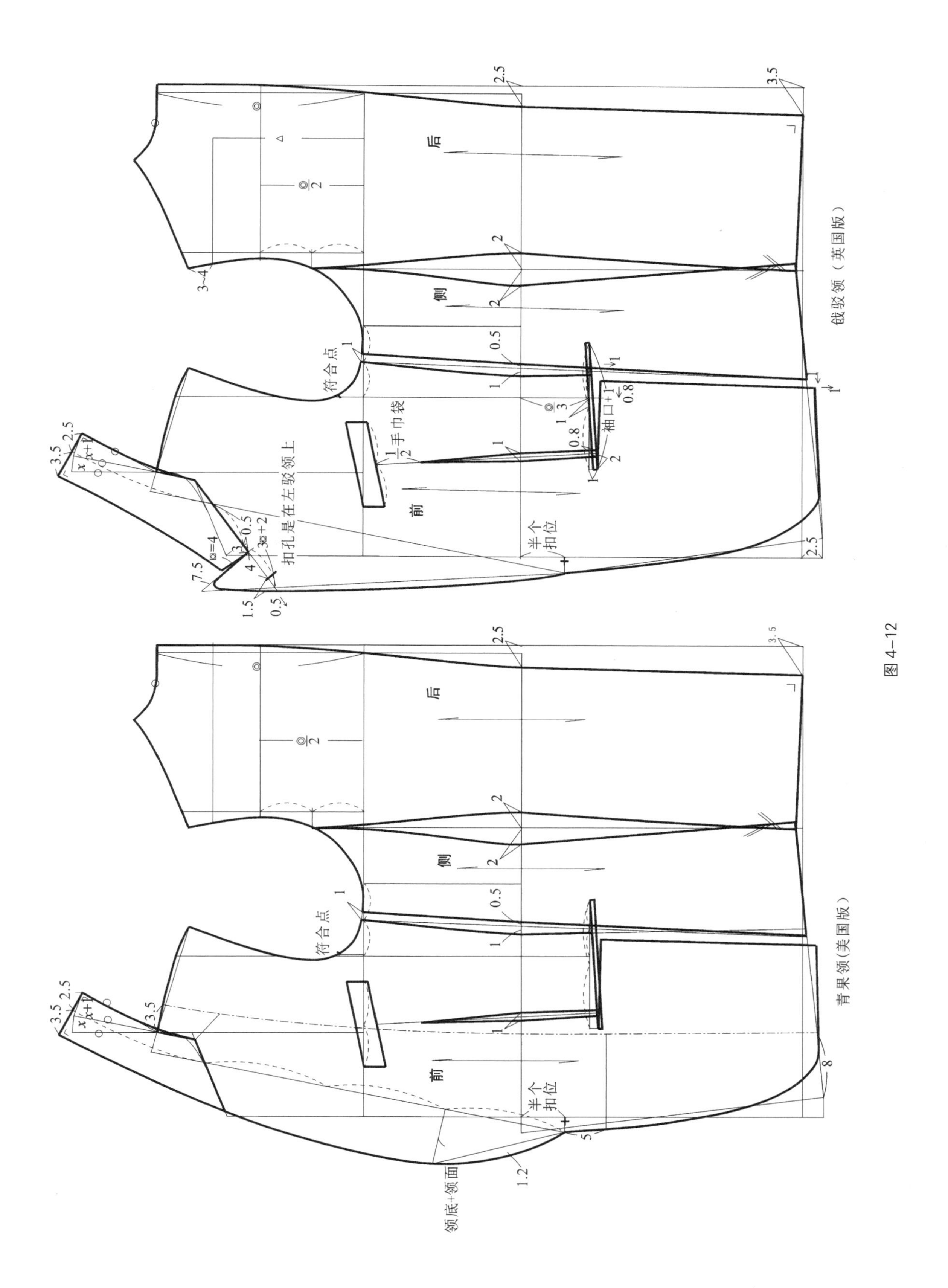

图 4-12

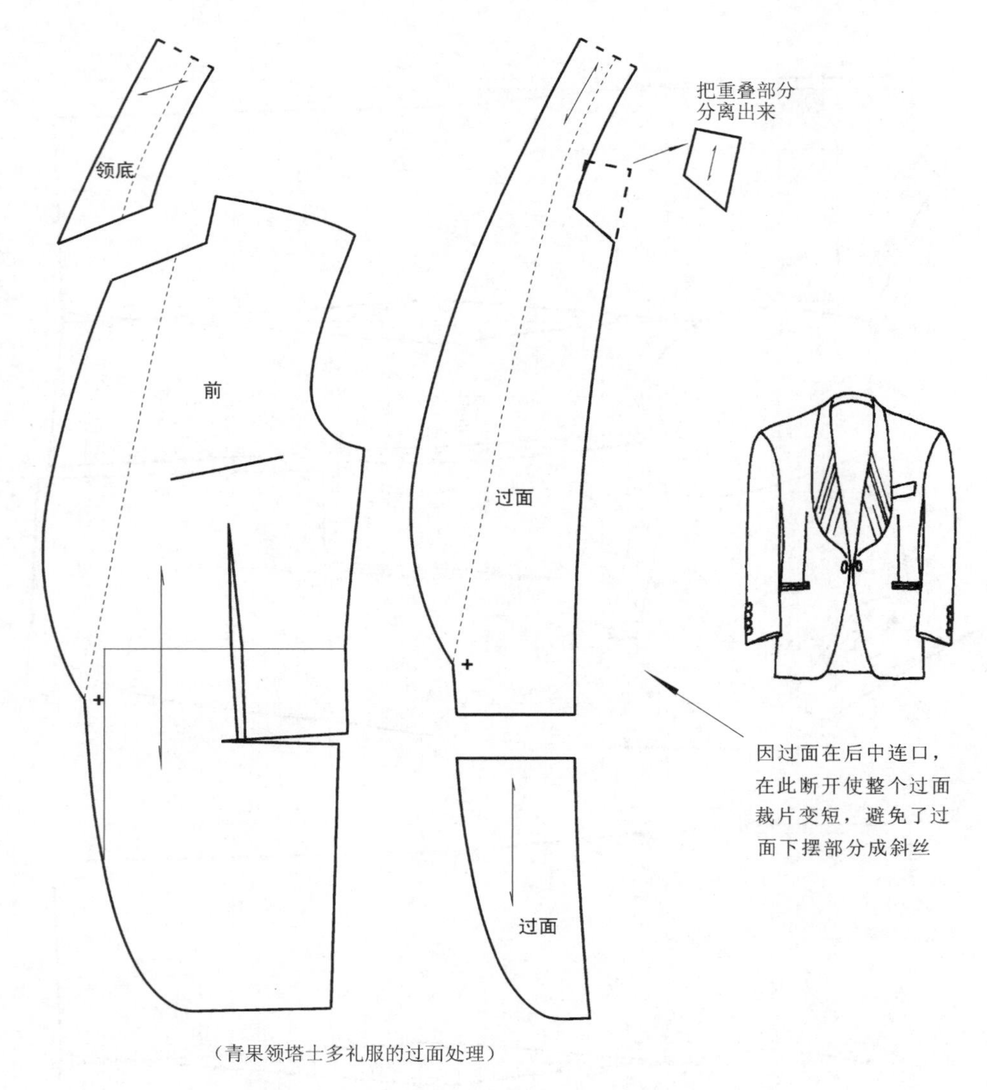

（青果领塔士多礼服的过面处理）

图 4-12 塔士多礼服纸样设计（英国版和美国版）

在纸样设计上，中山装结构如果运用西装结构的回归设计，就可以建立一个完整而丰富的关门领制服的板型系统，它不仅可以实现四开身、六开身、加省六开身的全开身结构，还可以实现 H 型、X 型、Y 型和欧板的全廓型结构。在款式上它不仅可以采用关门的企领和立领造型，还可以采用与西装驳领结合的“中庸风格”制服纸样设计。总之中山装与制服之间，甚至与西装之间并不是封闭的结构环境，而是一个开放的结构系统，这使中山装的纸样设计变得丰富多彩（图 4-15、图 4-16）。

中山装标准色分为黑色、深蓝和灰色，黑色暗示正式礼服；深蓝为准礼服；灰色为日间礼服。注意中山装作为礼服不采用搭配色，也不宜使用条格面料。

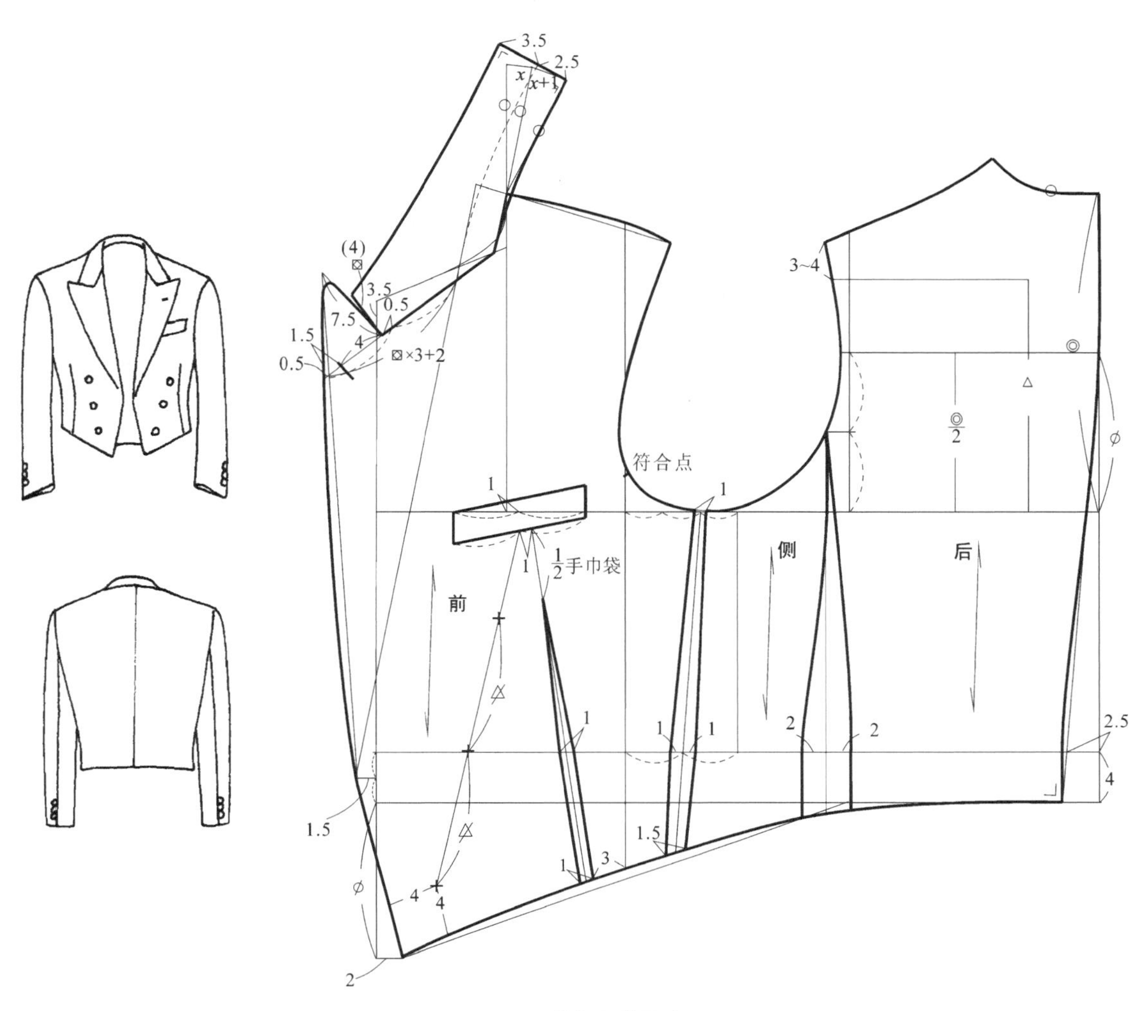

图 4-13　梅斯纸样设计

	黑色套装(传统版)	塔士多礼服	董事套装
前门襟	双排六粒扣	单排一粒扣	单排两粒扣
戗驳领	用本料	用缎面包覆	用本料
两侧大袋	两种款式通用,本料	双嵌线,用缎面工艺	双嵌线有袋盖,用本料
裤子面料	与上衣相同,无侧章	与上衣相同,有缎面侧章	灰条纹,无侧章
标准色	深蓝	黑、深蓝	黑、深蓝
适用的场合	全天候,公务商务	晚间,正式	日间,正式(仪式)
图　示			

图 4-14　黑色套装、塔士多礼服和董事套装细微区别的比较

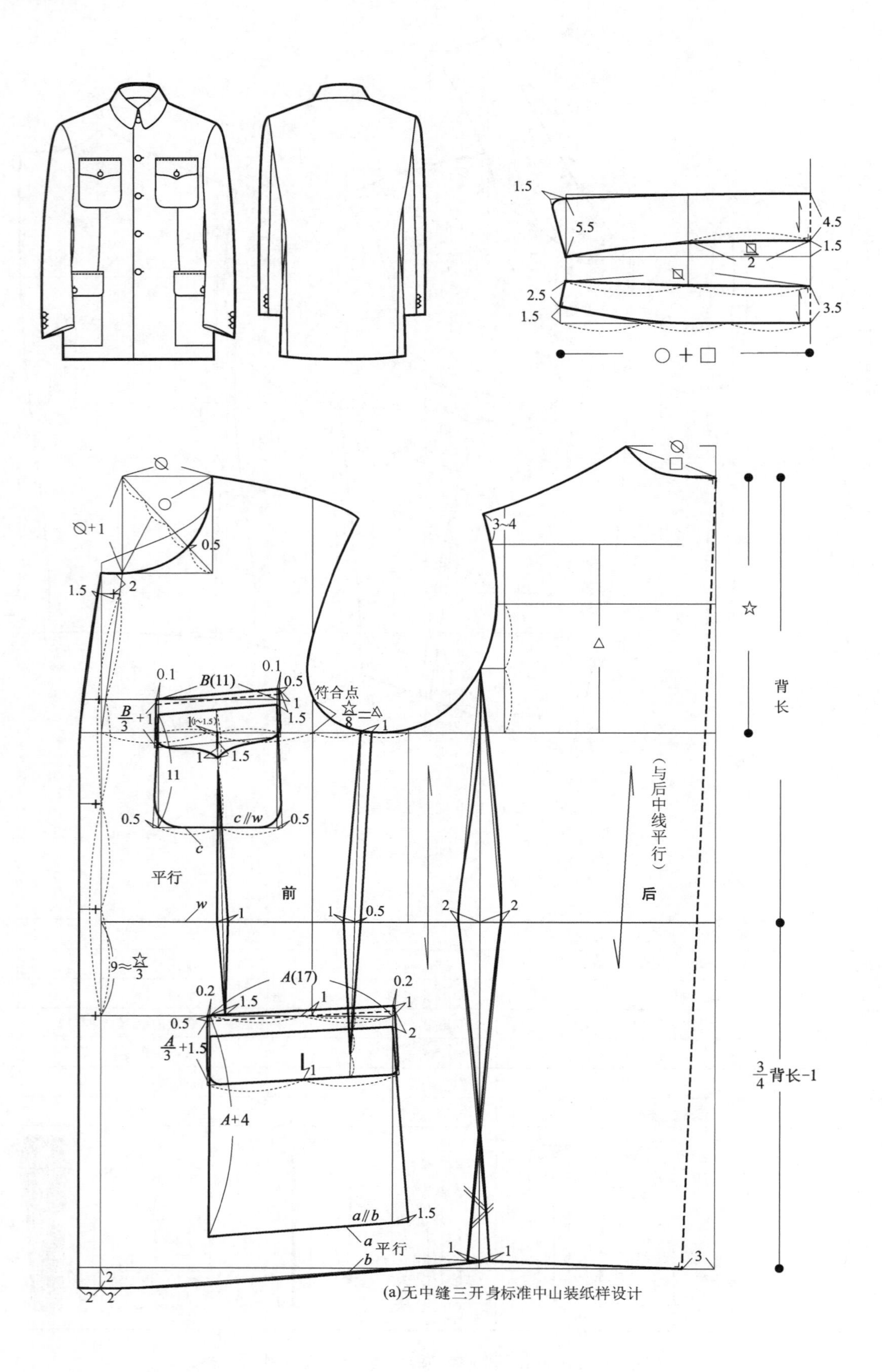

(a)无中缝三开身标准中山装纸样设计

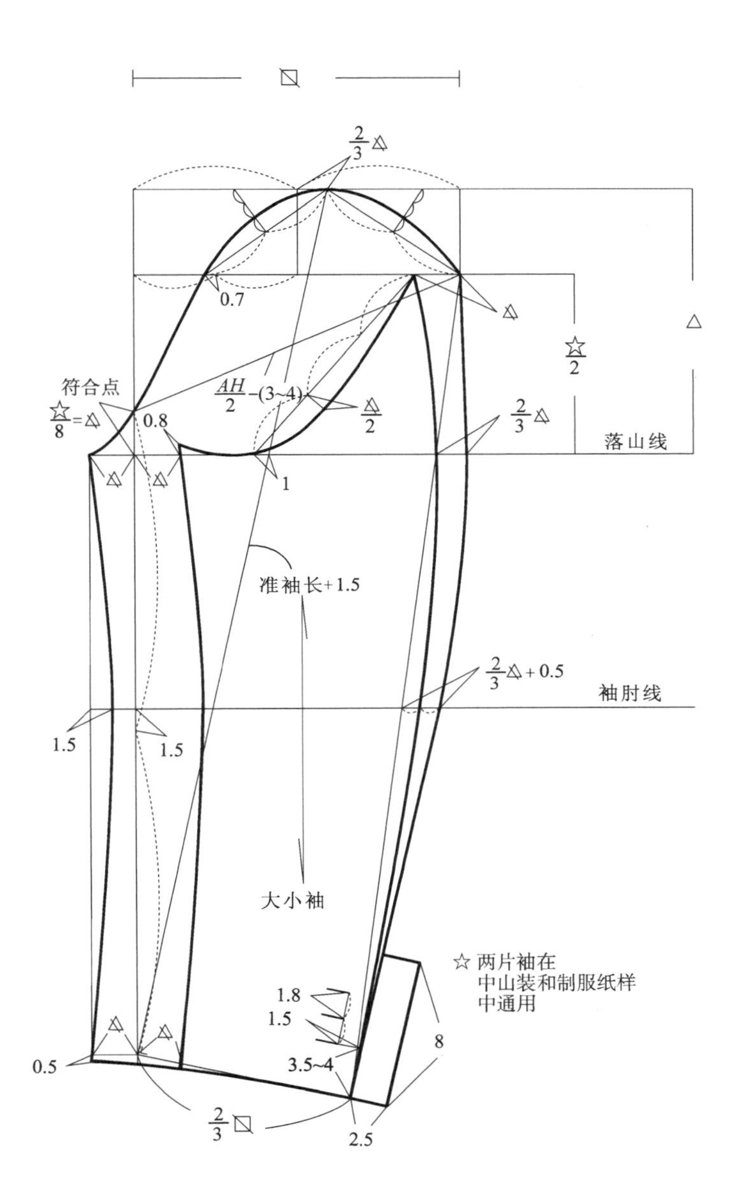
2/3△
0.7
符合点
☆/8=△
0.8
AH/2-(3~4)
△/2
2/3△
☆/2
△
落山线
1
准袖长+1.5
2/3△+0.5
袖肘线
1.5
1.5
大小袖
☆ 两片袖在
中山装和制服纸样
中通用
1.8
1.5
8
3.5~4
0.5
2/3
2.5

图 4-15

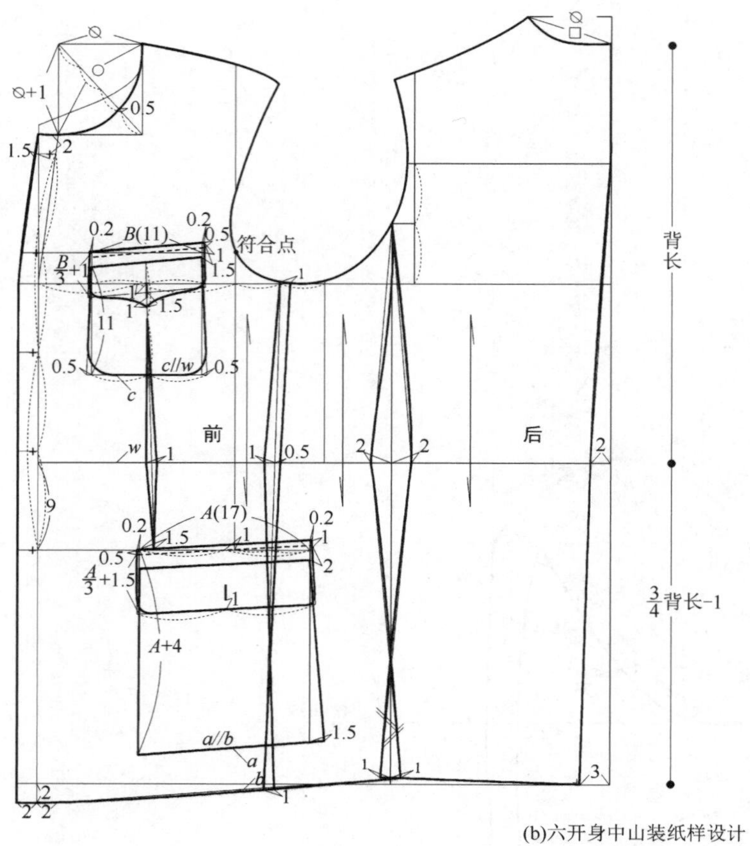

☆袖子、领子通用

(b)六开身中山装纸样设计

图 4-15

符合点
前
后
背长
$\frac{3}{4}$背长-1

☆袖子、领子通用

(c)加省六开身中山装纸样设计

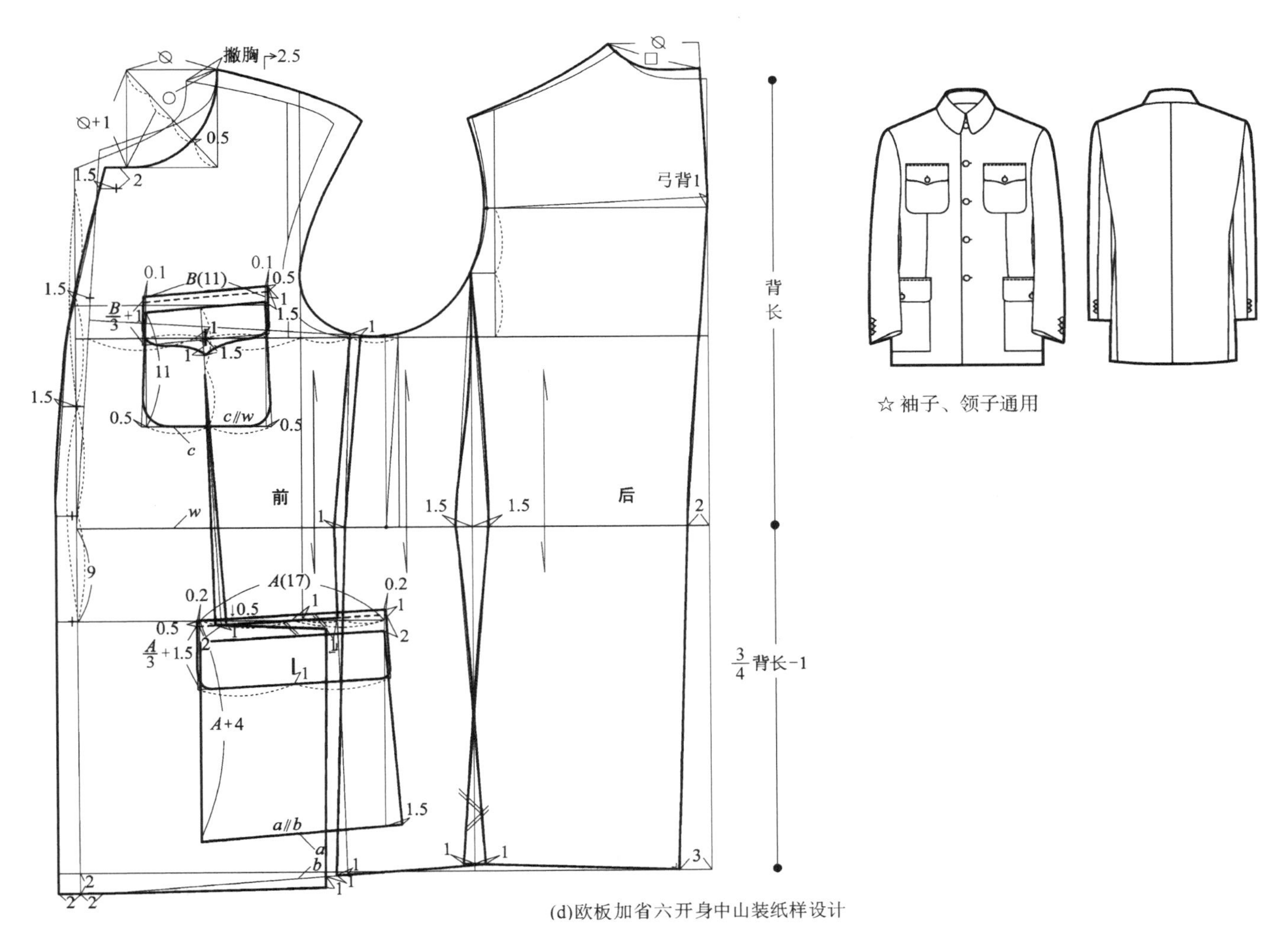

(d)欧板加省六开身中山装纸样设计

图 4-15　中山装系列纸样设计

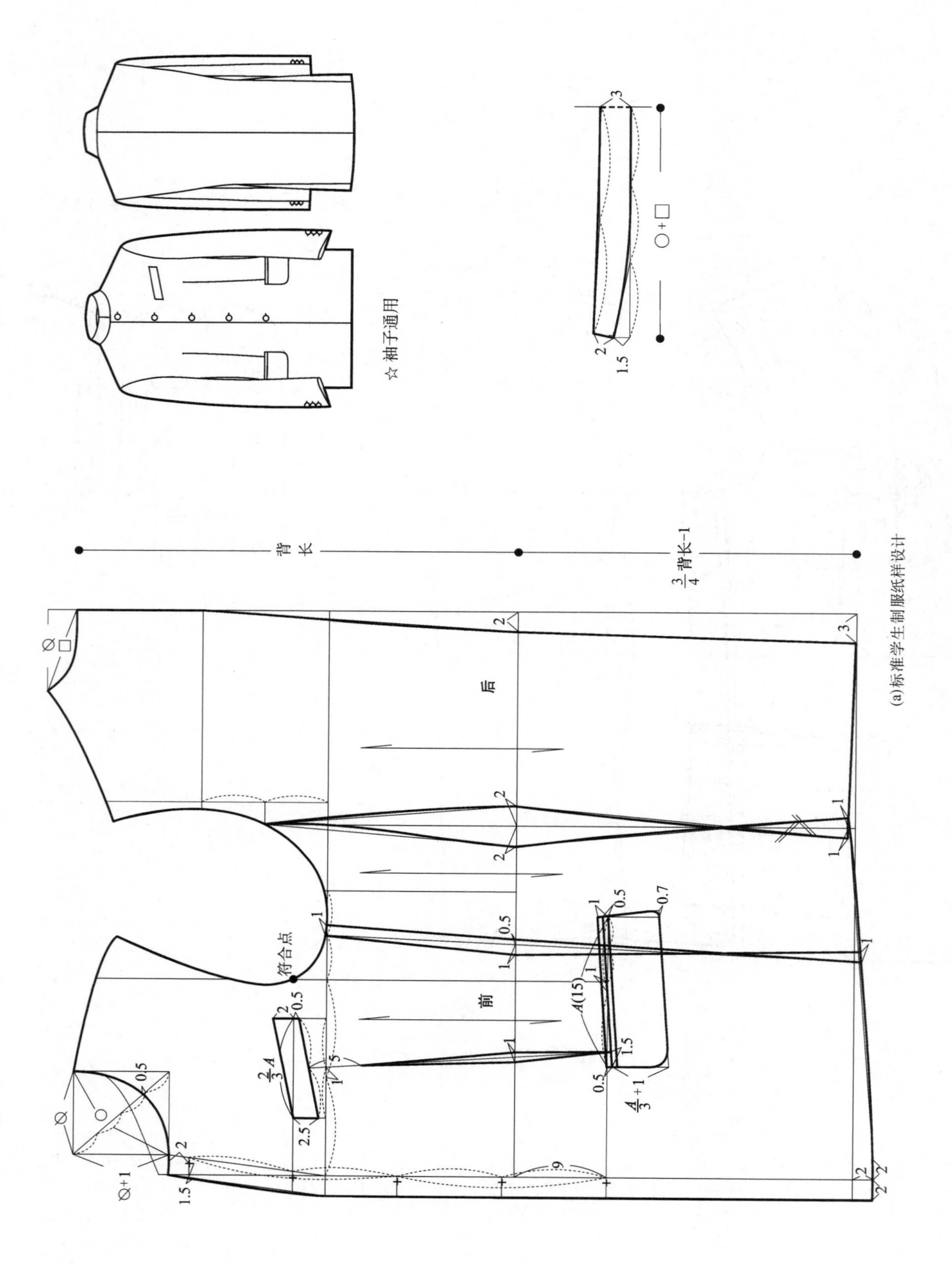

(a)标准学生制服纸样设计

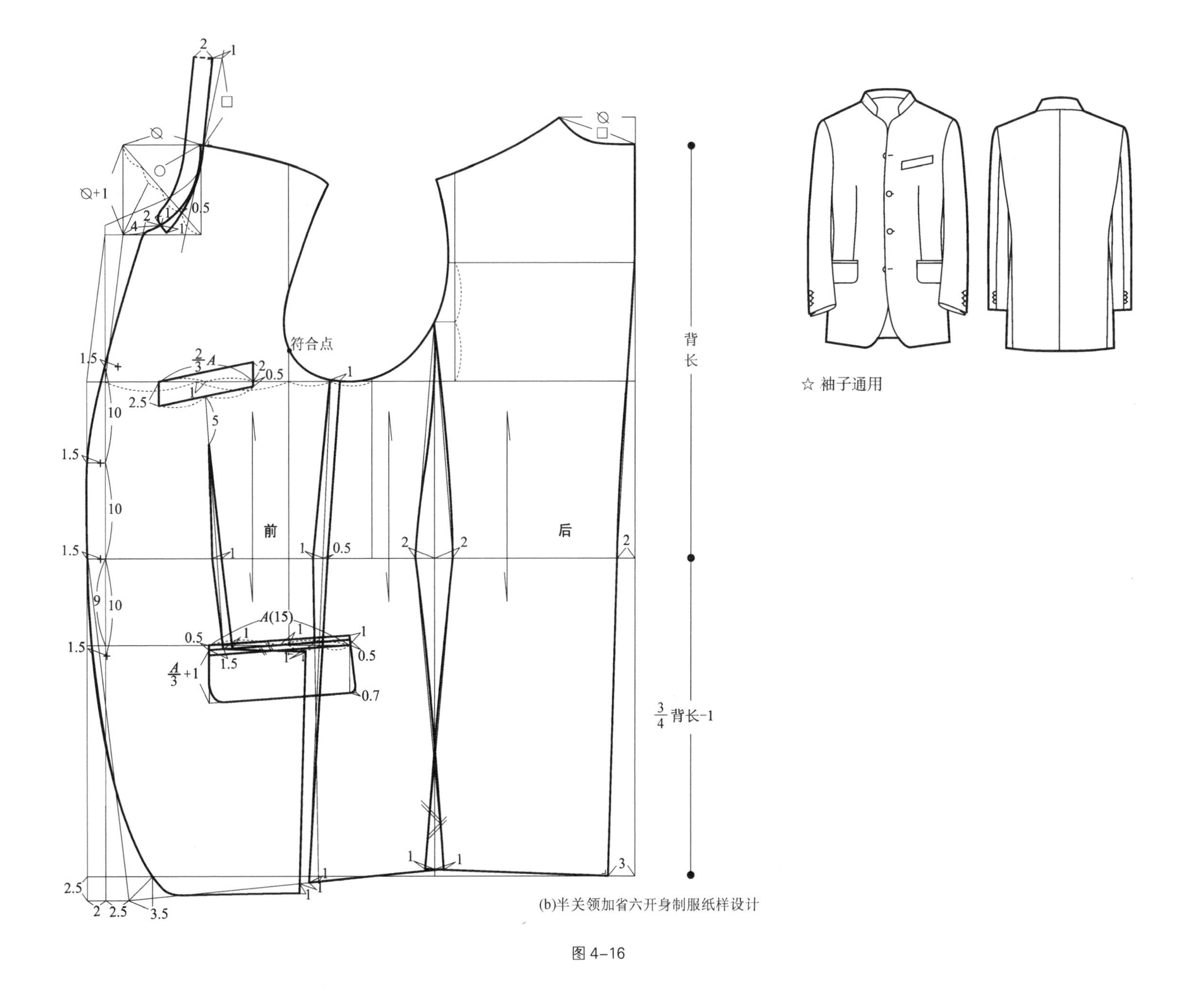

(b)半关领加省六开身制服纸样设计

图 4-16

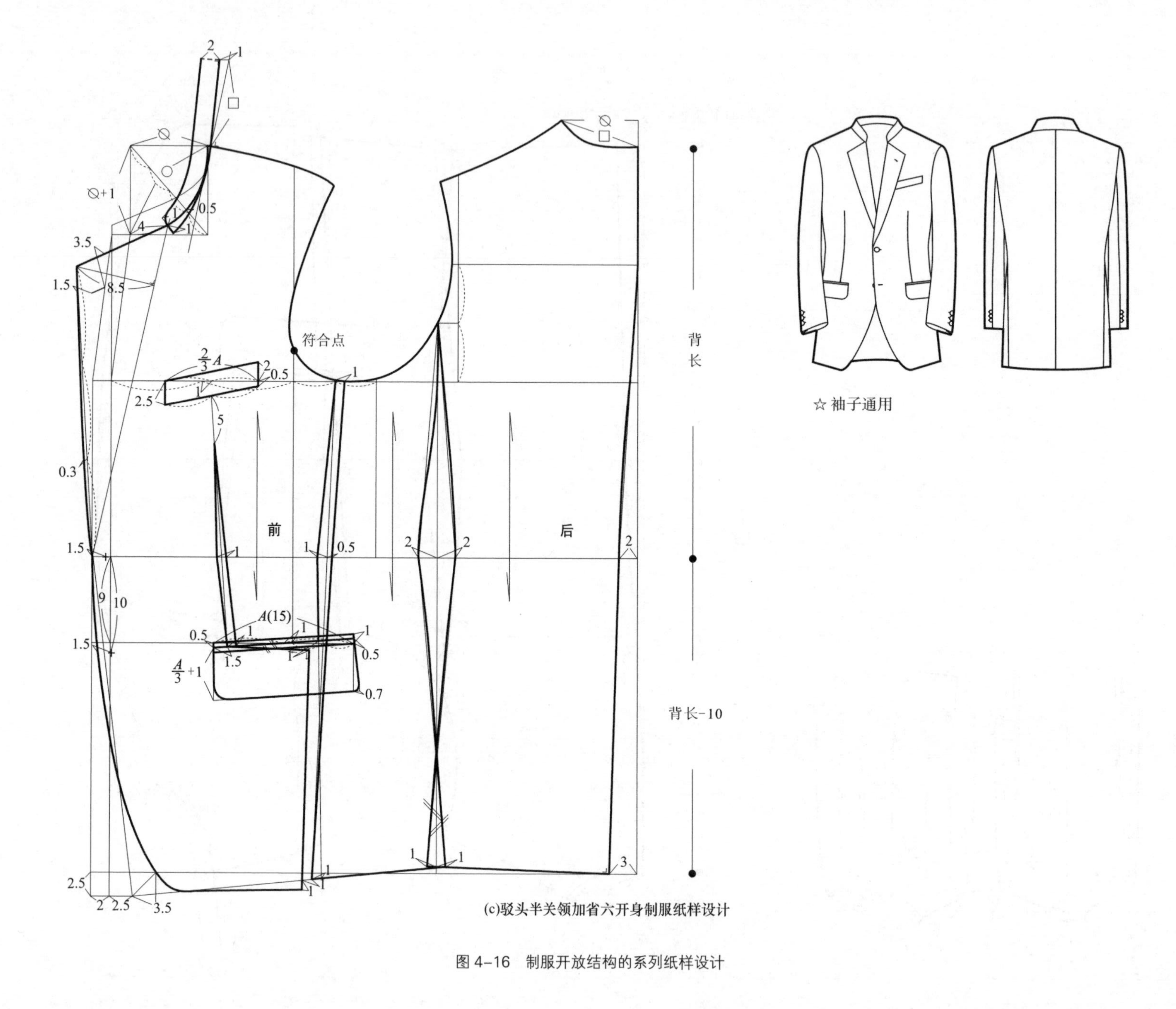

(c)驳头半关领加省六开身制服纸样设计

图 4-16　制服开放结构的系列纸样设计

4　燕尾服和晨礼服

燕尾服和晨礼服之所以成为公式化礼服，正是因为它们始终保持着一成不变的结构传统，它们不仅不受西装板型系统的制约，同时保守它们各自的纯粹性就是其价值所在，因此它们程式化的纸样设计要特别记忆。

（1）燕尾服纸样设计

燕尾服的板型仍然保持了维多利亚时期传统裁剪的设计。然而，运用男装基本纸样和采寸的比例化设计燕尾服还是新的尝试和探索，它在结构处理上力求合理和裁剪习惯的统一。

燕尾服的衣长是在基本纸样的基础上追加一个半背长，这是它的上限长度，它的下限长度是在此基础上再减掉 10cm。这对控制下身侧摆摆度很有实用价值，因为后衣长如果是由主观来确定，侧摆的最佳斜度就无法控制，其结构会带有很大的偶然性。后背缝在不追加 1cm 的情况下收腰量是 2.5cm，说明它比一般西服类纸样要合体。后腰线下移 2cm 为后开衩的上端并垂直做明衩处理，这是燕尾服传统裁剪的具体表现之一。后身刀背缝也是它的特有结构，刀背缝设在背宽尺寸的中点到背宽横线和后袖窿的交点形成刀背形，该结构的收腰量为 3cm。侧缝结构设在侧体靠近背宽线三分之一处，收腰量是 3.5cm。刀背形结构收腰量小于侧缝是因为刀背缝和后背缝接近所致。从后背缝、刀背缝、后侧缝至前胸省的距离设计看，是逐渐加宽的结构形式，这说明燕尾服强调后身的合体性（后背缝不追加 1cm），使其呈现流线造型。这在第一礼服造型中是最具有特色的结构设计。

燕尾服的穿法和梅斯礼服相同，都不系门扣，因此前搭门比一般要小而不设纽扣。领型采用标准的戗驳领设计，采用青果领被认为是“美风”的概念设计（见图 4-12 外观图）。前衣摆短小呈三角形，以背宽横线至袖窿深线间距离的比例确定前衣长，再至侧腰线下 2cm 呈上弧线状。在衣角到腰、胸间设三粒装饰扣。侧摆结构在胸省至刀背缝之间，延伸至后中线下端呈燕尾状，在腰部与上衣后侧缝对应的位置设 1.3cm 的侧臀省（图 4-17）。

（2）晨礼服纸样设计

晨礼服为日间第一礼服，和燕尾服总体结构都保持着维多利亚裁剪，后背缝、刀背缝和后侧缝结构相同。在前襟腰位处设一粒扣的搭门。戗驳领是它的标准领型，平驳领是它的简化款，要慎用。下身大斜摆和上身腰部形成断缝，在腰部与上衣对应部位处做 1.3cm 的腹省，这个结构和西装中的腹省在功能上完全相同（图 4-18）。

从众多包括礼服、常服的西装上衣纸样设计中不难发现，它们之间有着自然的内在联系和造型上的趋同性。与此同时，西装纸样的自律性也不是独立的，它往往与背心、衬衫与裤子的纸样互为制约。因为，从男装的造型程式要求来看，西装的真正意义是在有秩序的组合中产生。因此，西装中某些尺寸的设计是为了结合背心、衬衫和裤子的有效组合而确立的；而背心、衬衫和裤子的板型又不能脱离西装的基本形式去设计，可见它们是相互结合紧密的服装整体，结构设计相互关联的缜密则是实现这种整体造型的技术手段。

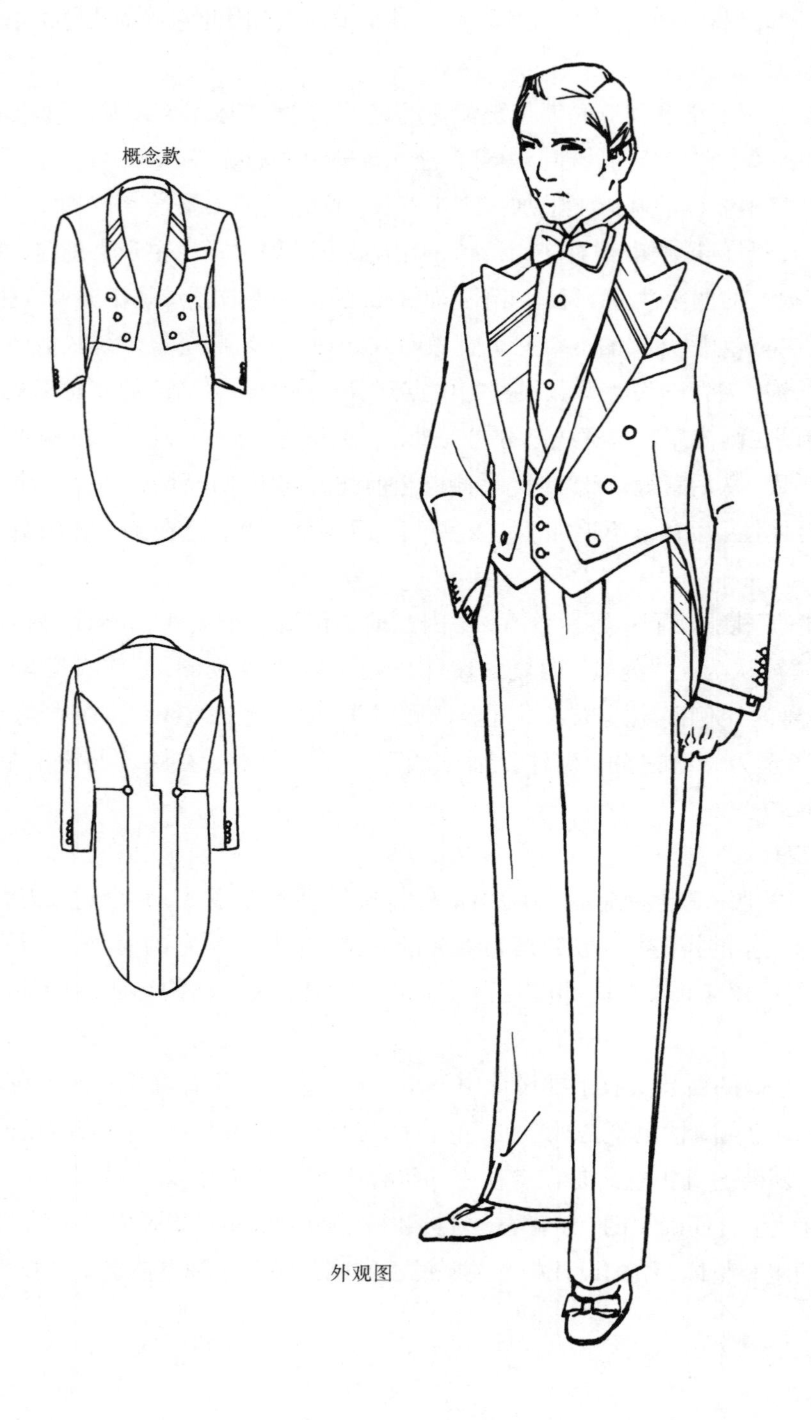
概念款
外观图

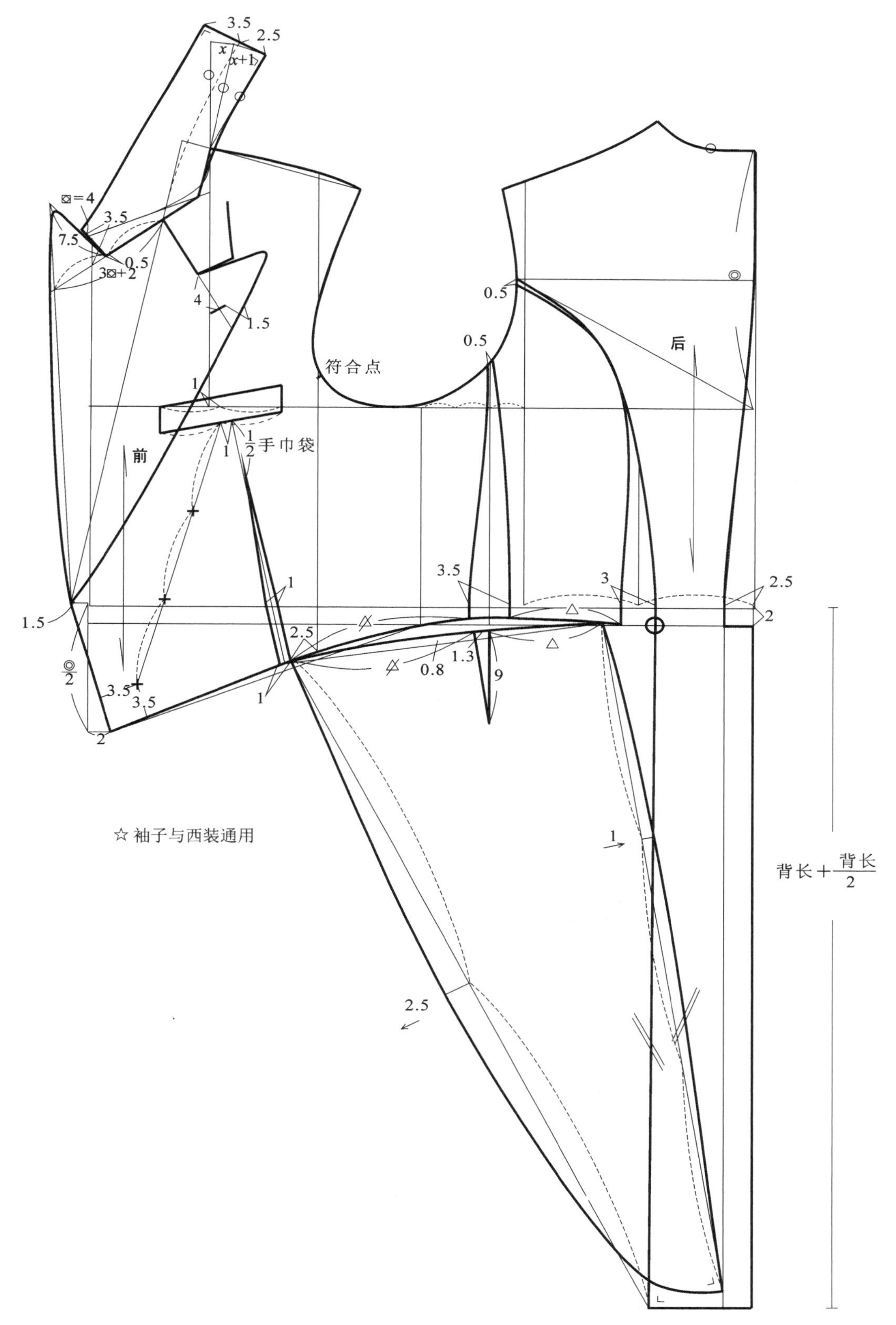

图 4-17　燕尾服纸样设计

外观图

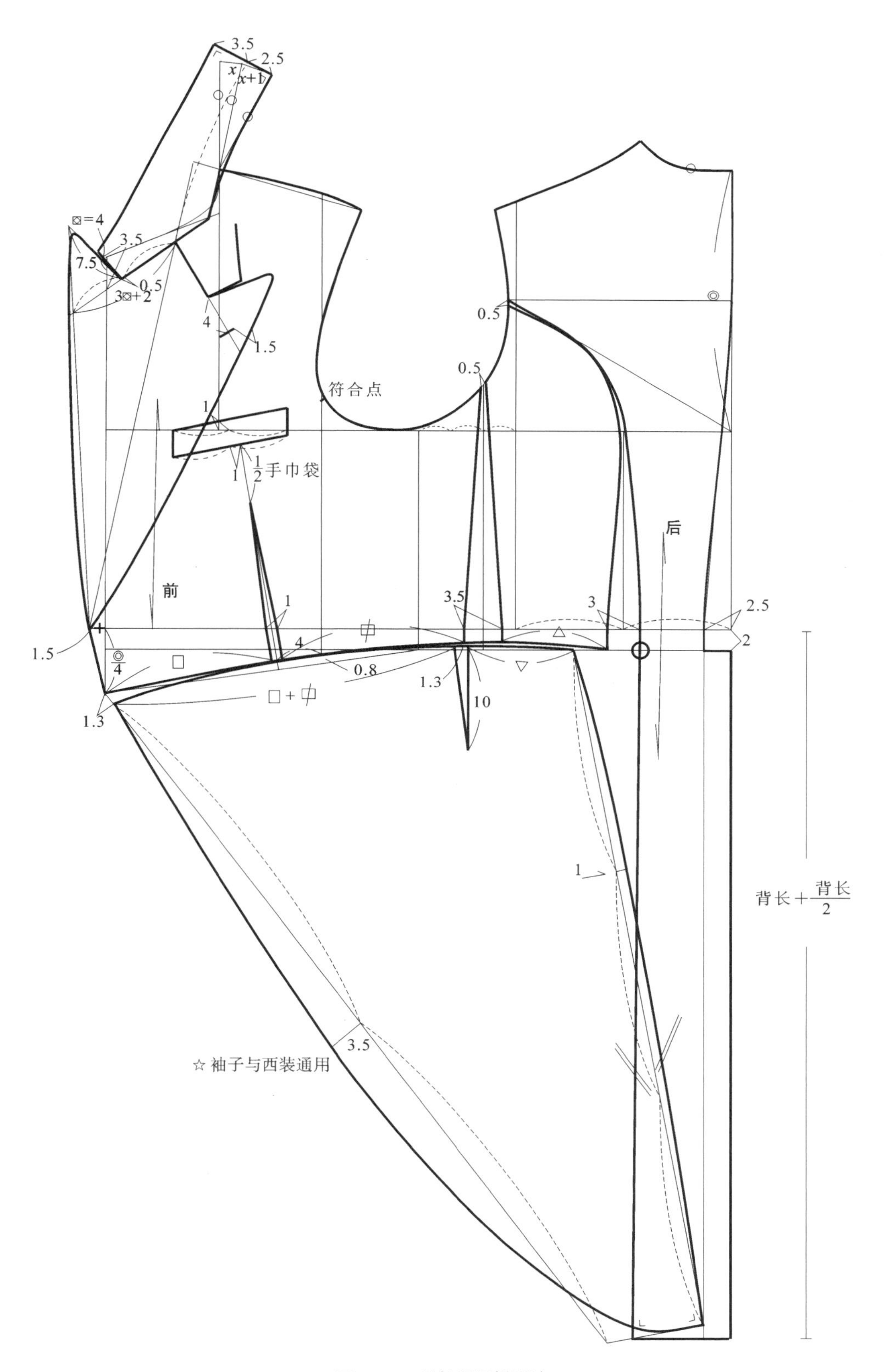

图 4–18　晨礼服纸样设计

§4-1 知识点

1.纸样分类设计是指同类型纸样的造型规律、结构特点和工艺要求的板型设计，而不是主观或习惯上的，它们体现在纸样设计规律的客观制约性。这其中面料起着决定性作用。如西装类根据礼服和便服分为精纺毛织物和粗纺毛织物、内衣类为精纺棉织物、运动类为针织物等。

2.西装松量控制在11~19cm，标准松量为15cm左右，基本纸样就是以此标准设计的，当想要大于或小于标准松量时，采用调整胸围大小的方法，即松量偏小时用净胸围减去0~2cm的基本纸样；松量偏大时用净胸围加上0~4cm的基本纸样。

3.西服套装、运动西装和休闲西装是西装的三种格式，即礼仪从高到低的格式。西装三种板型是指同一种西装款式有三种板型结构表达，即四开身、六开身和加腹省六开身，它们是从结构的简单到复杂区分的，同时具有传承性，结构越复杂造型设计空间越大，相反越小（图4-1、图4-2和图4-4）。

在三种板型的基础上，根据廓型的要求，可以处理成X型、Y型和欧板，处理方法是在六开身和加省六开身基础上展开。X型是通过平衡增加收腰同时加大摆量完成；Y型是通过切展平移增加肩宽，同时收紧下摆完成；欧板造型，以挺腹、弓背、垂肩为造型对象，纸样设计是在加省六开身基础上做撇胸弓背处理（图4-3~图4-7）。由此形成三种开身和三种板型的西装纸样设计系统。据此对包括礼服、外套的相关服装纸样设计具有基础地位和指导意义。

4.黑色套装、塔士多礼服和董事套装作为礼服西装，也是在三种开身和三种板型框架下实现的，只是不同于西装的三种格式，双排扣戗驳领和单排扣戗驳领是礼服格式的典型标志（图4-10~图4-12）。

5.中山装在国际社交界可以视为华人第一礼服。板型虽适用西装纸样设计系统，但它创立的无中缝三开身结构，四平八稳贴口袋的“毛服格律”被尊崇。在纸样设计上，完全纳入西装三种开身和三种板型系统中，成为制服板型设计的普遍规律（图4-15、图4-16）。

§4-2 背心纸样设计与应用

背心从男装的类别上看是主服的附属产品，属内衣配服，在礼仪上有普通背心和礼服背心之分。无论是哪种背心，它们都是配合上衣穿用，一般不独立作为外衣（专门的外衣化背心除外）。从结构上看，背心通常采用收缩设计，这是由它和西装的组合要求决定的。

1 普通背心

普通背心一般配合西服套装、运动西装和休闲西装穿用，因此又有三件套背心和休闲背心的区别，前者为与主服同质同色面料，后者为与主服不同的面料组合。当代社交由于对简约的推崇，普通背心有替代礼服背心的趋势。

（1）套装背心纸样设计

所谓套装背心是指和西服、西裤形成同一材质和颜色的配套背心。在形式上有五粒扣和六粒扣的区别，五粒扣背心为现代版，六粒扣背心为传统版。但它们的主体板型变化不大。

背心在总体结构上要进行收缩采寸的处理，按照纸样前紧后松的缩量原则，背心的收缩量集中在前身。围度收缩采用胸宽线到原侧缝线之间距离的一半确定为前身的侧缝。长度收缩从前肩线向下平移 2cm。后背缝收腰量比套装稍大些（2.7cm）。衣摆的设计，是从背心后身衣长的追加量、侧缝到前三角形下摆的追加量，均按照背宽横线到袖窿深线之间的距离为基础数据（△）依次推出。这种采寸的配比关系在造型上，具有美观和实用的意义。因为这些尺寸过长或过短都不具有合理性，过长由于围度收紧使腰部运动不方便；过短在运动中可能使裤腰带暴露出来，这是所有组合型背心所忌讳的。因此为这些尺寸的设计寻找一个合理的比例关系是至关重要的。运用背宽横线至袖窿深线的距离（△）作为下摆系列尺寸设计的基础数据的理论依据，主要是这个尺寸是人体上身长度比例关系的关键，而且它是通过胸围的关系式确定的配比关系值，具有客观性和稳定性，故此它在背心的纸样设计中具有广泛的应用价值。在整体纸样中后片比前片要长（不包括前三角形衣摆）是该背心的传统风格，同时，这种结构在侧缝设开衩，对腰部的运动起调节作用。

前领口和前肩会合处，以基本纸样前胸宽中分线的延长线为基础延伸出后领台，这种传统的结构主要是考虑后身采用薄缎面料，前身采用与西装相同的本料，在强度和弹性上后领窝显得不足，而通过借前身本料制成的后领台来加强后领窝的牢度且有弹性。同时也有提高领窝的作用，以达到内和衬衫企领、外与西装翻领的合理配合。但是，由于这种板型在缝制工艺上较为复杂，有时采用“各归其主”的处理方法，在后领窝内层加入牵条。当然不如前身借领结构讲究而成为背心古典结构的标志（图 4–19）。

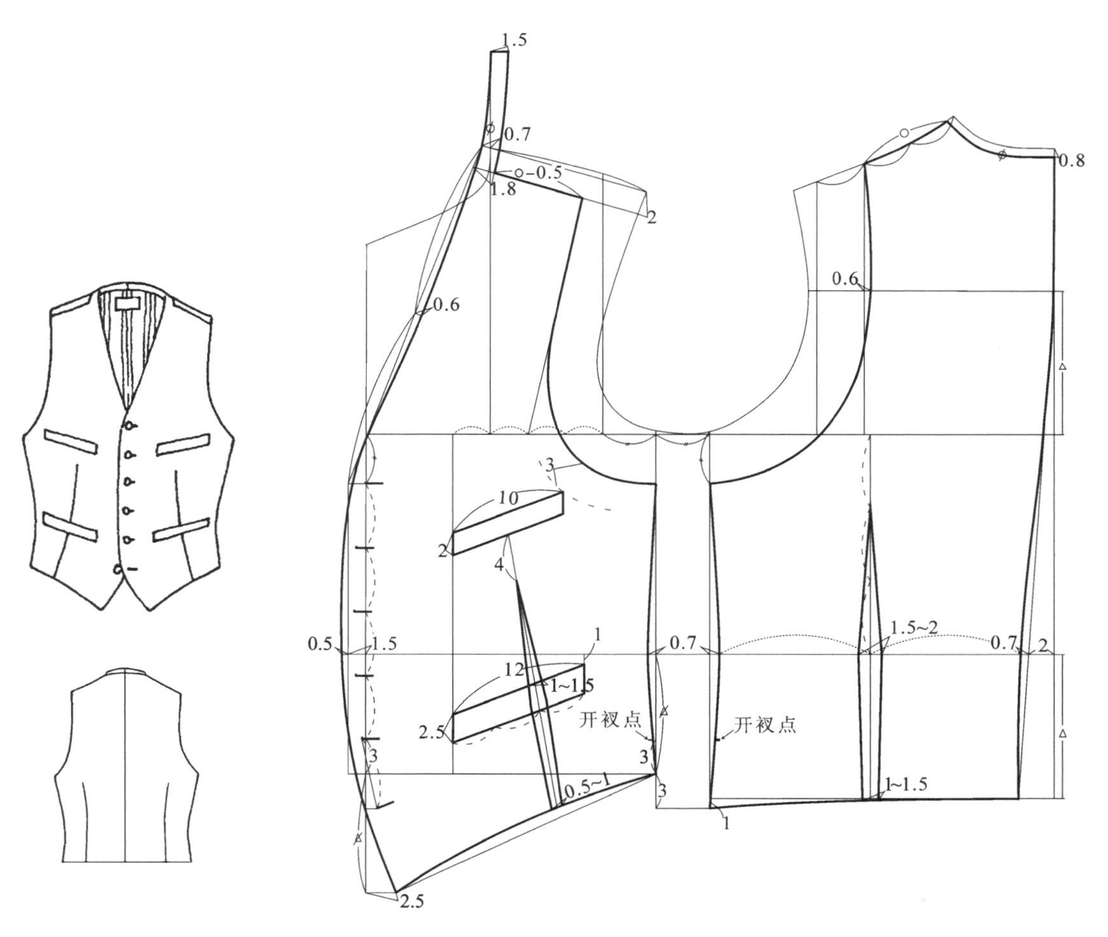

图 4–19　套装背心纸样设计

套装背心的V形领口深度和袖孔开的深度一致。袖孔开宽的追加尺寸采用如图4–19所示的后肩线比例尺寸，因为这样可以合理地控制背心的背部与人体背部的服帖。背心六粒扣位置的设定有玄机，它的最后一粒扣不设在搭门的扣位上，显然这粒扣不具有实用功能，而具有程式化的象征意义。实际上，它的功能是使前下摆左右襟开口增大，以增加腰部的活动空间。六粒扣位置确定的步骤如图4–19所示，先确定第一粒和第五粒扣，然后按等分原则找出第三粒、第二粒和第四粒扣的位置，最后按照已确定的扣距找出第六粒扣。如果设计五粒扣背心（见图4–20），扣位虽都在搭门的位置上，但最后一粒扣也习惯不系上，这和六粒扣背心不扣最后一粒扣是同样道理，因为背心最后一粒扣不系是传统绅士的标签。

（2）休闲背心纸样设计

总体上套装背心可以作为所有背心设计的基本纸样，故休闲背心利用套装背心，在后身衣长进行适当收短，门襟扣用五粒。前身腰部设计成断缝，形成上下两片结构，这是休闲背心的经典样式。其纸样处理方法是将前身腰线适当位置设断缝，使其下片合并腰省形成整片，断缝以上腰省保留，口袋设在腰部断缝位置，夹在断缝中间，并加装袋盖。前、后下摆用顺接结构，并在侧缝下端设3cm的开衩（图4–20，更多信息参阅《男装纸样设计原理与应用训练教程》）。

2 礼服背心

礼服背心从功能上看，逐渐从普通背心的护胸、防寒、护腰作用变成以护腰为主的装饰性礼仪作用。因此，它在纸样上，主要集中在对腰部的处理，甚至完全变成一种特别的腰饰设计。这是构成礼服背心形式的目的性要求，这种形式集中反映在晚礼服背心上。

（1）塔士多礼服背心和燕尾服背心纸样设计

塔士多礼服背心和燕尾服背心同属于晚礼服背心，在功能上有相同的作用。整体纸样在收缩量上和普通背心相同，纸样处理可以直接利用六粒扣套装背心作为基本型完成。衣长和前摆追加量的设计较为保守，采用背宽横线至袖窿深线距离的二分之一为基数推出后、侧和前摆的相关尺寸。由于整个下摆变短，侧缝下端不必设开衩。袖孔开的深度比普通背心增加1倍。后领窝可以采用“物归其主”的方法，将前领口伸出的领台部分去掉加在后领口上完成，最后订正前肩线小于后肩线0.5cm，为归拔处理提供条件。前领口开的深度至腰线以上2cm处，并设计成U形为塔士多礼服背心、V形加方领的是燕尾服背心。前襟设三粒扣，两者分解后纸样区别在前片（图4–21）。根据流行和爱好有时也设计成四粒扣，但扣距适当减小。

在塔士多礼服中，卡玛绉饰带是该礼服背心的代用品，也是梅斯礼服的必用品。由于它和晚礼服背心的功能完全相同，而且实用方便，备受欢迎而成趋势。在结构上也很简单，用丝缎面料折叠成宽12cm有4~5个等距的平行褶裥，褶的方向采用从下向上折叠。长度采用半腰围，两端用相同材料的带状结构固定，并加调节卡（图4–22）。卡玛绉饰带主要是和塔士多礼服配合使用，特别是和短款梅斯礼服组合成为一种公式搭配。它也常作为燕尾服背心的代用品，但要用白丝缎面料制作。

现代燕尾服背心常采用一种简化的背心造型，其纸样设计是将后身的大部分去掉，简化为与前身连接的系带结构。前身结构向腰部集中，不设口袋。前身的左、右片通过颈部简化成带状连接。V形领口覆加小青果领或小方领，搭门用三粒扣并且扣距缩短（图4–23）。它的进一步变化就和卡玛绉饰带相似了（见图2–26中简装版）。

（2）晨礼服背心纸样设计

晨礼服背心因为用在日间的正式场合，它的板型更具有实用性。其纸样设计仍在套装背心的基础上完成，衣长和袖孔结构与普通背心相似。侧缝设 3cm 的开衩。前襟采用平摆双搭门六粒扣，扣距根据前中线采用上宽下窄的形式。前身设四个口袋。领口用 V 形并覆加戗驳领或青果领。这种结构形式保持了传统的造型风格（图 4–24）。现代也常用一种简化的六粒扣小八字领背心或套装背心代替（见图 2–28 中第三、第四款，更多礼服背心的系列设计参阅《男装纸样设计原理与应用训练教程》）。

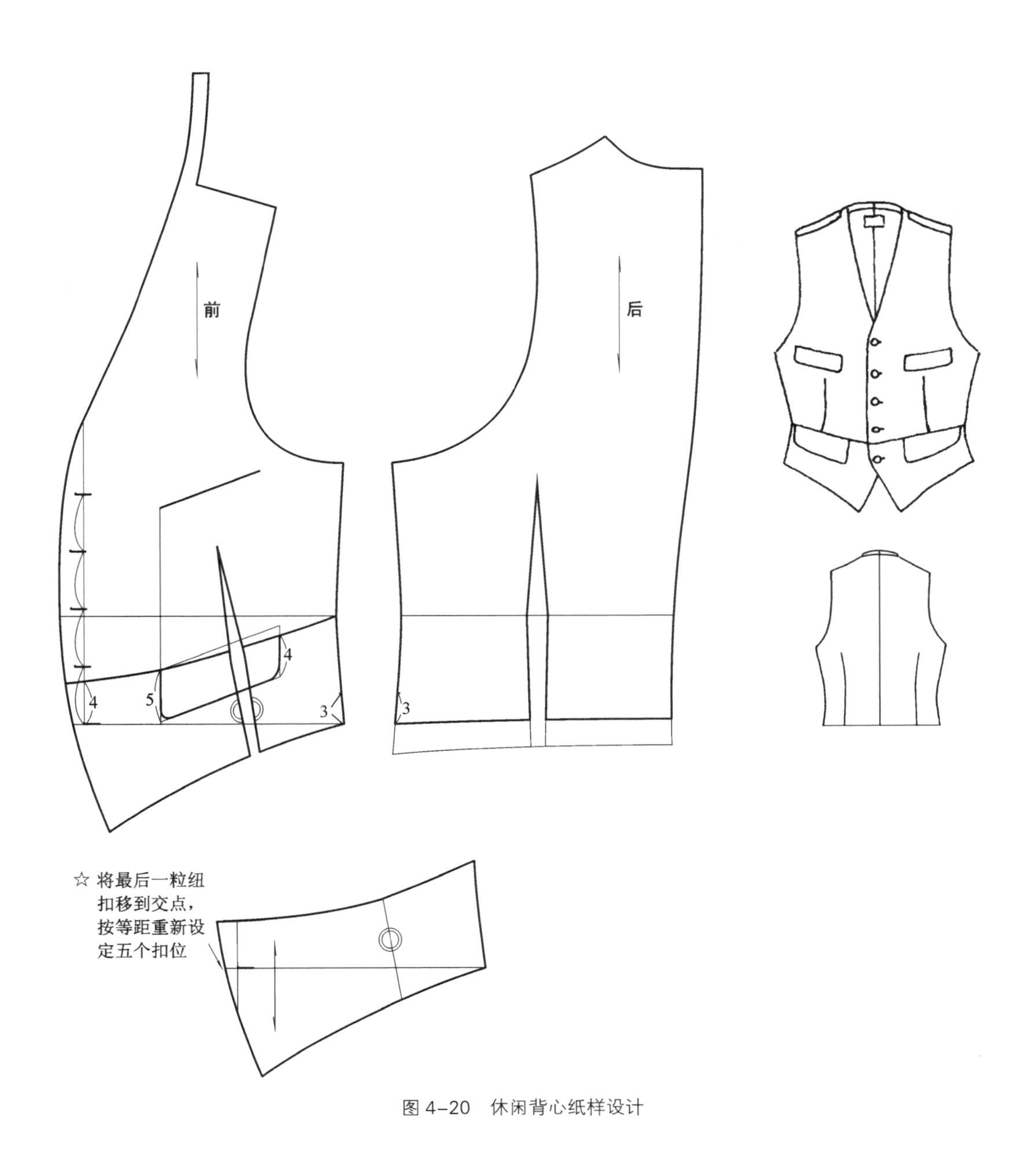

图 4–20　休闲背心纸样设计

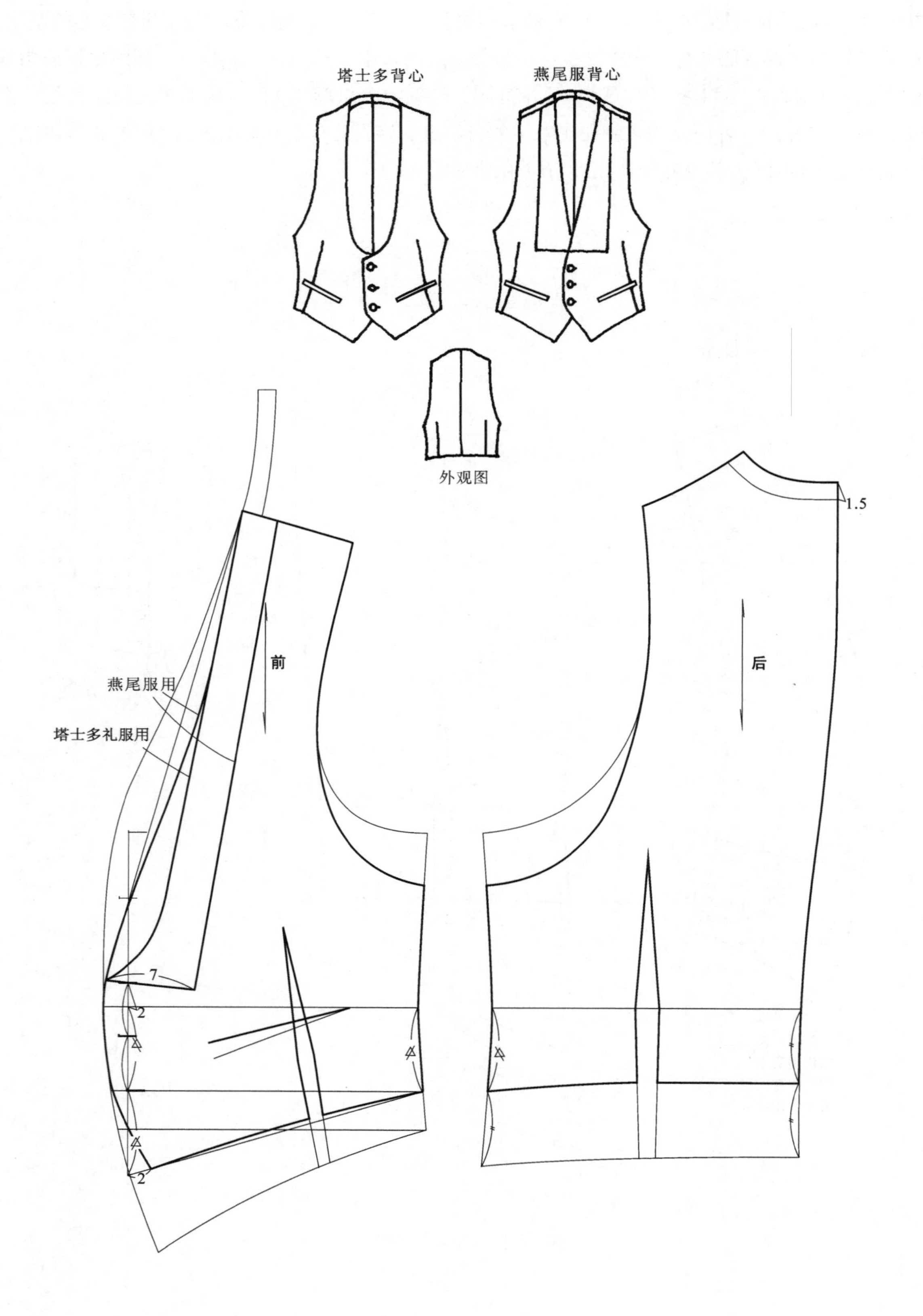
塔士多背心
燕尾服背心
外观图
燕尾服用
塔士多礼服用
前
后
1.5
7
2
2

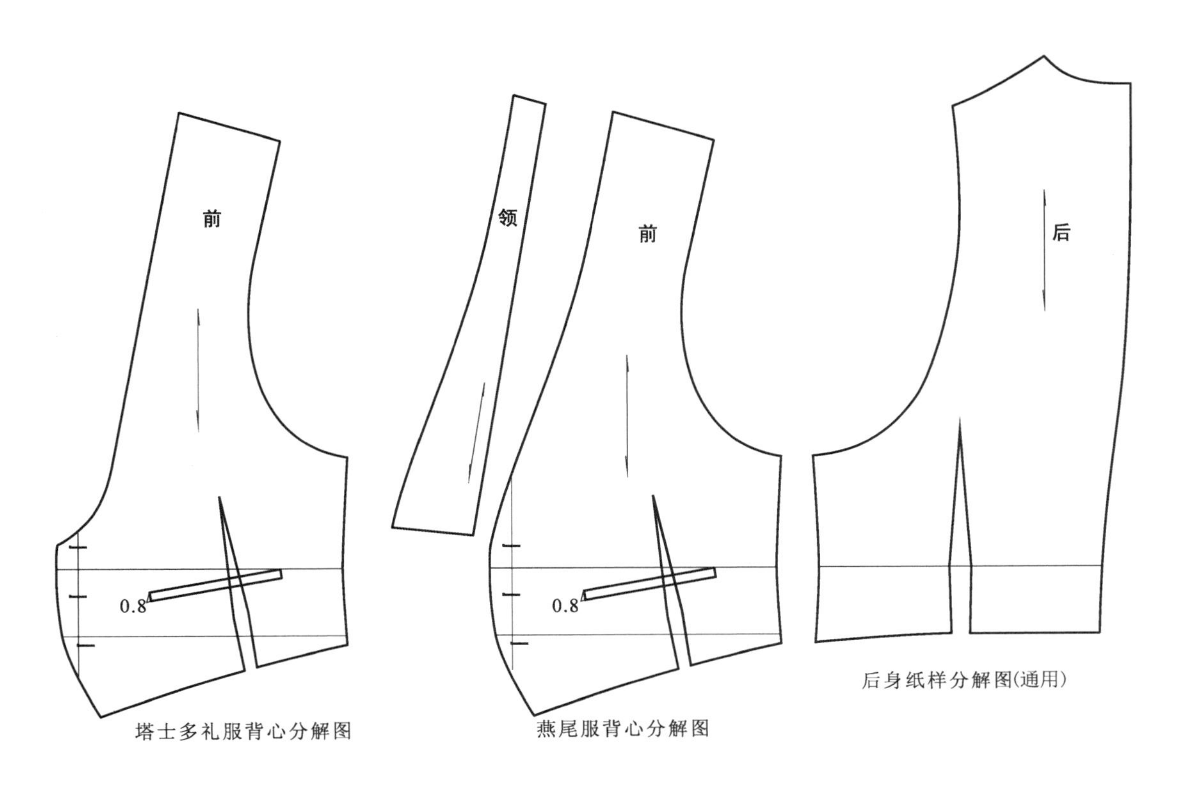

图 4-21　塔士多礼服背心和燕尾服背心的纸样设计

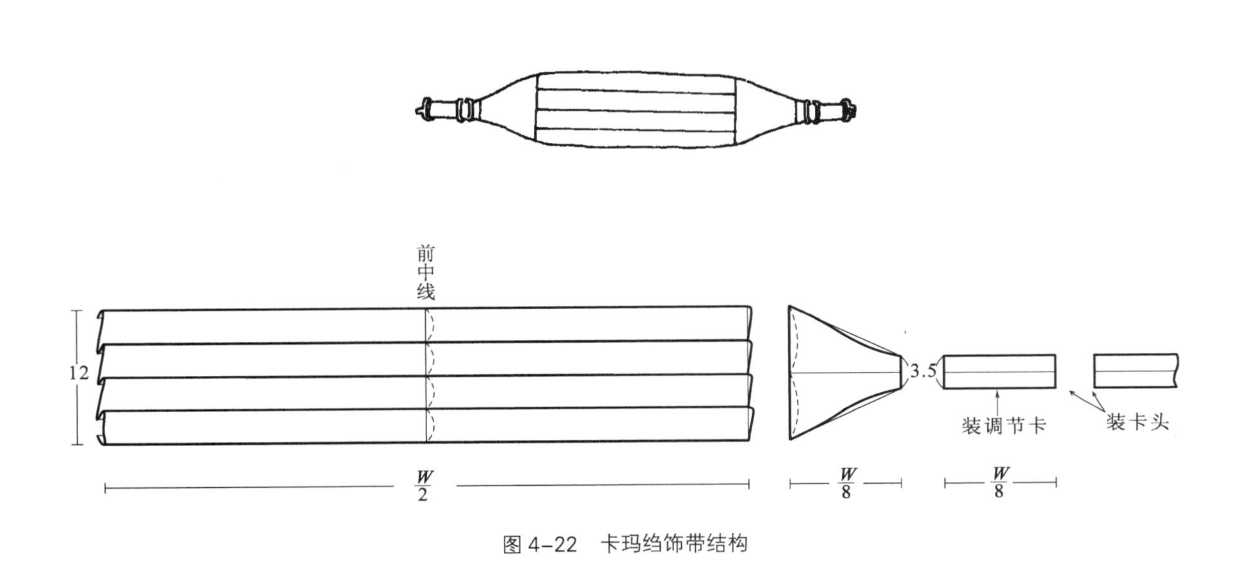

图 4-22　卡玛绉饰带结构

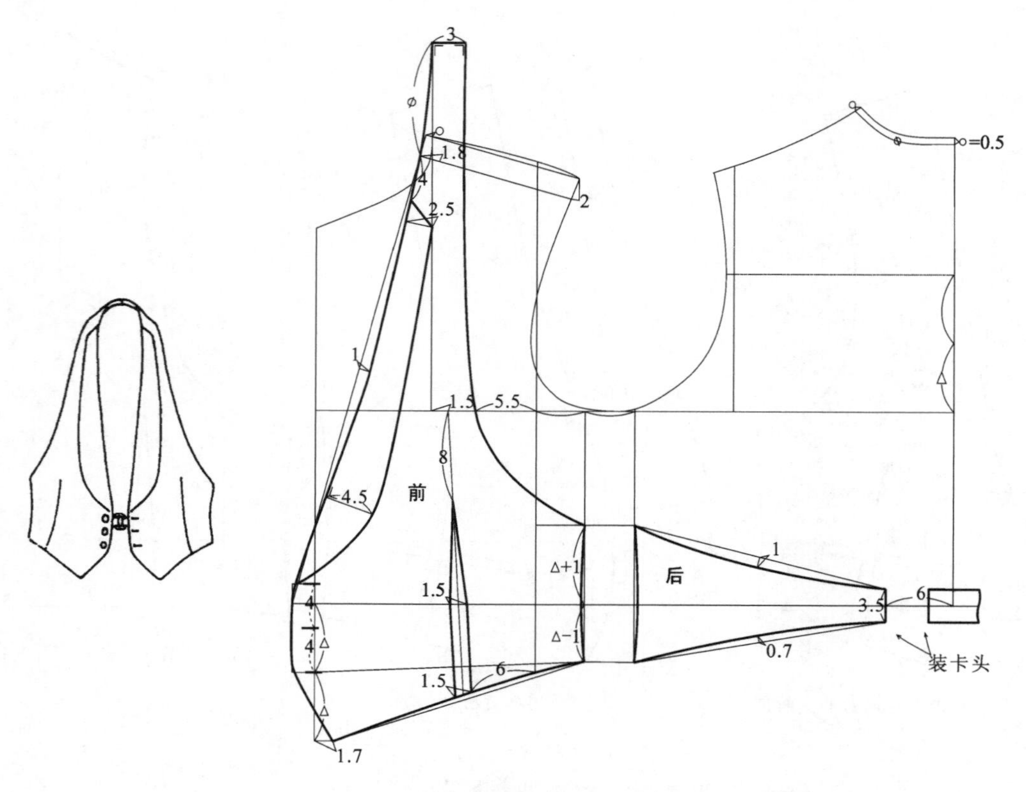

图 4-23　简装版燕尾服背心纸样设计

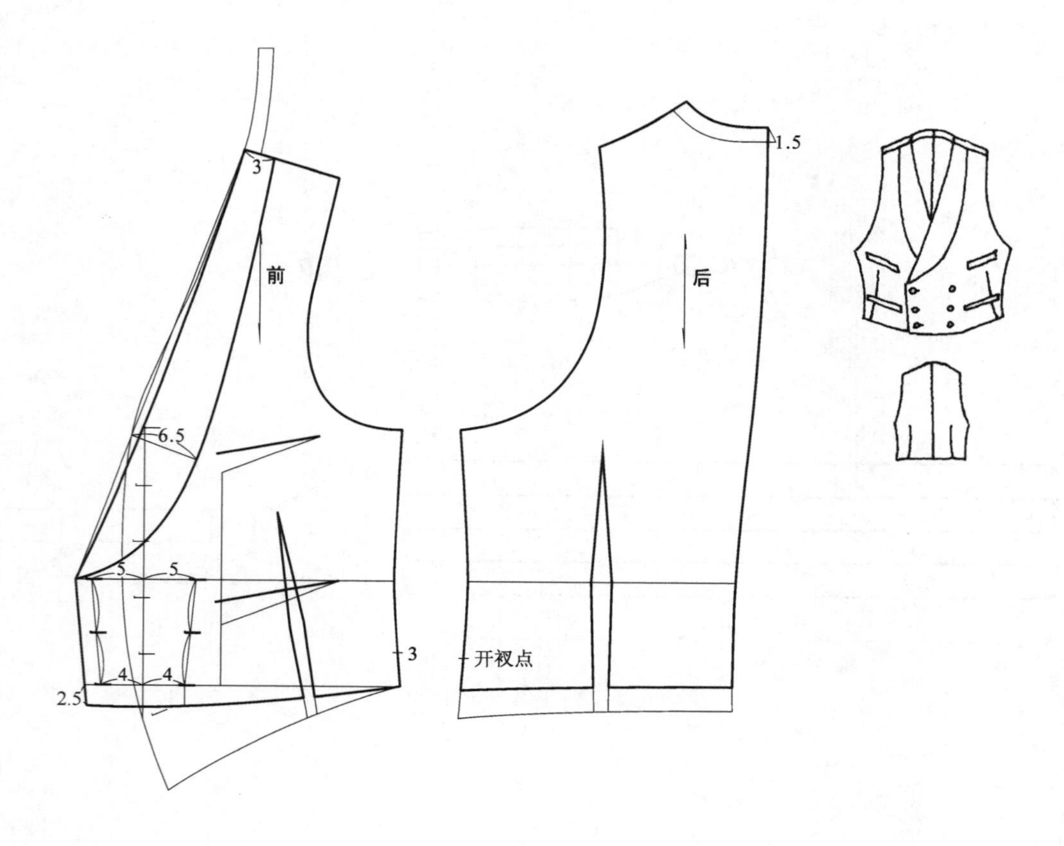

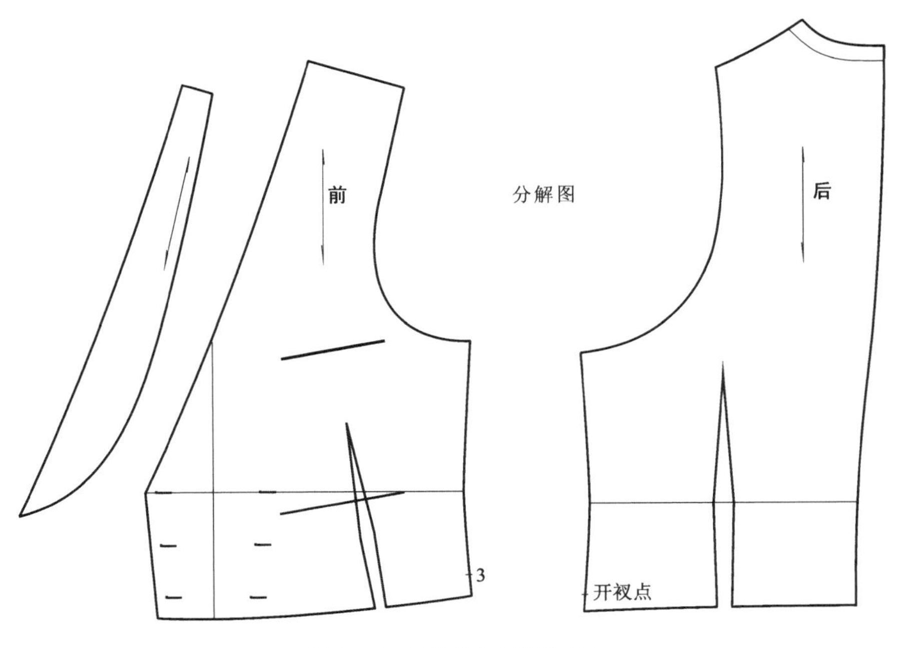

图 4-24　晨礼服背心纸样设计

§4-2　知识点

1.背心属内衣配服（一般不单独使用）。分晚礼服背心、日间礼服背心、套装背心和休闲背心。原则上晚礼服背心和日间礼服背心不能混用，因此要牢记各自的语言特征指导设计。

2.背心纸样设计，以六粒扣套装背心为基本型，其关键技术是前身连体领台结构设计。设计五粒扣背心只做纽扣调节即可完成；设计休闲背心采用五粒扣背心板型基础，做前身断腰夹袋结构处理（图4-20）；设计晚礼服背心，袖孔和下摆向腰部集中，领口，塔士多背心用U字形，燕尾服背心用V字形覆加翻领（图4-21）；日间礼服背心是在套装背心的基础上，采用平摆双搭门六粒扣，四袋设计，领口用V字形覆加翻领（图4-24）。

§4-3　衬衫纸样设计与应用

在内穿衬衫中，有礼服衬衫和普通衬衫的区别。除此以外，便装衬衫是指不产生严格搭配关系的外穿化衬衫，其纸样设计通常进行放量的处理，采寸也比较灵活，结构单纯而主观性强。它很少受程式化因素的制约，而进入大众流行服装的行列，也是户外服纸样设计的重要类型（参阅 §4-6）。礼服衬衫和普通衬衫是与包括礼服在内的西装、裤子具有严格搭配关系的内穿衬衫。其纸样设计往往要做少量的收缩处理，采寸设计受搭配服装的制约明显，结构虽然表现出复杂性，但规律性、系统性很强。

1 普通衬衫

这里所指的普通衬衫，没有便装的含义，它除了可以满足特定的礼仪要求以外，几乎和任何西装都能组合穿用。在板型结构上，它具有和礼服衬衫的共同特点。因此普通衬衫板型可以视为所有内穿衬衫纸样设计的基本型。

普通衬衫的纸样设计，后衣长是在基本纸样的基础上追加一个背长减去4cm，前身比后身短5cm，设计成前短后长的圆形下摆。前侧缝在基本纸样的基础上胸部收缩1.5cm，最大到3cm；下摆收缩2.5cm，最大到5cm。与此对应，后下摆收缩1cm，并保持稳定，同时前后侧缝做收腰设计（0.7cm）。这些尺寸的选择，都是为内穿化造型所设计的（衣摆放到裤腰内侧的考虑），也是礼服衬衫所特有的。首先，侧缝下端比胸部收缩量大（2cm），而且主要集中在前身，是考虑衬衫和裤子组合时，要将下摆放进裤腰里，因此衣摆量要尽可能接近臀围尺寸，不致造成很多褶皱堆在腰部，特别是前衣摆量收缩更大，这种功能显示的也更加突出。其次，下摆的前短后长设计，是根据人体前屈幅度大于后屈，从而保证后摆在运动中不易脱出，圆摆的造型也就自然成为这种功能的表现形式。

领窝的结构设计是很严格的。它是在基本纸样领窝的基础上，通过领围的五分之一减去0.7cm的公式确定后领宽的，其中领围尺寸不能理解成颈围，而是该衬衫规格的实际领子尺寸。也可以直接在基本纸样后领宽的基础上减去1cm，便可以获得衬衫的后领宽和领口曲线。后领窝完成之后，依次确定前领窝宽，其深度是在领宽基础上下降1cm。前、后肩线要通过肩育克设计并除。育克的结构是按后颈点至背宽横线的二分之一比例推算出来的，同时要按后肩抬高1cm，前、后袖窿的宽度适当缩小的结构进行。袖窿结构的设计是配合西装袖窿进行的，因此，它只能做收缩设计。衬衫前中线做3.5cm宽的明贴边，后中线做3.5cm宽的明褶，上端固定在育克线中，该明褶的功能是为手臂前屈运动时设计的余量。胸袋只设在左胸部。

袖子的纸样设计，主要是根据已完成的袖窿弧长为基数进行。袖山高采用该弧长的六分之一，约为西装袖山的一半（$\frac{AH}{3}$），前、后袖肥根据前、后袖窿弧长各减0.5cm确定，并完成袖山曲线。重要的是前袖山曲线在与前袖窿对应的凹进处应做同样的处理，同时整个袖山曲线的长在复核中与袖窿弧长大体相等（±0.5cm为合理误差），为肩压袖工艺并缉0.8cm明线提供条件。衬衫的袖长要比西装的袖长多4cm，因此，袖子纸样中所显示的袖长应该是袖片长加上袖头宽大于西装袖长4cm左右。袖片底边缝是根据袖头长加褶量确定的。袖头长度在没有规格提供的情况下，应是腕围加上10cm（包括搭门量和松量）。

衬衫的企领底线曲度设计较为保守，这主要是它和西装组合时要具有良好的立度所要求的，因此，领座底线上翘和领面底线下翘很接近。领宽的设计是根据企领在和西装翻领组合时，企领要暴露出2cm而确定的，领角造型要根据流行和主观愿望进行设计（图4–25，更多信息参阅本教材的训练手册《男装纸样设计原理与应用训练教程》内穿衬衫部分）。

在外穿衬衫的纸样设计中，其整体结构采用放量的设计。但确定领窝宽的公式和方法与内穿衬衫相同。袖窿深度有所增加。下摆、袖子、袖头、领型、口袋等都可以随流行和爱好进行设计，而不受内穿衬衫程式的影响，因为它们是两个完全不同的结构系统（参见本章“户外服纸样设计与应用”的相关内容）。

2　礼服衬衫

礼服衬衫和普通衬衫在整体板型上是相同的，它们的主要区别是领型、前胸和袖头（图 4–26）。

燕尾服衬衫的设计是在普通衬衫结构的基础上，前门襟采用暗贴边，前胸设 U 形胸挡。胸挡采用上浆工艺或材质较硬的树脂材料。塔士多礼服衬衫也在相同的位置设长方形或 U 形的胸褶裥，同时在前中线采用明贴边，贴边两侧的褶裥数在 6~10 个之间（数量无特别规定），也可以根据材质的不同确定褶的数量。

领型设计采用双翼领结构。由于这种领型几乎没有领面，双翼部分可以直接在立领的结构中设计。要注意的是立领的宽度要适当提高（5cm 以上），以保证衬衫领高出礼服翻领 2cm 以上。在双翼领结构中，也可以用传统的内外层组合的形式。其纸样设计是将衬衫领型设计成小立领结构，在加工时与衣片整体缝制，而额外设计的双翼领的领宽要比小立领宽出 2cm，并要单独与 U 形胸挡缝制，在穿用时是通过特制纽扣将它们固定。

礼服衬衫袖头（克夫）的设计是很有特色的，它采用双层复合型结构，称为法式克夫。袖头的宽度在结构上比普通衬衫宽 1 倍，在穿着时，通过对折产生双层袖头。袖头的系法和普通衬衫也不相同，它是将折叠好的袖头合并，圆角对齐，四个扣眼在同一位置，用链式纽扣分别串联。因此，小袖衩的缝制工艺与普通衬衫也有所不同，方法是将小袖衩与袖头连接时要翻折在袖子内侧，用袖头固定，注意这两种工艺造成了普通袖头褶量偏大，双层袖头褶量偏小，这是正常的。大袖衩和小袖衩在袖片上的连接工艺与普通衬衫相同，这样当袖头并接时结构更为合理（见图 4–26 袖片部分）。

晨礼服衬衫的设计，是在普通衬衫纸样的基础上去掉口袋，胸部没有任何装饰为素胸设计，明贴边变成暗贴边，领型采用双翼领，袖头用双层复合型结构（礼服衬衫更多的信息参阅本教材训练手册《男装纸样设计原理与应用训练教程》）。

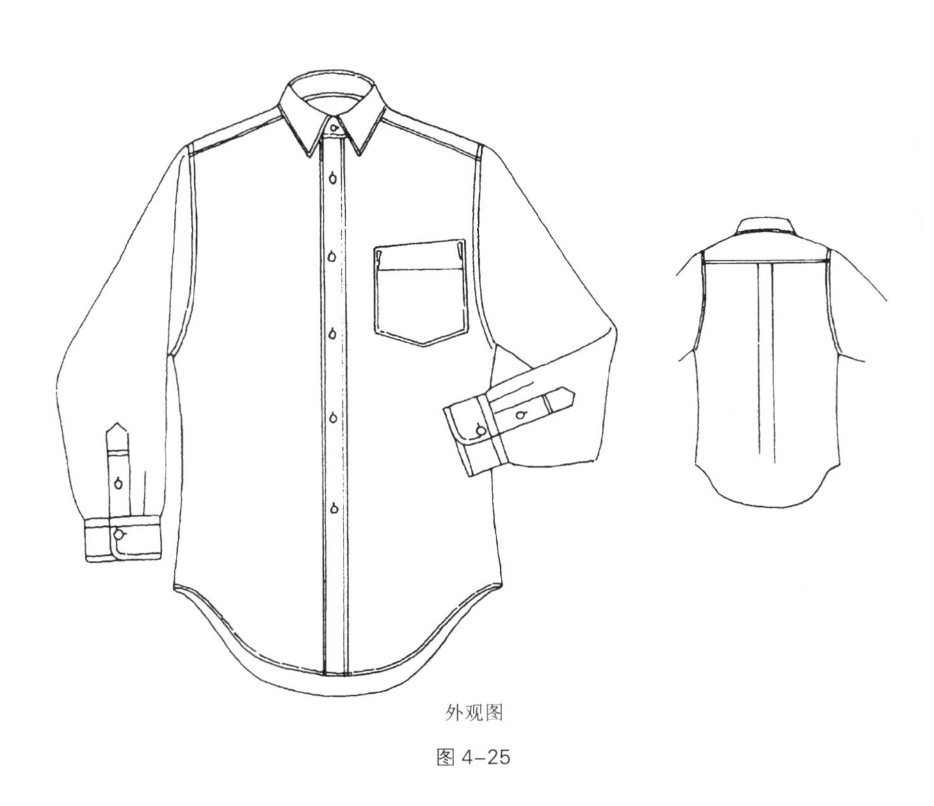

外观图

图 4–25

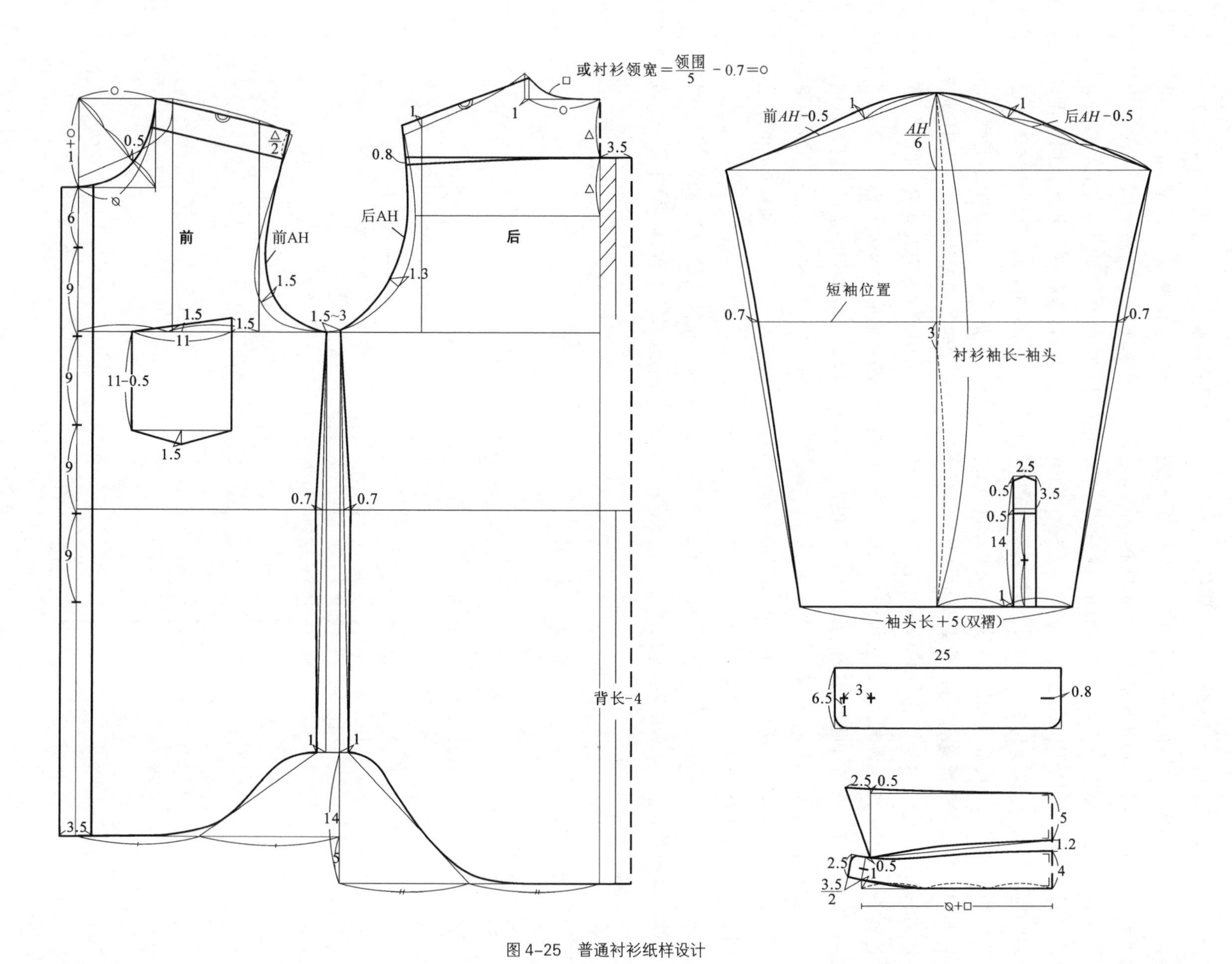

图 4-25 普通衬衫纸样设计

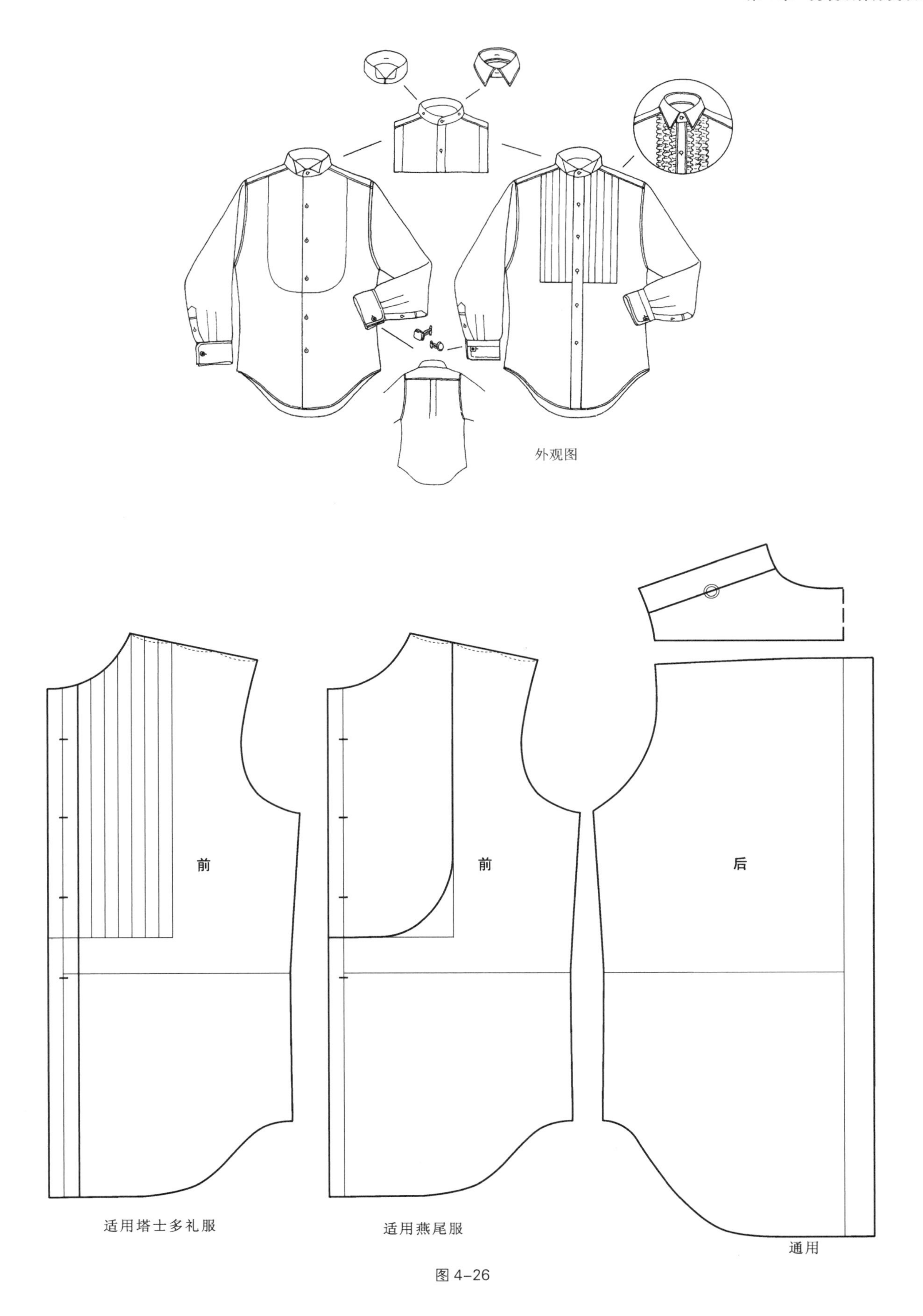

图 4-26

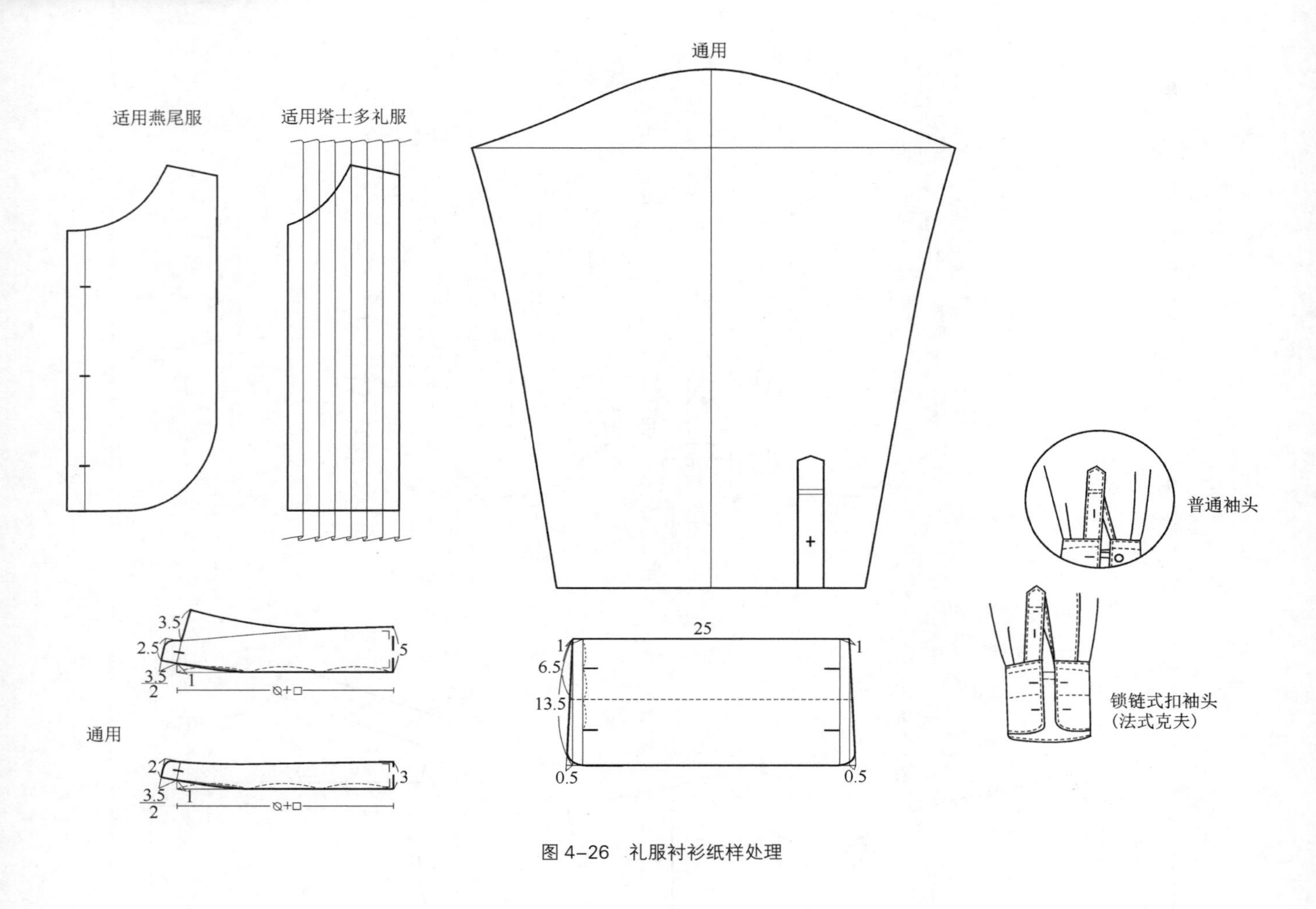

图 4-26 礼服衬衫纸样处理

§4-3 知识点

1.衬衫是指具有与包括礼服在内的西装和裤子严格搭配关系的内穿衬衫，它的关键尺寸，如领子、袖子、下摆和松量严格受西装和裤子结构的限制。

2.普通衬衫板型是整个内穿衬衫的基础板型。领口尺寸按$\frac{领围}{5}$–0.7cm或小于基本型后领宽1cm得出整个领口设计的基准数。必要时把已完成的企领纸样与理想的领子尺寸比对、调整以后确保准确。领子尺寸一旦确立，无论是普通衬衫还是礼服衬衫保持不变。

3.礼服衬衫和普通衬衫在整体板型上是相同的，在表达格式上，领型、前胸和袖头都有所不同。纸样处理在普通衬衫板型基础上进行，但在社交上局部格式不能简单通用，因为它有特定时间、地点和场合（TPO规则）暗示，设计也依此规则展开（参阅《男装纸样设计原理与应用训练教程》相关内容）。

§4–4　裤子纸样设计与应用

男装裤子分西裤和休闲裤两大类型，它们在设计、板型、工艺和面料选择上有所不同。一般来讲，西裤设计保守、板型细腻、工艺复杂、面料精致；休闲裤设计灵活、板型粗犷、工艺简练、面料朴实。这些对比很强的特点很容易判断，不过有一个识别的标志值得提示：西裤的腰头后中有接缝，以备体型改变调整之用，而休闲裤是没有的。因此，行业内也以此作为划分西裤和休闲裤的标志，也为社交界适用不同场合的选择提供了一个便于操作的符号。

总体上裤子的板型是比较定型的，在日常生活中，几乎所有的场合都可以采用基本裤型。从礼服到便装的区别，也只是在局部做特别的处理或选择不同的颜色和质地。在便装中可以根据流行和主观愿望选择锥型或喇叭型板型，在具有专业性的裤子设计中，应采用符合这种专业特点的纸样设计，如马裤、高尔夫裤等，不过它们都是在裤子基本纸样的基础上发展而来。

1　裤子的基本板型

裤子的基本板型具有广泛的代表性和普遍的结构原理，因此，它在男装中也可以作为裤子的基本纸样，廓型为H型。根据这种客观要求，其结构的处理方法，主要采用由臀围尺寸作为基本参数来确定各部位的比例关系。这对裤子结构的理想化、标准化、规范化的确立和应用裤子结构的基本原理具有广泛的实用性和美学价值。

首先体现在裤子臀部结构的比例关系上。前、后裤片是在$\frac{H}{4}$+2.5cm的比例分配中确定；前小裆宽是通过$\frac{H}{12}$确定的横裆线和臀围线间的距离取其中的三分之二完成的；后裆宽的追加量是该距离的二分之一；后中立裆线的倾斜度是通过后中辅助线至后裤线距离的中点完成的；后翘采用$\frac{H}{24}$−0.5cm获得。从这些尺寸的设定来看，几乎都和臀围有关系，这在造型的实用美学上是很有意义的。因为，比例本身就具有造型的美学价值，同时，在人体自然生理生长规律的制约下，臀部的大小对它所影响的区域是呈正比的。因此，在正常裤子结构中所采用的臀围越大，横裆越宽，后裆线倾斜度越大，后翘也越高，这种自然状态下的比例关系就构成了裤子结构设计的基本原理。这对任何裤型的纸样设计都具有指导意义。

在裤子的基本板型中，另一个特别处理的地方是股上尺寸（立裆）。在确定立裆时要保持在小于实际股上尺寸3cm，这并不是指腰头的宽度。它意味着成衣裤子的立裆要比实际股上尺寸短3cm，加上腰头宽3cm也在腰围线以下。它的功能在于，裤子立裆小于股上尺寸，在穿着时使裤腰自然向人体的实际腰部移动，促使横裆贴近人体。这在运动功能上是合理而有效的，因为立裆超出人体的股上尺寸越多，裤裆越远离人体，对下肢运动的牵制力就越大。由此看来，无论是采用贴身还是宽松的裤子造型，其立裆结构都是相对稳定和保守的，这对改善它的运动机能是很有利的。值得注意的是，根据股上尺寸减小会使腰围变大的原理，不应选择实际腰围尺寸，而应该比实际腰围尺寸稍大，一般采用实际腰围加上约3cm的尺寸。

裤子的廓型采用H型裤口和标准裤长，前腰裤线位置设一活褶3.5cm，前身左右设斜插袋，后身设两省（1.7cm+1.3cm）和左右各一个单嵌线的口袋，并只在左袋上设扣眼。裤子的袋口尺寸要以掌围+8cm的二分之一作为参考，也可采用西装口袋减 1cm 获得（约 14cm）。腰带襻的最佳设计，应考虑臀部前屈时活动量大的需要：在后裤线上端、后身两省的中间、侧缝和前裤线上端各设一个腰带襻。裤筒等系列尺寸依据给定的裤口尺寸（43cm）依次推出前裤口、前中裆线、后裤口、后中裆线系列尺寸（图 4–27）。最后依据各尺寸参数画出裤子制成线。

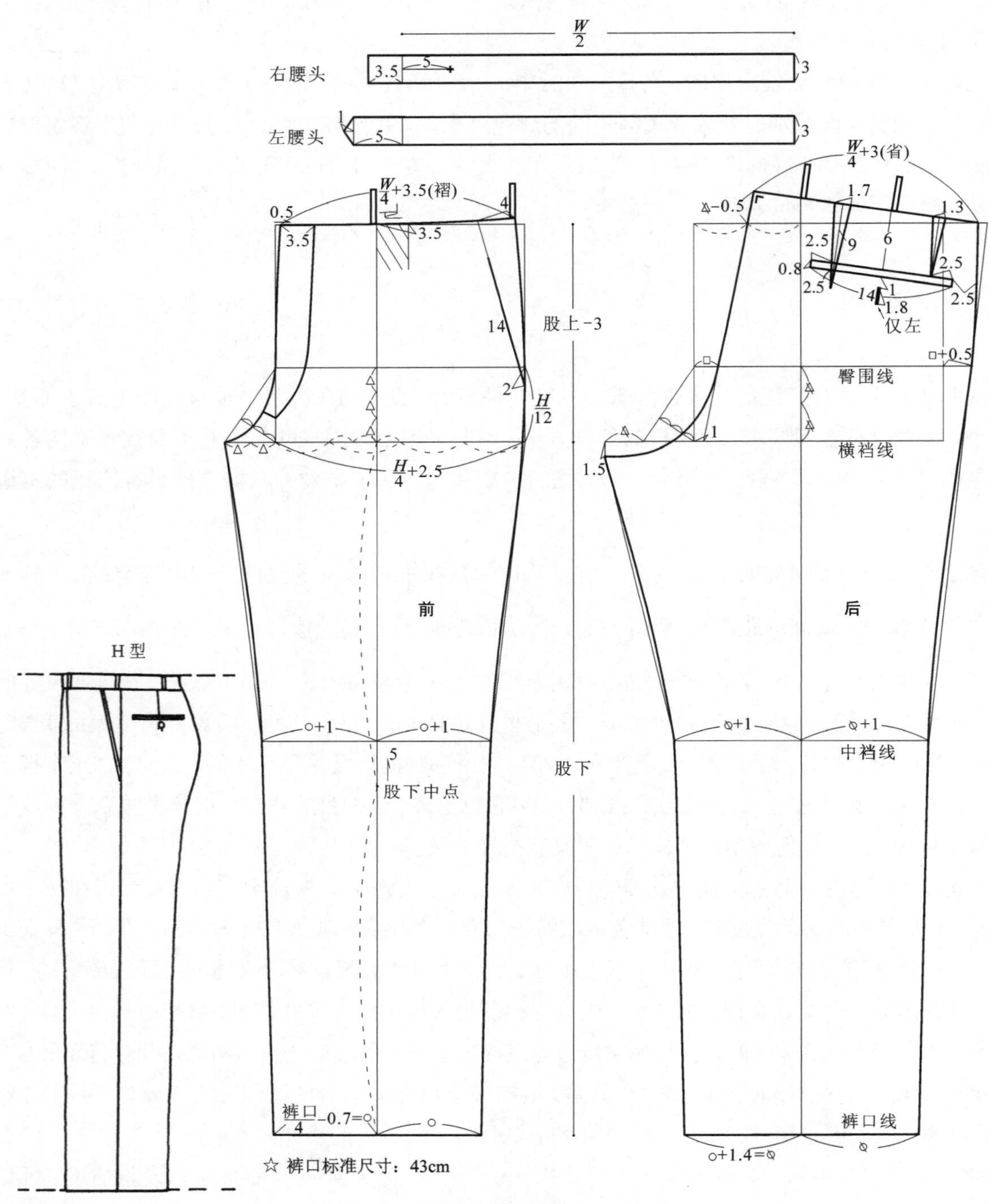

图 4–27　裤子基本板型设计（H 型）

礼服裤的板型整体上和基本板型相同。晚礼服只在裤子的侧缝处增加丝缎材料的侧章，燕尾服两条，塔士多礼服一条，同时将斜插袋变成侧面直插袋。裤脚不得采用翻脚裤结构（更多信息参阅《男装纸样设计原理与应用训练教程》）。

上述裤子基本板型的腰线处理是采用“定褶定省”的主观设计方法，它的问题是，这样无法适应不同规格或对象的纸样设计。因为褶量、省量完全是主观的、经验的，只有在腰臀差与这种主观尺寸大体吻合的时候，板型外观才显得合适美观，一旦体型或规格尺寸与主观设计不吻合，就会显现出明显的变形情况，如胸腰差为 0 的 E 体型、胸腰差偏大的 Y 体型，就会出现定褶、定省的不适应，这是纸样设计应尽量避免的。解决这个问题的有效办法就是要把握控制板型外形尺寸，平衡分配局部尺寸的原则：

首先，在前裤片前中辅助线进行收腰 0.7cm，前侧辅助线收腰 1.5cm，即约信数关系由此将纸样的外形尺寸控制在最佳状态。在此基础上获取腰线$\frac{W}{4}$的尺寸，剩余部分就是褶量，单褶量的理想尺寸控制在 3~4cm，如果超出此范围，可以在前中线和前侧缝的收腰量中平衡分解。

后裤片用同样的处理办法。在既定的后中斜线、后翘量调整为$\frac{H}{24}$和臀围公式（$\frac{H}{4}$+2.5cm）不变的前提下，腰辅助线与后侧缝辅助线在腰的水平辅助延长线上会合，使腰线形成一种非常客观的状态。如果后侧缝理想收腰量在 1cm 的话，除去$\frac{W}{4}$尺寸，剩余的量就会很容易确立省设计的方案：余量偏大（2.5~4cm）可用两省设计，如果余量偏小（1~2.5cm）可用一省设计。如果超出最大或最小的理想省量，还可以通过后中线和后侧缝平衡收省调解，甚至前、后裤片相关部位通盘考虑，这种平衡原则使理想板型的设计空间几乎成为无限大。包括口袋、裤口、中裆等局部尺寸设计都可以遵循这个平衡原则。如裤口尺寸不采用给定尺寸，采用前片臀宽尺寸五分之四加 1cm（$\frac{4}{5}\triangle$ +1）推出前后片相关尺寸，这对不同规格的适应性与稳定性更有意义（图 4–28）。可见尺寸的外形控制和平衡分配的原则具有纸样设计的适应性。

2　裤子基本板型的两种廓型处理

在男装裤型中有三种基本廓型，即筒型、锥型和钟型，用英文字母表示为 H 型、Y 型和 A 型。基本板型属 H 型，在需要设计其他两种廓型时，可以将基本板型作为裤子基本纸样，按照各自的结构特点进行设计。

锥型裤也叫萝卜裤，它根据一般造型规律，通过扩充臀部，提高腰位，收缩裤口来实现。为了加强这种造型风格，在结构处理上，用剪切的方法在腰部增加到两个褶量（总褶量在 5~7cm），腰位在基本纸样的基础上提高 2cm，同时收紧裤口。臀部可将原来的两个省合并成一个省（要根据腰臀差量而定，差量大时，仍要保持两个省）。要注意的是随着腰位的提高，裤子的腰围尺寸要适当缩小，裤线要重新修正使其在中裆线和裤口处保持两边对称（图 4–29）。在这个基础上可以根据流行和爱好设计出更富有流行意味的锥型裤造型（参阅《男装纸样设计原理与应用训练教程》）。

钟型裤也叫喇叭裤，它的造型特点和锥型裤正好相反，即收紧臀部，降低腰位，扩充裤口。在结构上，运用裤子的基本纸样，在臀部和髌骨线（中裆线）处做收缩处理，腰位同时降低 2cm 并去掉前褶。裤口起翘加宽的同时增加裤长至脚面，并将裤口修正成前凹后凸的曲线。低腰配合平插袋设计，后袋采用加袋盖嵌线右袋设计（图 4–30，参阅《男装纸样设计原理与应用训练教程》）。

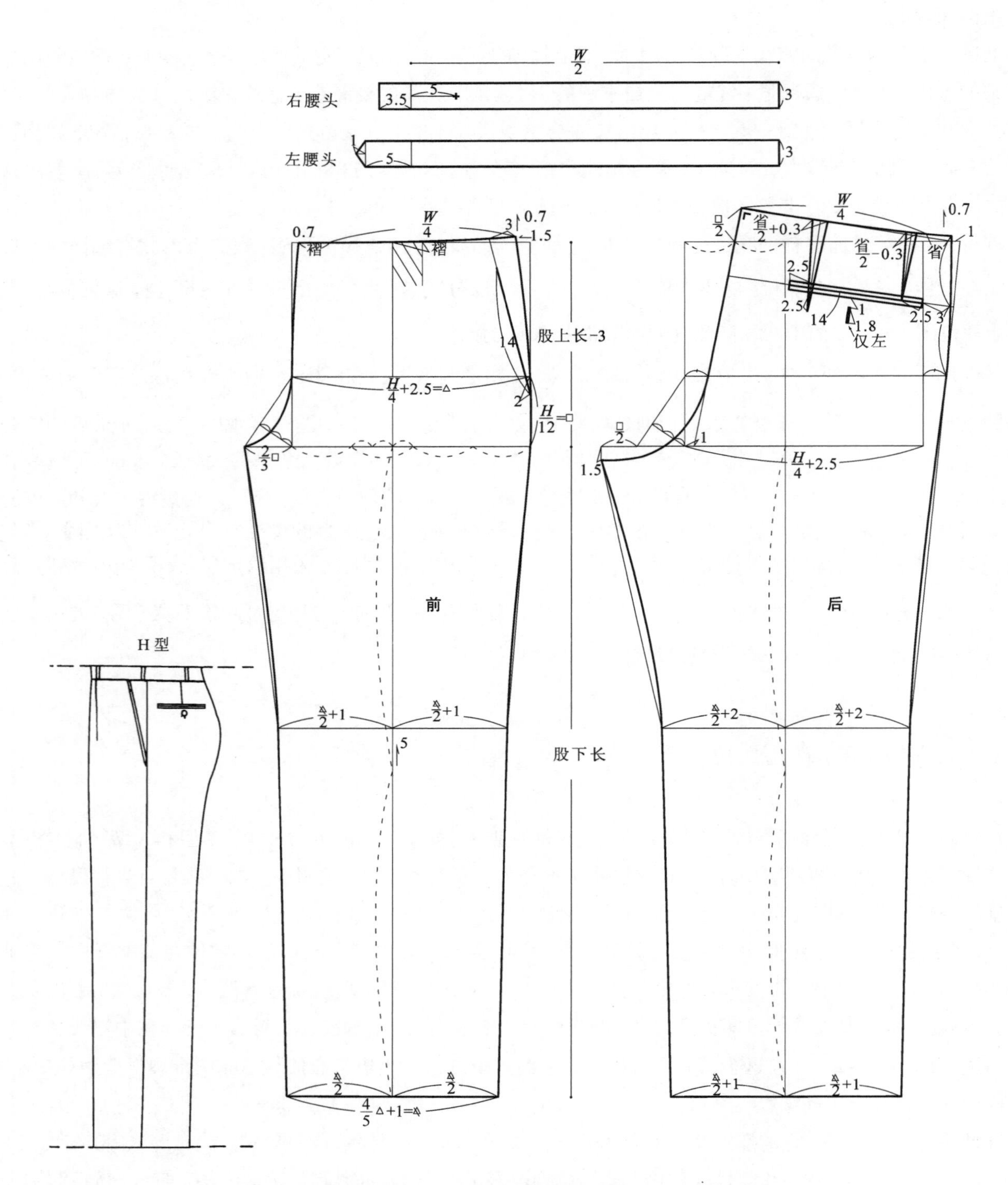

图 4-28 利用尺寸外形控制与平衡分配原则设计 H 型裤子纸样

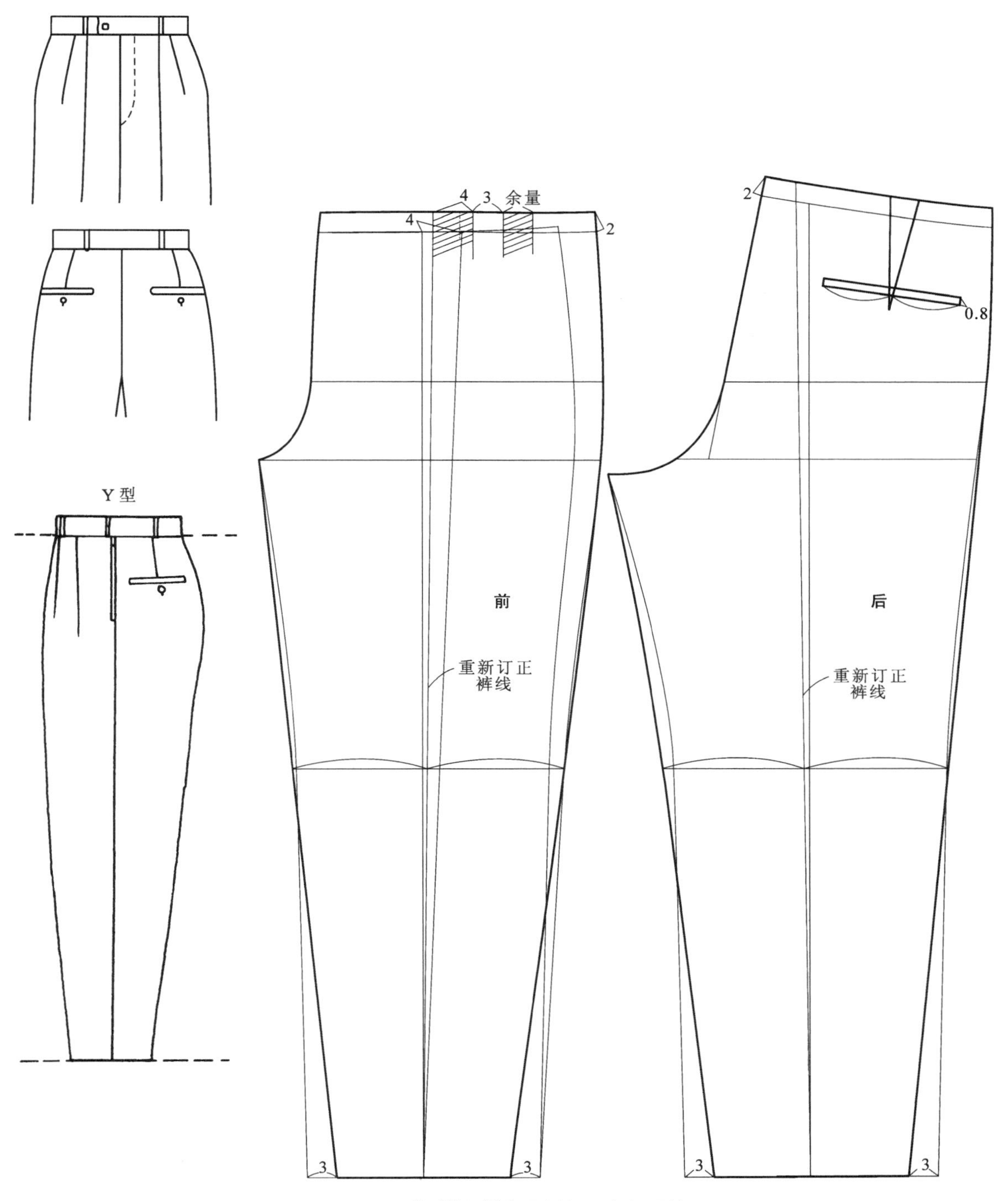

图 4–29　锥型裤纸样处理（从 H 型到 Y 型）

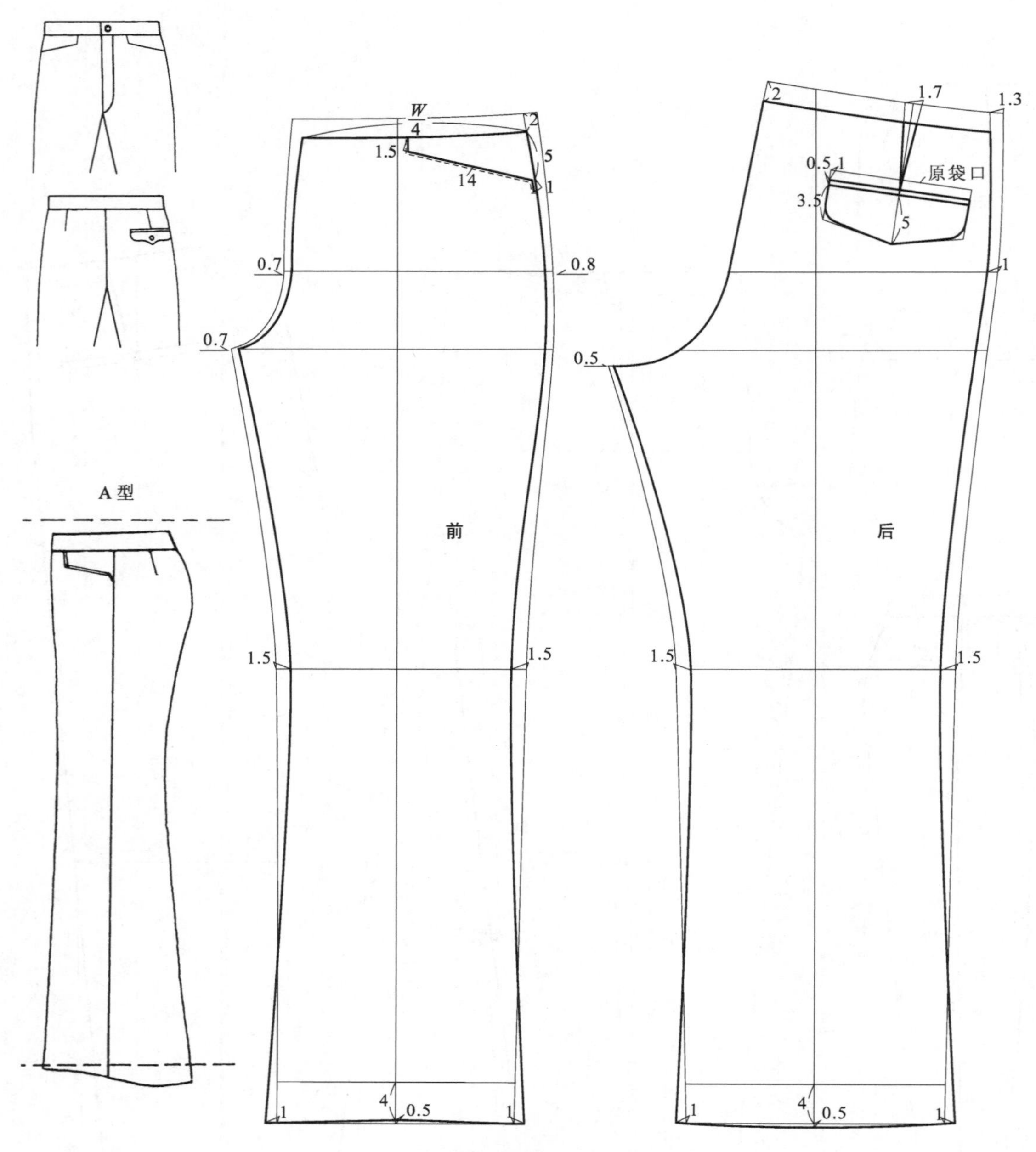

图 4-30　钟型裤纸样处理（从 H 型到 A 型）

牛仔裤也属于这种板型，它的经典格式是李维斯 501 型，即后臀部设育克，左右对称两个剑形贴袋，前侧腰设曲线型平插袋，右侧内藏方贴袋。纸样处理，后身由两省长度不同而形成的后低侧高育克线，并通过单省转移形成育克线的省缝结构，另一省在后中和侧缝分解掉，口袋角度不变平移到育克线以下。前身如图 4-31 所示通过收缩松量分省处理去掉腰褶量，做曲线平插袋，内侧小贴袋只设在右侧平插袋中，这种组合已成为 501 牛仔裤的经典板型（图 4-31，更多信息参阅《男装纸样设计原理与应用训练教程》）。

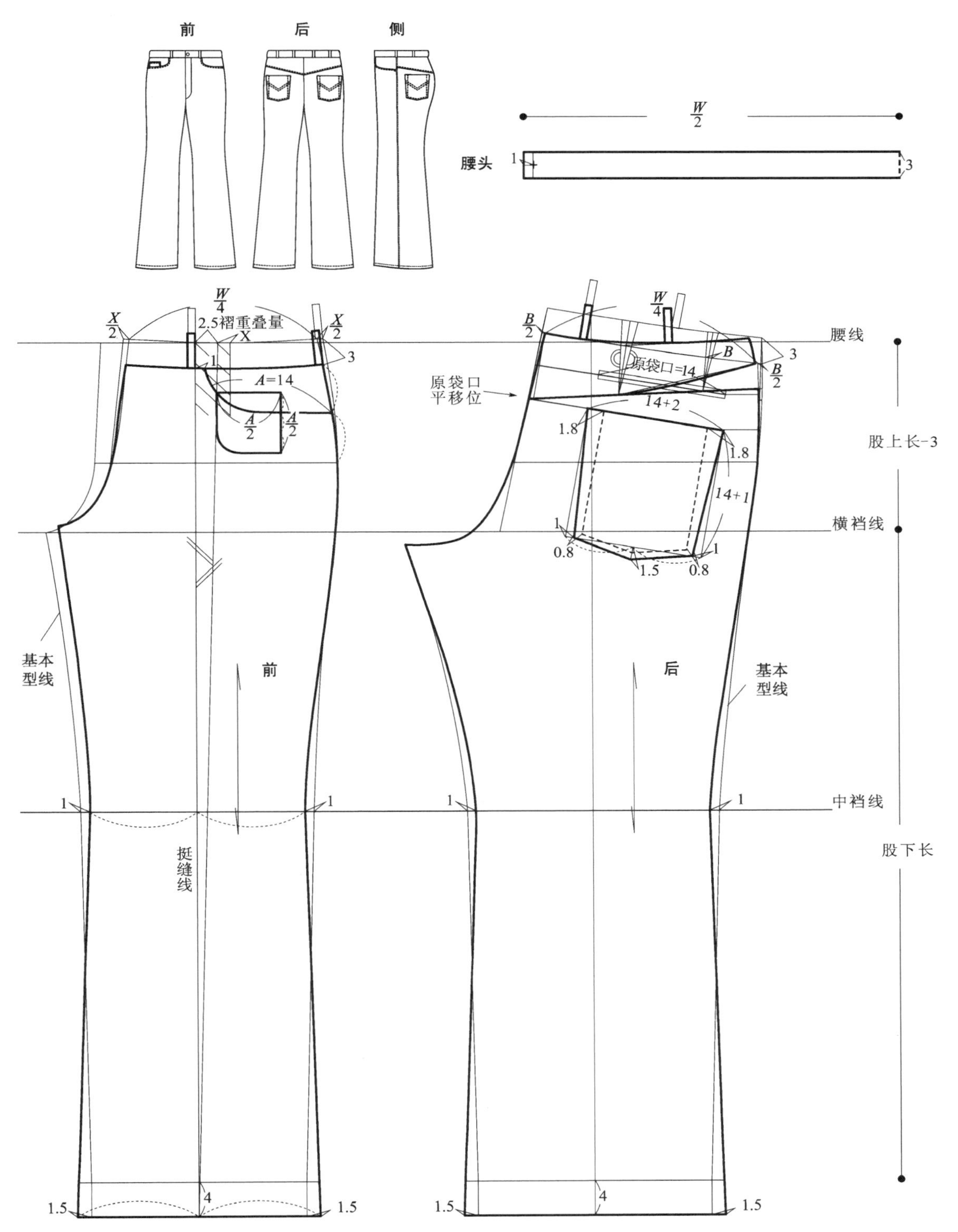

图 4-31　标准牛仔裤纸样设计（从 H 型到 A 型）

3　马裤纸样设计

马裤在裤子结构中是最复杂的。由于骑马的功能要求，两腿的内侧和小腿都要做贴身的结构处理并用耐磨面料。首先，利用裤子的基本纸样将前片增加 1.5cm 的膝盖凸度，这种处理也促使小腿结构向内侧倾斜，这正符合小腿的自然形体状态。在此基础上，以修正后的前小腿中线和减短的裤口线，即利用足围四分之一的比例作为基本参数，设计前裤口和膝部结构。侧缝凸型曲线是为大腿和臀部运动设计的宽松环境，但要配合收掉腰褶和小腿中部结构的处理进行设计（图 4–32）。

后裤片开始的结构处理和前片相同。但是由于小腿在膝关节的作用下后部和前部膝部纸样构造正好相反，即后部呈凹进的状态。因此，在马裤后片结构的处理上，以髌骨线为基础做上下分离的结构设计。并且上下断缝必须采用凹曲线设计，双凹曲线凹进的最大反差的位置应设在后裤线和髌骨线的交叉点上下，因为这是产生后部膝关节运动机能的最佳位置。这部分的横宽尺寸是运用足围四分之三减 1.5cm 的比例作为参数。从前后参数的比例看，很显然马裤后片小腿和前片小腿的结构采用的是后身借前身互补关系的设计，这对马裤小腿合体和侧面隆起的立体造型具有重要作用，它改变了侧缝单一的曲线形成前后跨越式复合性曲面，这是形成马裤立体造型的结构基础。后身小腿结构为了达到全面合体，在后裤口线上收两省，省量各为 3cm。这个尺寸是通过四分之三足围减去 1.5cm（调节量）获得的，6cm 的两个省量含在其中。这种结构由于裤口会小于足围在穿脱中会阻止脚的通过，因此，马裤设小腿搭门是很有必要的。马裤口袋设计很特别，基本原则是简化而私密，故只保留前袋并设封扣（图 4–32）。马裤小腿结构很合体，特别需要量体订正某些尺寸，才能达到理想的效果，因此，马裤作为高端定制产品不宜采用大批量的工业化生产。

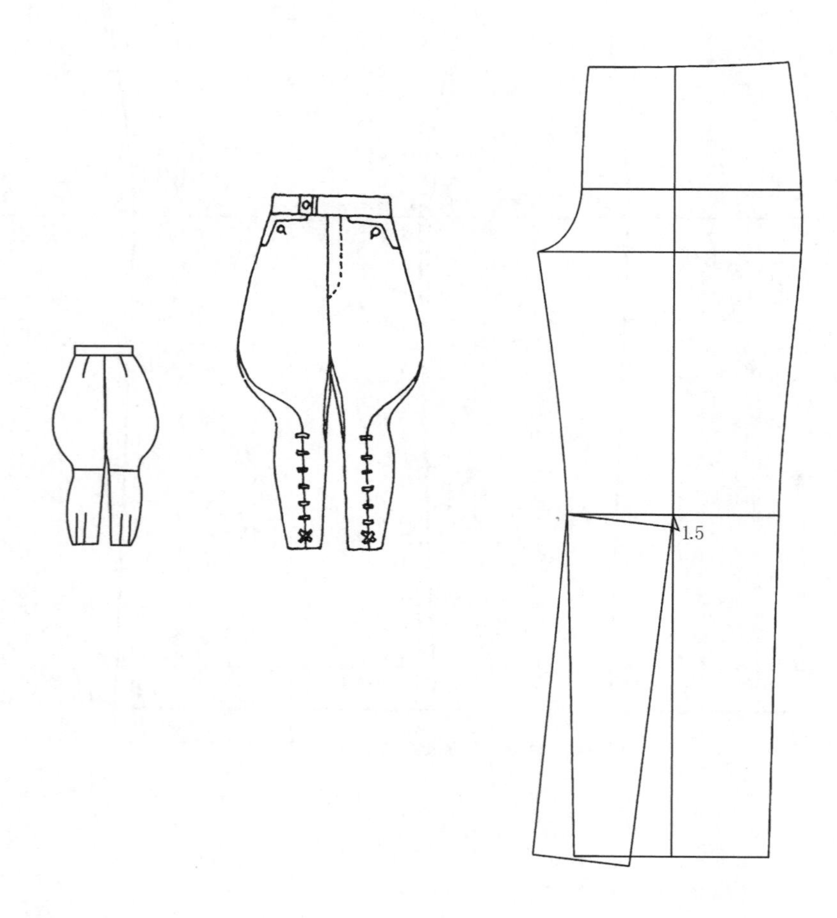

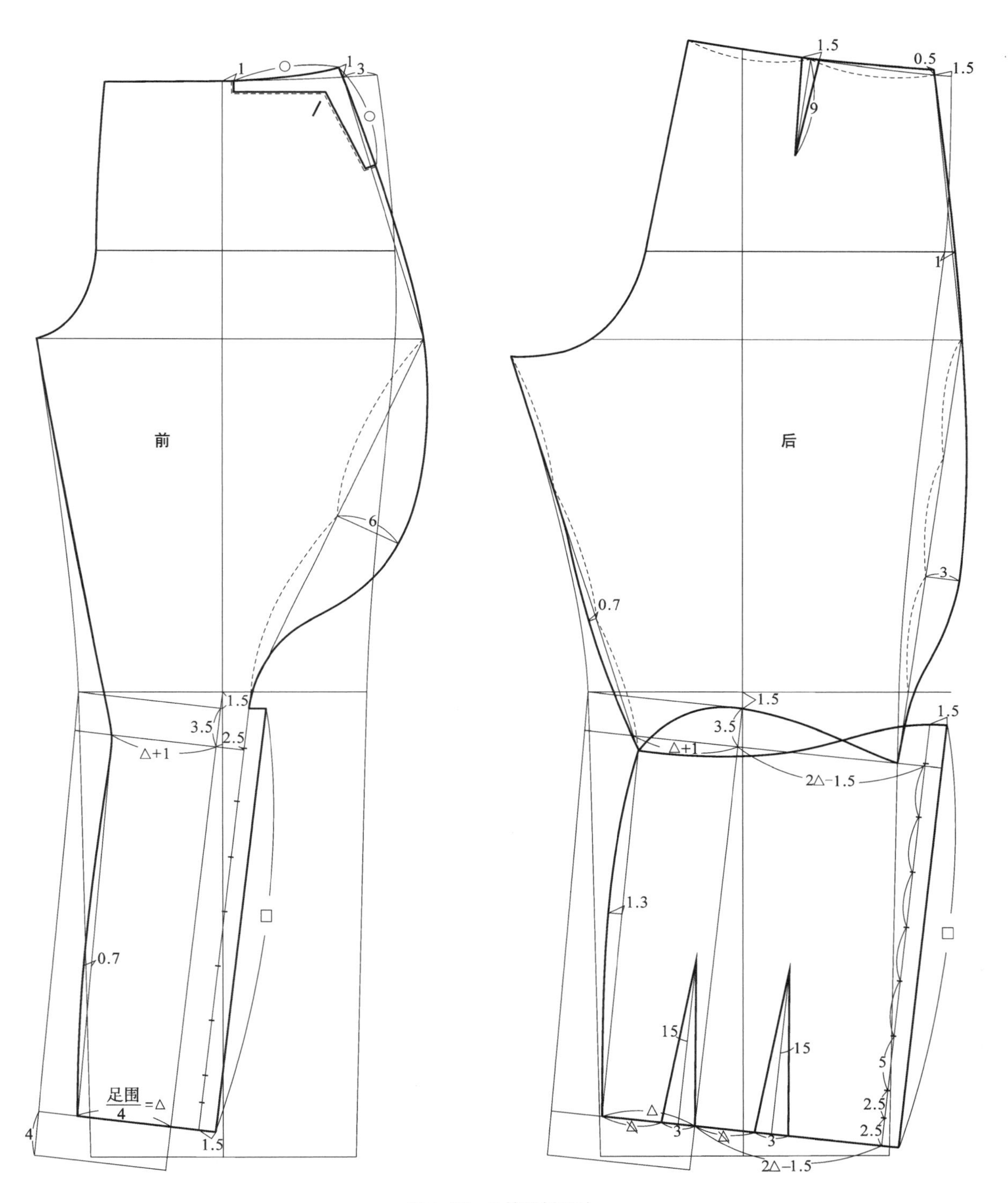

前
后
1
○
1
3
○
6
1.5
3.5
2.5
△+1
0.7
□
足围/4=△
4
1.5
1.5
9
0.5
1.5
1
3
0.7
1.5
1.5
3.5
△+1
2△−1.5
1.3
□
15
15
5
2.5
2.5
△
△
3
△
3
2△−1.5

图 4-32　马裤纸样设计

§4-4 知识点

1.裤子分西裤和休闲裤两大类型，它们在设计、板型、工艺和面料选择上不同。西裤设计保守、板型细腻、工艺复杂、面料精致；休闲裤设计灵活、板型粗犷、工艺简练、面料朴实。区别它们最明显的标志，西裤后腰有接缝以备体型改变调整之用，休闲裤没有。

2.裤子基本板型是设计包括H型、Y型、A型及复杂的马裤等所有裤子纸样设计的基础。它的关键尺寸，包括大裆、小裆、后翘等都是由$\frac{H}{12}$公式的比例关系推导出来的，结合“尺寸外形控制与平衡分配原则”设计裤子基本板型，形成裤子纸样设计的成熟技术（图4-28）。

3.Y型裤是利用裤子基本板型，通过扩充臀部，提高腰位，收缩裤口实现的（图4-29）。A型裤与此相反，即收紧臀部，降低腰位，扩充裤口。牛仔裤重要的结构处理是将后省一部分转化成育克结构，一部分在后中缝和侧缝中分解掉（图4-30、图4-31，参阅《男装纸样设计原理与应用训练教程》）。

§4-5 外套纸样设计与应用

外套主要用在户外的各种场合，受套装和内衣组合方式的制约较大，在礼仪上程式化习惯因素也对外套的形式和造型有所影响。它在整体结构上采用放量的设计原理，其放量范围要大于西装8cm以上，如果西装的松量是15cm的话，外套松量就在25cm左右，一般掌握在30cm以内（指外套的成衣放松量）。从礼仪类型上划分，礼仪性较高的外套，放松量较小，其造型多用X型，如柴斯特外套；便装外套，放松量较大，造型以箱型（H型）为主，如巴尔玛外套、风衣、达夫尔外套等。同时它们在结构处理上有所不同，前者由于采用合体结构分片，使用省的机会较多，趋向西装的曲线结构；后者由于宽松，整体结构较规整，结构线多采用无省直线结构，而且局部设计灵活，较少受礼仪和程式化习惯的影响，但更强调实用功能的设计。因此，在外套设计中，H型成为主流，主体板型仍沿袭着西装纸样开身系统而形成的外套三种开身板式，即收腰四开身、六开身和直线（不收腰）四开身。由于柴斯特外套具有所有开身结构的基础，故也可视其为外套的基本板型。

1 柴斯特外套

柴斯特外套在男装中属第一礼服外套。不过，在这种礼仪的范围内，根据造型形式的微妙变化，细分为不同风格，一般翻领加有黑色天鹅绒的柴斯特外套为传统版，亦称阿尔勃特外套（英庭王子命名）。在一般的社交习惯中双排六粒扣戗驳领柴斯特外套为出行版、单排暗门襟戗驳领为传统版、八字领为标准版。但它们的整体板型没有根本的改变。

（1）标准版柴斯特外套纸样设计

标准版柴斯特外套的造型特点是单排扣暗门襟八字领。其成衣放松量约为25cm，这种放松量的含义是指成衣的胸围和净胸围的差。我们知道，基本纸样的放松量是20cm，但在西装纸样的设计过程中，无论哪种开身结构，后背缝、后侧缝和前侧省要消耗掉5cm，因此它的基本放松量可以理解为15cm。如果外套放松量为

25cm，那么需要追加的量就是 10cm，利用半身制图就是 5cm。根据相似形放量的分配原则和方法可以得到如下设计比例数值：

胸围追加量 5cm，设计比例为 2 ∶ 1 ∶（0.5 + 1）∶ 0.5 = 后侧缝∶前侧缝∶后中缝∶前中缝，其中后中缝多加 1cm 是基于西装纸样后中缝多加 1cm 的考虑，故它不对后续设计产生影响；

肩升高量参数是前、后中放量之和为 1cm，设计比例是 1 ∶ 0 = 后肩∶前肩；

后颈点升高量约为后肩升高量的二分之一为 0.5cm；

前、后肩加宽量各取前、后中放量之和的二分之一为 0.5cm；

袖窿开深量等于侧缝放量减去肩升高量的二分之一为 2.5cm；

腰线下调量是袖窿开深量的二分之一约为 1.3cm。

在此基础上参考西装的四开身纸样设计。衣长在背长的基础上追加 1.5 背长减去 10cm。八字翻领设计根据通用的倒伏量公式，底线倒伏量由于领开深度的提高而有所增加、八字领型要按照一般翻领的采寸配比进行设计。前门襟设三粒扣做暗门襟处理。

袖子仍然属于两片袖结构。不过要根据前、后袖窿的结构变化，重新确定袖窿深线、符合点和袖山高，背宽横线由于袖窿开深也做适当调整。运用这些在大身设计中所形成的基本条件设计两片袖纸样，吻合程度良好。要注意的是外套袖长增加量参考西装袖长加 3cm 尺寸，袖口尺寸通过袖肥的三分之二获得，袖山曲线应比袖窿弧长多 4.5cm 左右，并在完成全部纸样后进行复核。袖子的局部定寸也要大于西装做微调（图 4–33）。

（2）传统版柴斯特外套纸样设计

传统版柴斯特外套的造型特点是单排扣戗驳领暗门襟，翻领部分常用黑色天鹅绒配料，表现出它的英国传统。纸样设计通常在其标准型基础上，将八字领变成戗驳领即可。纸样的主体结构可以保持标准的四开身（图 4–34），也可以采用强调 X 造型的六开身（见图 4–35）。

（3）出行版柴斯特外套纸样设计

双排六粒扣戗驳领是出行版柴斯特外套的特点。它在整体结构上可以采用四开身也可以采用六开身，以强调传统的 X 造型风格。在纸样处理上，总体和局部的设计与六粒扣黑色套装很相近（见图 4–11），只是在比例上有所增加。戗驳领领角的角度要适当加大，这是因为外套所采用的面料比西装厚的缘故。袖子的纸样和标准型柴斯特外套相同（图 4–35）。

出行版的双排六粒扣戗驳领柴斯特外套经常和波鲁外套的造型相结合而产生男装外套的概念设计。因为，它们同属于出行外套的不同版本，前者表现为正式出行版，后者作为出行外套更纯粹，可见它们之间元素的互通是男装在纸样设计中经常采用的一种“近似因素组合”的设计方式（更多信息参阅实训教材《男装纸样设计原理与应用训练教程》相关内容）。

2 波鲁外套

波鲁外套属箱式（H 型）造型，整体结构宽松采用无省直线四开身设计，因此与 X 型外套结构不同，它在纸样处理过程中没有消耗量。如果设成衣放量为 32cm，其中追加量就是 12cm，半身制图用 6cm 的放量。按照相似形放量原则，从后身到前身设计比例依次是 2（后侧缝）∶ 1（前侧缝）∶ 1 + 1（后中线考虑了西装此处多加 1cm）∶ 1（前中线）。袖窿开深量为 3cm。其他尺寸根据外套四开身基本纸样设计，要特殊关照的是波鲁外套三片包肩袖纸样设计是利用插肩袖的设计方法完成的。首先，直接在已完成的四开身结构基础上做插肩袖设计，并按三片插肩袖结构进行处理；其次，根据包肩袖的结构特点，不采用插肩线的一般形式，而采用类似于装袖的包肩形式（图 4–36）。这样的结构环境有很大的设计空间，包肩线的状态完全可以依据造型做风格化的结构处理，如前包后插袖也是在此基础上实现的，波鲁外套袖型也常采用这种概念设计（见图 4–37 中前装后插袖款，更多信息参阅《男装纸样设计原理与应用训练教程》相关内容）。

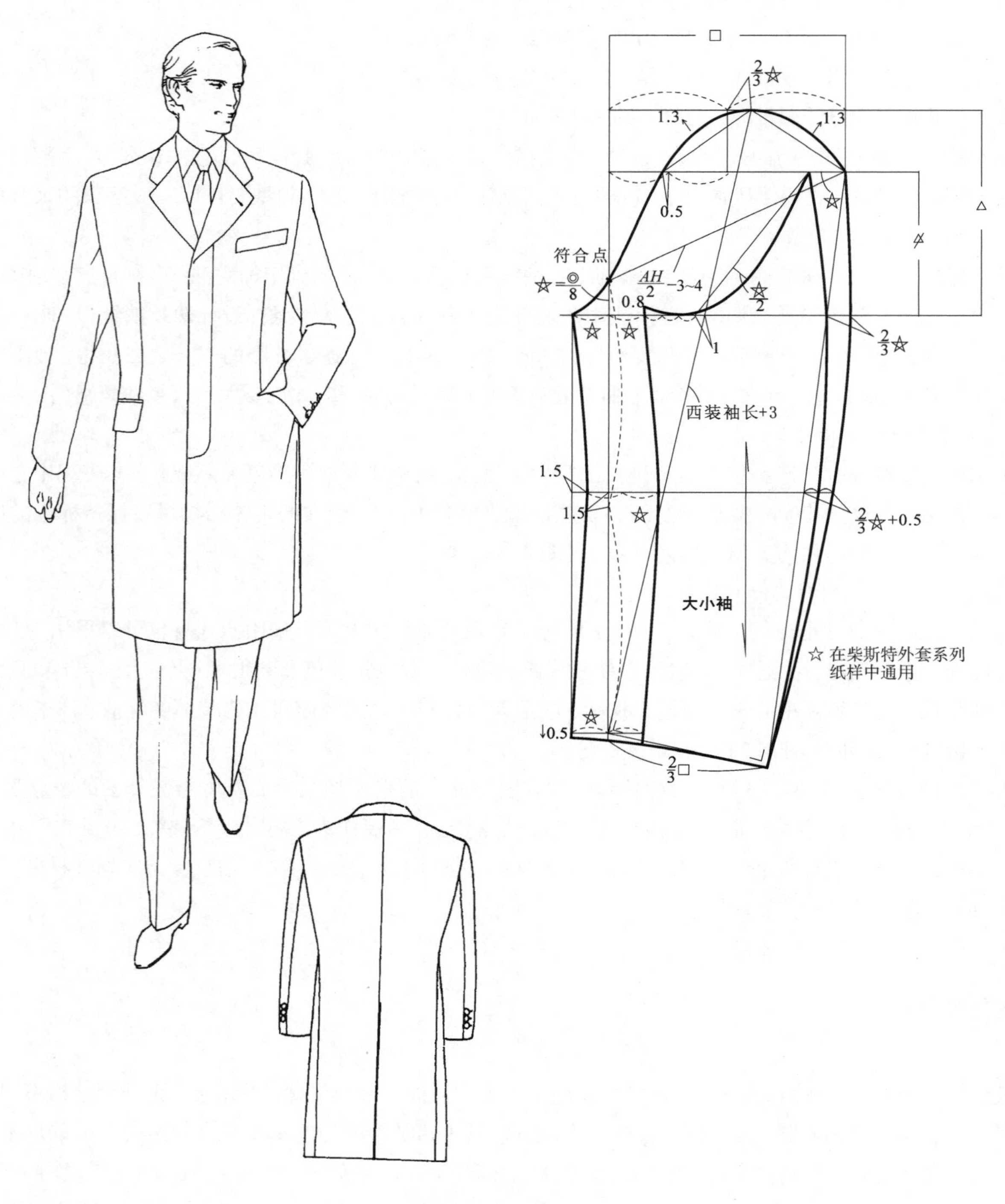

外观图与袖子纸样

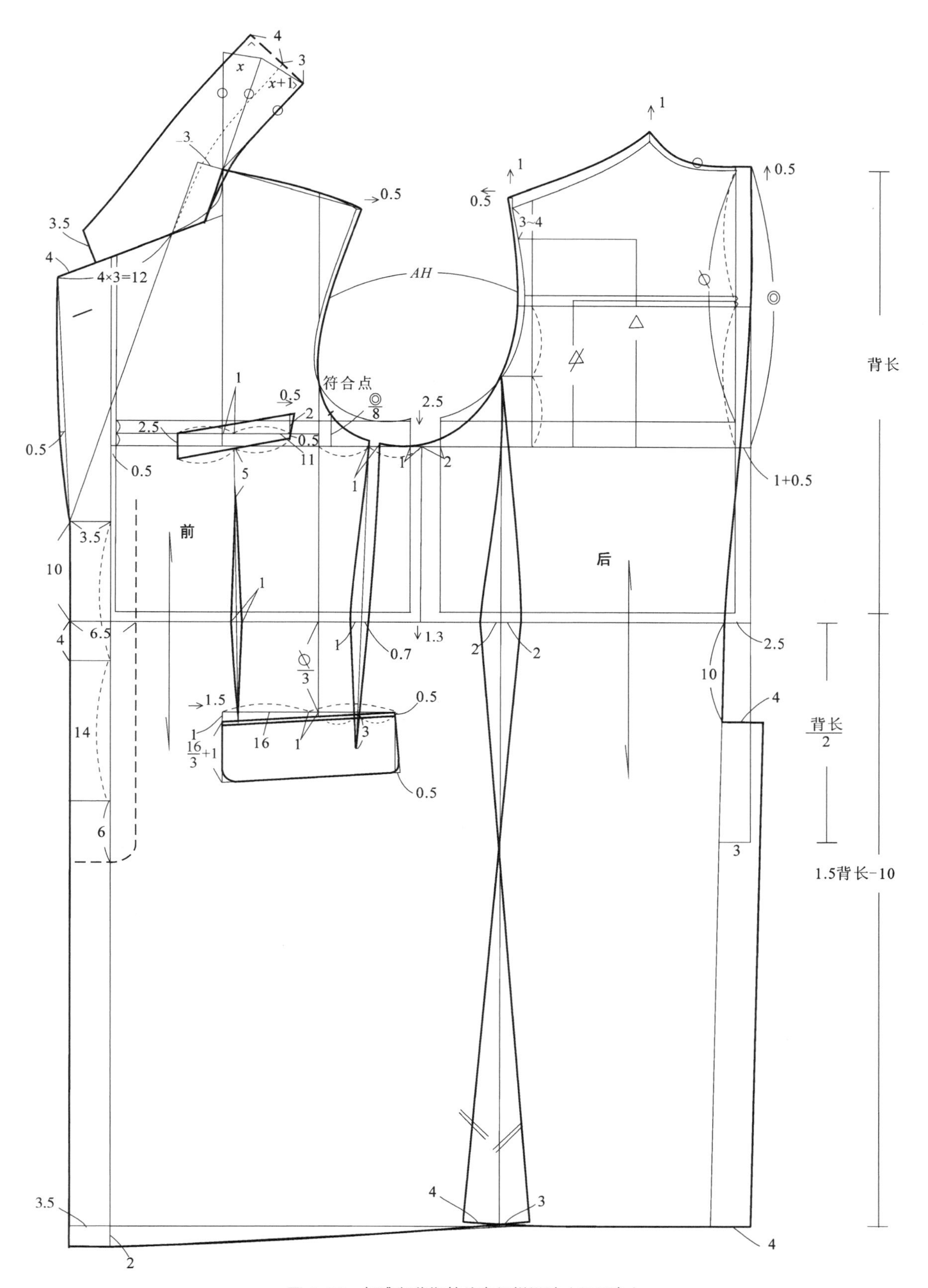

图 4–33　标准版柴斯特外套纸样设计（四开身）

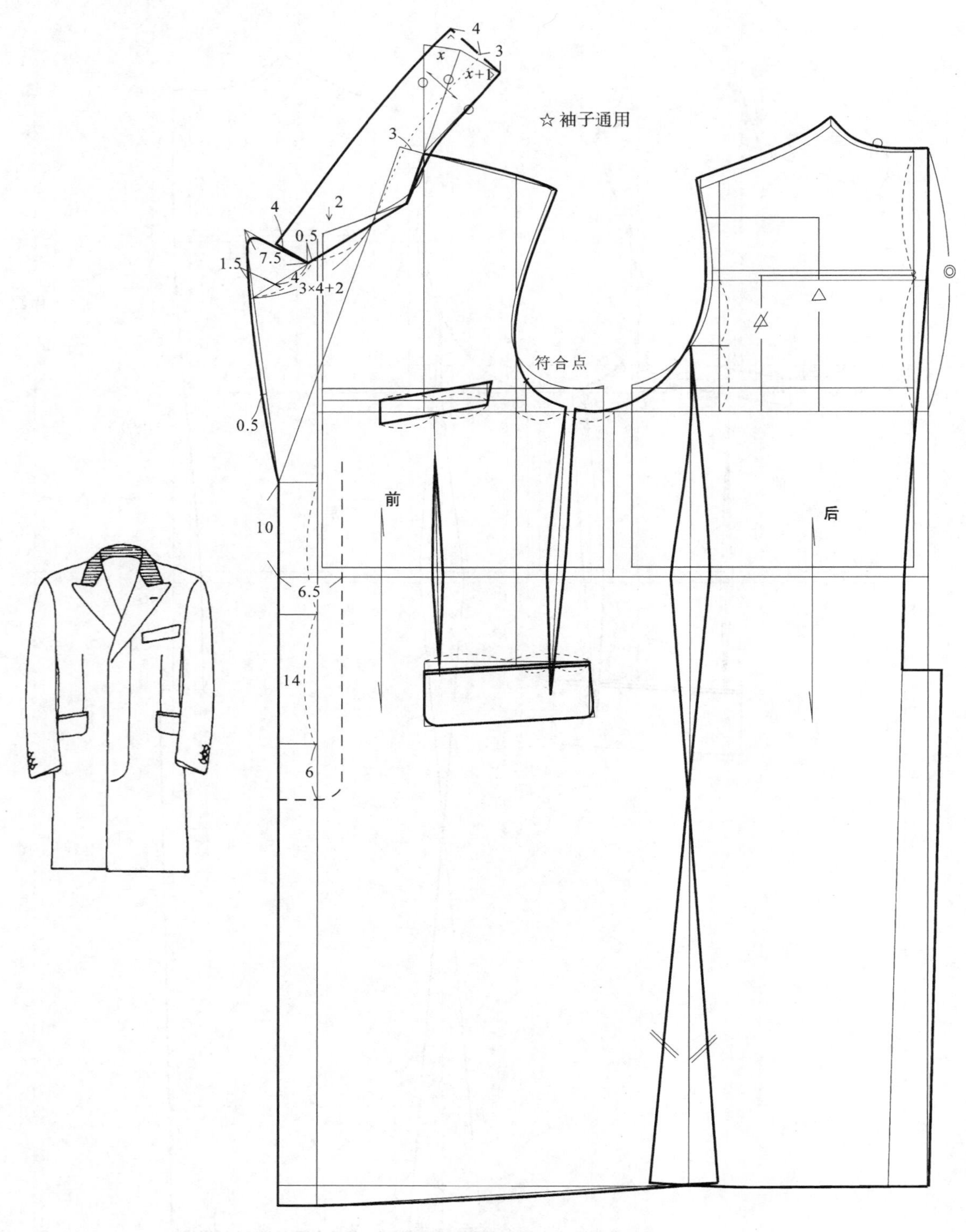

图 4-34　传统版柴斯特外套纸样设计（四开身）

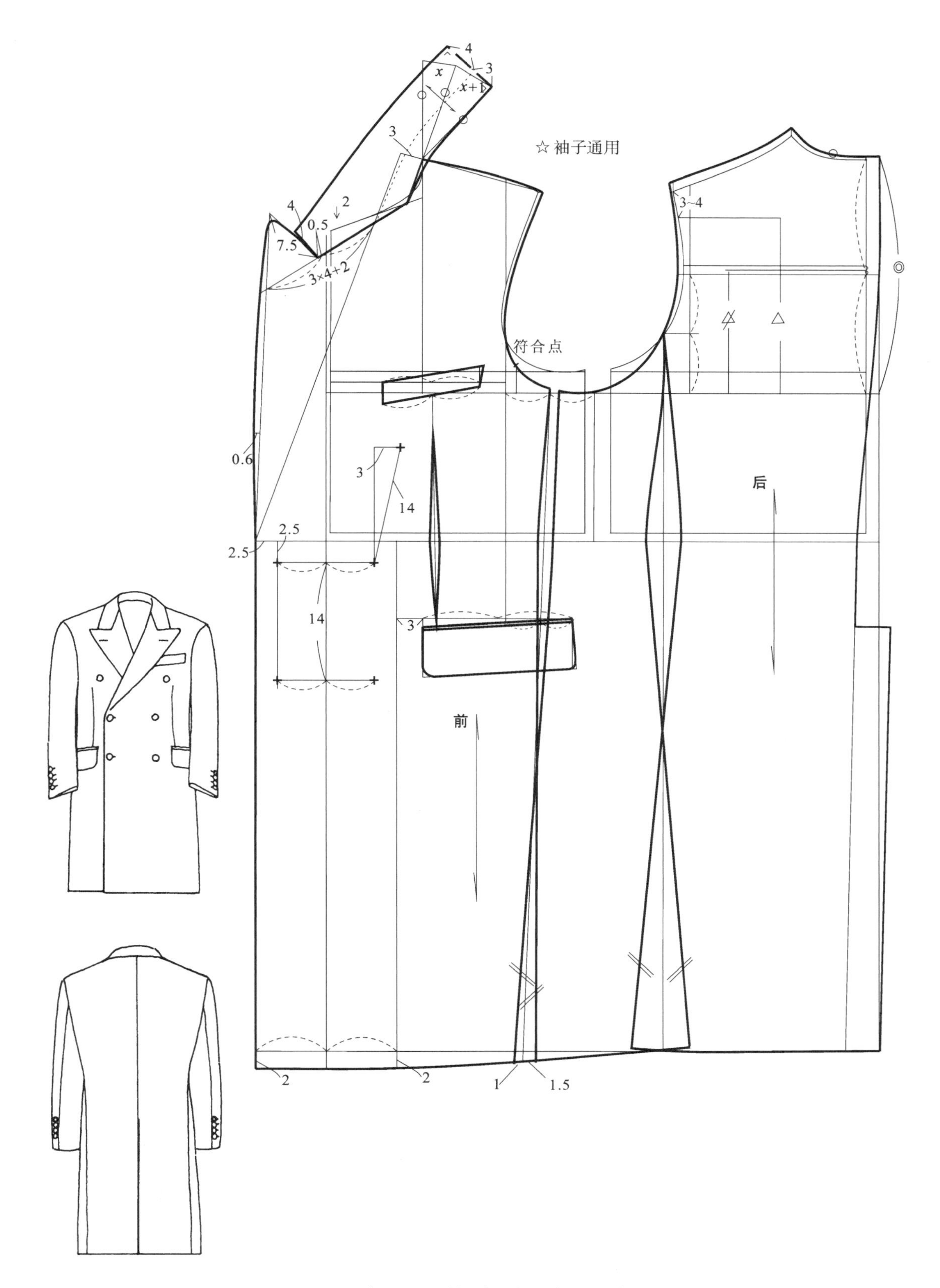

图 4-35　出行版柴斯特外套纸样设计（六开身）

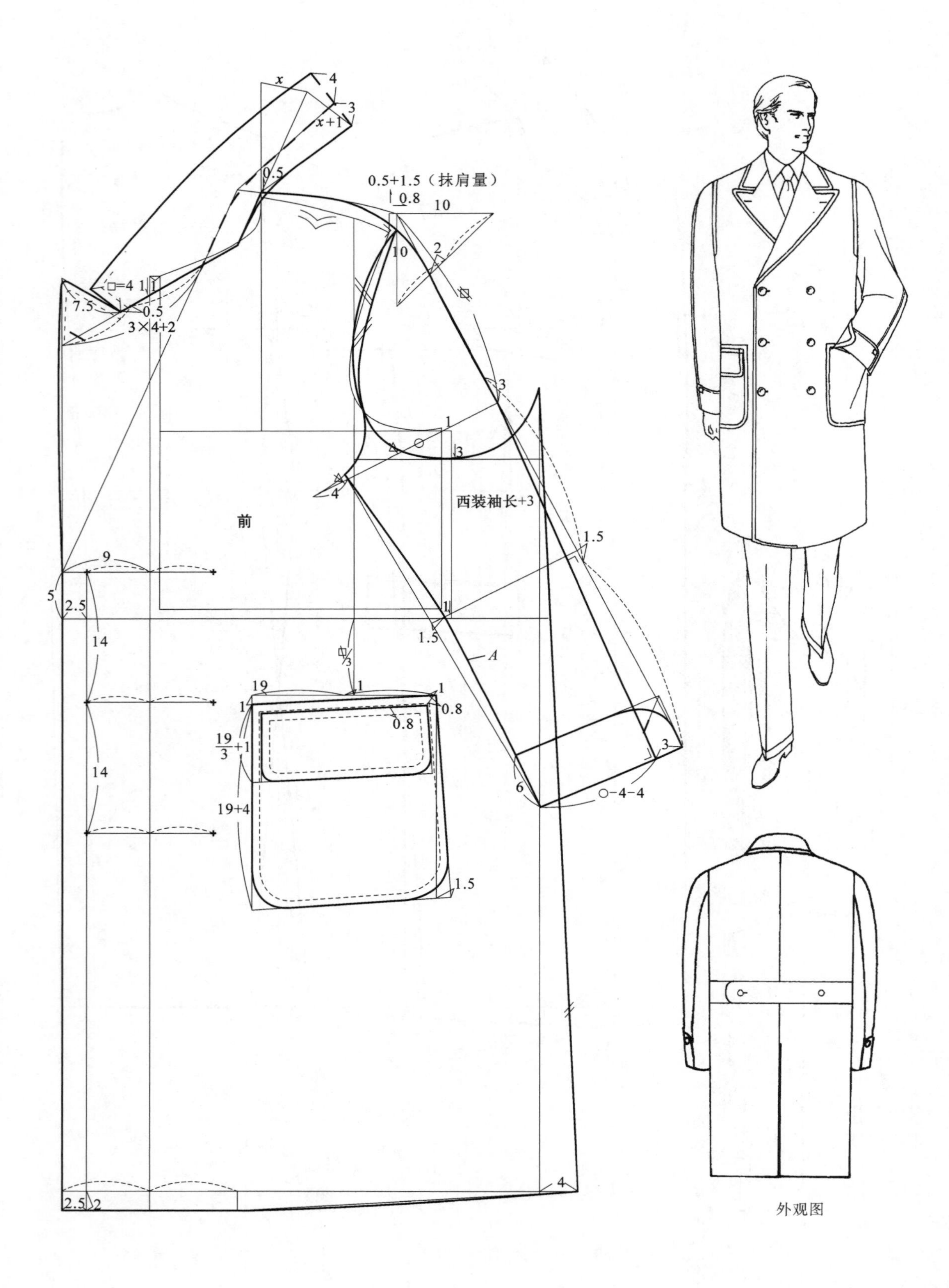

x
4
3
x+1
0.5
0.5+1.5（抹肩量）
0.8
10
10
2
□=4
1
7.5
0.5
3×4+2
3
1
3
4
前
西装袖长+3
1.5
9
5
2.5
1
1.5
14
A
19
1
1
1
0.8
0.8
19/3+1
14
3
6
○-4-4
19+4
1.5
4
2.5
2

外观图

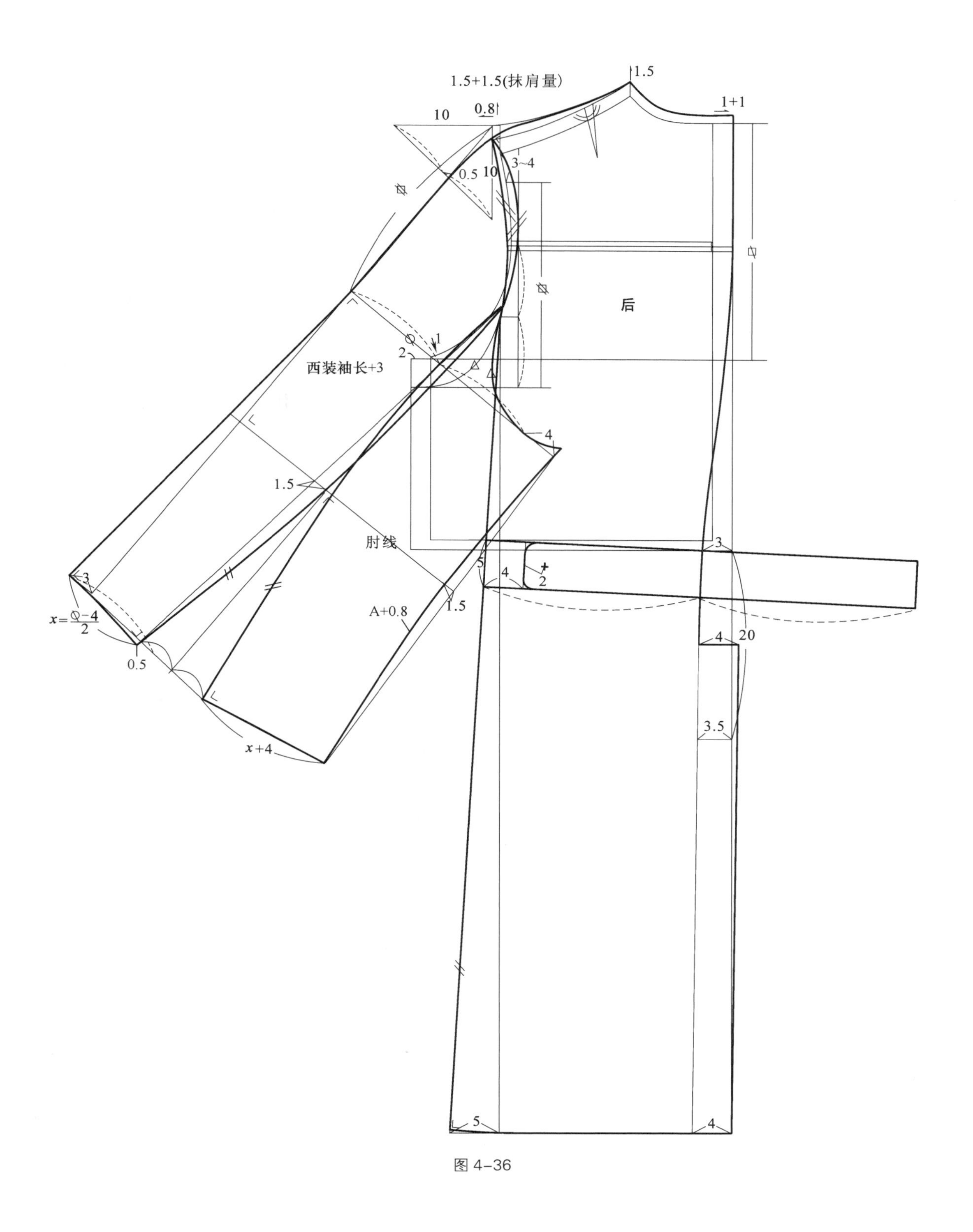
1.5+1.5(抹肩量)
1.5
10
0.8
1+1
0.5
10
3~4
后
2
1
西装袖长+3
4
1.5
肘线
3
5
4
2
3
1.5
A+0.8
0.5
x+4
4
20
3.5
5
4

图 4-36

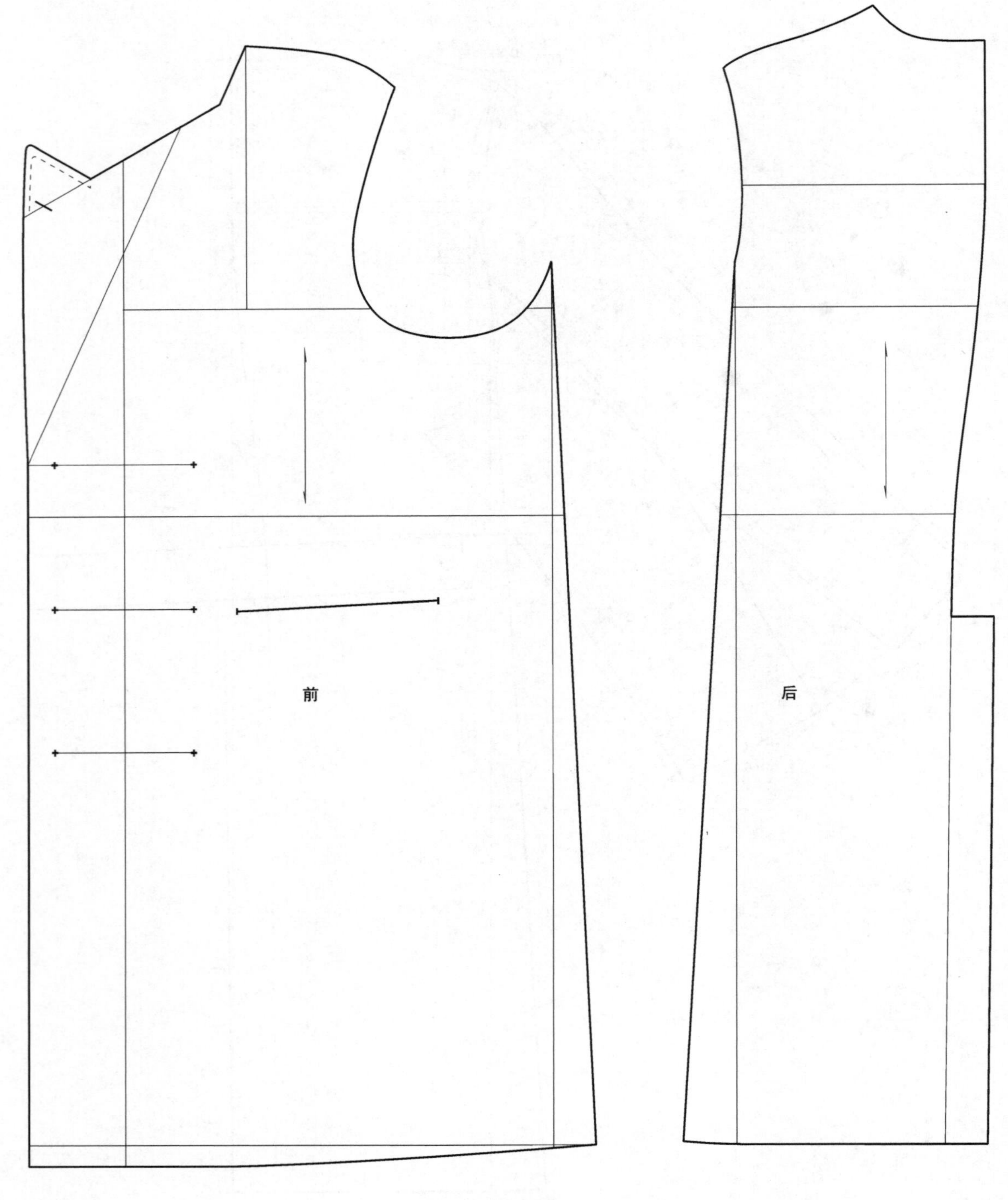

衣身分解图

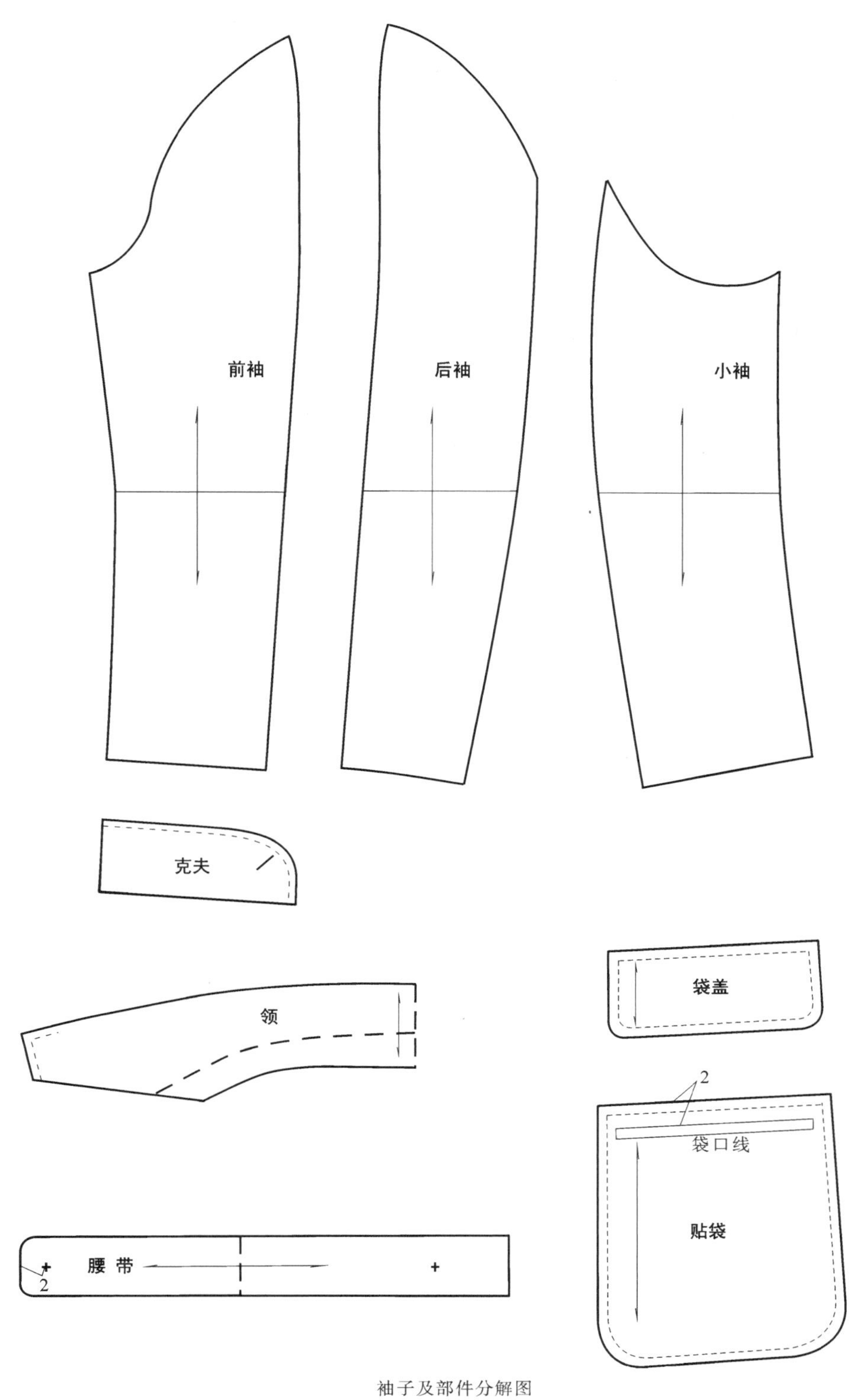

袖子及部件分解图

图 4-36　波鲁外套纸样设计

3 巴尔玛外套

巴尔玛外套的插肩袖结构中打破了一般装袖的设计，这是它原为一种雨衣造型的遗留，因为这种结构更适于防水，所以，凡设计防风雨的外套都会采用插肩袖的结构。同时也说明插肩袖多用在强调功能性的服装设计中，因此西装和礼服均不采用插肩袖设计。

巴尔玛外套的插肩袖结构采用了袖借肩的设计原理，因此，它通常借助前、后身的衣片进行设计。巴尔玛外套属箱式（H型）造型，故它的放量分配关系和内部结构的处理和波鲁外套相同，特别要注意在前、后肩点增加抹肩量。在此基础上修顺袖窿曲线，以此作为插肩袖设计的基础。在考虑前、后袖中线的贴体度时，前袖要大于后袖，在作用于肩点的等腰（10cm）直角三角形底边上显示出前袖中线低于后袖中线约1.5cm。袖山高的确定可采用两片袖获取袖山高的方法，并通过袖山高在前、后袖中线的垂直线上确定落山线。前、后袖肥，通过袖窿转折点在衣身部分画出插肩线，参照袖窿剩余的弧线形状，做方向相反、长度相等、形状相似的袖弧线并切于落山线上以确定袖肥。前袖弯凹进1.5cm对应后袖弯凸起1.5cm的处理，最后订正后袖内缝和前袖内缝的差作为肘省。

前领口宽和领口深通过后领口宽减去1cm和后领口宽获得，订正前领口曲线并自然形成撇胸量（图4–37前身）。巴尔玛领是典型的分体翻领结构，领座向上弯，领面向下弯，采用通用的领底线曲率公式，值得注意的是领面宽度要设计足够大的尺寸来满足防风、防雨的功能，当然这会使领座和领面的曲率反差增大。同时在对应的领角设有纽孔和纽扣。前襟为防雨采用暗门襟结构（图4–37）。

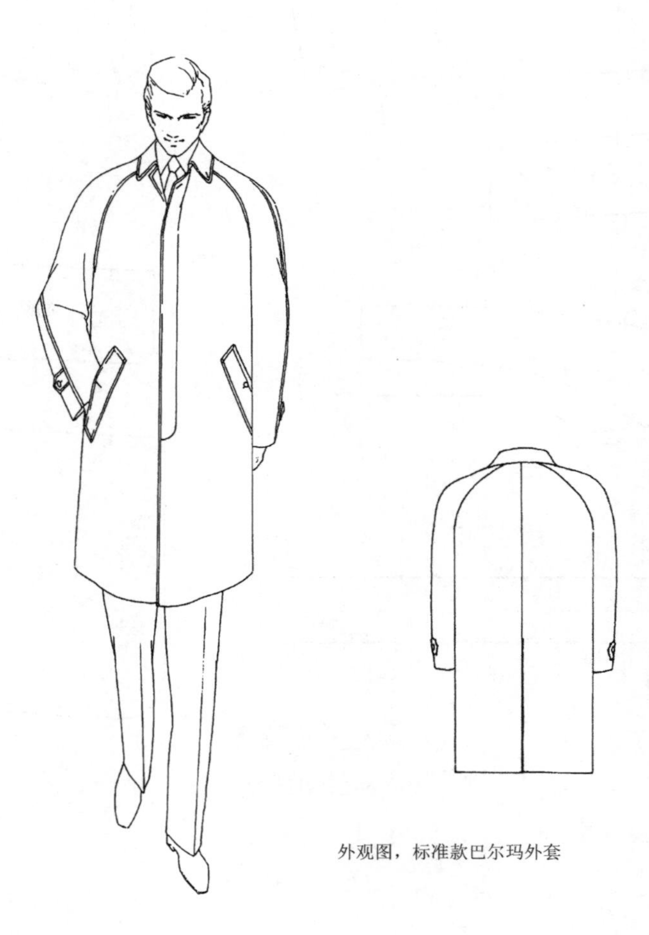

外观图，标准款巴尔玛外套

巴尔玛外套常作为普通外套的标准板型，几乎可以结合任何外套的形式变通处理，如前插肩袖处理成波鲁外套包肩造型的装袖结构，而成为前装后插袖的概念巴尔玛外套（图 4–37 第二款设计）。由于它在结构上很灵活，礼仪的要求亦不严格，往往成为流行外套系列纸样设计的板型基础（更多信息参阅实训教材《男装纸样设计原理与应用训练教程》相关内容）。

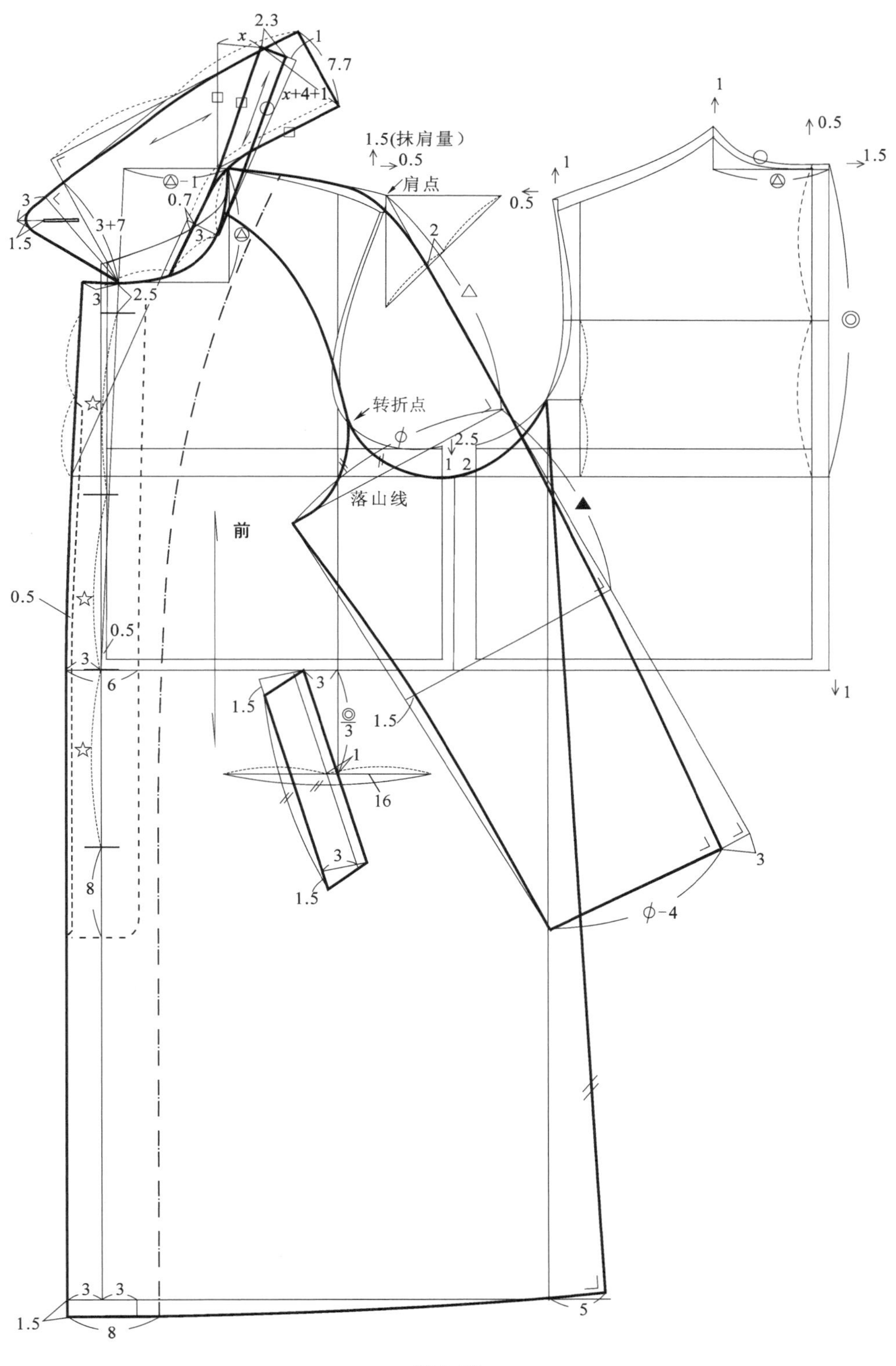

图 4–37

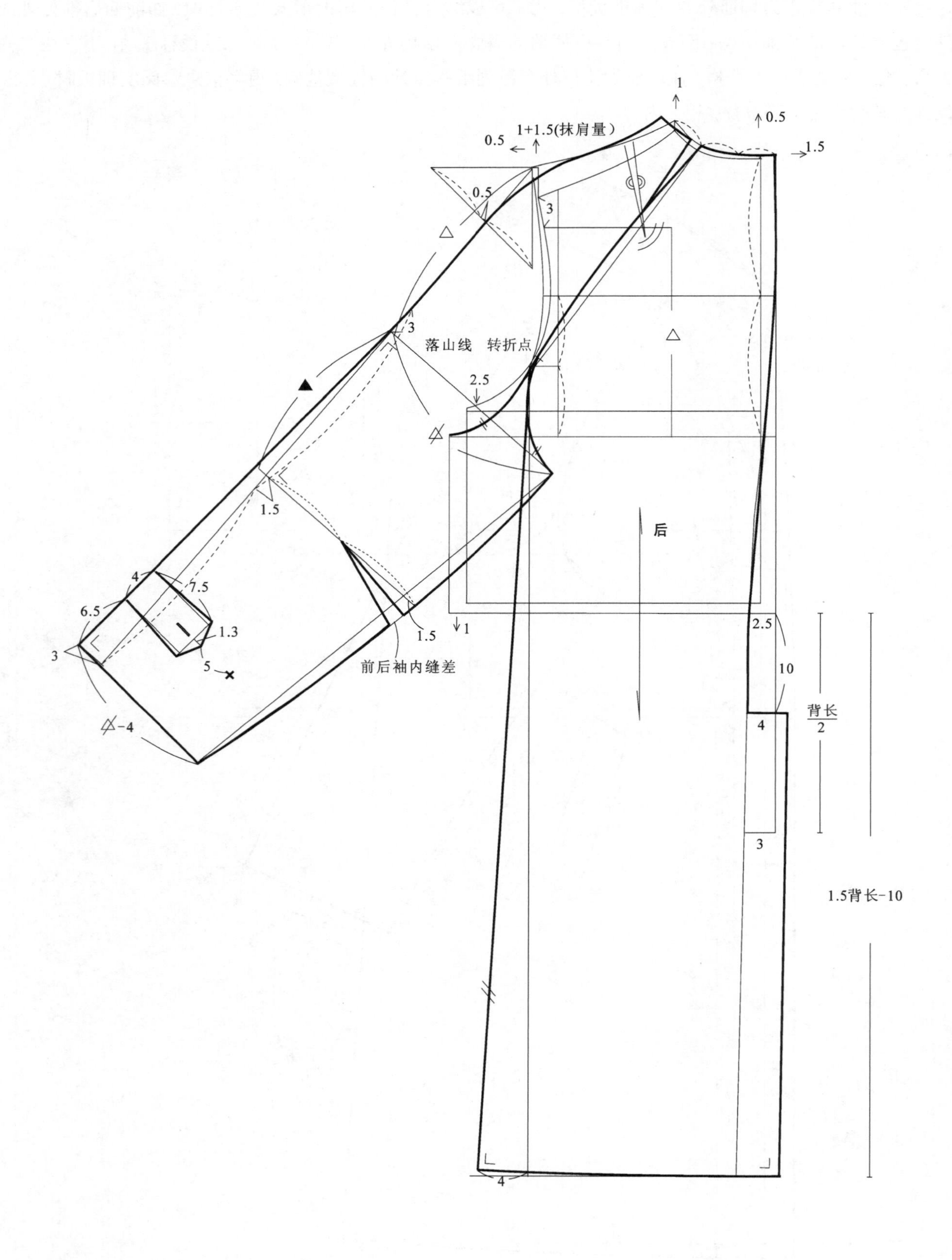
1
1+1.5(抹肩量)
0.5
↑0.5
1.5
0.5
3
3
落山线
转折点
2.5
后
1.5
4
7.5
6.5
1.3
3
5
1.5
1
前后袖内缝差
2.5
10
背长
2
4
3
1.5背长-10
4

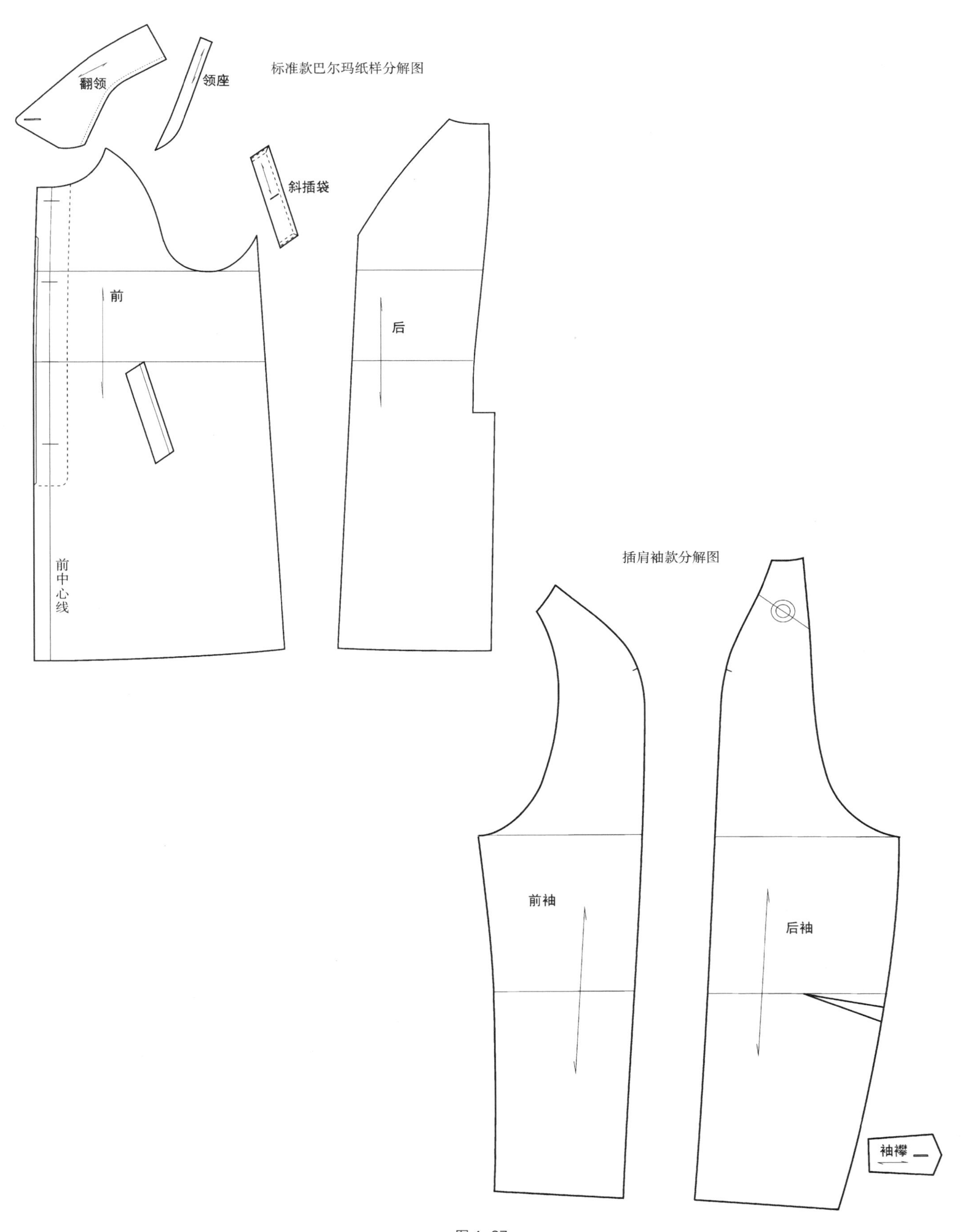

图 4-37

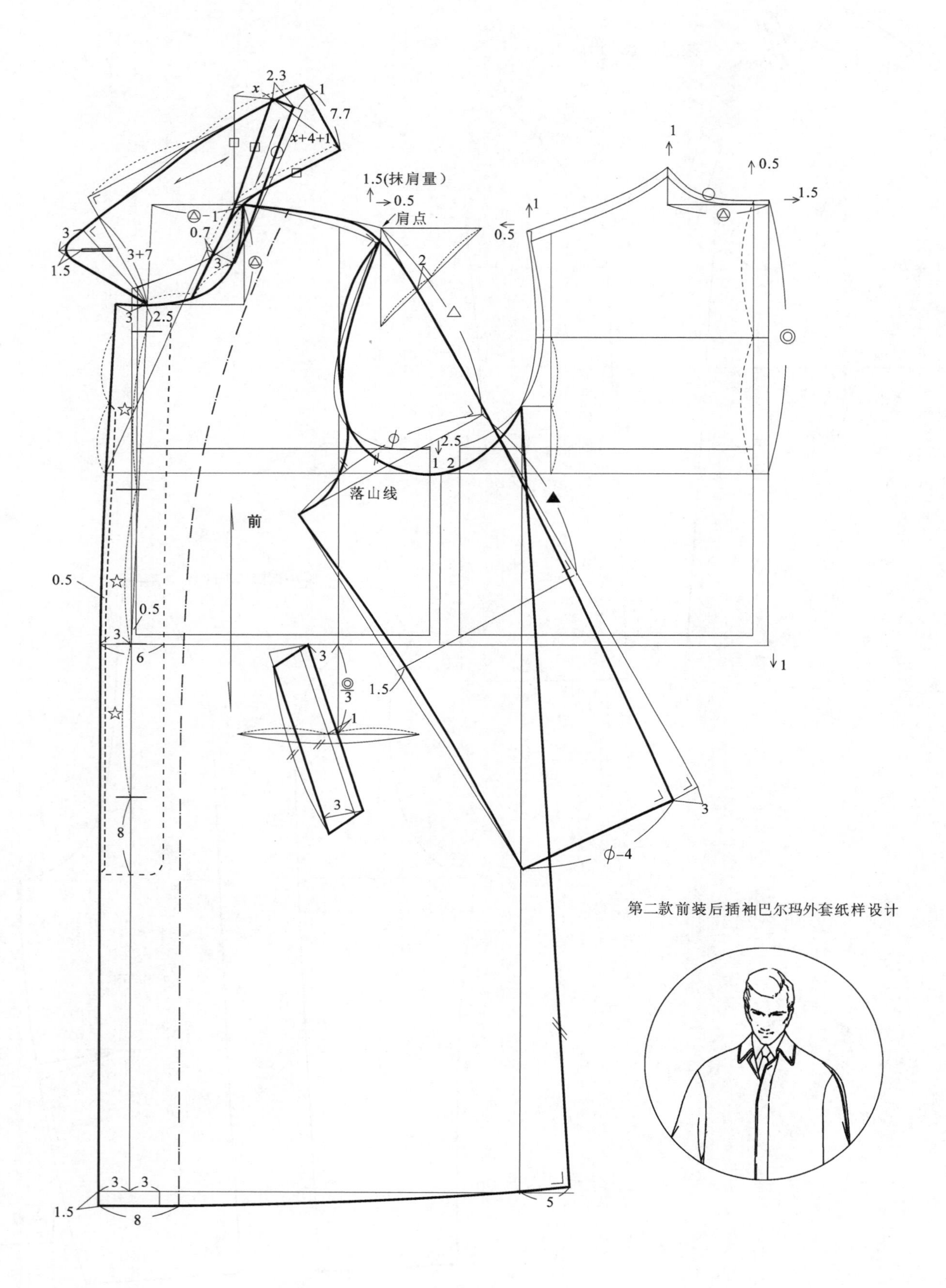

第二款前装后插袖巴尔玛外套纸样设计

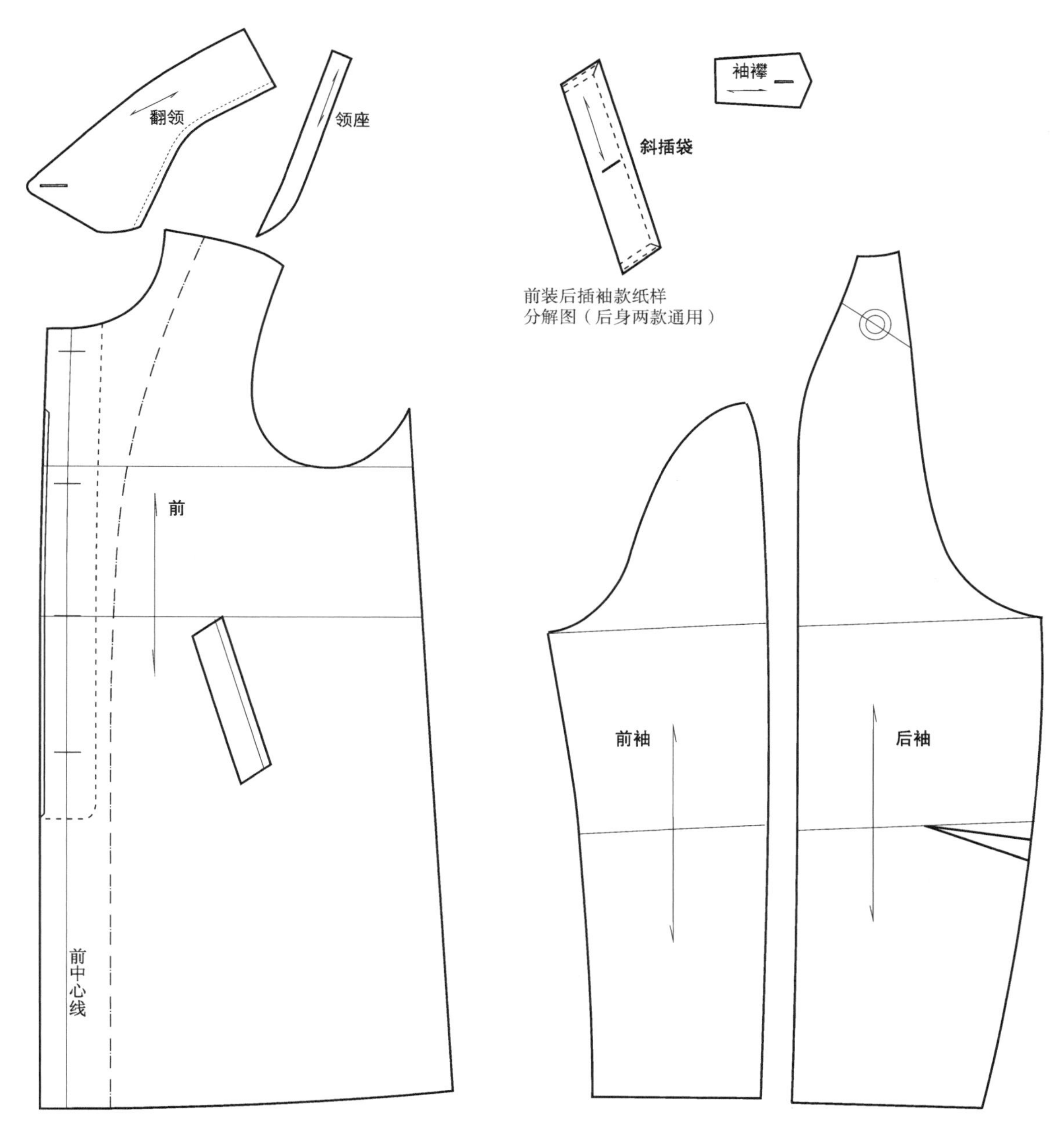

图 4-37　巴尔玛外套系列纸样设计

4　风衣外套

风衣外套亦称堑壕外套，在男装历史上它是功能主义的集大成者，而成为永恒的经典。风衣外套的整体结构和巴尔玛外套相同，因此，风衣外套的纸样设计可以在巴尔玛外套的基础上只需要作标志性的局部设计即可完成。袖子也采用插肩袖结构，袖长比一般外套要长，这是由于该袖口设有袖带所致。后开衩的设计采用封闭型的暗衩结构，通过增加内垫布使下摆活动量增大。在缝制上要采用封闭而对称的暗褶工艺，这是该外套防雨和风沙功能的战争遗存，这些印迹几乎在所有细节中都有保留，因而被主流社会视为最具历史厚重感的“经典绅士”款。后披肩采用完整的结构造型，通过它和后背缝收腰所产生的空隙来增加披肩的防雨效果，这种功能在系紧腰带时显得更为突出。披肩底摆呈中间凸两边凹的曲线造型，这种造型并非以装饰性为目的，它是作为向中间引水的功能所设计，以降低雨水在背部停留的时间。前胸盖布只设在右边，在设计双排扣搭门时要一并考虑。其功能作用是：双搭门的左襟和右襟闭合时，左襟可以插进右胸盖布内侧由里边的纽扣固定，在结构上形成左右双重搭门，以防止任何方向的风雨侵入。风衣领是典型的拿破仑领结构，与巴尔玛外套分体翻领的结构相似，只是增加了前领台和领襻，领座底线的曲率应设在领底直线和领口曲线之间。口袋采用有袋盖的斜插袋结构也是为防雨的考虑，并要比一般斜插袋低些，这是因为系腰带时衣身会有所提升之故。腰带的设计在传统结构中还有四个 D 型系物环，它原是为携带水壶等物品而设计，现实为绅士的密符。肩襻和袖口系带采用可装卸式的结构，这作为经典堑壕外套的设计是不可忽视的（图 4–38）。

从风衣外套的总体结构特点看，这种以防风雨为目的的设计，保持了它原生态的面貌，然而人们常忘记它应有的功能，而作为一种独特的绅士风尚保留下来。同时，它亦真实地提醒着设计师们，男装的风范是怎样炼成的。这在休闲外套达夫尔中也有同样的表现。

外观图

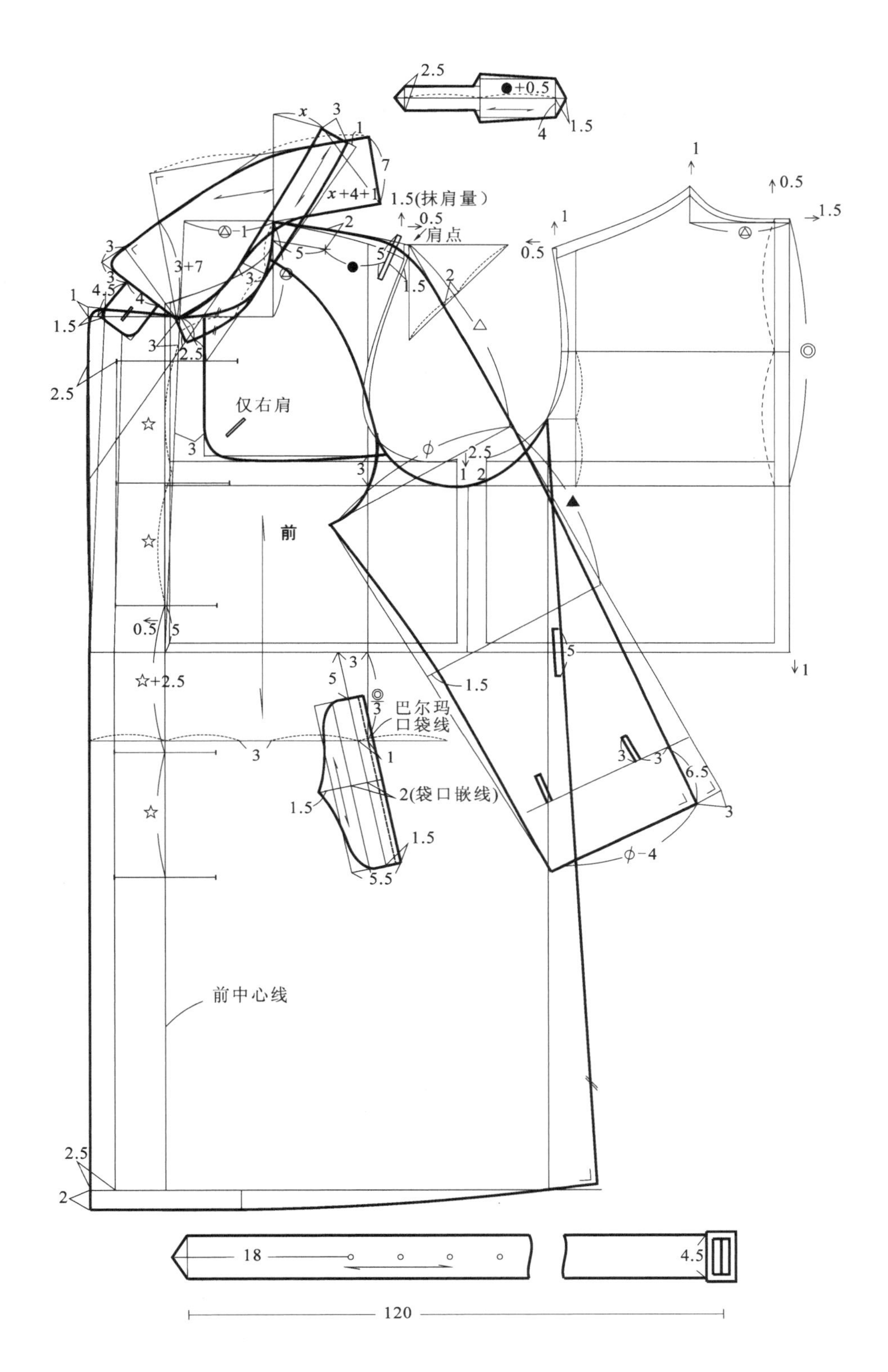
2.5
●+0.5
1.5
4
x
3
1
7
x+4+1
1.5(抹肩量)
0.5
肩点
1
0.5
1
0.5
1.5
△-1
2
5
5
1.5
2
3+7
仅右肩
前
巴尔玛
口袋线
2(袋口嵌线)
前中心线
☆+2.5
6.5
φ-4
18
4.5
120

图 4-38

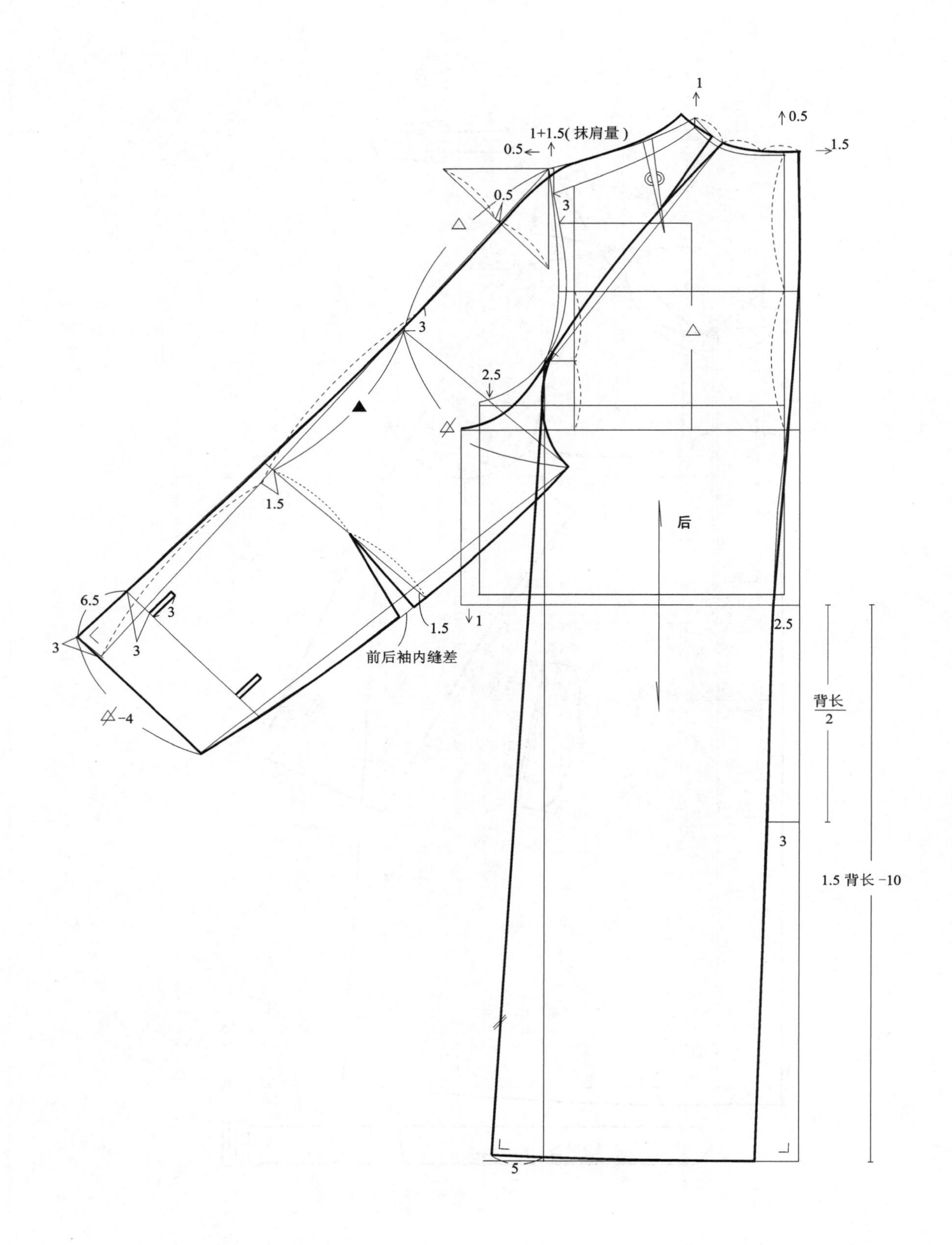
1
0.5
1.5
1+1.5(抹肩量)
0.5
0.5
3
△
3
△
2.5
▲
1.5
后
6.5
3
3
3
1.5
1
2.5
前后袖内缝差
背长/2
3
1.5 背长 -10
5

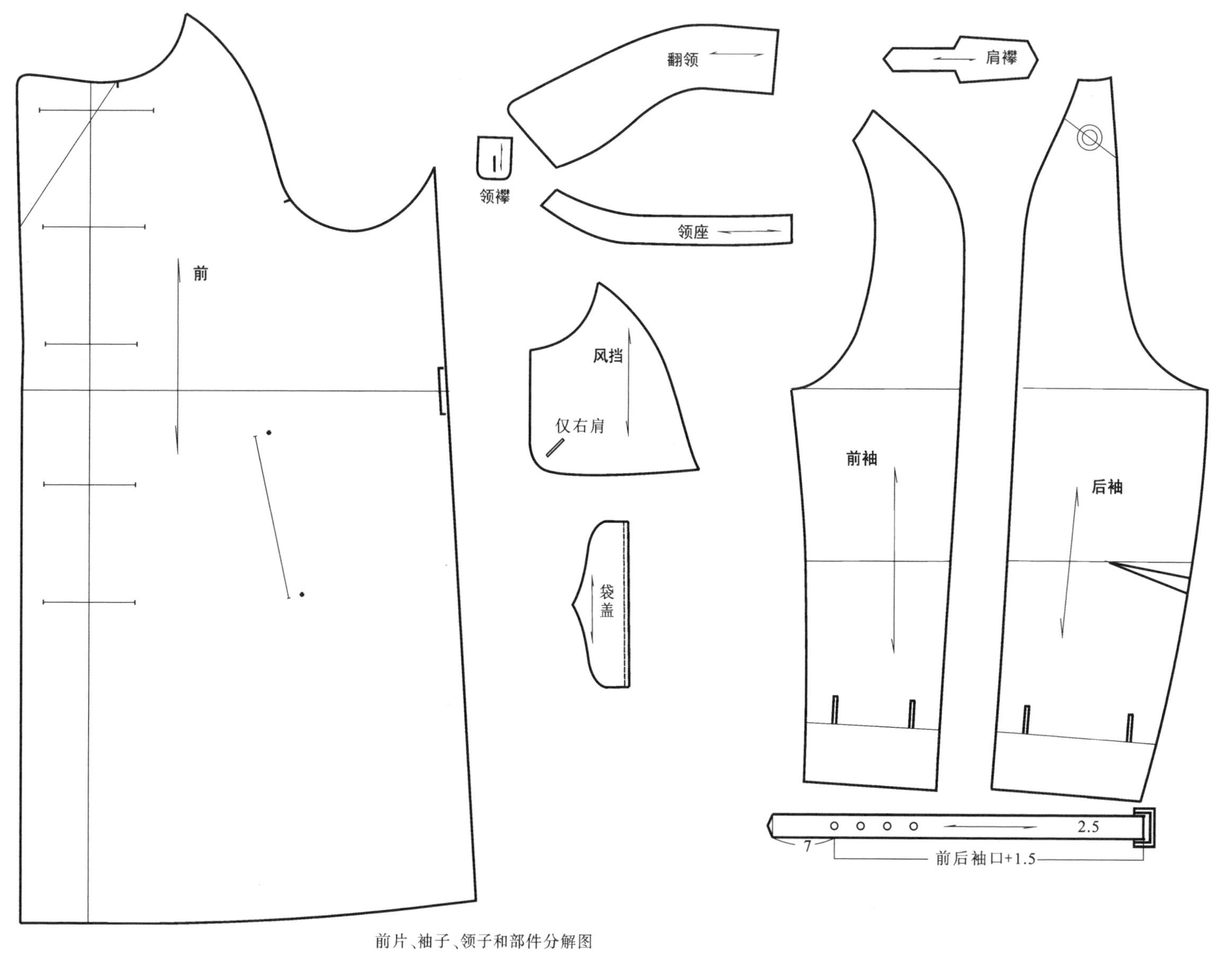

前片、袖子、领子和部件分解图

图 4-38

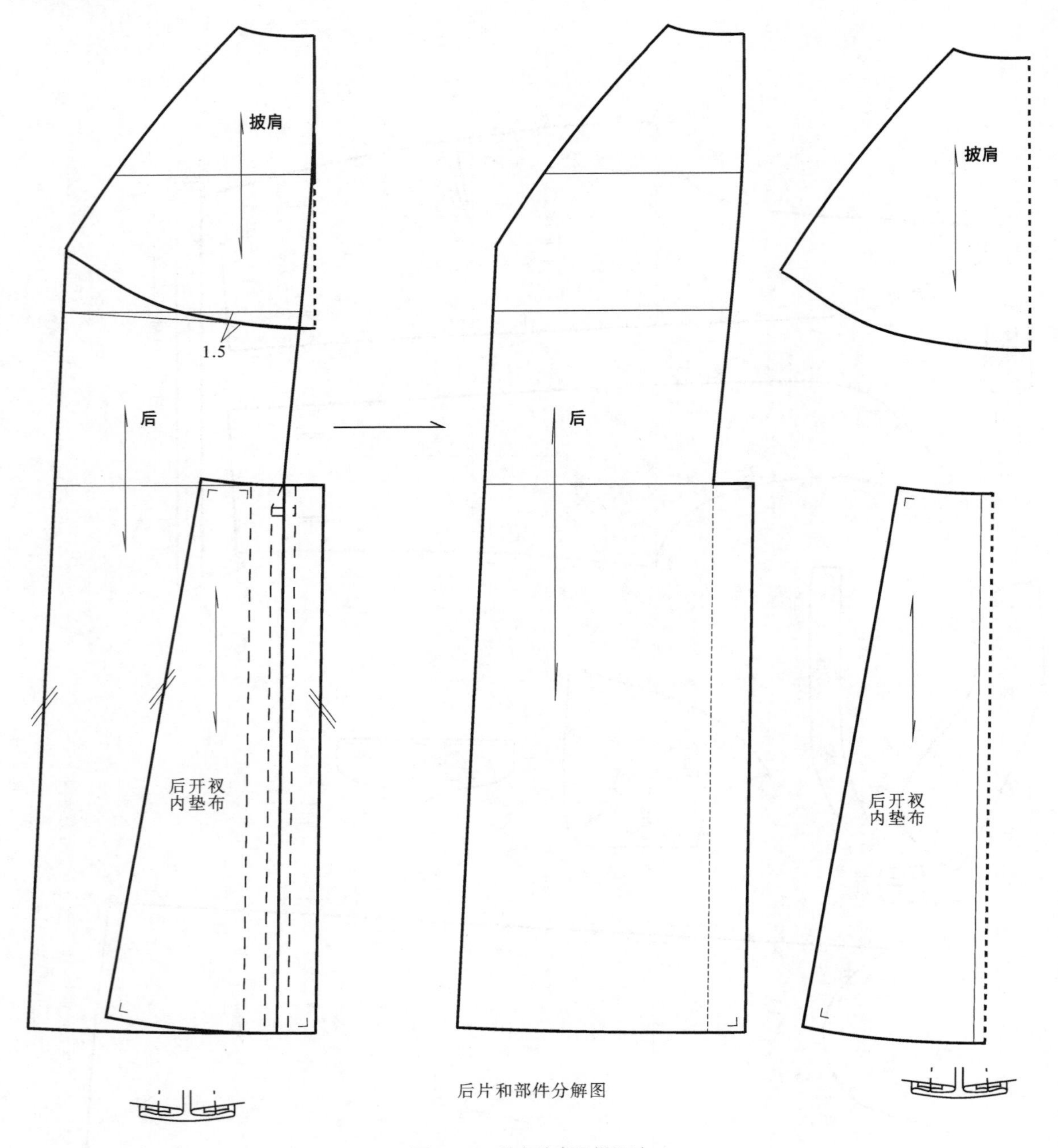

图 4-38　风衣外套纸样设计

5　达夫尔外套

达夫尔外套独特结构形制的形成，承载着北欧先民古老的渔业与寒地文化，经历了第二次世界大战的洗礼，终于成为常春藤绅士文化优雅休闲的标签，不断地被大书特书，它的每个细节都堪称“生态经典”。在选择面料上，采用独一无二的苏格兰呢和麦尔登呢双层复合粗纺呢料，因此，运用明袋、明扣襻、明线工艺便成为必然的表现手段（彩图 12-b）。它和波鲁外套明贴袋、明袖克夫、明线迹等外观化风格有异曲同工之妙。

达夫尔外套属运动型外套，也是外套中唯一带风帽的防寒外套，常用于冬季休闲、山地旅游等，因此整体结构较普通外套有所收紧，为运动方便，衣长采用短外套的长度。无省直线四开身是它的主体结构，但不追加下摆量，这是因为短外套的下摆作用不大，同时在下摆两侧有开衩，以满足收摆后的下肢运动。过肩大育克采用连体结构，周边用明线固定。前襟四个明扣襻采用明装结构，搭襻用三角形皮革固定皮条制成（它的原始状态用麻绳配木质棒扣），搭扣采用骨质或硬木质材料。袖子的结构设计很有特色，它采用连体的两片袖结构。总体上是运用大、小袖片在前袖缝拼接原理设计的，将大、小袖的互补关系去掉，后袖缝变成公共边线，前袖缝变成大、小袖的翻折线，以此为基础通过细微的尺寸处理，变成大、小袖连体结构，很显然这种结构比纯粹两片袖要宽松。需要注意的是，达夫尔外套的绱袖工艺是肩压袖并缉明线，因此，袖山曲线的容量要小，一般掌握在袖山大于袖窿 2cm 以内，这时袖山高取$\frac{AH}{3}$ –1cm、袖肥取$\frac{AH}{2}$ –4cm，复核后再调整直到符合要求。

达夫尔外套帽子的结构也是独一无二的。其纸样设计依据是后颈点通过头顶至前帽檐儿口尺寸加上必要的松量为帽子纵向尺寸约 52cm，其中帽顶片高约 22cm、后片高约 30cm，它们采寸的分配比例约为 2 ∶ 3。帽檐儿口的尺寸以前颈点通过头顶点回到前颈点加上松量尺寸为依据约 36cm，其中帽顶片的宽约 22cm、帽后片的侧高约 14cm，它们的分配比例约为 2 ∶ 1，同时这个尺寸是与帽底线下弯度呈正比加以控制的，即帽底线下弯度越大，帽檐儿口尺寸越大，相反则越小。帽檐儿口内两侧设拱形襻来调节帽口的大小。帽口与前颈窝会合的部位设一个可以装卸的风挡襻（图 4–39）。

达夫尔外套所形成的造型风格，不言而喻是由其特有的使用功能和材料的性质所决定的。因此，它的纸样设计就不能脱离这一基本的目的和物质要求，使它的造型美从内到外实实在在地反映出来，成为炉火纯青的经典作品，而在男装的历史长河中被人们遵循和效仿。“达夫尔风格”正是由于它原生态的本色之美，对后来的便装外套、夹克、户外服的设计产生了深远的影响（更多信息参阅实训教材《男装纸样设计原理与应用训练教程》相关内容）。

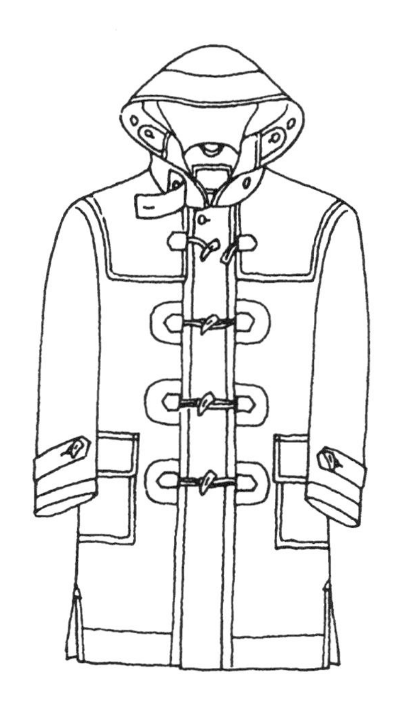

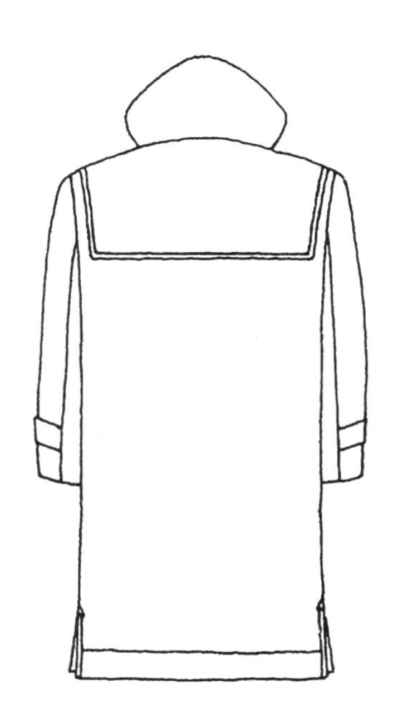

外观图

图 4–39

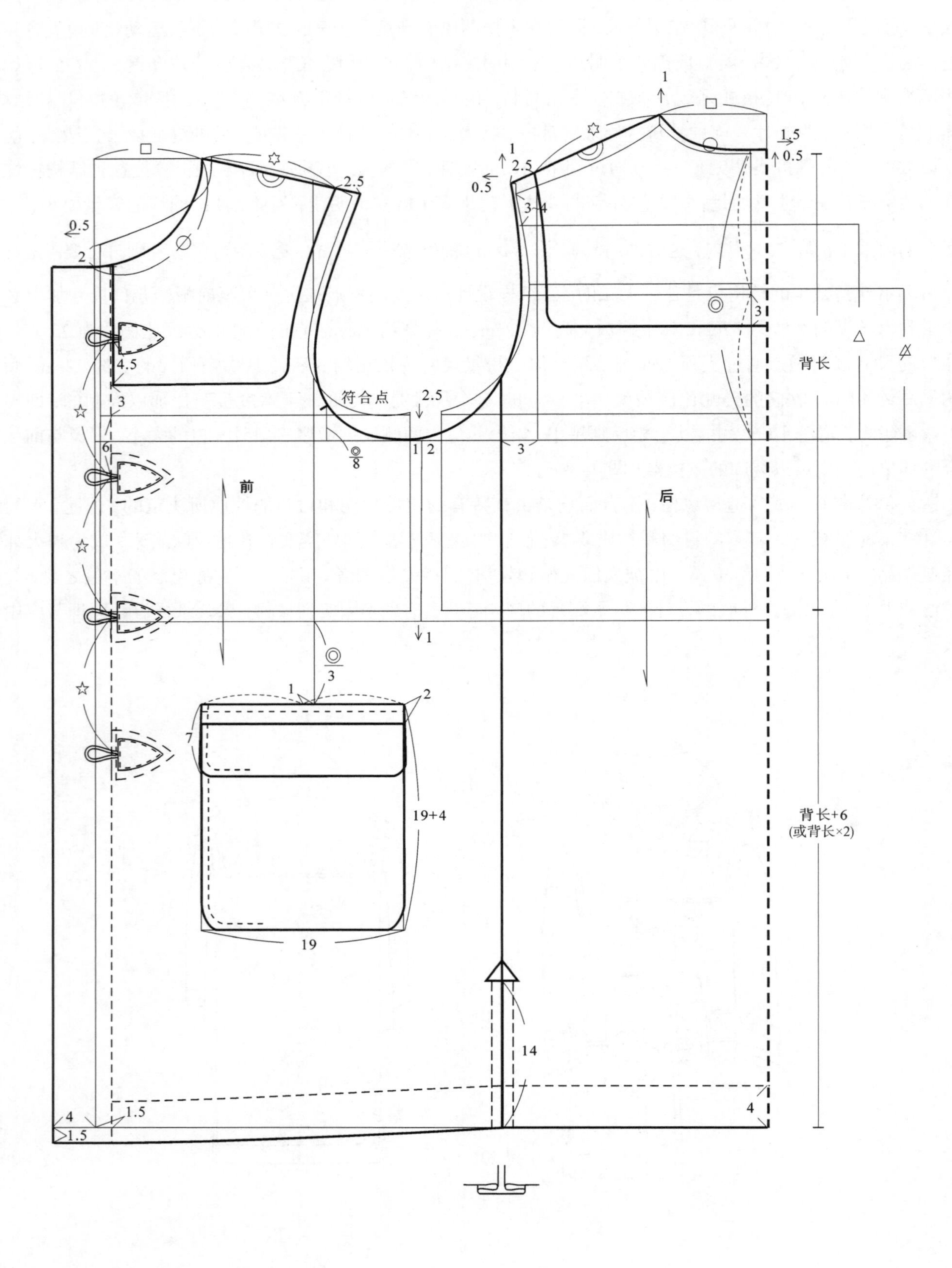

1
1.5
0.5
2.5
2.5
3~4
0.5
2
4.5
3
6
符合点
2.5
1 2
3
3
前
后
背长
1
1
3
2
7
19+4
19
14
4
1.5
1.5
4
背长+6
(或背长×2)

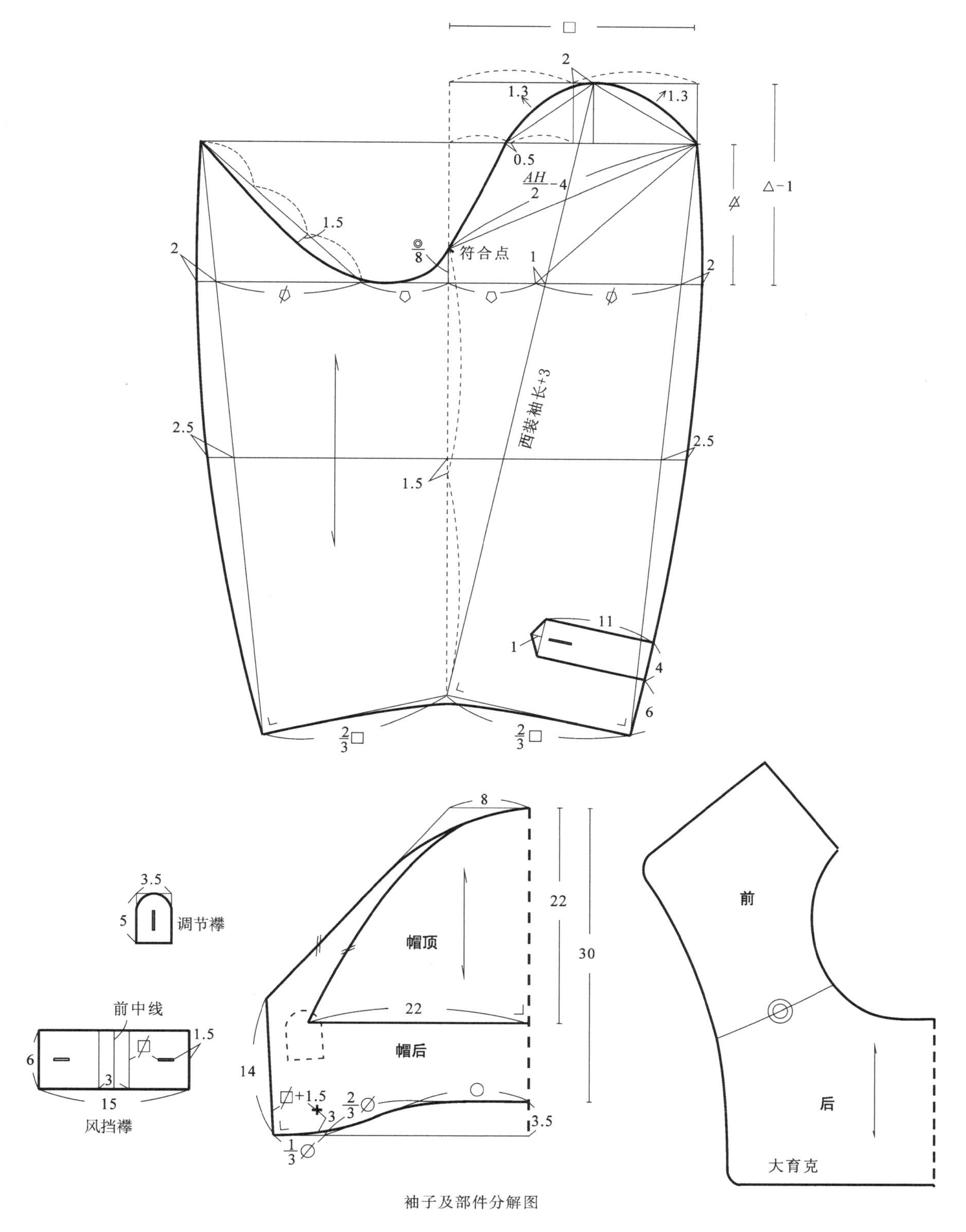

袖子及部件分解图

图 4-39　达夫尔外套纸样设计

§4-5 知识点

1.外套一般是配合西装用在户外各种场合的，故以相似形纸样设计板型体系为主导，松量控制在大于西装松量8cm以上，一般掌握在成品松量25cm左右。通常情况下以柴斯特为代表的礼服外套，采用X型纸样设计松量偏小；以巴尔玛为代表的H型外套，纸样设计松量偏大。四开身直线结构是H型外套的主流板型，X型六开身曲线结构是外套的传统板型。

2.柴斯特外套分标准版、传统版和出行版，这主要是风格上的区别：标准版为平驳领暗门襟；传统版是戗驳领暗门襟；出行版是双排扣戗驳领。结构上它们通用收腰型四开身和六开身及两片装袖板型（图4-33~图4-35）。若采用直线四开身结构有礼服休闲化趋势。

3.波鲁外套纸样设计，由于属于出行外套，总体上采用直线四开身结构。它的板型特点是三片包肩袖结构，纸样设计通过插肩袖结构原理，从插肩线回归装袖线的处理方法，袖窿保持初始状态，袖山曲线通过凸势处理产生合理的容量（吃势）。同时明袖克夫、复合贴口袋、后腰带等是波鲁外套纸样设计不能忽视的细节（图4-36）。

4.巴尔玛外套的直线四开身，插肩袖，巴尔玛领配暗门襟、斜插袋的板型组合，在整个外套纸样设计中具有指标性作用，可以视为外套的基本型，它向外辐射或吸纳都无存障碍，如包肩袖巴尔玛、前装后插袖巴尔玛、拿破仑领巴尔玛等；面料选择也很自由，呢料、棉华达呢、水浇布等（图4-37）。

5.风衣纸样设计是延续着巴尔玛主体板型完成的。它的主要风格，表现在功能化的细节纸样设计上，主要包括拿破仑翻领、小披肩、胸盖布、封闭式后开衩、可装卸式带襻等（图4-38）。

6.达夫尔外套纸样设计最重要的是它的外观化细节设计，如顶盖风帽、大育克、明扣襻门襟等。它的主体板型采用短款直线四开身结构。苏格兰和麦尔登呢复合粗呢面料是独一无二的（图4-39、彩图12-b）。

§4-6 户外服纸样设计与应用

户外服由休闲类和运动类构成，从功能上说是指以户外活动为目的的非礼仪性服装。它不具备或不完全具备男装礼仪程式中所固定下来的形式，它的造型特点是以实用、方便、安全和舒适因素为依据展开设计。在纸样上构成了以宽松和运动为主要功能的结构基础。因此，也形成了户外服非礼仪的实用性程式，外穿衬衫和运动夹克板型成为户外服的两种基本类型。廓型以H型、O型和V型为主。纸样以变形结构设计为基础。

1 外穿衬衫

外穿衬衫亦称休闲衬衫，是户外服装的主要品种，多采用H廓型。由于它是从内衣衬衫演变而来，其局部的款式和结构仍保留了原有的某些特点，在主体纸样中虽采用“变形”结构，但必须结合它原有的某些造型特点进行设计，如领口、袖口尺寸要相对稳定，这就决定了休闲衬衫比其他户外服的纸样设计有其特殊性。同时，由于它适用于户外服的“变形放量设计原理”和“系列纸样技术”理论，也得以在休闲衬衫纸样设计中全面应用。这对本节其他几个品种户外服的设计既是补充又具有重要的借鉴意义。

（1）外穿衬衫纸样设计

外穿衬衫由于它独立的穿着习惯及宽松量的充裕，其主体结构通常采用放量的变形设计，即追加放量的比例分配整齐划一（参阅 §3-4 中 2 纸样放缩量的设计原则和方法）。如果设成衣放量为 32cm，追加放量是 12cm，二分之一制图即为 6cm，可以采用 2 ：2 ：1 ：1（整齐划一）的比例，并分配在前、后侧缝和前、后中缝处。由此可推出后肩升高量是 1.5cm、前肩是 0.5cm，后肩加宽量是 3cm，袖窿开深量是 6cm［公式推导分析见 §3-4-2-(2)］。休闲衬衫的放量很大，但领口尺寸要保持相对稳定，故后领口要如图 4-40 所示进行还原处理，并以此确定前领口的宽度和深度，后肩线长度也由此确定，并以其为准截取前肩线。在绘制袖窿曲线时，按"剑型"处理，袖山高要根据基本袖山减去袖窿开深量来确定。注意设计袖长时要将后肩宽增量（3cm）减掉。由于袖头尺寸是相对稳定的，而袖肥增幅又较大，会造成袖肥和袖口尺寸的比例失调，因此可以通过增加袖口褶量弥补，也可以通过在袖衩处设断缝调节（见图 4-43）。领子的纸样设计与内穿衬衫有所不同，领底线不采用 S 型上翘而采用平滑上翘的设计，这同休闲衬衫随意自然的穿法有关（不必系领带），领型亦可根据功能需要采用小立领、小方领、尖领等设计（图 4-40）。

（2）外穿衬衫系列纸样处理

产品的系列开发是现代成衣业普遍采用的方法和策略，系列纸样设计与应用就成了实现该策略的关键技术。掌握外穿衬衫系列纸样技术的应用对其他户外服的设计具有广泛的指导意义。系列纸样设计的主要技术，首先是确立系列中的主体板型和基础款式，前面所讲述的"外穿衬衫纸样设计"就是这项工作的开始。其次是将主体板型（特别是内部结构）固定下来，通过改变局部设计产生系列，注意：在改变设计时，必须根据同类品种的造型语言和规范生产的工艺要求进行。例如休闲衬衫系列设计不能用其以外的（如防寒服、外套、西装，甚至内穿衬衫等）造型语言和不适应的生产工艺（如插肩袖、西服领等）加入该系列中。总之，应在保持"外穿衬衫"主题的前提下增加休闲的功能元素。

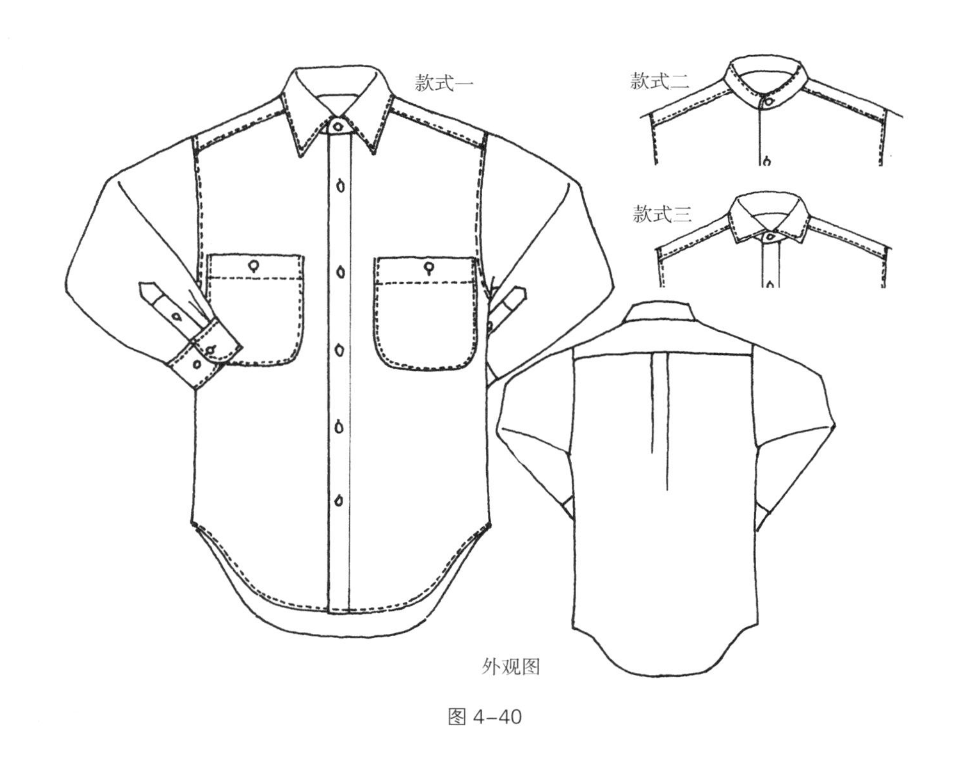

图 4-40

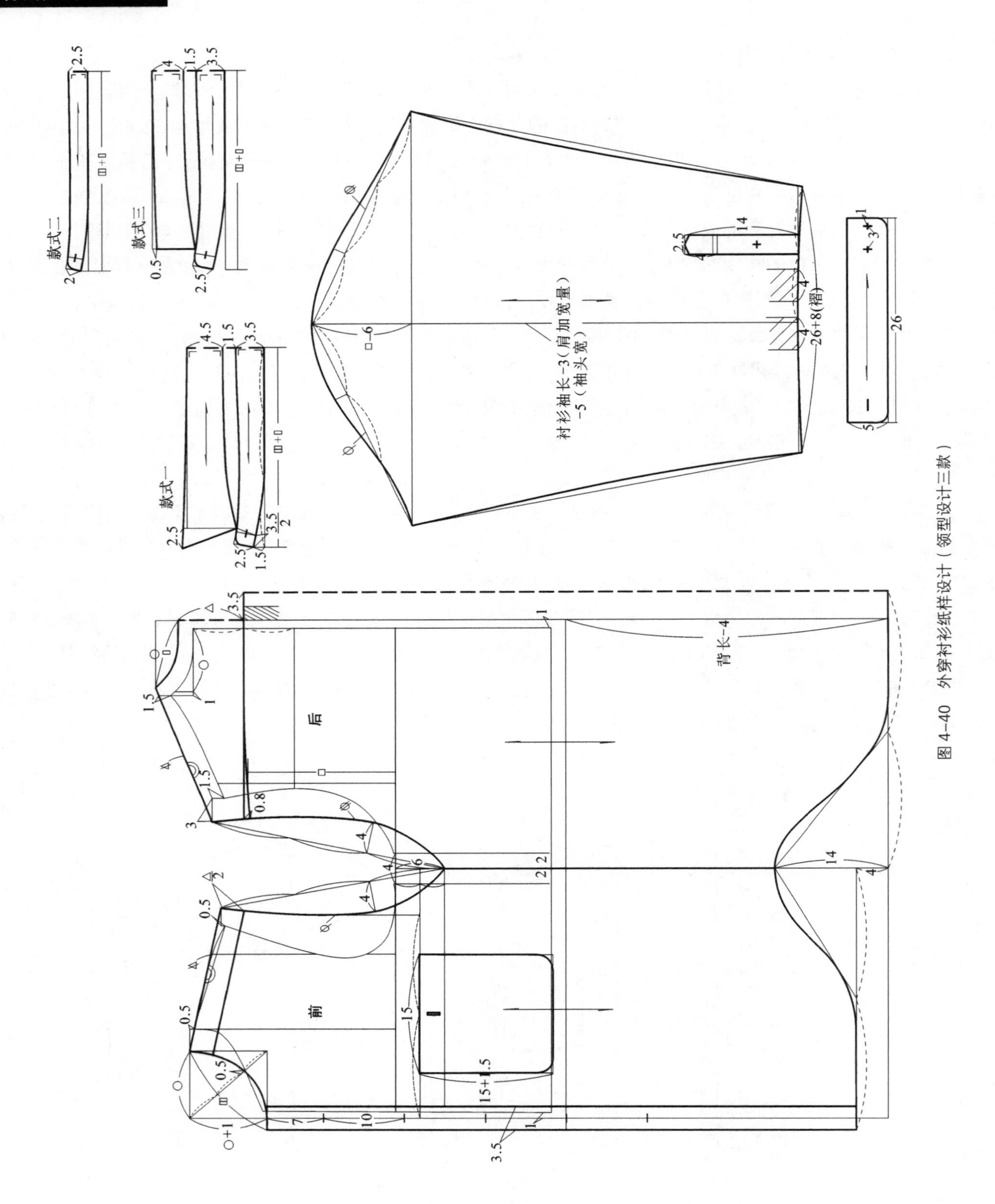

图 4-40 外穿衬衫纸样设计（领型设计三款）

图 4-41 所示的休闲衬衫系列是将图 4-40 的休闲衬衫的主体结构作为该系列的母板加以固定，通过改变育克的位置、胸袋的综合处理、门襟的创意和下摆的变化产生休闲的主题系列。这种系列纸样的处理方法，还可以有效地运用在袖子的局部变化中，在不影响总体生产流程和工艺的基础上，会极大地丰富“休闲”这一主题。因此，请在后面的范例中，根据上述系列纸样技术的基本原理和设计方法，将本书提供的设计作为

主体纸样，推出你自己的户外服系列设计（更多信息参阅实训教材《男装纸样设计原理与应用训练教程》相关内容）。

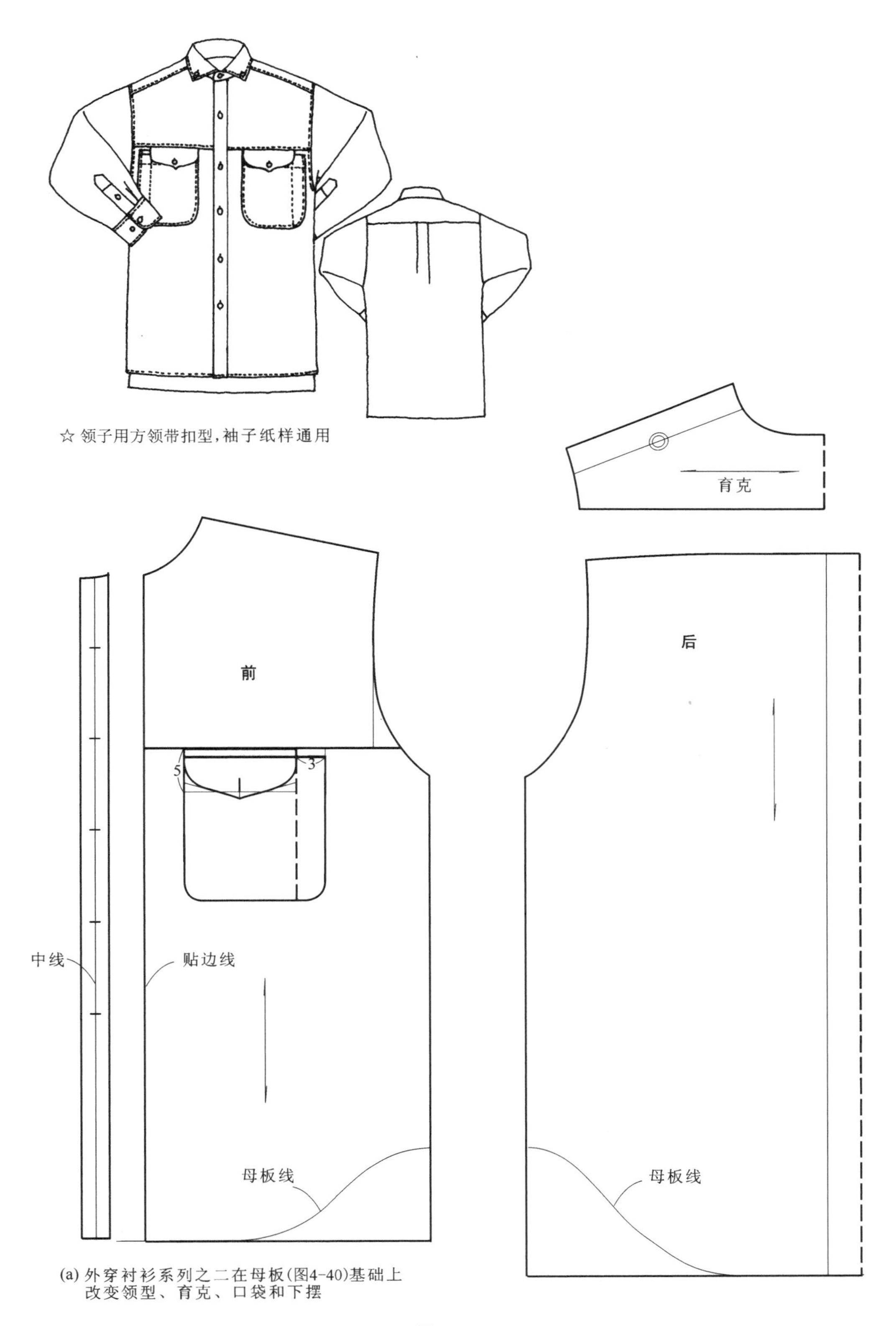

(a) 外穿衬衫系列之二在母板(图4-40)基础上改变领型、育克、口袋和下摆

图 4-41

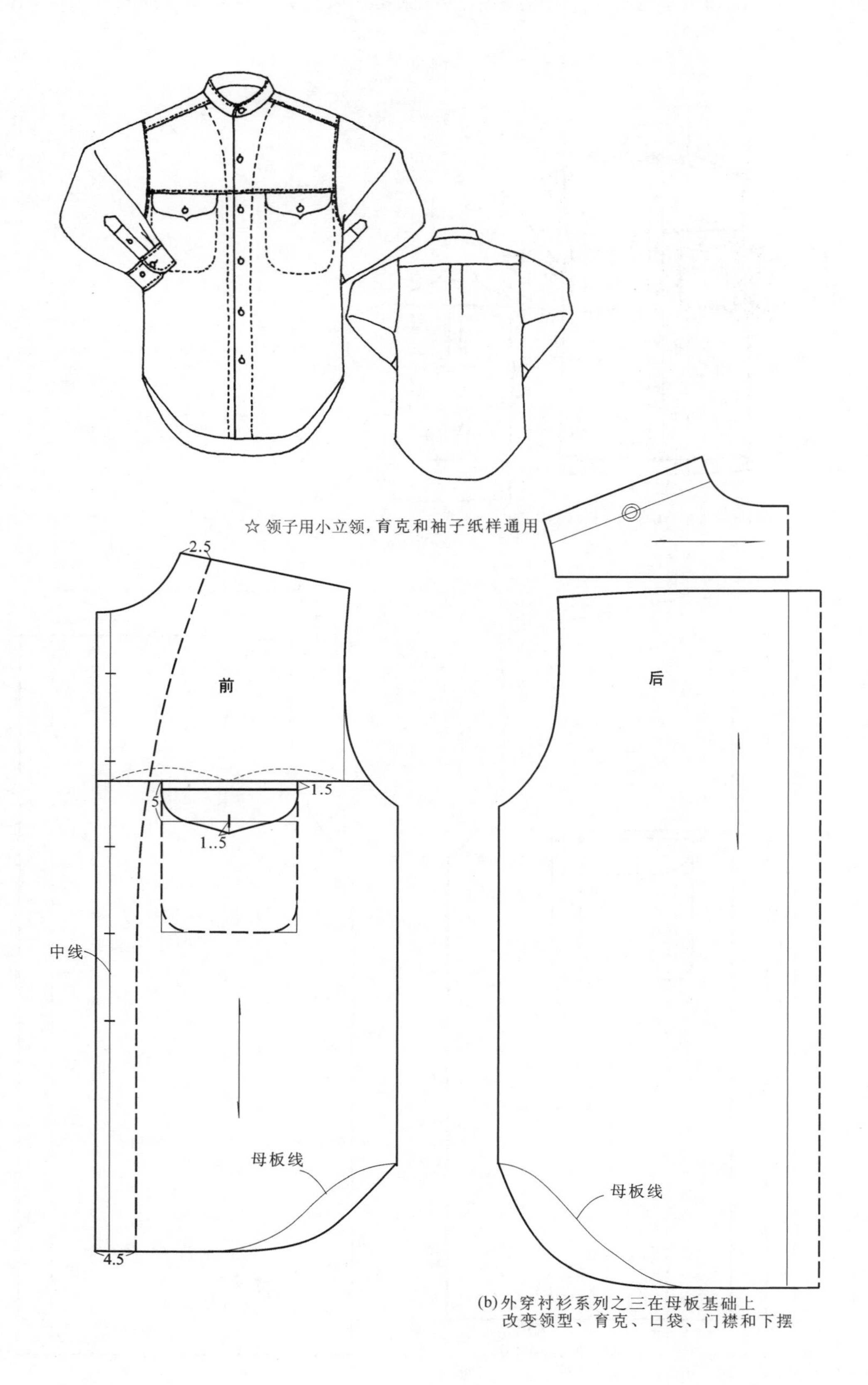

(b)外穿衬衫系列之三在母板基础上
改变领型、育克、口袋、门襟和下摆

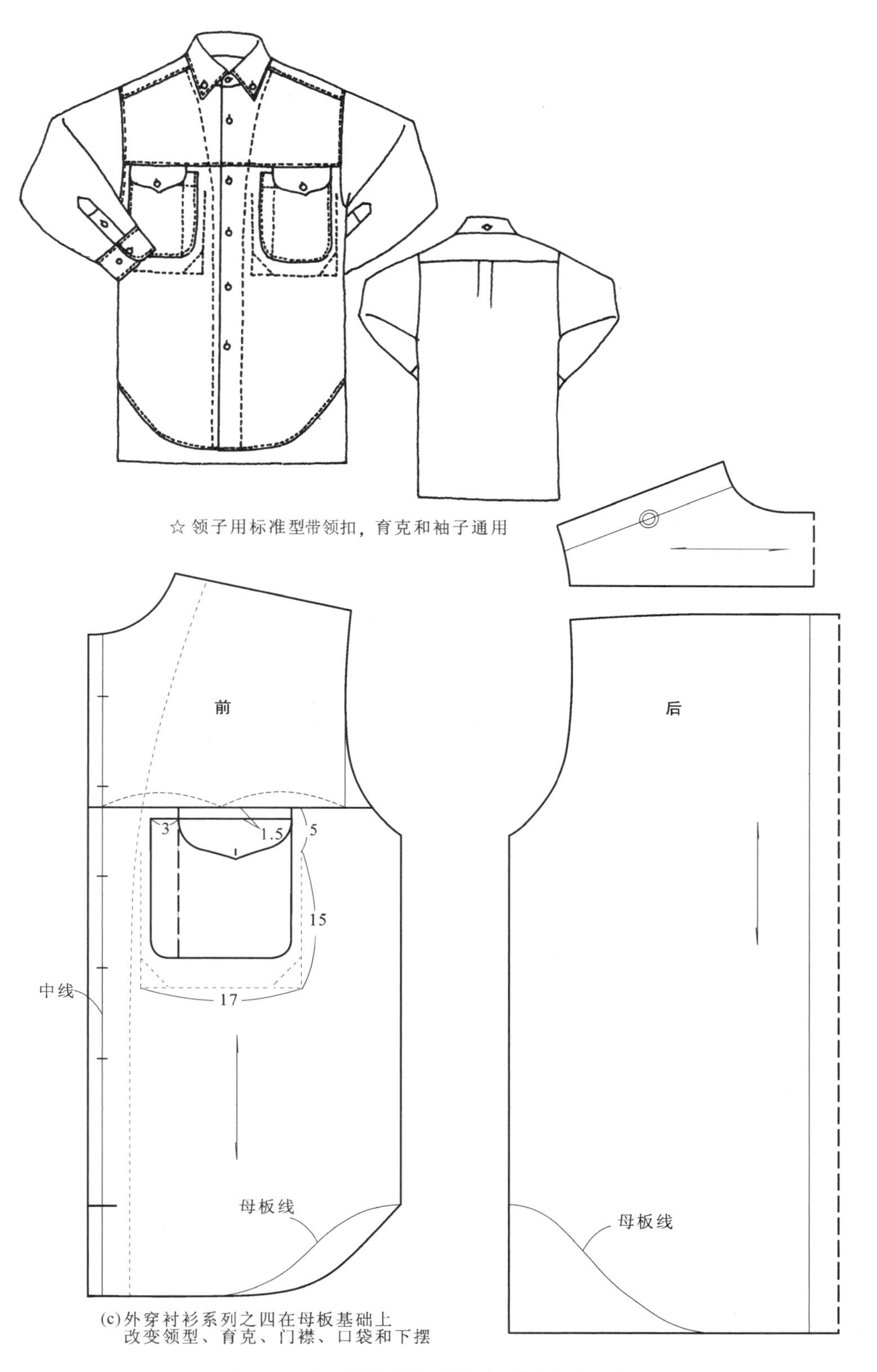

图 4–41　外穿衬衫系列纸样设计（综合设计三款）

2 夹克

夹克在造型上有长、短之分，季节上有单、棉之别，工艺上有不同材质的选择。尽管其品类很多，但它们之间并没有严格的界限，也就是说，不同的夹克造型，对不同的季节选择不是一定的，短夹克也可以做成棉的，长夹克也可以做成单的。对材料的选择也是如此，同种造型的夹克可以采用机织面料，也可以采用皮革或其他面料。因此，本节所提供的夹克纸样设计不具有指定性，设计者可以根据需要运用变形放量纸样设计原理和户外服语言元素去开发设计各种夹克产品。

（1）短夹克系列纸样设计

本实例是男装历史上典型的飞行员夹克，与经典的机车夹克有血缘关系。由于用皮质面料，结合分割线的功能设计是它的特点（更多信息参阅《男装纸样设计原理与应用训练教程》实训教材）。短夹克的衣长，是在背长的基础上追加背宽横线至袖窿深线的距离，再加 6cm 的紧摆贴边。夹克的主体纸样和外穿衬衫没有根本的区别，一旦确定成衣的总放量，就可以按照变形纸样设计原理，推出它的一整套参数。图 4–42 所示的短夹克纸样设计，虽有些个性化调整，但它的内在结构框架和外穿衬衫属同一类，甚至在成衣松量相同的情况下完全可以将外穿衬衫作为母板（相反亦可）。只是在领口上不像外穿衬衫那样进行还原处理，仍保持追加放量后领口尺寸自然增加的状态，因为夹克具有外套的功能（外衣领口大于内衣领口）而衬衫没有。夹克的局部设计要根据其基本功能和面料特性而定。图 4–42 所示为皮夹克设计，多片、多袋、多功能结构是必要的。翻领根据材质的不同，可以选择分体和连体两种结构。

后身纸样断成三个部分，侧片和背片为增加活褶量而设，以改善手臂前屈的活动环境，后下片从后中线至侧缝线形成中高侧低的斜线，这样有助于设计后身的斜插袋，使其功能发挥更好。同时这种多片分割结构对采用皮革面料是很有利的。当然，如果将后中线变成整体结构效果更好，但皮张要求也更严格（参见图 4–42 款式二），用机织面料不会存在这些问题，要尽量使结构规整。

前身是由上下两个箱式的大袋构成。前襟用明搭门、暗拉链的复合门襟结构。领子的设计采用领底线下弯的连体翻领结构，并加领襻，这种结构更适合采用毛皮领面，毛向箭头应垂直于后中线并朝向前端。

袖子的结构要配合细长形的袖窿做低袖山设计（变形袖结构规律），它们的采寸关系是呈正比的，即袖窿的细长特征越明显，袖山就越低。在纸样的复核中，袖山和袖窿弧长大体相同并做肩压袖缉明线的工艺处理。袖子的整体设计采用以袖中线为准一分为二的两片结构，这种处理主要考虑袖肥和袖口的差避免集中在两侧，而是通过袖中线将其均匀分解，以达到造型的完美。后袖片肘凸部位覆加圆贴布（或麂皮），以提高袖子肘部的耐牢性（图 4–42）。

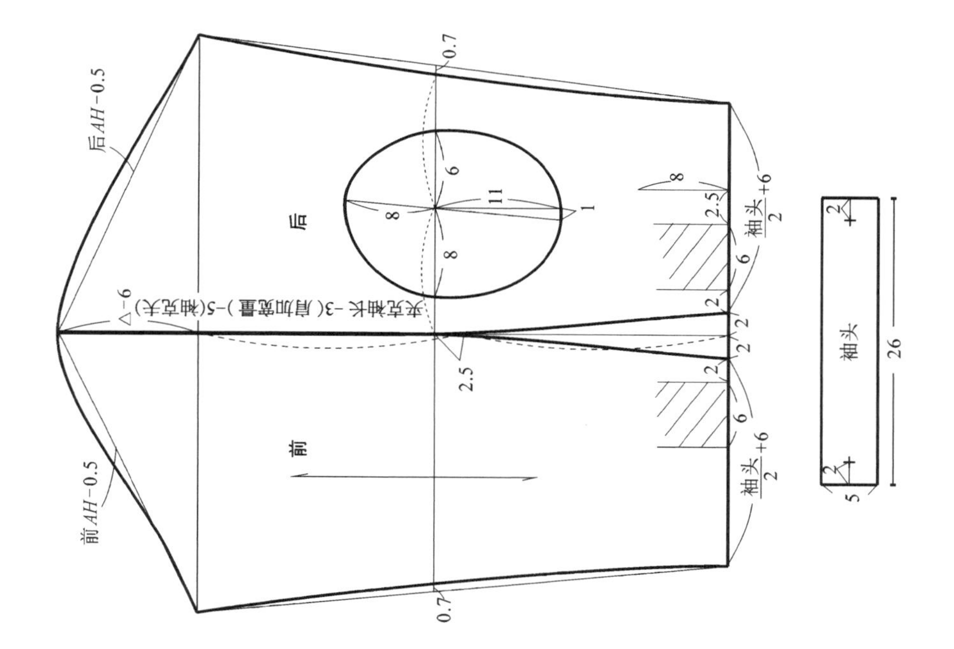
后AH−0.5
前AH−0.5
后
前
袖头
26

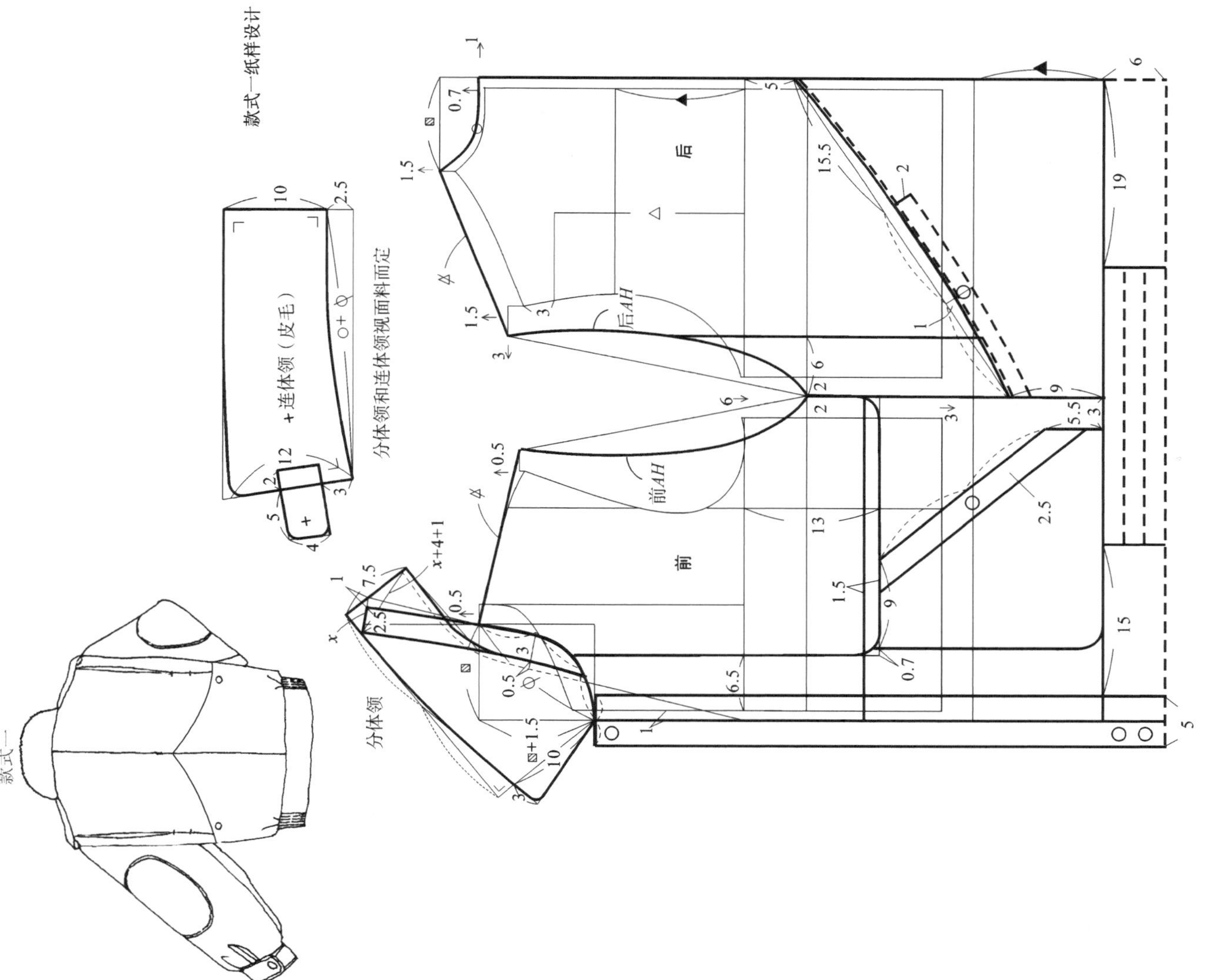
款式一
款式一纸样设计
分体领
分体领和连体领视面料而定
+连体领（皮毛）
后
前
后AH
前AH

图 4-42

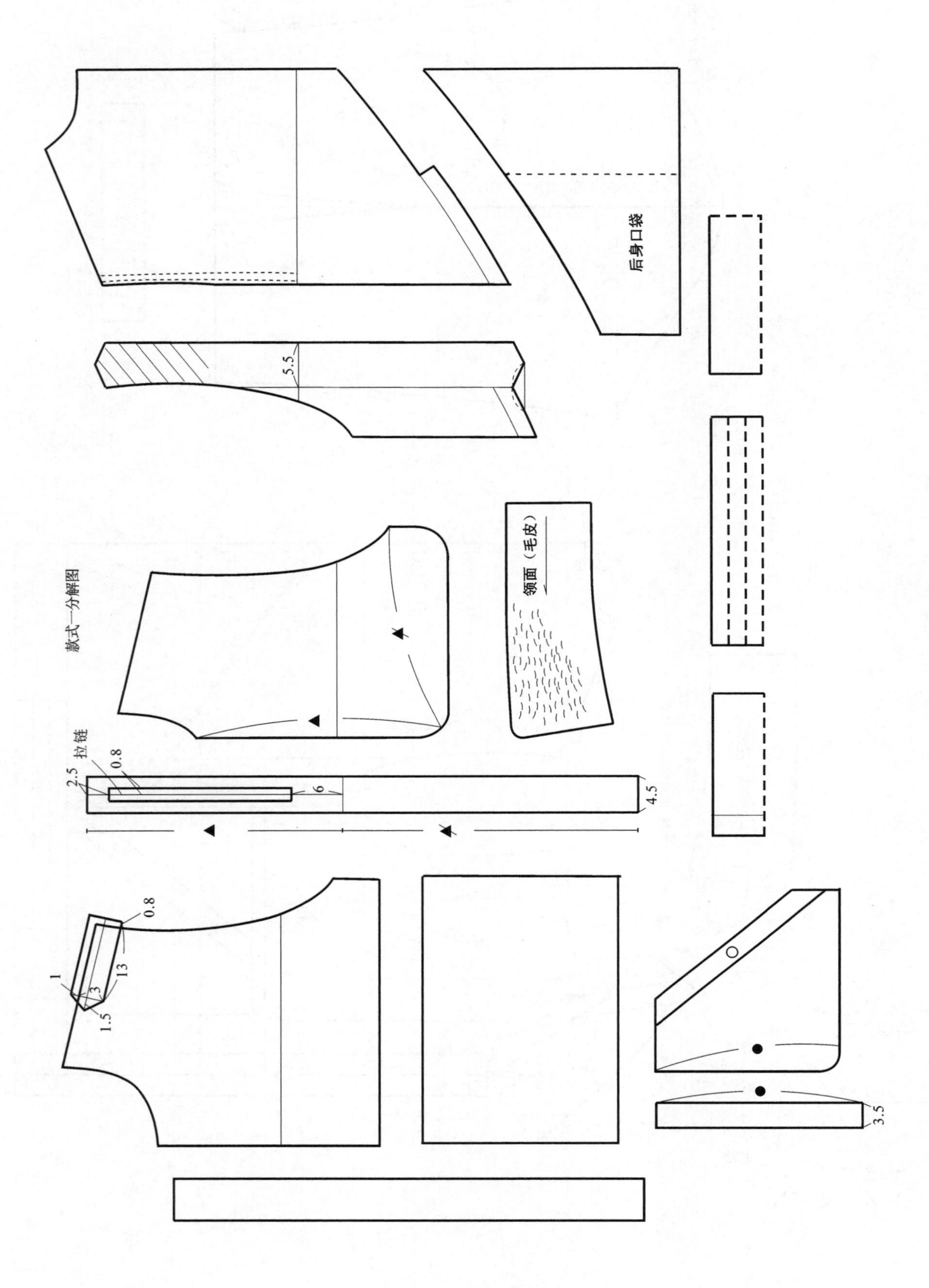

款式一分解图

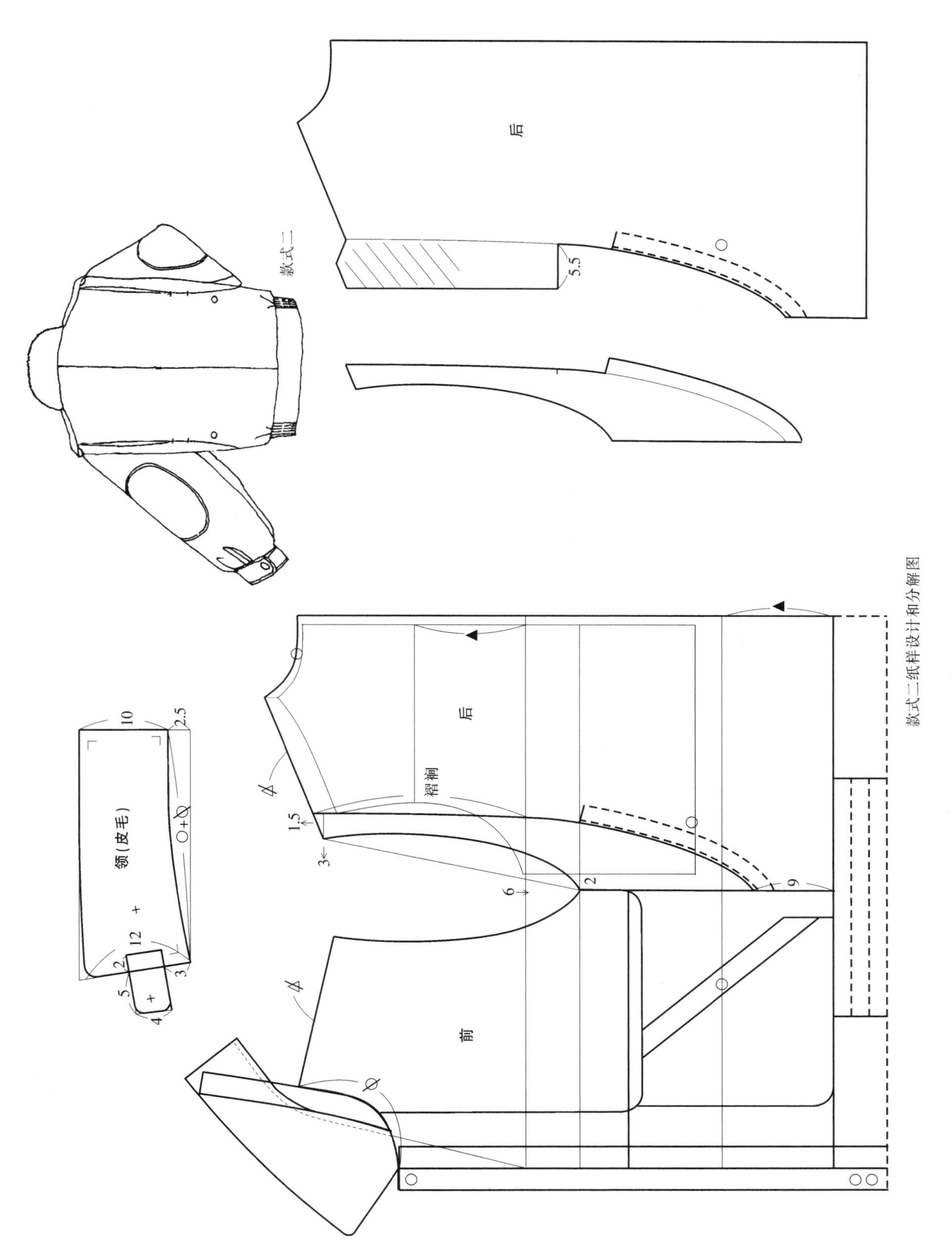

款式二纸样设计和分解图

图 4-42　短夹克纸样设计（后身设计两款）

（2）复合领直摆防寒夹克纸样设计（彩图13–a）

复合领直摆防寒夹克的纸样设计在夹克中是比较复杂的，但是，如果将其各部位的结构分解开，则不难发现它们各自所采用的原理。

主体纸样仍采用变形放量设计，处理方法与短夹克相同，局部设计集中在复合领上。

前身的主要设计是青果领和倒戗驳领的复合结构。由于青果领与表面结构成为整体，倒戗驳领在前门襟的里面，因此，可以采用复合领的综合设计和缝制加工的方法分别处理。首先，按照翻领的结构原理设计倒戗驳领，并标出过面贴边线的位置，该过面比大身纸样的下摆处短 3.5cm，以示该领的结构范围，并将其翻领和驳领过面纸样分离（见图 4–43 中分解图左一）。在此基础上，将青果领边线沿倒戗驳领边线增加 1.5cm 完成。由于青果领结构在串口（领口）的位置里、外均没有接缝，在靠侧颈点的肩部与领重叠的部分要进行分离的结构处理：大身纸样通过肩部的分割设计恰好将其分离并与胸袋设计结合起来；青果领的过面纸样将重叠部分分离，这和塔士多礼服中青果领结构的处理方法是相同的，为了简化工艺和面料纱向的制约，青果领的后中线处里、外均有接缝。在前门襟的复合结构中，内襟倒戗驳领采用拉链搭门，外襟青果领搭门采用金属按扣。后身采用二分之一肩竖线分割并加活褶，以改善手臂的前屈效果。

两侧大袋设计采用箱式结构以增加容量，并设计成复合口袋，即在箱式袋的内层设暗插袋，暗插袋口设在箱式袋侧边，袋盖设计成四分之一圆形。

袖子纸样要和变形的主体板型配合设计，并通过肘凸处断缝的处理完成两片袖结构（图 4–43）。

（3）达夫尔夹克纸样设计

这种夹克是从达夫尔外套的造型语言中得到启发设计的。但是，其整体纸样仍采用变形的设计方式，只是在衣长、侧衩、扣襻等局部借用了达夫尔的形式。该纸样设计的放松量及比例、袖窿和袖子的主体设计均与复合领直摆防寒夹克相同，故也可作为直摆防寒夹克系列之一。前身通过腰间的配色与下部纸样组合而产生口袋，中间配色与上部连接采用活贴边结构。扣襻选择绳子和硬木质材料的纽扣（图 4–44）。

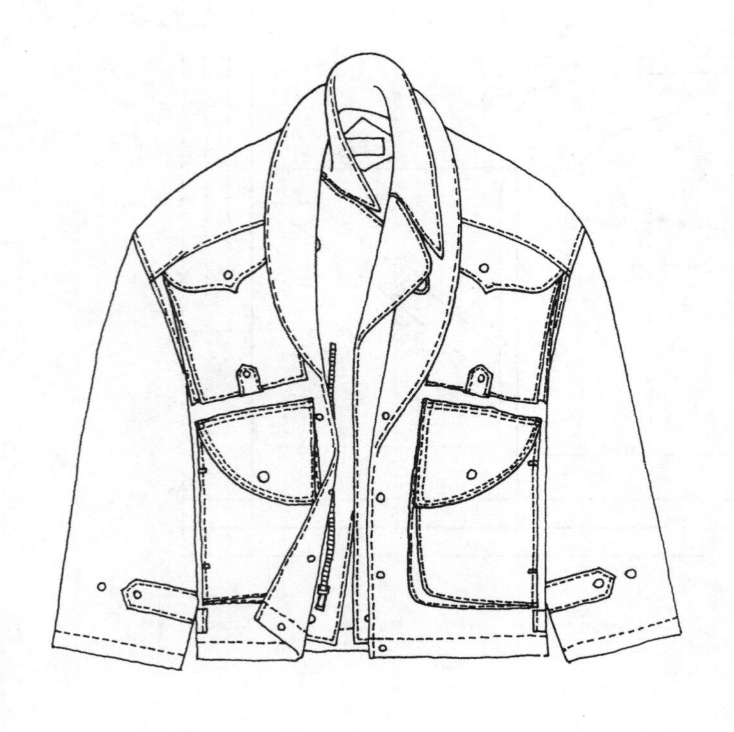

外观图

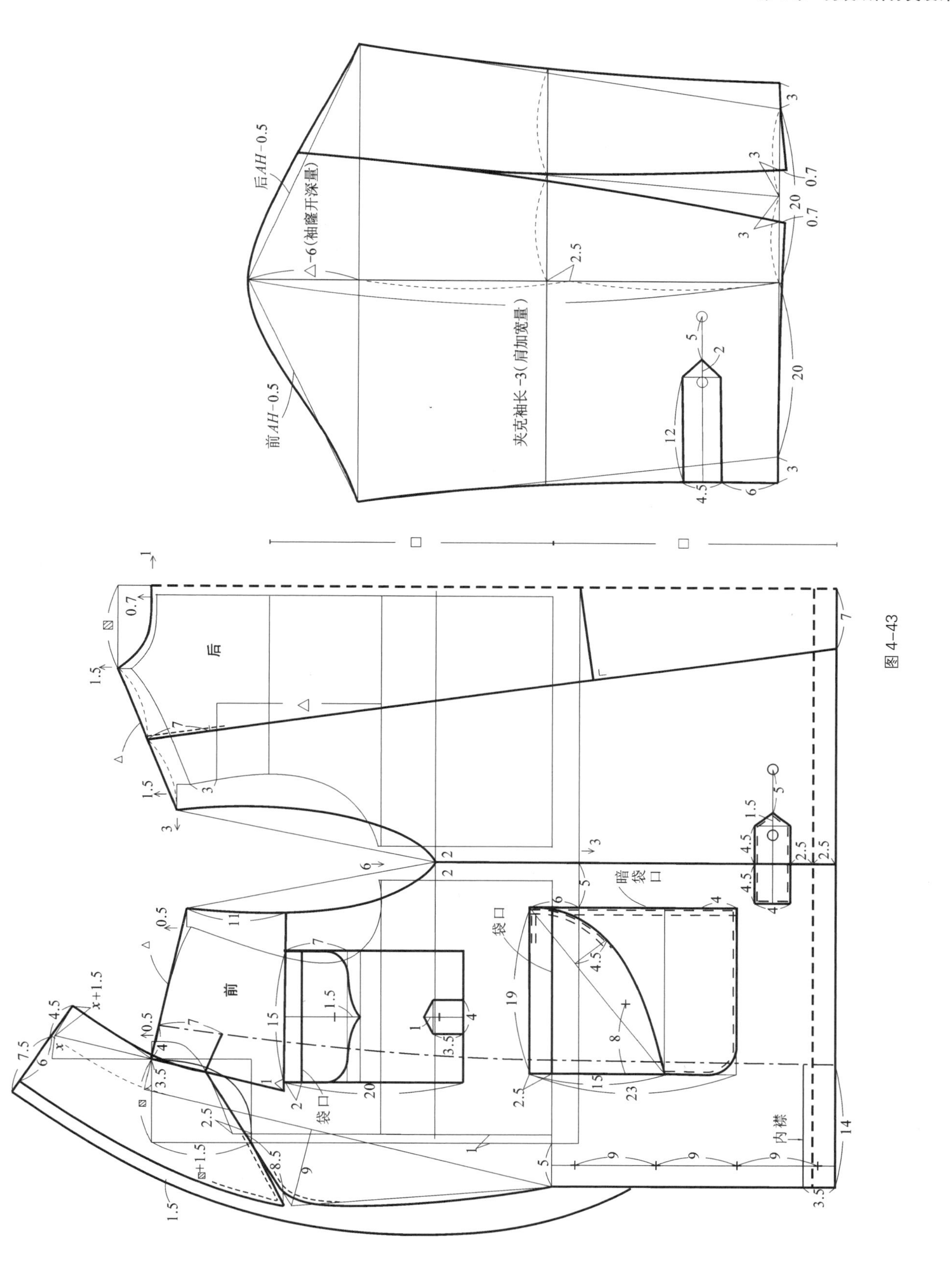

图 4-43

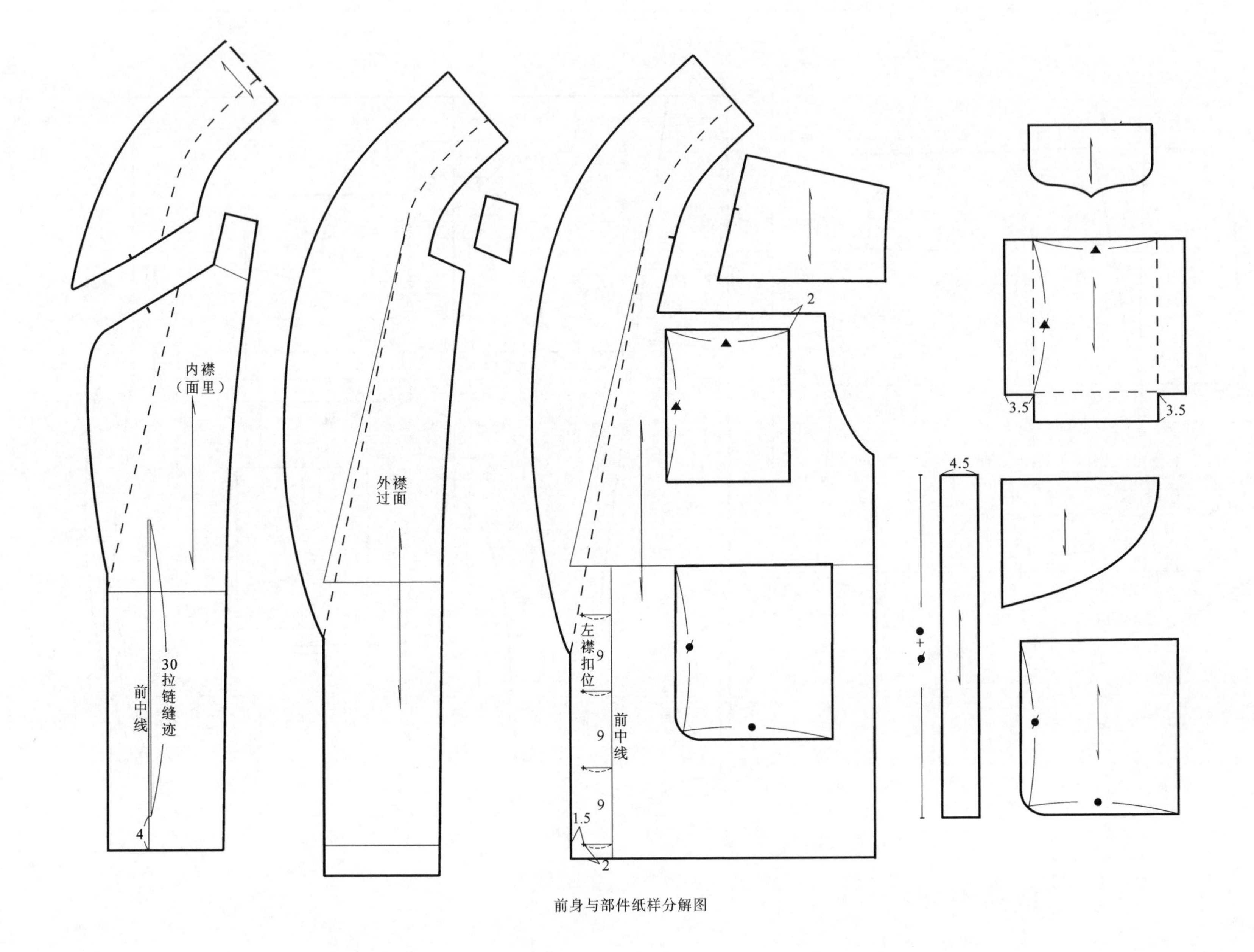

前身与部件纸样分解图

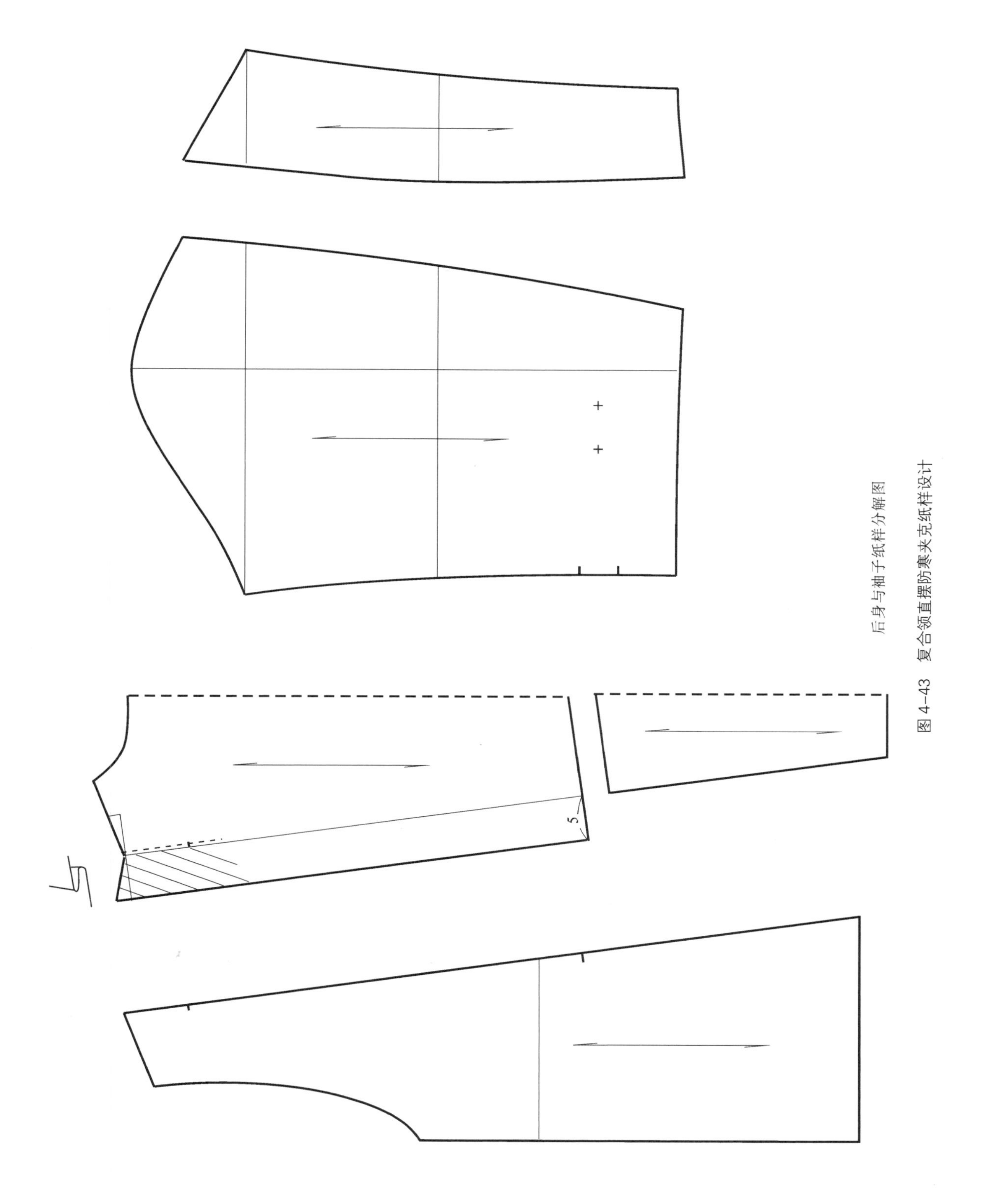

后身与袖子纸样分解图

图 4-43　复合领直摆防寒夹克纸样设计

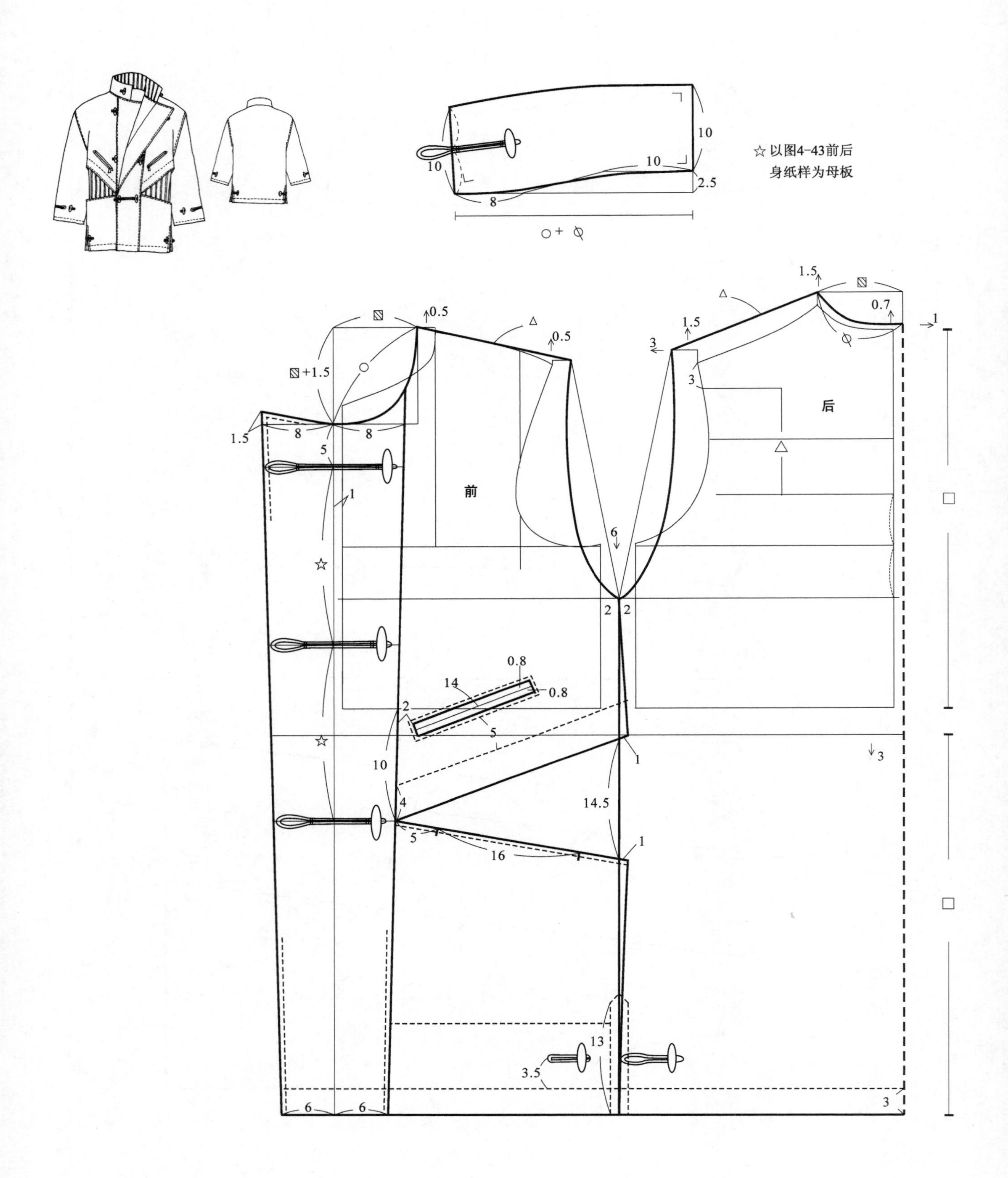
☆以图4-43前后
身纸样为母板
前
后

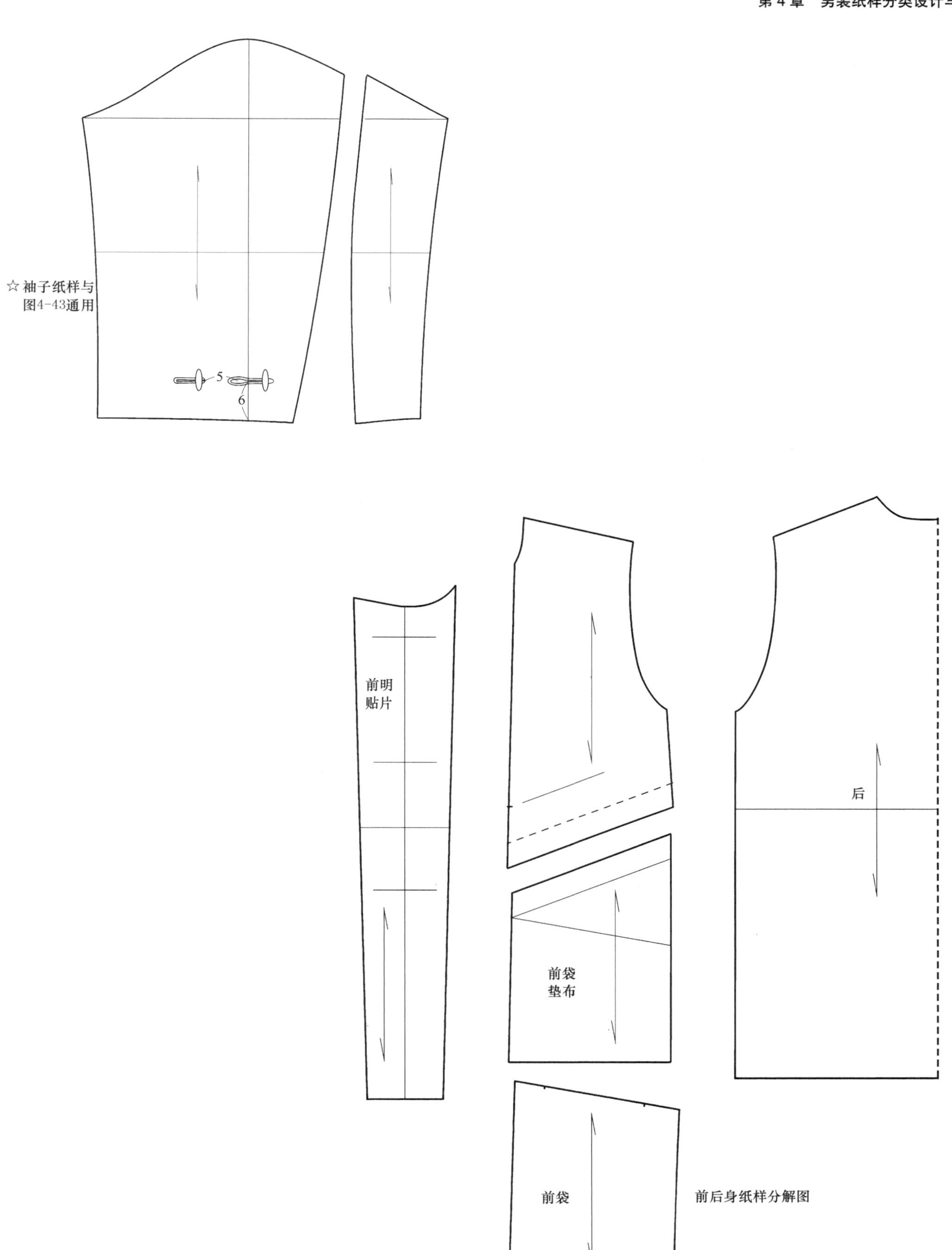

图 4-44　达夫尔夹克纸样设计

3 运动和作业性服装

（1）运动服纸样设计

运动性服装与运动服不同，它是指具有运动特点的便装，仍属生活服装的范畴。当然最初它们也都是专门的运动服，只是它良好的功能性被生活所俘获。由于它在使用材料上以针织面料为主，因此造型更加完整、简洁，纸样设计也灵活自如，内在结构的制约因素较小，板型采寸比较规整，但它可以通过针织面料所具有的良好伸缩性能加以调解。主体纸样采用变形结构。

套头针织衫是经典运动派克衫的代表，采用插肩一片袖、两片身和连体帽结构，是一款典型的为针织面料而设计的运动服纸样。插肩袖设计由于材料的原因，前、后袖片可以连成一体（这种设计在机织面料中不够合理而不宜使用），在纸样处理上前、后肩线和袖中线要顺成一条直线以利前、后袖片合并。袖山高是根据基本袖山高减去袖窿开深量获得的，这种比例在插肩袖纸样设计中仍适用，但按照其结构原理，袖中线贴体度的不确定性，不一定与肩线顺成一条直线，然而在具有良好弹性的针织面料的结构中允许肩线与袖中线顺成直线，但前提是必须在变形结构的环境下，且仍要保持前袖贴体度大于后袖贴体度 1cm（见图 4–45）。

帽子设计采用左、右两片结构。它是在前、后身处理成套头式结构的基础上进行的，领口要开到足能使头部通过的尺寸为止，并以此作为帽子设计的依据。同时，以测量从前颈点过头顶再回到前颈点加上必要的松量作为帽檐儿口尺寸的依据（约 68cm）。以修正后的领窝作为帽底线，并向下弯曲来确定帽子纸样的后高和顶宽，以帽檐儿口尺寸的二分之一来确定帽子纸样的前高，并确认它和顶宽尺寸比较接近，帽子的纸样设计便完成了。

口袋设计在腹部成左、右手共用的通贴袋，袋口利用梯形贴袋的两侧斜线。袖头和衣摆边均采用罗纹针织物（图 4–45）。

（2）钓鱼背心纸样设计

钓鱼背心，亦称记者背心。目前由于旅游和户外专门的娱乐性活动而得到普及，它被年轻人所青睐。然而，它无论被记者还是垂钓者使用，在功能上都是为了携带众多的大小物品而设计的作业服。因此，背心口袋的设计构成了它的基本特色，最多时可达到 22 个。

钓鱼背心属独立的户外作业服装，因此，总体结构应做放量处理。衣长按照背宽横线至袖窿深线的比例追加。后身结构是将后背设计成上、下两个部分，接缝处装拉链按背袋处理。后身里面的通袋结构与外面的处理方法相同，只是通袋的袋位要有所提高。后背内、外两个大袋的作用通常是用来装雨具（外袋）和不宜折叠的资料及地图等（内袋）。

前身设有 6 个口袋（半身），中间由通袋将上、下分为两个部分并装拉链成袋，下边与此平行设计成拉链的嵌线袋，最下边采用两个相同的箱式贴袋。胸袋是明贴袋结构并在中间覆加皮革，以增加强度并具有防湿功能。最上边的小袋也采用箱式袋结构。袋盖均采用尼龙搭扣设计以最大可能提高它的方便操作性。在前身里面左、右可以根据需要设计不同功能的口袋。前襟用拉链做搭门，上端并设有一个金属子母扣的搭襻。后领口和前胸的金属系环是为携物所设（如渔竿、挎袋等）。背心的全部边沿用滚边加固（图 4–46）。

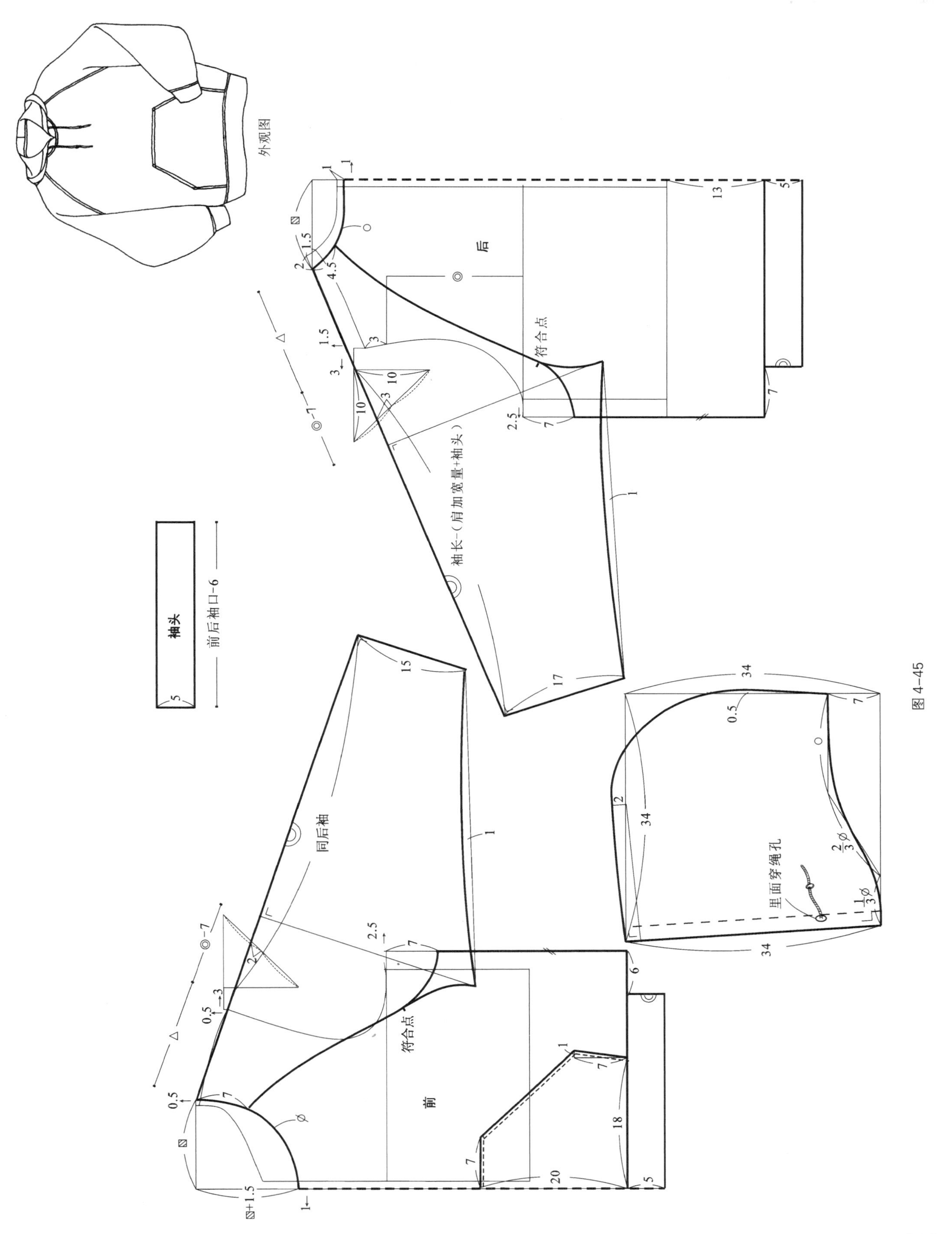

图 4-45

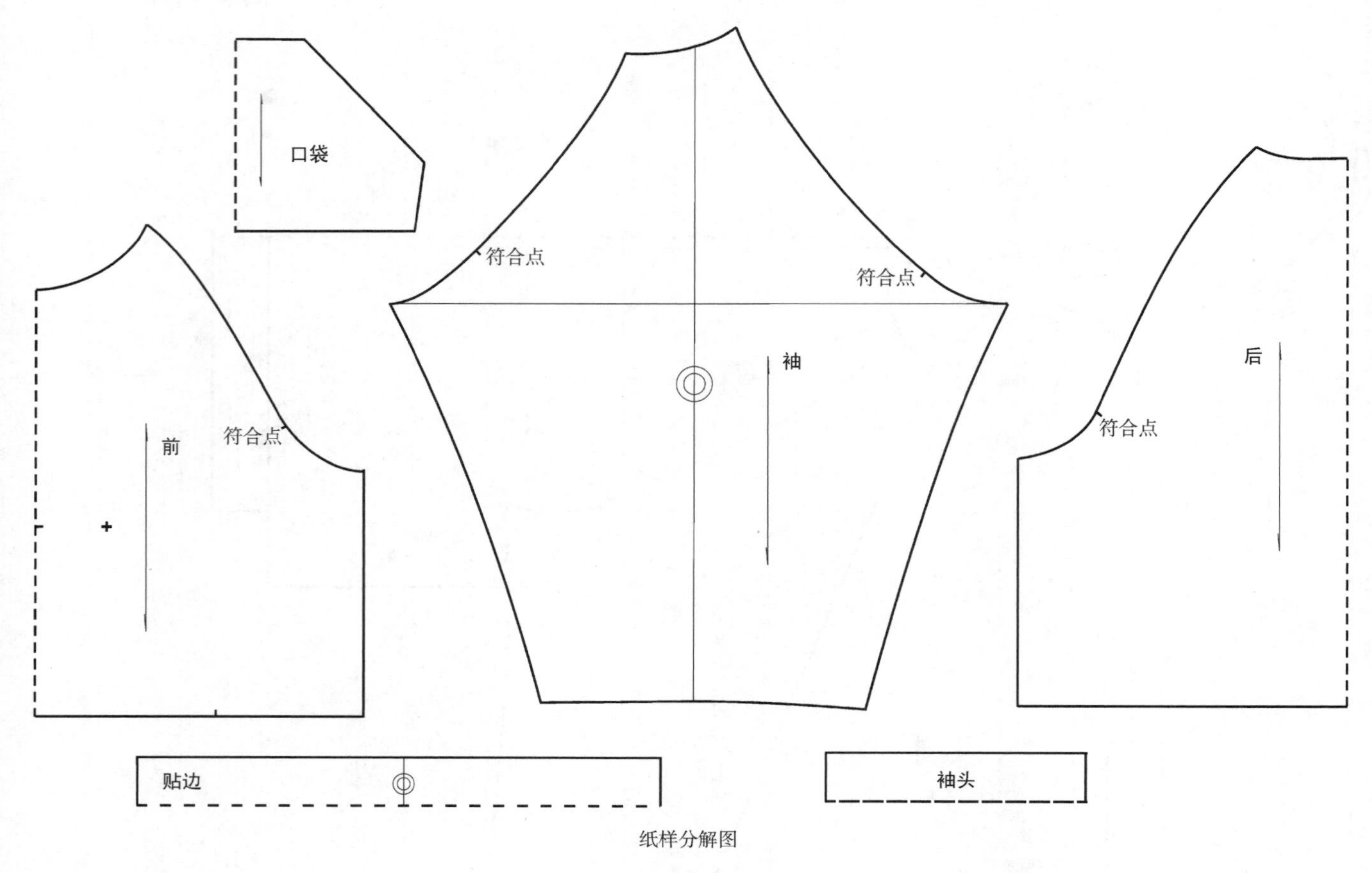

纸样分解图

图 4-45　运动服纸样设计

钓鱼背心的这种板型保持了它原生态的设计方式，由于它在口袋的设计中颇具实效性，因此对夹克、运动服、旅游服、作业性服装的设计影响很大（更多信息参阅《男装纸样设计原理与应用训练教程》实训教材）。

（3）工装裤纸样设计

工装裤从整体造型上看就是我们理解的作业背带裤。它最初普遍作为机械制造和修理工的工作服，且表现出良好的作业功能性。这里所指的工装裤与其说是工作服不如说是一种注入新意的休闲裤。所谓“功能主义”的时装概念，在该设计中得到了充分的理解和淋漓尽致的表现，成为牛仔服家族的经典。

从工装裤的设计风格来看，无论是怎样标新立异，最终不能以表面的形式取悦于人，因为这不符合作业服设计原则，而以它应有的内在结构和务实精神的魅力感染人，设计者在这个问题的认识上必须是清醒的。

由此可见，在背带裤的结构意义上，舒适、方便、耐用是它设计的宗旨。背带裤造型由于上下身连体所产生的结构障碍，在纸样处理上必须利用上身和裤子基本纸样的结合，在连接处增加必要的活动量。在保证下肢运动方便和安全的前提下简化上身结构，这是背带裤设计的原则。那么，在纸样设计中就要以裤子为主体。从实用结构处理上要考虑男性特点，由于前胸与腰部连成整体，裤子的前开门上端已被固定，但开门结构仍要保留。为保证穿脱的方便，还要在两侧设侧开门，这一结构的设计是工装裤所特有的，也是流行趋势所不能左右的。

工装裤的口袋设计充分体现了“以用为本”的设计思想。口袋共有 13 个。胸贴袋中间用宽 3cm 的双轨线将大袋两边隔开，双轨线的间距可以作为插笔之用，两个大袋的中间各设一个活褶来增加容量。前裤片采用竖线分割结构，两侧贴袋夹在分割线中。腹部工具袋采用悬浮方式，设计三层大小 6 个口袋的复合结构，最底层上边固定在腰头，中层和外层在中间用“V”形线迹缉缝，完成 4 个梯形袋、2 个 V 形袋。同时，在该复合袋的两边与两侧开门的扣位对应的位置设搭襻，需要将悬浮袋固定时，将搭襻与侧开门纽扣系合。侧体环襻是作为挂放锤子之类工具所设的。后身臀部设两个贴袋（图 4-47）。

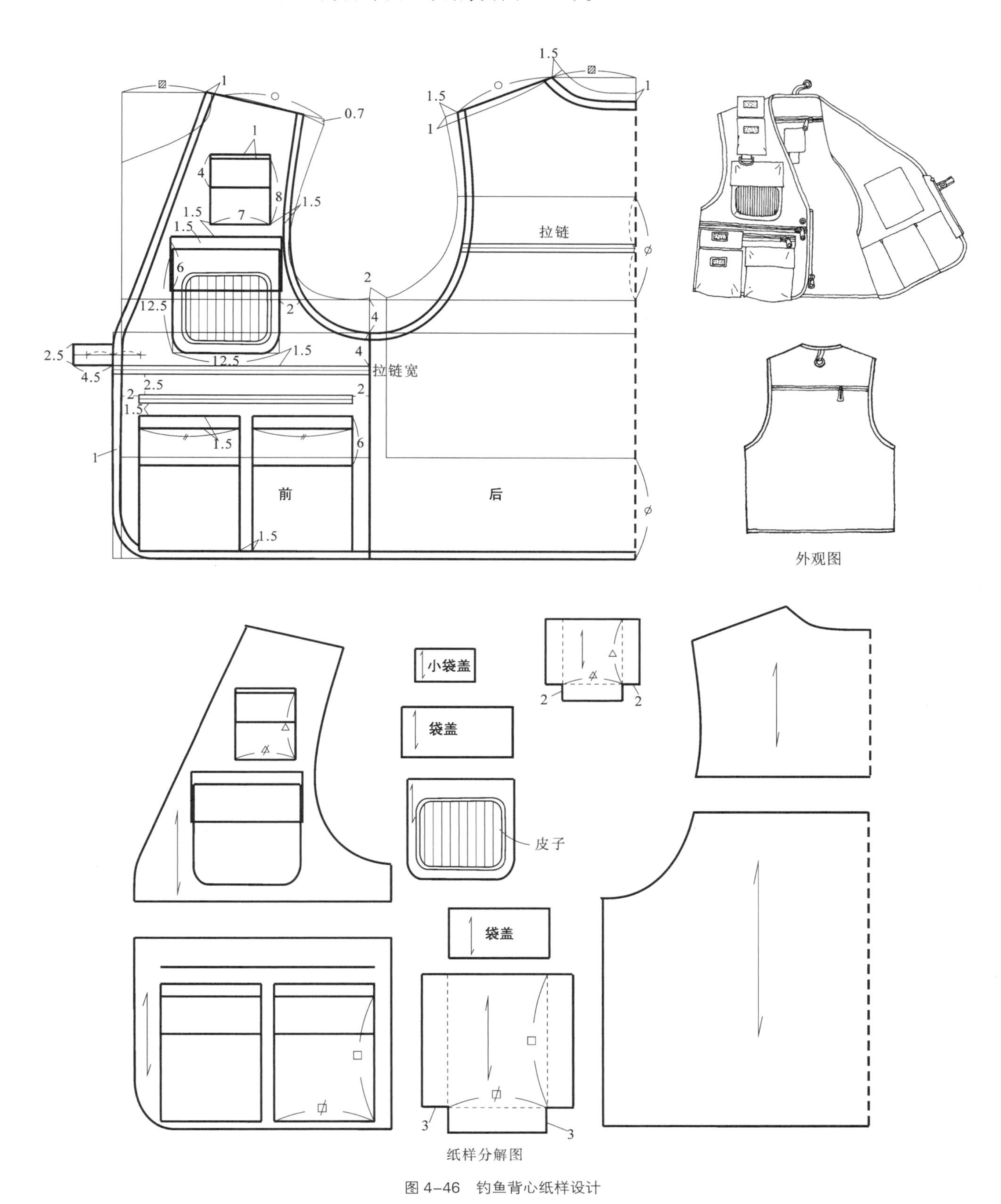

图 4-46　钓鱼背心纸样设计

这些口袋设计看似随意性很强，往往我们的目的并不是以工装裤的某些特定作用作为唯一的目标，流行的新趋势会促使设计师另辟蹊径。然而，我们必须学会寻找产生这些新概念的理论基础和灵感源，这恐怕也是本书所竭尽全力要做的事情。本教材整理拓展出《男装纸样设计原理与应用训练教程》实训教材，在户外服充满理性和奢侈的拓展中真正找到了一条国际品牌开发的新思路。

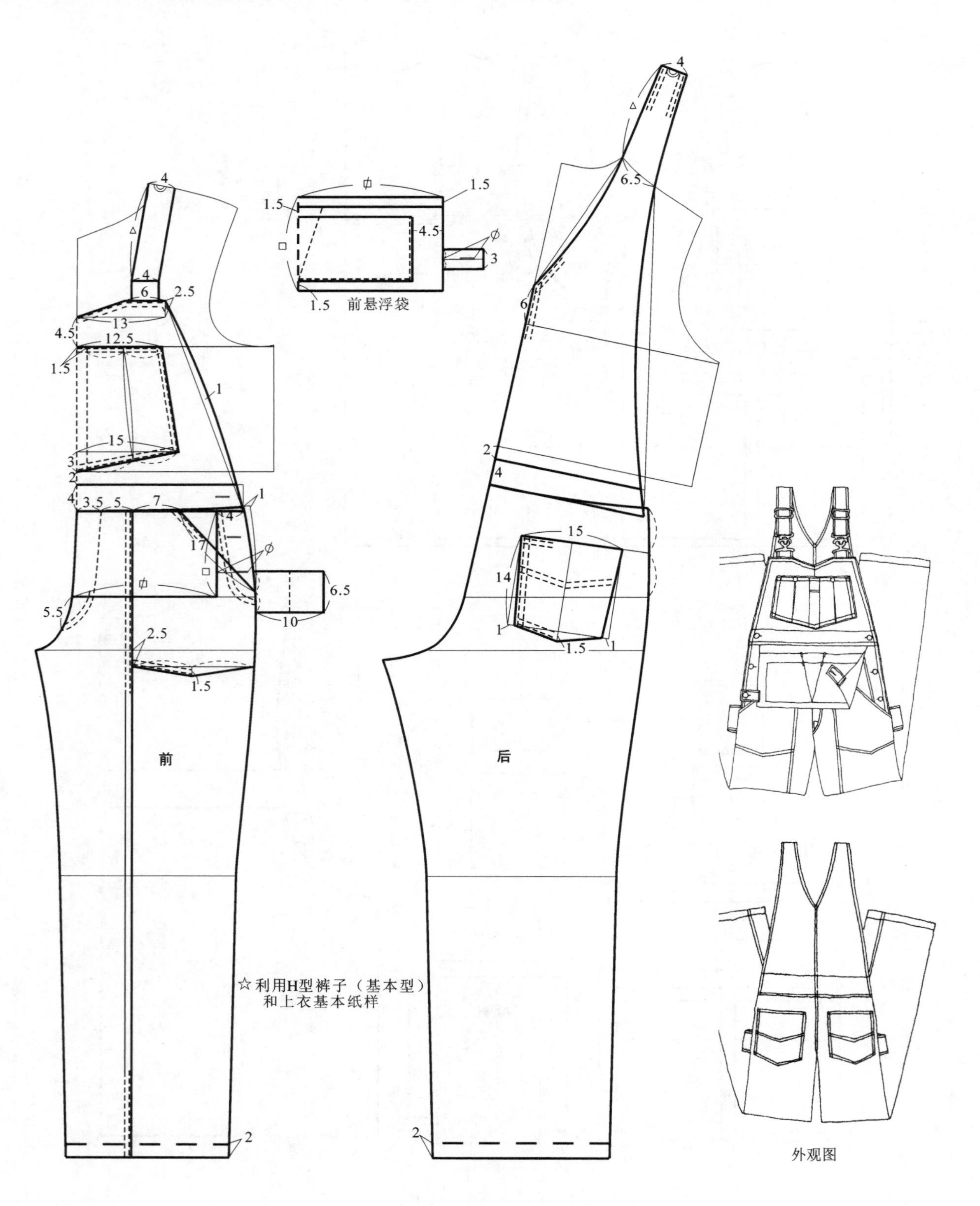

外观图

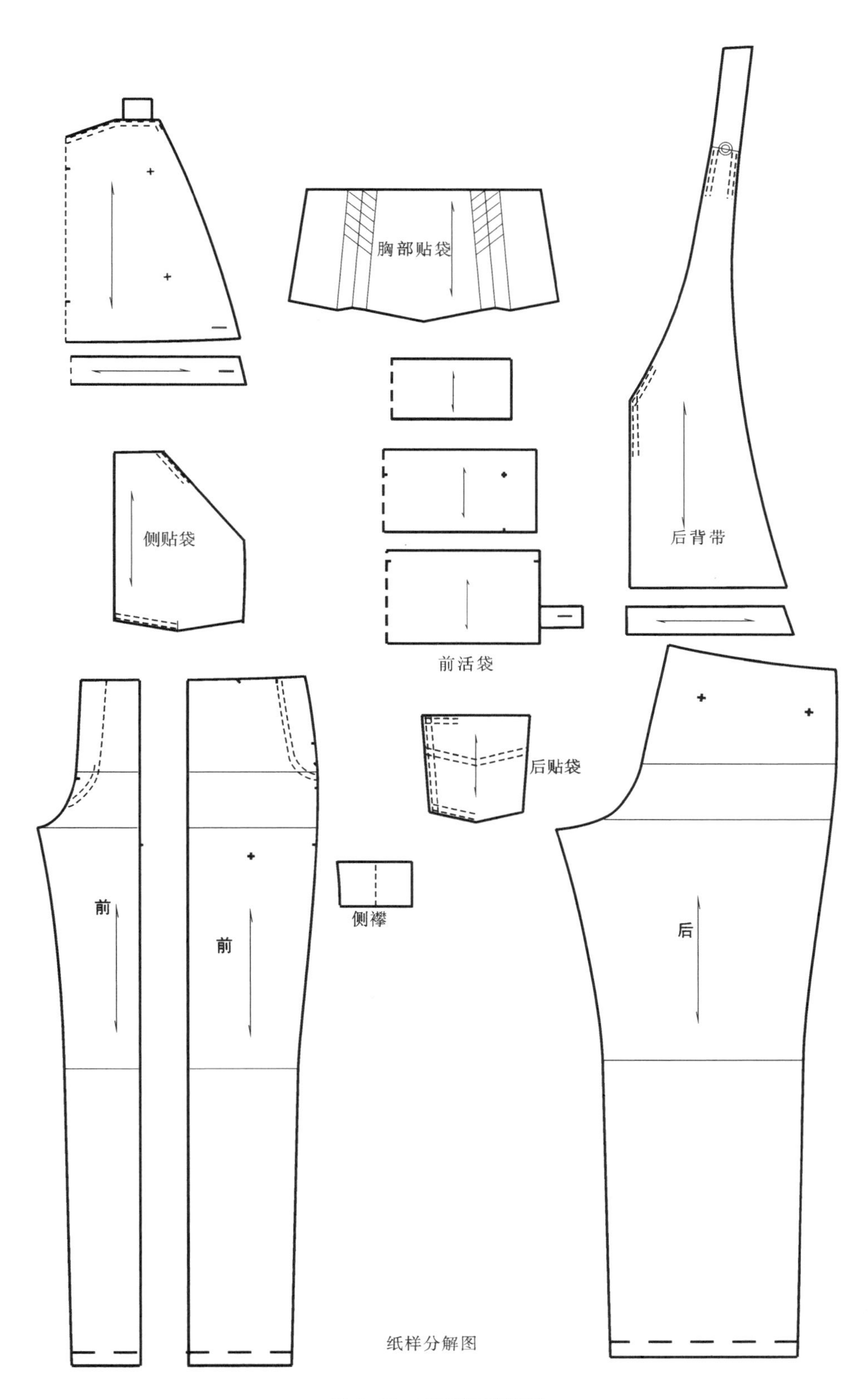

图 4-47　工装裤纸样设计

§4-6　知识点

1.户外服以变形纸样设计板型体系为主导：造型设计以实用、方便、安全和舒适因素为依据；结构设计以宽松和运动功能为基础，形成非礼仪的实用性程式设计语言。外穿衬衫和夹克板型为户外服的两种基本板型。

2.外穿衬衫纸样设计，在变形放量设计原理指导下完成主体板型后，领口尺寸做还原（衬衣领和颈部结合紧密）处理。配袖设计与变形的主体板型相匹配，但袖克夫尺寸亦做还原处理，即外穿衬衫和内穿衬衫袖克夫尺寸相同（图4-40）。

3.外穿衬衫系列纸样设计技术与应用是现代成衣产品开发普遍采用的技术，对其他产品纸样技术应用具有广泛的指导意义。其方法是主体板型一旦确立，便作为该系列纸样设计的母板加以固定通过局部的有序设计完成，“有序”体现在主题风格框架和总体生产流程与工艺要求下的局部改变。外穿衬衫本身就决定了这个“有序”的主题和技术要求（图4-41）。

4.夹克纸样设计主体上与外穿衬衫相同，它们都是变形结构的主体板型，不同的是夹克纸样不需要领口的回归处理，因为在穿着习惯上夹克类的领口需要随着放量的增加而放大，外穿衬衫放量增大领口则要保持相对稳定。

夹克系列纸样设计，主体板型一旦确立，不仅可以实现自身的系列纸样设计，还可以运用到外穿衬衫以外的户外服系列纸样设计中（图4-42~图4-44）。

5.运动和作业服装纸样设计，虽然也是在变型结构的框架下展开设计，但要特别注意运动服针织面料的使用，结构设计要更加规整。作业服装由特定作业功能所形成的功用程式语言，而并非随意为之。因此，对经典作业服纸样的反复制作、体验，有助于对户外服纸样设计规律和风格的把握（图4-45~图4-47）。

练习题

1. 采用包括常服到礼服（燕尾服和晨礼服除外）的西服所有类型元素，设计四开身、六开身和加腹省六开身三种概念西装纸样。

2. 加入撇胸量（1~3cm）和弓背（0~1.5cm）设计，采用加腹省六开身结构设计欧版黑色套装、塔士多礼服和休闲类西装纸样。

3. 运用西装的“全元素”设计一款概念化关门领制服纸样。

4. 将背心传统板型（六粒扣）变成简装板型（五粒扣）。

5. 利用背心基础板型（六粒扣背心）设计概念背心纸样。

6. 利用衬衫基本板型，设计钝角和直角企领衬衫纸样。

7. 利用衬衫基本板型设计概念礼服衬衫纸样（晚礼服和商务礼服衬衫）。

8. 举例分析，如何利用“平衡原则”设计裤子腰部的省和褶?

9. 利用裤子基本板型设计三褶和无褶休闲裤纸样。

10. 利用标准版柴斯特外套板型设计波鲁外套、巴尔玛外套、风衣外套和达夫尔外套（参阅《男装纸样设计原理与应用训练教程》实训教材相关内容）。

11. 结合变形结构原理，设计休闲（装袖、插肩袖）风格巴尔玛外套（参阅《男装纸样设计原理与应用训练教程》实训教材相关内容）。

12. 变形结构的外穿衬衫板型和夹克板型的相同点和不同点是什么？纸样的处理方法如何？并采用各自方法设计两种系列纸样（参阅《男装纸样设计原理与应用训练教程》实训教材相关内容）。

13. 变形结构的插肩袖休闲短外套纸样设计（同上）。

14. 变形结构的袖裆技术在夹克纸样设计中的应用（同上）。

思考题

1. 用西装系统语言元素和规则设计概念化西装系列纸样（15款）。

2. 礼服背心为什么昼夜不能混淆？举例说明它们纸样设计的关键语言。

3. 衬衫、背心和西装综合纸样设计在领口内外结构配伍的关键技术分析。

4. 内穿衬衫和外穿衬衫板型异同如何？为什么？

5. 普通衬衫和礼服衬衫板型通用，但格式语言不能通用，依据什么规则？为什么？

6. 挺腹和高臀裤子纸样关键技术分析，并进行纸样设计训练。

7. 如何实现裤子臀部“保型”的板型分析（参阅《男装纸样设计原理与应用训练教程》实训教材相关内容）。

8. 根据经典外套造型的基本元素和结构特点，利用巴尔玛基础板型设计一个系列（三款）概念化风衣外套纸样或概念化波鲁外套纸样（参阅《男装纸样设计原理与应用训练教程》实训教材相关内容）。

9. 根据对男装国际品牌的调研，举例说明影响相似形和变形纸样设计两大板型系统的关键因素是什么？（提示：造型特点、结构合理性、工艺要求等）

10. 两大板型系统为什么相对独立又保持结构的内在关系？未来的发展趋势偏重于哪个系统，为什么？

参考文献

[1]A. 吉拜阿 . 现代服装设计(下册)[M]. 王建萍，等译 . 北京：中国纺织出版社，1988.

[2]石川群一 . 西装缝制诀窍[M]. 张长林，译 . 北京：中国纺织出版社，1986.

[3]妇人画报社书籍编集部 . ス－ツ[J]. 日本：妇人画报社，1984.

[4]妇人画报社书籍编集部 . フォ－マル・ウエア[J]. 日本：妇人画报社，1985.

[5]妇人画报社书籍编集部 . コ－ト[J]. 日本：妇人画报社，1984.

[6]妇人画报社书籍编集部 . シャツ[J]. 日本：妇人画报社，1984.

[7]妇人画报社书籍编集部 . アウトドア・ウエア[J]. 日本：妇人画报社，1984.

[8]妇人画报社书籍编集部 . ニット・ウエア[J]. 日本：妇人画报社，1984.

[9]妇人画报社书籍编集部 . アクヤサリ－[J]. 日本：妇人画报社，1985.

[10]妇人画报社书籍编集部 . ブレザ－[J]. 日本：妇人画报社，1984.

[11]岡部隆男编集 . ジャケットとスラックス[J]. 日本：妇人画报社，1991.

[12]妇人画报社书籍编集部 . 男の服饰事典[J]. 日本：妇人画报社，1996.

[13]文化服装学院，文化女子大学 . 文化服装学院讲座(男装篇)[M]. 北京：中国展望出版社，1984.

[14]妇人画报社书籍编集部 .THE DRESS CODE[J]. 日本：妇人画报社，1996.

[15]中泽・愈 . 人体与服装[M]. 袁观洛，译 . 北京：中国纺织出版社，2003.

[16]欧阳骅 . 服装卫生学[M]. 北京：人民军医出版社，1985.

[17]日本人类工效学会人体测量编委会 . 人体测量手册[M]. 奚振华，译 . 北京：中国标准出版社，1983.

[18]吴汝康，吴新智，张振标 . 人体测量方法[M]. 北京：科学出版社，1984.

[19]国外服装标准翻译组 . 国外服装标准手册[M]. 天津：天津科技翻译出版公司，1990.

[20]国家技术监督局发布 . 中华人民共和国国家标准服装号型[M]. 北京：中国标准出版社，1992.

[21]刘瑞璞 . 成衣系列产品设计及其纸样技术[M]. 北京：中国纺织出版社，2003.

[22]Brenda Naylor.The Technique of Fashion.The Anchor Press，Tiptree，Essex，First Published，1975.

[23]Winifred Aldrich.Metric Pattern Cutting.Bell & Hgman Limited，This edition Published in，1985.

[24]Winifred Aldrich.Metric Pattern Cutting for Menswear.First Published by Granada Publishing Limited，1980.

[25]Carl kohler.A History of Costume .First Published by Dover Publishions，1963.

[26]Alan Flusser.Style and the man.An Imprint of Harper Collins Publisbers，1996.

[27]Jeff stone，Kim Johnson Gross.Clothes.Alfred A.knopf，1993.

[28]Tony Glenville.Top to Toe・The Modern Man's Guide to Grooming.First Published in UN by Apple press，2007.

[29]Jeff stone，Kim Johnson Gross.Men's wardrobe.First Published by Thames and Hudson，1998.

[30]Bernhard Roetzel.Gentleman・A Timeless Fashion.Published by Könemann，1999.

[31]Alan Flusser.Clothes and the man. Published by Villard Books，1987.

[32] Man' s Fashion.Published by L.Brivio Textile Books, 1955.
[33] James Bassil.The Style Bible.An Imprint of Harper Collins Publisbers, 2007.
[34] Carson Kressley.Off the Cuff · The Guys' Guide to Looking Good.Published by Penguin Group, 2005.
[35] Jeff stone, Kim Johnson Gross.Dress smart men.Published by Warner Books, 2002.
[36] Birgit Engel.The 24–Hour Dress Code for Men.Published by Feierabend, 2004.

后 记

根据“十二五”普通高等教育本科国家级规划教材《男装纸样设计原理与应用》总体修订方案，强化实践训练的原则，首次以主教材、数字教材和实训教材体系化模式出版。将“TPO知识系统”和“纸样设计系统”作了分项规划和整体统筹。TPO知识系统，每个服装类型相关的配服、配饰和构成元素（包括标准款式、面料、配色、组合格式、板型特点、TPO形态、关键词等）在第2章中作了可视性模块处理，将经典服装与第4章纸样分类设计部分一一对应，提供纸样设计的全部信息及系列纸样设计技术的应用案例，TOP知识系统整体导入实训教材《男装纸样设计原理与应用训练教程》中，全书主教材、数字教材和实训教材系统性强又相对独立。在表现形式上，采用2+2（2网络教学资源加纸质全系统教材）的结构，即将TPO知识系统与纸样设计系统整合在纸质的主教材与实训教材和分置的电子教材中（TPO知识系统和纸样设计系统两个相对独立的网络教学资源）。这样在教学与培训上形成分级教育模式，即2+2的全系统教学模块、1+1（1网络教学资源加1纸质TPO教材）的TPO知识系统教学模块和1+1（1理论加1实训教材）的纸样设计与训练系统教学模块。根据教育对象和目的的不同，选择本教材的不同模块，这里推荐全系统模块为本科模式和专业技术培训模式通用；TPO知识模块和纸样设计模块以不同社会、企业对象的培训目标加以选择。

参与本教材的基础性工作和课件制作人员：王如曦、田心、王业美、焦帼君、刘莉、黎晶晶、邵新艳、刁杰、王俊霞、张宁、赵晓玲、张金梅、魏莉和全职秘书刘晓宁，他（她）们发挥了各自的优势、智慧和技能，做了大量的工作，使本教材积累了无穷的生命，打造了一个塑造绅士的知识与技术的帝国，在此让我向他（她）们表示敬意。

刘瑞璞

2015年8月

彩图 1–a 燕尾服和塔士多礼服（正面）

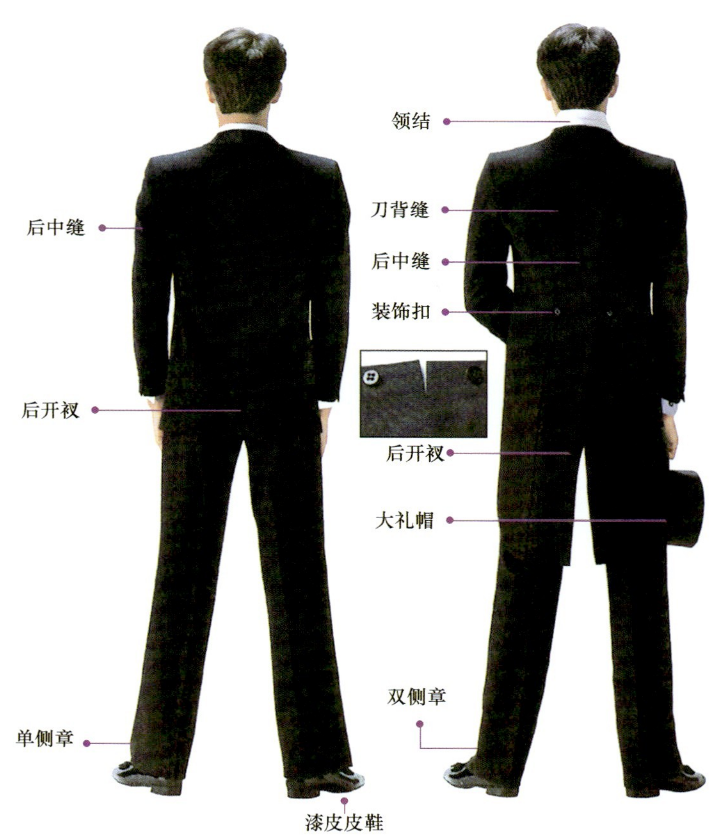

彩图 1–b 燕尾服和塔士多礼服（背面）

彩图 1-c　燕尾服局部

彩图 1-d　英国版（上）和美国版（下）塔士多礼服

彩图 2　夏季塔士多礼服（中）和梅斯（右）

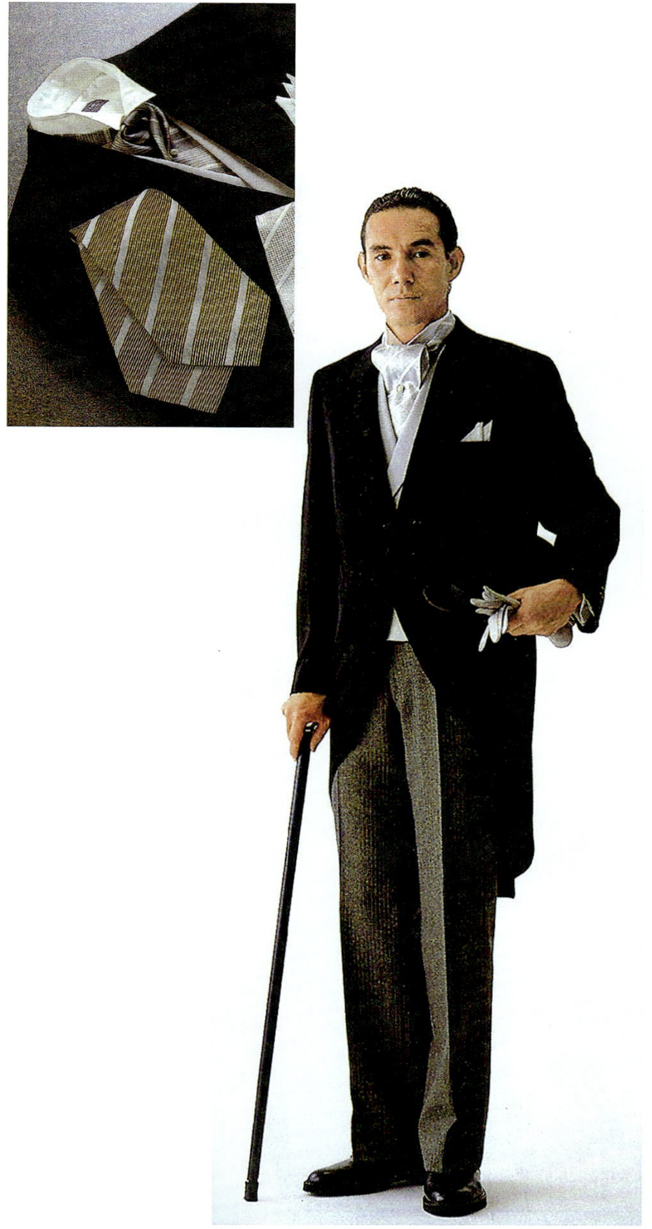

彩图 3–a　晨礼服

彩图 3–b　董事套装（简装版晨礼服）

彩图 4-a　双排扣戗驳领黑色套装（现代板）

双排扣戗驳领传统版（中）、单排扣戗驳领（左）、单排扣平驳领（右）

彩图 4-b　黑色套装家族

彩图 5–a　三件套西服套装

彩图 5–b　两件套西服套装

彩图 5-c　加小钱袋的西服套装

单排三粒扣（标准版）

双排四粒扣（水手版）

彩图 6-a　标准运动西装

运动西装和户外服的组合

彩图 6-b　休闲运动西装

运动西装和塔士多礼服的组合

彩图 6-c　运动型晚礼服

运动西装与休闲西装元素的组合

彩图 6-d　假日运动西装

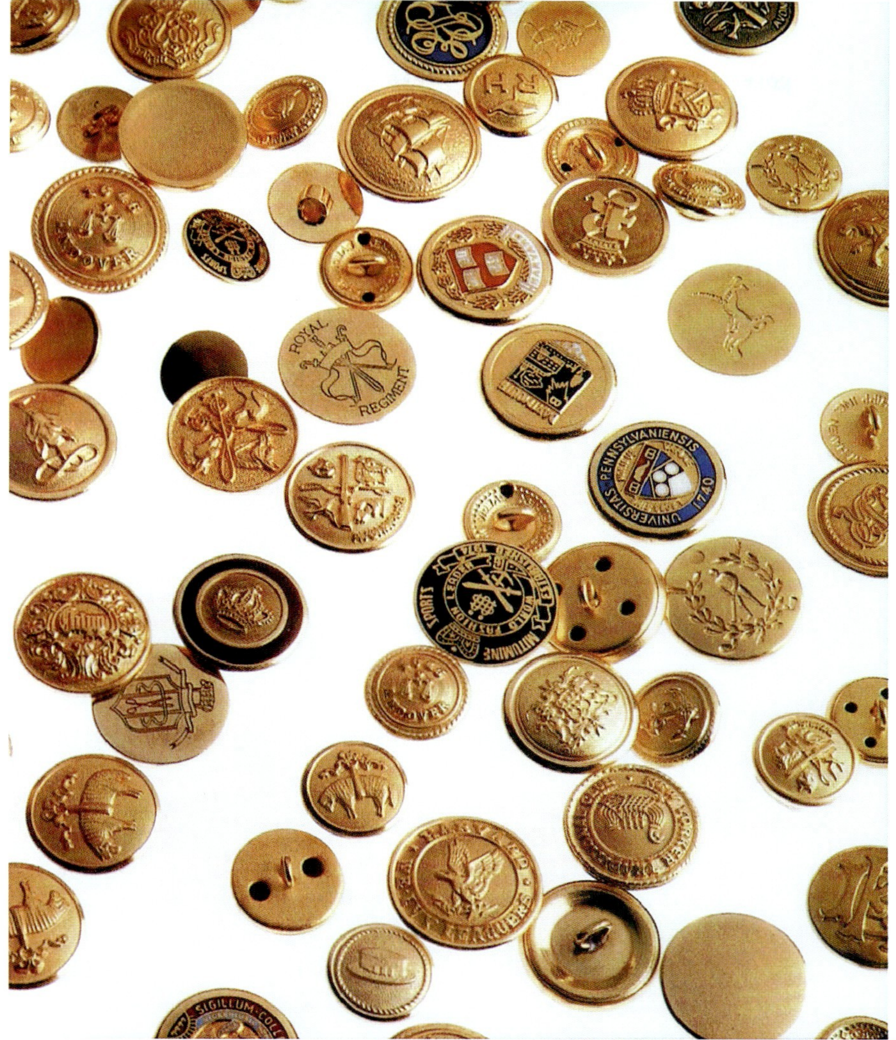

彩图 7-a　运动西装的金属纽扣

彩图 7-b　运动西装的徽章

彩图 8–a　与高领毛衣组合的休闲西装

彩图 8–b　阿司克领巾是休闲西装的常规搭配

彩图 8-c　休闲西装的经典搭配

彩图 9-b　柴斯特外套局部

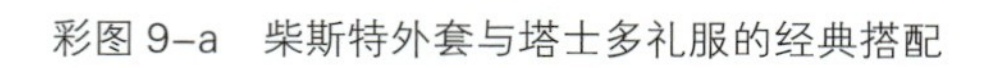

彩图 9-a　柴斯特外套与塔士多礼服的经典搭配

彩图 10-a　标准巴尔玛外套与西服套装组合

彩图 10-b　巴尔玛外套标准件的功能设计

彩图 10-c　巴尔玛外套的休闲风格（女着概念风衣）

彩图 11-a　风衣外套标准件的仿生设计

彩图 11-b　风衣外套年轻绅士的标志性装备

标准达夫尔外套

达夫尔外套与运动西装的经典组合

彩图 12-a　达夫尔外套

彩图 12-b　达夫尔外套标准件的功能设计

彩图 13-a　复合领直摆防寒夹克（户外服的美国风格）

彩图 13-b　巴布尔夹克（户外服的英国风格）